Amelia Kinkade

Tierisch einfach

WARUM und WIE Sie Tiere verstehen und mit ihnen sprechen können

Aus dem Amerikanischen von Johanna Ellsworth

Reichel Verlag

Die Originalausgabe erschien 2006 unter dem Titel »The Language of Miracles« ©Amelia Kinkade, bei New World Library, Kalifornien, 94949 USA

93055 Regensburg
Tel. 09194-8900, Fax 09194-4262
Internet: www.reichel-verlag.de
E-Mail: mail@reichel-verlag.de

Umschlaggestaltung Christian Wolf
© Ivan Kmit – 123rf.com

ISBN 978-3-946959-76-2

Rezensionen zu »The Language of Miracles«

»Amelia Kinkade ist unglaublich klug, unglaublich witzig, kann unglaublich gut schreiben und hat eine unglaubliche Gabe, die komplexesten Zusammenhänge des Universums klar und einfach darzustellen – selbst für diejenigen, die den Wissenschaften oder Wundern eher kritisch gegenüberstehen. Wenn Sie ein Haustier haben oder Tiere lieben, ist dieses Buch ein echter Leckerbissen für Sie. Doch sogar wenn Tiere nicht Ihre Sache sind und Sie eine gesunde Skepsis haben, ist es immer noch eine Bereicherung. Warum? Weil es in ›The Language of Miracles‹ nicht nur um die Kommunikation mit Kuscheltieren geht, sondern das Buch im Grunde ein Crashkurs in der Liebe ist.«

– Raphael Cushnir, Autor von »Setting Your Heart on Fire« und »The One Thing Holding You Back«

»Machen Sie Platz, Dr. Doolittle – hier kommt Amelia Kinkade! ›The Language of Miracles‹ zeigt uns, wie leicht es ist, Herz und Verstand für den Geist und die Seele der Tierwelt zu öffnen. Dieses wundervolle und lang erwartete Buch rüttelt wach und zeigt uns, dass wir tatsächlich mit Tieren sprechen können, wenn wir respektieren, wer sie sind, was sie wissen und was sie empfinden. Tiere haben genauso einen eigenen Standpunkt wie wir, und Kinkades lebendige Sprache und tiefes Mitgefühl vermitteln uns, wie falsch überholte und abwertende Einstellungen zu diesen Individuen sind. Wir brauchen die Verbindung zu den Tieren. Wenn sie fehlt, verlieren wir unsere Bodenständigkeit und unsere Ganzheit.«

– Marc Bekoff, Professor der Biologie an der Universität von Colorado, Autor von »Animal Passion and Beastly Virtues« und Lektor der Encyclopedia of Animal Behavior

»Amelia Kinkade hat ein Buch geschrieben, das aus Leuten, die Kommunikation mit Tieren für unmöglich halten, Gläubige machen wird. Ihr ansprechender, geradliniger Stil und ihr Reichtum an Erfahrung ermöglichen es jedem Leser, in die Welt der Tiere einzutauchen und zu entdecken, was sie denken und fühlen. Das Lebewesen Tier hat unseren Planeten lange vor dem Menschen bevölkert. Nun können wir alle die Fähigkeit erlernen, die Sprache der Tierwelt zu sprechen und zu verstehen. Was für ein erleuchtender und himmlischer Weg, zeitloses Wissen zu erlangen!«

– Allen und Linda Anderson, Gründer der Angel Animals Network (Network der Engeltiere) und Autoren von »Angel Dogs, Angel Cats« und »Rainbows & Bridges«

»›The Language of Miracles‹ ist ein Potpourri inspirierender Geschichten, die uns helfen, unsere eigene Erfahrung mit Mensch-und-Tier-Kommunikation zu machen. Wie immer unsere persönlichen Umstände auch sein mögen – Amelia

Kinkade zeigt uns, wie wir das Heilige und das Schöne in allen Lebewesen ehren können.«

– Gary Quinn, Bestsellerautor von »May the Angels Be with You« und »Living in the Spiritual Zone«

»Amelia Kinkade hat eine wunderbare und klare Vision von einer Welt, in der alle Lebewesen direkt miteinander kommunizieren können. Ich habe sie bei ihrer Arbeit mit den Tieren erlebt und gesehen, wie sie anderen diese Fähigkeit übermittelt hat. Beides erreicht sie auf ihre gütige und liebevolle Art, auf die jeder um sie herum sofort reagiert. ›The Language of Miracles‹ enthält viele wundervolle und erstaunliche Geschichten über die Kommunikation zwischen Mensch und Tier sowie einfache Übungen, die dem Leser helfen, sich diese Fähigkeit selbst anzueignen. Dieses Buch ist Pflichtlektüre für alle, die Interesse daran haben, die wortlose Welt zwischen Mensch und Tier zu betreten und zu erforschen. Ein sehr empfehlenswertes Buch.«

– John G. Myerson, PhD, Co-Autor von »Riding the Spirit Wind: Stories of Shamanic Healing«

»Diejenigen unter uns, die Amelia schätzen, wissen längst, dass sie ein Pionier in Sachen Kommunikation mit unseren tierischen Freunden ist. Sie teilt ihre kostbare Begabung mit uns Menschen in ihren Büchern, Seminaren und durch ihr immerwährendes Zuhören und Sprechen mit Tieren. Sie hat das Leben von zahllosen Tieren verbessert und oft sogar gerettet. Sie schenkt uns die Mittel für eine tiefere, glücklichere und liebevollere Beziehung zu unseren Tierkameraden. Doch mehr als alles andere ist es Amelias innere und äußere Schönheit: Sie verkörpert die reine Liebe, Güte und Freude.«

– Nadia Sutton, Gründerin von PAWS (Pets Are Wonderful Support) LA

»Amelia Kinkade genießt schon heute eine weltweite Anerkennung als strahlende und leidenschaftliche Tierkommunikatorin. In diesem informativen, tief berührenden und äußerst unterhaltsamen Buch erweist sie sich zudem als geübte Menschkommunikatorin.«

– Linda Kohanov, Autorin von »The Tao of Equus« und »Riding between the Worlds«

Dieses Buch ist zwei kleinen Jungen gewidmet. Anfang der vierziger Jahre schaute einer von ihnen in den Sternenhimmel im Westen von Texas und sagte: »Mama, wenn ich groß bin, gehe ich auf dem Mond spazieren.« Ungefähr zur gleichen Zeit zupfte ein Junge im selben Alter auf der anderen Seite von Amerika in Brooklyn, New York, seine Mutter an der Schürze und sagte: »Mama, wenn ich groß bin, erfinde ich ein Heilmittel gegen Krebs.« Ich liebe Menschen, die ihr Wort halten.

Dieses Buch zollt nicht nur den Monumenten Tribut, zu denen Dr. Edgar Mitchell und Dr. Bernie Siegel wurden – sondern auch den kleinen Jungen in ihnen, die sie nie unterdrückt haben und die auch heute noch die Welt und ihre Tiere mit großen, staunenden Augen bewundern können.

Inhaltsverzeichnis

Anmerkung der Autorin

Dieses Buch ist durch den Wunsch entstanden, Ihnen dabei zu helfen, die Kommunikation mit Ihren geliebten nichtmenschlichen Wesen zu erlernen. Das Buch ist nicht als Ersatz für die tierärztliche Versorgung oder die Expertendiagnose eines erfahrenen Tierarztes gedacht. Bitte lassen Sie sich Ihre intuitiv erhaltenen Informationen durch medizinischen Rat bestätigen und achten Sie sorgfältig auf das Feedback Ihres Tierarztes.

Ich habe die Namen und identifizierenden Eigenschaften einiger meiner Tierfreunde (wie Captain Harris) geändert, um ihre Privatsphäre zu wahren. Doch die meisten meiner geschätzten Schüler/Freunde haben mir großzügig die Erlaubnis gegeben, ihre wirklichen Namen in den Geschichten zu nennen. Am Ende des Buchs finden Sie eine Liste der TierkommunikatorInnen, die ich ausgebildet habe.

Vorwort

Was würde Amelia jetzt tun?

Ich wurde von unserer menschlichen Fähigkeit, mit Tieren zu kommunizieren, überzeugt, nachdem Amelia Kinkade, während sie sich in Kalifornien befand, mir per E-Mail mitteilte, dass sie durch die Augen unserer vermissten Katze Boo Boo sehen könnte, die aus dem Haus unseres Sohns in Connecticut verschwunden war. Amelia beschrieb detailliert das Haus und den Garten und sagte mir, wo die Katze untergekrochen sei. Am nächsten Morgen ging ich hinaus und fand Boo Boo genau an der Stelle, die Amelia mir beschrieben hatte.

Von dem Tag an lernte ich, wenn ich unsicher war, mich einfach zu fragen: »Was würde Amelia jetzt tun?« Ein Hemmschuh für meine eigene Intuition ist meine Tendenz, mich psychisch in ein Angstloch zu verkriechen, wenn eins unserer Haustiere vermisst wird oder seltsames Benehmen an den Tag legt. Wie mir bewusst ist, behindert das meine Fähigkeit zu kommunizieren. Ich versuche dann, ihnen mit allen mir möglichen Methoden meinen Willen aufzuzwingen, oder ich gebe meinem Verstand nach und entscheide, was das Tier denkt. Beides funktioniert nicht. Stattdessen löst die Frage »Was würde Amelia jetzt tun?« immer das Problem.

Mein erstes Experiment als frischer Gläubiger war herauszufinden, warum unser geliebtes Hauskaninchen Smudge Elizabunny meiner Frau Bobbi gestattete, jeden Abend den Vorgarten zu betreten und sie auf den

Arm zu nehmen, um sie ins Haus zu bringen, während Smudge bei mir immer mindestens zehn Minuten lang im Garten umhersprang, bis ich sie greifen konnte. (Smudge war tagsüber bei unseren anderen Tieren in unserem eingezäunten Vorgarten untergebracht.) Meine erste Was-würde-Amelia-jetzt-tun-Frage war also, am nächsten Abend in unseren Vorgarten zu gehen und Smudge mental zu fragen: »Warum lässt du dich nicht von mir auf den Arm nehmen, so wie du dich von Bobbi auf den Arm nehmen lässt?«

Die unerwartete Antwort, die mir bestätigte, dass sie von dem Kaninchen und nicht aus meinem eigenen Kopf kam, lautete: »Die Katzen behandelst du doch auch nicht so!« Ich fragte Smudge, was sie damit meinte, und sie erklärte, ich würde die Katzen nicht zu einem bestimmten Zeitpunkt ins Haus holen, sondern ihnen die Freiheit gewähren, ein und aus zu gehen, bis ich mich schlafen legte. Auch wurde mir klar, dass sie deswegen auf meine Frau anders reagierte, weil ich der Zoohalter und Wärter war, während meine Frau ihr oft Knabbereien brachte und sie fast nie zwang, ins Haus zu kommen. Daraufhin erklärte ich ihr, dass die Katzen sich selbst verteidigen könnten, falls ein größeres Tier in den Garten eindringen würde, und dass ich mir Sorgen machen würde, wenn Smudge bei Einbruch der Dunkelheit noch draußen wäre. Nach diesen Worten hoppelte Smudge herbei und erlaubte mir, sie hochzuheben, und von da an verhielt sie sich jeden Tag so. Ich muss zugeben, dass sie mich manchmal scheu anlächelte, wenn ich versuchte, sie auf den Arm zu nehmen, was mich an die alten Zeiten erinnerte, doch wie ich merkte, war es nur ihr Humor. Und wenn ich das Haus wegen eines Termins verlassen musste, konnte ich nun in den Garten gehen und ihr sagen, dass ich jetzt weggehen müsste und es mir lieber wäre, wenn sie gleich reinkommen würde. Nach unserem Gespräch hoppelte sie immer sofort herbei, wenn sie wusste, dass ich einen Termin einhalten musste.

Als Smudge starb, sagte Amelia mir, dass Smudge mit einer Person namens Rose, die das Kaninchen lieb hatte, im Himmel sein würde. Was Amelia nicht wusste, war, dass meine Mutter Rose hieß und kurz nach Smudge verstarb. Nun weiß ich, dass sie wieder zusammen sind und über mich reden.

Im Haus unseres Sohns wohnen auch zwei unserer Katzen, Eanie und Meanie, die mir bewiesen haben, dass sie meine Gedanken lesen können. Der einzige Zeitpunkt, zu dem ich definitiv mit ihnen rechnen kann, ist morgens, wenn ich ihnen ihr Frühstück serviere. So machte ich einen Termin mit unserem Tierarzt für einen Hausbesuch am frühen Vormittag aus. Die ganze Woche über ließ sich keine der beiden Katzen beim Frühstück sehen. Ich musste den Tierarzt anrufen, um den Termin abzusagen, da er umsonst gekommen wäre. Am allernächsten Morgen saßen die beiden Katzen pünktlich da und warteten darauf, dass ich ihnen ihr Frühstück gab.

Auch unsere Katzen Miracle, Penny, Dickens und Gabriel können meine Gedanken lesen. Ich pflege sie alle jede Woche – ihre Zehennägel, Zähne, Fell, Medikamente und so weiter. Immer wenn ich auch nur daran denke, sie zu kämmen, verschwindet die ganze Meute. Auf diese Weise teste ich unsere Kommunikationsfähigkeit. Wenn ich dann fünf Minuten später daran denke, den Flur hinunter in mein Arbeitszimmer zu gehen, um etwas zu holen, stolpere ich auf dem Weg zu meinem Schreibtisch über die Katzen.

Letztes Jahr ging ich mit unseren beiden Hunden Furphy, einem Lhasa Apso, der unser Haus für sein tibetanisches Kloster hält, und Buddy, einem Griffon-Mischling – der furchtbar gern alles jagt, was sich bewegt, von Eichhörnchen bis zu Tanklastern – einkaufen. Wir drei stiegen also in meinen neuen Minivan ein, dessen Türen sich mit der Fernbedienung am Autoschlüssel öffnen lassen. Nach dem Einkauf kehrte ich zum Auto zurück und entdeckte zu meinem Entsetzen, dass die Seitentür offen stand, da ich aus Versehen auf den Schlüssel gedrückt hatte. Buddy, um den ich mir am meisten Sorgen machte, saß noch im Wagen, während Furphy spurlos verschwunden war. Meine erste Reaktion war Panik – ich rannte umher, rief seinen Namen und suchte das ganze Gebiet rund um den Parkplatz nach dem Hund ab. Dann stellte ich fest, dass ich nicht das tat, was Amelia mir beigebracht hatte, und so fragte ich mich: »Was würde Amelia jetzt tun?«

Ich entspannte mich und versetzte mich in Furphy, um herauszufinden, was er dachte. Sofort wurde mir klar, dass er nach mir suchte und sich wahrscheinlich am Informationsstand des Supermarkts befand, während ein Mitarbeiter über den Lautsprecher fragte: »Wem gehört der Hund?«

Als ich mich dem Eingang des Supermarkts näherte, sah ich einen Mitarbeiter des Sicherheitspersonals in seinem Wagen sitzen. Er ließ das Seitenfenster herunter und fragte: »Suchen Sie einen Hund?« Ich bejahte dies, und er sagte: »Er sitzt hier auf dem Vordersitz mit Klimaanlage,

Trinkwasser und Hundekuchen.« Wie der Sicherheitsmann mir weiterhin erzählte, habe er Furphy auf den Eingang des Geschäfts zulaufen sehen und abgefangen, da er nicht wolle, dass der Hund von einem Auto überfahren würde. Meine Intuition hatte Recht behalten – Furphy hatte mich gesucht. Er folgte mir zurück zum Auto, und wir hatten das Problem nie wieder.

Interessanterweise blieb Buddy an dem Tag im Auto sitzen, während ich im Supermarkt war. Auch das verdanke ich Amelia. Als ich Buddy aus dem Tierheim geholt hatte, hatte ich ihn nie dazu überreden können, in ein Auto zu steigen. Selbst beim Tanken war er immer gleich aus dem Wagen gesprungen. Wenn er nicht an der Leine war, war es sehr frustrierend und zeitaufwändig, ihn in das Auto zu verfrachten. Schließlich dachte ich eines Tages: »Was würde Amelia jetzt tun?«

Dann entspannte ich mich und fragte Buddy, warum er nicht ins Auto gehe. Seine Antwort überraschte mich. Er sagte, sein früheres Frauchen sei sehr nett gewesen, doch wenn ihr Mann von der Arbeit nach Hause gekommen sei, habe sie ihn immer gebeten, mit Buddy Gassi zu gehen. Dann erzählte er mir: »Der Mann zog mich ins Auto und fuhr dann zu einer Bar. Mich ließ er im Auto zurück. Wenn er wieder aus der Bar herauskam, war er betrunken und gewalttätig. Dann brachte er mich einfach wieder nach Hause, ohne mich je aus dem Auto zu lassen. Deswegen habe ich jetzt Angst, in ein Auto zu steigen, und es erinnert mich an die Schläge, die ich bekommen habe.« Ich war geschockt, als ich diese intuitive Botschaft erhielt.

Von dem Tag an hörte Buddys Widerstand gegen das Auto auf. Plötzlich verstanden wir einander und schafften es rasch, seine Angst vor dem Auto abzubauen. Jetzt liebt er das Auto, weil er weiß, dass wir immer wegfahren, um den Tag miteinander zu verbringen. Ihm gefällt es auch, im Wald hinter unserem Haus zu streunen und zu jagen, doch ich muss mir keine Sorgen mehr machen, dass er nicht mehr nach Hause kommen könnte.

Das einzige Problem ist, dass jetzt, seit Furphy und Buddy wissen, dass wir miteinander kommunizieren können, Furphy mir ständig Vorschriften macht, was ich tun soll. Neulich fuhr ich in dem Glauben los, sie seien beide im Auto, doch wie ich einen Kilometer später merkte, war niemand da, der mir sagte, wohin ich fahren oder was ich tun sollte. Ich drehte mich nach hinten um und konnte nur Buddy entdecken. Sofort trat ich mit

Furphy in Verbindung und sagte ihm, dass es mir Leid täte und ich ihn gleich holen würde. Ich drehte um und fuhr zurück. Wie ich wusste, würde Furphy noch in der Einfahrt sitzen und mir diesen »Mann-bist-du-blöd!«-Blick zuwerfen, den Gottes vollkommene Kreaturen uns unvollkommenen Menschen schenken.

Ich hoffe, Sie werden alle weiterlesen und es Amelia ermöglichen, Ihren Verstand zu öffnen und Ihre Kommunikationsfähigkeiten zu erweitern, damit Sie diesen Blick nicht mehr von Ihren Tieren erhalten. Mit der Zeit und durch Übung werde ich dank Amelias Kommunikationstipps sogar besser im Umgang mit den Menschen.

Dr. Bernie S. Siegel
Autor von »Liebe, Medizin und Wunder«

Einleitung

Die Frage, die mir am häufigsten gestellt wird – vor allem bei Fernsehtalkshows – lautet: »Wie haben Sie sich Ihre übersinnlichen Fähigkeiten angeeignet? Sind Sie so geboren?« Worauf ich am liebsten antworten würde: »Nein, in Wahrheit wurde ich mit zwei Köpfen geboren, und so verbrachte ich die prägenden Jahre in einem Wanderzirkus, bis die Operation …«

Die meisten Menschen mit übersinnlichen Fähigkeiten bemühen sich nicht, den komplizierten Prozess des Sendens und Empfangens übersinnlicher Informationen in Einzelteile zu zerlegen und zu erklären. Es dauerte eine Weile, bis auch ich das begriffen hatte. Ich werde nie vergessen, wie ich und einige andere Gäste mit übersinnlichen Kräften in einer Talkshow gefragt wurden, wo unsere tabuisierten Fähigkeiten herkämen. Ich laberte gerade alles Mögliche über EKG-Untersuchungen, über die Fluktuation von Gehirnwellenaktivitäten, als die Moderatorin mich unterbrach, um einen Gast mit mehr Medien-Erfahrung zu fragen, der neben mir saß.

»Es ist eben ein Talent!«, sagte der alte Profi nur, und gleich darauf wurden die Kameras ausgeschaltet. Diese platte, unsinnige Antwort war genau das, worauf die Moderatorin gewartet hatte, und sie passte gerade noch in die Zeit vor der Pause für die Werbespots.

Ich bin immer noch auf der Suche nach dem Satz mit höchstens zehn Wörtern, der diese und andere Fragen wie »Was genau bedeutet Übersinnlichkeit? Können Sie das jedem beibringen? Wie funktioniert es eigentlich?« perfekt beantwortet.

Die dümmste Definition der Entwicklung übersinnlicher Fähigkeiten, die ich jemals gesehen habe, wurde komplett mit Zeichendiagramm geliefert. Die Theorie ging davon aus, dass bei Menschen mit übersinnlichen Kräften im oberen Bereich des Hirns eine Hülle nicht vorhanden sei, die angeblich das »Eindringen« übersinnlicher Informationen verhindere. Das Zeichendiagramm zeigte ein Loch im menschlichen Oberhirn, das dem Atemloch im Kopf eines Wals ähnelte, und dazu Bilder mit und ohne den »fehlenden Stöpsel«.

Dies wäre vielleicht die perfekte Antwort mit Biss für amerikanische Talkshows, und so schwor ich mir, von nun an die Frage »Warum haben Sie übersinnliche Kräfte?« mit »Weil mir der Stöpsel fehlt!« zu beantworten. Oder noch besser: »Weil mein Loch im Kopf keinen Stöpsel hat!«

Glücklicherweise schmelzen Skepsis und Herablassung über Tierkommunikation in Amerika täglich ein bisschen mehr. Und was noch besser ist: Andere Teile der Welt sind noch viel offener für diese Vorstellung. Als ich vom britischen Radiosender BBC interviewt wurde, lautete die erste Frage der Moderatorin: »Nun, Amelia, nachdem Sie jedem Menschen in jedem Kontinent beigebracht haben, wie man mit Tieren spricht – wie wird sich das Ihrer Meinung nach global auswirken?« Und in Deutschland, der Schweiz, Südafrika, Australien und England dürfen wir tatsächlich über EKGs und Hirnwellenstudien reden, ohne durch Werbespots »abgeschnitten« zu werden.

Die Kommunikation zwischen verschiedenen Lebewesen ist wirklich faszinierend und wichtig, und immer mehr Leute nehmen sie ernst. Sie ist auch nicht etwas, das nur Begabte tun können. Sie ist etwas, das auch Sie tun können. Offensichtlich brauchen wir noch mehr intelligente Methoden, um übersinnliche Fähigkeiten zu beschreiben und Ihnen zu helfen, die kommunikative Verbindung zu Ihren Tieren herzustellen.

Die kommunikative Verbindung zu Tieren kann eine Vielzahl von wichtigen Fragen beantworten: Leidet Ihr Tier unter Schmerzen? Möchten Sie wissen, wie das Leben Ihres Hundes ausgesehen hat, bevor Sie ihn aufnahmen? Ist Ihre Katze krank? Hat Ihr Pferd Krebs? Wollen Sie herausfinden, ob das Problem Ihres Tieres psychischer oder physischer Natur ist? Hoffen Sie, dass Ihr Tier Ihnen klarmachen kann, wenn es bereit ist zu sterben? Fragen Sie sich, ob Kaninchen, Katzen und Vögel in den Himmel kommen? Möchten Sie wissen, ob Sie Ihre geliebten Tiere jemals wiedersehen werden? Wie weit sind Sie bereit zu gehen, um dies herauszufinden?

Ich weiß, dass Sie dieses Buch aus gutem Grund lesen, und daher glaube ich, dass die wissenschaftliche Forschung über dieses Thema Ihnen auch wichtig ist. Die Vorstellungen mögen zwar unglaublich klingen, doch ich verspreche Ihnen: Wenn Sie mir folgen, werden wir einen neuen Kontext für das schaffen können, was die meisten Leute als Zauberei ansehen: die Fähigkeit, mit Tieren zu sprechen und sogar echte Antworten zu erhalten. Dies ist das erste Buch über Kommunikation mit anderen Wesen, in dem telepathische Prozesse analog zu Quantenprozessen gesetzt werden. Wir werden untersuchen, was die neuesten wichtigen Entdeckungen der Quantenphysik mit erstaunlichen wahren Berichten über Kommunikation mit anderen Lebewesen zu tun haben könnten, und Sie erhalten Anleitungen, wie Sie dies tun können. Doch keine Angst: Ich verspreche, es wird Spaß machen.

Einige der hervorragendsten internationalen Wissenschaftler werden uns bei diesem faszinierenden Abenteuer unterstützen und uns zuverlässige Querverweise geben, die vielleicht erklären helfen, warum die Tierkommunikation funktioniert. Doch bevor dies geschehen kann, müssen wir ein paar neue Wörter erfinden. Wir müssen eine neue Sprache für das einundzwanzigste Jahrhundert entwickeln, die für Mystiker Aussagekraft besitzt, die von der Gemeinschaft der Wissenschaftler anerkannt wird und die auch von ganz gewöhnlichen Menschen, die ihre Tiere lieb haben, verstanden wird. Wir werden Techniken untersuchen, die entwickelt wurden, um die Gedanken, Gefühle und Empfindungen der Tiere »einzufangen« und unsere Intuition zu verfeinern, damit wir die psychischen und körperlichen Probleme unserer Vierbeiner besser verstehen können. Innerhalb dieser neuen Technik sind die Gestaltmethode, Remote Viewing und das Medium Hilfsmittel, die jeder für sich beanspruchen, verfeinern und täglich zum Wohl der Wesen um sich herum anwenden kann. Ich werde Ihnen beibringen, wie Sie Ihren »sechsten Sinn« so schärfen können, bis er genauso klar und zuverlässig ist wie Ihre anderen fünf Sinne.

Diese Methode hat eine noch weitere und größere Auswirkung: Die wirksame Kommunikation mit Tieren macht uns bewusster, wie wertvoll sie sind. Sie kann uns dabei helfen, den Menschen die Rechte gefährdeter Arten, die Gefahren der Fabrikzucht und die Qualen der Vivisektion klarzumachen. Sie kann uns dabei helfen, die menschliche Rasse zu einem hohen Quantensprung im Verständnis und im Mitgefühl zu bewegen. Der Zauber, diesen Planeten zu retten und mit seinen Tieren zu sprechen, beginnt bei Ihnen und nur bei Ihnen. Ich hoffe, dieses Buch entzündet eine Flamme in Ihnen, die die Welt um Sie herum erwärmen wird.

Mein Mentor Dr. Edgar Mitchell, der Raumfährenpilot der Apollo 14, sagt: »Meiner Meinung nach ist das Bewusstmachen das Einzige, was sich wirklich lohnt.« Ich werde alles tun, was in meiner Macht steht, um Ihnen zu zeigen, wie die neuesten und atemberaubendsten Entdeckungen der Wissenschaft und Spiritualität uns helfen, das Leben der Tiere zu fördern und auch positive Veränderungen in den Menschen zu bewirken.

Ich gebe Ihnen alles, was ich habe. In diesem Buch stecken mein Herz, meine Seele und all meine Geheimnisse. Und ich hoffe, Sie lieben sich selbst und die Wesen um Sie herum genug, um dieses Werkzeug anzuwenden und jedes Tier zu segnen, das Ihnen über den Weg läuft. Ich hoffe, dieses Buch befriedigt Ihren Verstand und Ihr Herz, Ihr Bedürfnis nach objektiver Analyse und Ihre Fähigkeit zu kindlichem Staunen. Um es kurz zu sagen: Hoffentlich bläst Ihnen dieses Buch die Hülle vom Hirn und den Stöpsel aus dem Loch.

1

Die neue Tieralchemie

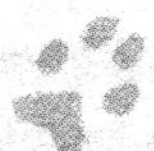

Es sollte deutlich unterschieden werden zwischen dem, was von der Wissenschaft nicht festgestellt
und dem, was von der Wissenschaft als nicht existent festgestellt wird.
Was die Wissenschaft als nicht existent feststellt, müssen wir als nicht existent akzeptieren;
doch was die Wissenschaft einfach nur nicht feststellt, ist etwas ganz anderes. ...
Es gibt eindeutig viele, viele mysteriöse Dinge.
Seine Heiligkeit der Dalai Lama, 1999

Die hohen Eisentore schlossen sich feierlich hinter mir, während der hochrangige Beamte, der Hilfsadjutant, mich durch den bewachten Privateingang führte, der für die Öffentlichkeit nicht zugänglich war. Es war mein zweiter Besuch im Buckingham Palace. Bei meiner ersten Reise im Herbst davor hatte ich mit den anderen Touristen vor den Toren des Palasts gestanden. Wir hatten Schnappschüsse gemacht, uns das Spektakel aus der Ferne angeschaut, durch die einschüchternden Wachposten und die hohen, schwarzen Eisenzäune von den königlichen Gemächern getrennt.

Kaum fünf Monate später befand ich mich auf der anderen Seite der Tore. Mein Blumenschal flatterte im Wind, und so stopfte ich ihn nervös in meine beige Kaschmirjacke, um die Schweißperlen zu verstecken, die mir über die Brust rannen. Ich bemühte mich, mit dem schnellen Gang des Hilfsadjutanten – dem Hauptmann dieser Kaserne – Schritt zu halten. Es war ein frischer Maitag in London und viel kühler als die 30 Grad und mehr, die ich von meiner Heimatstadt Los Angeles gewohnt war, und das letzte Mal, als ich so geschwitzt hatte, war in einer Sauna in Beverly Hills, in der ich Eukalyptus inhaliert hatte. Ich versuchte, mir in Erinnerung zu rufen, wie man richtig atmet. Während ich über die Höfe des Palasts ging, die auf beiden Seiten von britischen Militäroffizieren flankiert wurden, schien die Sonne fröhlich auf meine geröteten Wangen und ließ die Schlossmauern in rosa Pastelltönen wie in einem Aquarell erstrahlen. Jedes Quäntchen meines Muts und Könnens sollte gleich auf die Probe gestellt werden.

Als »Unternehmensberaterin« und internationale Übersetzerin mit wachsendem Bekanntheitsgrad für die Lösung von Problemen und die Förderung kooperativer Teamarbeit war ich herbeigerufen worden, um Störungen »offizieller königlicher Angelegenheiten« zu beheben. Der Militär hatte Personalprobleme. Einige der älteren Mitarbeiter zeigten Unzufriedenheit, und ein paar der neuen Rekruten aus dem Ausland hatten Schwierigkeiten, sich an ihre Umgebung und den Arbeitsumfang zu gewöhnen. Keiner dieser Mitarbeiter sprach englisch.

Ich wurde von zahlreichen weiteren Männern in Uniformen mit Messingknöpfen empfangen, die salutierten und die Hacken ihrer glänzenden schwarzen Stiefel zusammenschlugen, als ich an ihnen vorbeiging. Der Hilfsadjutant brachte mich in das Gebäude und führte mich durch einen langen Flur voller Ställe, in denen die Angestellten untergebracht waren. »Ich weiß nicht, ob wir den richtigen Zeitpunkt für ein Gespräch gewählt haben. Wir haben ihnen gerade ihr Mittagessen serviert«, sagte er.

»Das macht nichts«, erwiderte ich nervös. »Vielleicht reden sie während des Essens mit mir.«

»Dies ist Captain Harris«, stellte der Adjutant einen Mitarbeiter vor. »Er hat jahrelang Hervorragendes geleistet, doch in letzter Zeit ist er ziemlich mürrisch. Auch wenn er noch lange nicht alt genug für den Ruhestand ist, scheint er seinen Job satt zu haben. Fragen Sie ihn, worin das Problem liegt.«

Ich betrat Captain Harris' Arbeitsplatz. Er stand mit dem Rücken zu mir und widmete sich gerade einer Schüssel Haferbrei. Als er mich erblickte, machte er einen Hüpfer und kehrte wieder zu seinem Lunch zurück.

»Ach, ich dachte schon, du wärst eine Karotte«, sagte er.

Dies überraschte mich sehr. Ich hatte zwar schon mit einer Anzahl von verwirrten Angestellten zusammengearbeitet, doch keiner von ihnen hatte mich bisher für eine Karotte gehalten.

»Wie bitte?«, fragte ich.

»Dein Pullover«, erklärte er. »Er hat meine Lieblingsfarbe.« Ich schaute an mir herab und stellte fest, dass ich einen strahlend orangefarbenen Pullover trug, der in der länglichen Form einer Karotte unter meiner Jacke hervorblitzte.

»Nun, seine peripherale Sicht ist nicht allzu gut«, erwähnte ich dem Adjutanten gegenüber, während ich mir Notizen machte, »vor allem nicht auf der rechten Seite.«

»Hast du mir Karotten mitgebracht?«, fragte Captain Harris.

»Nein, leider nicht. Wie mir gesagt wurde, fühlst du dich in letzter Zeit nicht wohl. Gibt es Probleme mit deinem Futter?«

»Es ist so eintönig«, sagte er und widmete sich einem Teller voller verschrumpelter Salatblätter.

»Und wie steht es mit der Verdauung?«

»Nicht gut, seit mein bester Freund weg ist. Hast du die Katze gesehen?«

»Nein, noch nicht. Wie sieht sie aus?«

»Sie ist grau-weiß gestreift. Sie besucht nachts meinen Stall und muntert mich auf, seit mein Freund versetzt worden ist.«

»Wissen Sie von einer grau-weiß gestreiften Katze in diesem Gebäude?«, fragte ich den Hilfsadjutanten.

»Ach ja, das ist Emma. Ich wusste nicht, dass er sie mag.«

»Sag ihm, alle mögen Emma. Sie muntert alle auf«, ließ Captain Harris mich wissen.

»Fragen Sie ihn, ob er sich zur Ruhe setzen möchte«, bat der Hilfsassistent mich.

»Natürlich nicht!«, erwiderte Captain Harris ungehalten. »Ich bin doch einer der Lieblinge der Queen! Ich habe schon viele Preise gewonnen! Ich könnte nie in Rente gehen! Das würde sie enttäuschen. Wir müssen an diesem Samstag den Parademarsch üben, und das ganze Team zählt auf mich – schließlich führe ich es an.«

Als ich die Mitteilung weitergab, riss der Hilfsadjutant die Augen auf.

»Das stimmt!«, bestätigte er. »Sie trainieren am Samstag. Also wenn er Spaß an der Arbeit hat und sich auf das große Ereignis freut, dann fragen Sie ihn doch, warum es ihm in letzter Zeit an Konzentration fehlt.«

»Dein Chef macht sich wegen deiner nachlassenden Konzentration Sorgen«, erklärte ich. »Bist du nicht mehr glücklich hier?«

»Ich vermisse einfach meinen Freund Bernard, der im Stall links neben meinem untergebracht war. Wir haben gern zusammengearbeitet und uns nach der Arbeit immer unterhalten. Der junge Frechdachs war so liebenswert. Ich lachte mit ihm und fühlte mich wieder jung. Ich hatte gerade angefangen, ihm die ganzen Tricks beizubringen, als sie ihn in den Norden versetzt haben. Jetzt arbeitet er auf dem schönen Land, während ich hier in der Stadt bleiben muss. Ich will auch dorthin versetzt werden. Oder er soll zurückkommen. Ich vermisse ihn schrecklich. Wir gehören zusammen.«

Als ich dem Hilfsadjutanten diese Botschaft übermittelte, war er sichtbar erstaunt.

»Bitte sag ihm, er soll Bernard zurückholen«, bat Captain Harris.

»Er fühlt sich einsam«, sagte ich zu dem Adjutanten. »Er vermisst seinen Freund, der im Stall links neben seinem untergebracht war. Er hat mir den Namen Bernard genannt. Wie er mir erzählt, wurde Bernard aufs idyllische Land in den Norden gebracht, während der Captain hier ganz allein bleiben muss.«

Der Hilfsadjutant war sprachlos. Schließlich sagte er aufgeregt: »Ganz richtig! Links neben ihm war ein Kerlchen untergebracht, der Bernard hieß! Ich wusste gar nicht, dass er dem Captain so viel bedeutet hat. Bernard wurde tatsächlich vor ein paar Wochen in Prinz Charles' Jagdställe in den Midlands verlegt. Das stimmt! Die Landschaft ist herrlich und grün, und sie gehen alle viel lieber auf die Jagd in den Wäldern dort oben. Wir schicken sie manchmal dorthin, damit sie einen Tapetenwechsel haben. Wir dachten, der Captain sei zu alt dafür. Bernard! Erstaunlich! Wie konnte er Ihnen den Namen nennen? Wer hätte je gedacht, dass er den Namen seines Freunds nennen könnte?«

Was soll mit Captain Harris los sein, dass er den Namen seines besten Freunds nicht nennen könnte? Ist er etwa senil? Oder ist er taub?

Nein. Er ist ein Pferd. Captain Harris ist eines der königlichen Prozessionspferde von Queen Elizabeth der Zweiten. Ich wurde im Mai 2002 an den Buckingham Palace gerufen, um die Kavallerie der Königin zu beraten, als die Pferde für das Royal Jubilee der Königin trainiert wurden. Ein paar Tage später bekam ich die Ehre, in Prinz Charles' Jagdställe eingeladen zu werden, wo ich Bernard persönlich kennen lernte und ihm einen Kuss auf die Schnauze gab. Keine Angst, Tierfreunde! Beide Pferde wurden kurz nach meinem Besuch wieder glücklich vereint. Herzlich willkommen bei der neuen Tieralchemie, bei der alle Tiere – Zweibeiner und Vierbeiner – still, friedlich und ohne Missverständnisse miteinander »reden« können.

Das können Sie auch

»Tiere können doch nicht sprechen!« Genau das wurde Ihnen beigebracht. Nun, was ich Ihnen präsentiere, ist ein revolutionärer neuer Gedanke. Tiere sprechen – den ganzen Tag! Und eine übersinnliche Fähigkeit ist keine geheimnisvolle Gabe, die nur wenigen Glücklichen zuteil wurde. Es ist eine erlernte Fähigkeit. Ihre eigene Intuition (und die Gedanken der Tiere) zu überhören ist auch ein *erlerntes Verhalten.* Irgendjemand hat es Ihnen beigebracht. Doch das Glaubensmuster, das Sie auf Ihre fünf äußeren Sinne beschränkt, ist nicht Ihr eigenes. Es war das Glaubensmuster Ihrer Eltern, Großeltern, Lehrer und der armen Professoren, die Ihre Schulbücher mit dem wenigen Wissen verfassten, das ihnen zur Verfügung stand – die überholten Wissenschaften von vorgestern, die ihnen von ihren *eigenen* Professoren gelehrt wurden. Wir sind dabei, in das aufregendste Zeitalter der Menschheitsgeschichte einzutreten. Wir sind endlich an einem Punkt angekommen, an dem wir die Wahl haben, an dem wir unsere Sinne ins »Übersinnliche« erweitern und einen Schirm des Mitgefühls ausbreiten können, der unseren irdischen Mitwesen Schutz und Liebe bietet.

Oft werde ich gefragt: »Können Sie auch mit Menschen mental kommunizieren oder nur mit Tieren?« Meine Antwort lautet immer: »Meinen Sie mit *anderen* Tieren?« Ich bin dabei, die große Lüge aufzudecken,

Tiere wären nur Pelzknäuel, und deshalb schlage ich zwei Änderungen in der Denkweise vor. Die erste hat damit zu tun, wie wir unsere Tierkameraden betrachten. Sie sind weitaus intelligenter und emotional komplexer als wir je geahnt haben. Sie können denken, fühlen und sogar diskutieren. Sie führen komplizierte Beziehungen und erleben das gesamte Spektrum der Gefühle, die wir für uns Menschen vereinnahmen. Der zweite Quantensprung hat damit zu tun, wie wir uns *selbst* sehen. In uns schlummern erstaunliche Kräfte, die wir uns nie erträumt hätten. Unser Gehirn kann über die fünf Sinne hinaus wahrnehmen – wir alle besitzen eine übersinnliche Wahrnehmung. Sie steckt in unseren Nerven, unserem Körper und unserer Hirnchemie. Gott hat sie in die Blaupause Ihres Entwurfs eingebaut. Sie brauchen nur Konzentration und Geduld, um sie zu zähmen, zu entwickeln und anzuwenden.

Natürlich gibt es in Ihrem Leben Leute, die sagen: »Ich glaube nicht an dieses übersinnliche Zeug«, doch sie schaden sich damit nur selbst. Die Macht der Gedanken zu verleugnen ist dasselbe, wie wenn man sich weigern würde, einen Kühlschrank, einen Toaster oder einen Computer einzuschalten, weil man »nicht an Strom glaubt«. Psychokinetische Energie ist die Elektrizität des neuen Jahrtausends. Und damit sage ich »Willkommen im einundzwanzigsten Jahrhundert!« Doch wie lernen wir, mit anderen Tieren zu sprechen? Bleiben Sie dran – ich werde Ihnen zeigen, wo der »Schalter« ist. Doch lassen Sie uns zuerst einen Blick auf die neue Physik werfen.

Wenden Sie die Kraft an

»Alle Materie wird durch eine ›Kraft‹ festgehalten … Hinter dieser Kraft müssen wir die Existenz eines bewussten und intelligenten Gehirns vermuten. Dieses Gehirn ist die Matrix der Schöpfung.«

Wer hat das wann gesagt? Hat Gary Zukav es letzte Woche in der Oprah Winfrey Show gesagt? Oder Obi-Wan Kenobi im *Krieg der Sterne* zu Luke Skywalker?

Nein. Diese überaus zeitgemäße Idee wurde vor neunundachtzig Jahren von einem Gentleman ausgesprochen, der seiner Zeit ein kleines bisschen voraus war. Der geniale Physiker Max Planck äußerte diesen Bezug zu Gott, nachdem er 1917 den Nobelpreis für die Entwicklung der Quantentheorie entgegennahm. Seine wagemutige Aussage ließ seine eierköpfigen Zeitgenossen beinahe aus den Stühlen kippen. Es reichte nicht, dass Max Planck den Nobelpreis für die Entwicklung der Quantenphysik erhielt – dem ersten Konzept, mit dem sich die Physik auf der Ebene der Subatome erklären ließ. Dieses neue Konzept eignete sich auch noch dazu, die Kluft zwischen Wissenschaft und Spiritualität zu schließen – einer Kluft, angefüllt mit einem Bataillon von trompetenden religiösen Fanatikern, die jeden verdammten, der vor ihrem Gott nicht in die Knie ging, und einer sogar noch bedrohlicheren Armee von atheistischen Wissenschaftlern, die jeden als Idioten abtaten, der es wagte, Engel, Telepathie oder mystische Kräfte zu erwähnen.

Dieser hervorragende Denker wagte es, auf dem Höhepunkt seiner Karriere mit neuer Munition in das Lager der Idioten überzuwechseln: Er hatte soeben eine »Sprache« geschaffen, die Wissenschaftler nicht als Unsinn belächeln konnten – eine scheinbare unglaubliche Welt aus winzigen hüpfenden Lichtern (Elektronen), die als Teilchen oder Wellen nach Lust und Laune ihre Form verändern konnten. Ausgerechnet im Reich der Winzigkeiten hatte er den Schlüssel zu den Geheimnissen des Unermesslichen entdeckt und war so auf die »Kraft« und ihre »Matrix« gestoßen, dem mysteriösen Energiefeld, das die Blaupause unserer Welt zu sein scheint. Er war vielleicht der erste Pionier im Bereich des Bewusstseins, der die Existenz von Gott wissenschaftlich nachweisen konnte. Ich wünschte nur, der Zauberer wäre noch am Leben, damit ich ihm ein Bier spendieren könnte.

Ich bin zwar keine Quantenphysikerin und Sie vermutlich auch nicht, doch das bedeutet noch lange nicht, dass wir nicht über Quantenphysik sprechen dürften. Wir brauchen eine neue Sprache, wenn wir über Metaphysik, Telepathie und das Bewusstsein reden, denn die Sprache der Zauberei, die eine übernatürliche Kraft voraussetzt, jenseits der irdischen Welt und separat von ihr, funktioniert nicht mehr. Die abschätzigen Verstandesfanatiker haben Recht behalten: Die alleinige Erwähnung von Feen, Engeln und Gesprächen mit Pudeln – ohne kritische Untersuchungen – lässt den Erzähler wie einen Schwachkopf klingen, oder zumindest wie jemanden, der die falschen Pilze auf der Pizza erwischt hat.

Auch die Religionen unserer Eltern boten uns keine präzise Methode, mit der wir unsere intimsten transzendentalen Bewusstseinszustände beschreiben können. Die Bibel ist zwar voller Berichte über fantastische

Wunder, doch sie enthält keine intelligenten Erklärungen darüber, wie man die geschilderten Wunder nachvollziehen kann. Es fehlt einfach ein heiliges Arbeitsbuch zur heiligen Schrift. Wenn ich die Bibel lese, meine ich, Bilder mit reich verzierten Torten vor mir zu sehen – leider ohne Rezepte. Gott und die Wissenschaft sind nur selten auf denselben Seiten zu finden. Es ist Zeit, das zu ändern.

»Hallo Wissenschaft, darf ich Ihnen Gott vorstellen?«

Die Wissenschaft könnte auf subatomarer Ebene mit ihren Untersuchungen anfangen! Unser intuitiver Prozess, durch den wir das Mystische erleben und per Telepathie kommunizieren, kann dem Quantenprozess subatomarer Kommunikation gleichgestellt werden. Wir mögen zwar größer als ein Atom sein (und mehr Beine haben), doch es gibt spannende neue wissenschaftliche Erkenntnisse, die die Theorie unterstützen, dass wir großen, plumpen Wesen mit den vielen Zellen genauso miteinander kommunizieren wie die Zellen in unserem Körper, und dass unsere Körperzellen möglicherweise sogar eine effektivere Kommunikationsweise haben als wir. Wie neue wissenschaftliche Entdeckungen vermuten lassen, brauchen unsere Zellen zur Kommunikation keine chemischen Stoffe auszustoßen (wie bisher angenommen wurde), sondern haben womöglich ein hochwirksames Signalsystem, indem sie die »Signaturfrequenz« der anderen anzapfen, was eher dem Versenden einer drahtlosen Mitteilung übers Handy entspricht. Das würde bedeuten, dass dieselben Regeln, denen Mikro-Objekte (winzige Dinge) unterliegen, auch für Makro-Objekte (große Viecher, wie wir es sind) gelten. Noch bis vor kurzem waren die Wissenschaftler sich einig, dass größere Formen wie Planeten, Solarsysteme und Galaxien ganz anderen Gesetzen als denen der Quantenphysik unterliegen – jener geheimnisvollen Welt mikroskopisch kleiner Elektronen, die gleichzeitig als Teilchen und Wellen bestehen können. Es gab eine riesengroße Kluft zwischen der Physik Newtons (wie größere Objekte als Atome nach Meinung der Wissenschaftler funktionieren) und der Theorie der Quantenmechanik (wie winzige Objekte nach Meinung der Wissenschaftler funktionieren). Das menschliche Wesen mit seinen geheimnisvollen Beziehungen zum Universum fiel immer durch diese Lücke hindurch. Und Tiere wurden nicht einmal erwähnt.

Dieses Vakuum bot genügend Raum für die deprimierenden Vorstellungen von Typen wie Friedrich Nietzsche und dem Tierhasser René Descartes. Um es kurz zu sagen: Unsere modernen Philosophien über unsere Welt entstanden auf den Schultern von Wissenschaftlern und Philosophen, die geglaubt haben, Mutter Natur würde im Grunde nur einen Haufen Spaghetti an die Wand schmeißen, um zu sehen, wie viele kleben bleiben. Diese grimmigen Botschaften flattern noch heute über die Köpfe der Menschen hinweg wie grelle Werbebanner hinter Propellerfliegern. Die Botschaften, die sich längst tief in unser kollektives Unbewusstes gefressen haben, signalisieren Dinge wie: »Das Leben ist nur ein Schuss ins Blaue«, »Alles ist bloß Zufall«, »Es gibt keine übersinnlichen Phänomene«, »Synchronizität ist totaler Blödsinn«, »Tiere haben keine Gefühle«, »Wenn dir was Gutes geschieht, hast du bloß Glück gehabt«, »Was soll's? So ist das Leben« und »Das Leben ist scheiße, und am Ende stirbst du noch.«

Descartes glaubte zwar an Gott, doch er hielt Tiere für nicht denkfähige, gefühllose Maschinen, dazu da, von uns Menschen ausgebeutet zu werden. Und Nietzsche war so auf den Gedanken fixiert, jedes Ereignis auf Erden wäre »reiner Zufall«, dass er eine lange, faselnde Abhandlung über die rechnerische Wahrscheinlichkeit, zwei Hunde könnten sich einen Floh teilen, verfasst hat. (Ich musste darüber so lachen, dass ich beinahe ein Fellknäuel ausgespuckt hätte.) Diese Männer setzen ihr gesamtes Hab und Gut auf die Elemente des Zufalls, ohne einen Cent auf das Phänomen der »Absicht« zu verschwenden – die Macht unserer Gedanken, die Welt um uns herum zu beeinflussen.

Diese philosophischen Spaßverderber würden jedes einzelne Erlebnis telepathischer Kommunikation als »reinen Zufall« abtun. Nehmen wir mal an, Ihre Mutter ruft an und Sie spüren noch vor Abheben des Hörers, dass sie es ist. Würde Descartes dann in Ihrer Küche stehen, würde er behaupten, Ihr Gespür sei »reiner Zufall« gewesen. Doch glücklicherweise gibt es neue wissenschaftliche Erkenntnisse, die diese ausgeleierten Ausreden im Staub der Vergangenheit liegen lassen und sie durch aufregende neue Paradigmen ersetzen, die die immer größer werdende Macht des menschlichen Geists und die unterschätzte Sensibilität unserer geliebten Vierbeiner nachweisen. Wir sind auf dem Weg in eine Revolution des

Bewusstseins, doch während wir in bisher unberührtes Gebiet vordringen, müssen wir Wörter erschaffen, die unsere Funde beschreiben können.

Was ist die Sprache der Wunder?

Laut meinem Lieblingsketzer, dem Astronauten Dr. Edgar Mitchell ist »die Quantenphysik die Sprache des abendländischen Wissenschaftlers, um das Gespenst in der Maschine des Alltags zu finden. Ohne sie kann er es nicht vollständig erklären. Quantenphysik ist die Sprache, mit der man das Mysterium und Wunder der Verbindung aller Dinge in der Natur erklärt. Die Wissenschaft hat überzeugende Nachweise erbracht, dass elektromagnetische Energie ein Grundbaustein der physikalischen Realität und die Sonnenquelle ist, die unsere Erde lebendig macht.« Die Atome, aus denen Ihr Körper besteht, könnten einst Teil eines uralten Sternsystems gewesen sein; die Grundkomponenten bestehen ewig und sind unteilbar. Sogar jetzt, während Sie dies lesen, tauschen die Atome in Ihrem Körper elektromagnetische Energie mit dem Stuhl aus, auf dem Sie sitzen. In Bezug auf Energie stehen Sie in Verbindung mit Ihrer Umwelt.

Vielleicht fragen Sie sich jetzt: Besitzen auch Tiere elektromagnetische Energie? Natürlich tun sie das. Kann diese elektromagnetische Energie als Gedanken empfangen werden? Darauf können Sie wetten! Wie kann man Telepathie mit Tieren lernen? Nun ja, dafür müssen Sie vielleicht zuerst ein paar Ihrer wichtigen Vorstellungen über die Wirklichkeit überdenken. In den nächsten zehn Kapiteln werden wir über Tiere und nicht über Wissenschaft reden, doch lassen Sie uns erst einmal diese neue Vorstellung näher untersuchen. Ich weiß, sie klingt beunruhigend, aber wenn Sie mutig sind und den großen Zeh hineintunken, helfe ich Ihnen in das »Null-Punkt-Energiefeld« hinein. Keine Angst, treten Sie näher. Das Wasser ist angenehm warm und einladend.

Schwimmen Sie im Null-Punkt-Energiefeld

Stellen Sie sich ein riesengroßes Spinnennetz aus silbrigem Licht vor. Alle Lebewesen sind hier miteinander vernetzt. Und nun lassen Sie uns diese Vorstellung erweitern. Statt eines zweidimensionalen Netzes stellen wir uns das Netz dreidimensional vor; es ist genauso breit wie tief und erstreckt sich unbegrenzt in alle Richtungen des Universums. Es ist ein glitzerndes Meer aus Energie, in dem alles in unserem Universum enthalten ist. Es schließt jedes Lebewesen und die Geschichte eines jeden Wesens mit ein. Und dieses Energiemeer besteht nicht nur aus Materie, sondern auch aus dem Raum zwischen den Sternen und dem leeren Raum zwischen Ihren Körperzellen, und sogar aus dem Raum zwischen den Nuklei und Elektronen in Ihren Atomen.

Vergessen Sie nicht: Materie ist allein schon fast völlig immateriell. Sie besteht zu 99 Prozent aus leerem Raum. Doch anstatt das Fehlen von Materie als Vakuum zu betrachten, stellen wir uns nun vor, dass dieser leere Raum zusammen mit dem Rest der Schöpfung elektrisch geladen ist, vibriert und lebt. Und nicht nur das – dieses Meer speichert Informationen in einer riesigen »Daten«-Bibliothek in mikroskopischen Interferenzmustern, während wir unsere Geschichte durchleben. (Ein Interferenzmuster entsteht, wenn Lichtstrahlen aus zwei verschiedenen Quellen beim Durchdringen desselben Mediums aufeinander treffen. Wenn zwei kohärente Laserstrahlen miteinander vermischt werden und auf eine Leinwand oder einen Film projiziert werden, und einer dieser beiden Lichtstrahlen das Bild eines Objekts trägt, nennt man dieses Interferenzmuster ein Hologramm.)

Die Theorie des Null-Punkt-Energiefelds (von nun an »NP-Feld« genannt) beruht auf der Vorstellung, dass alle Lebewesen miteinander aufgrund der Naturgesetze automatisch miteinander kommunizieren können. Warum? Weil sie davon ausgeht, dass wir alle nur Teile eines großen Gesamtorganismus sind. Wenn wir alle nur Puzzleteile eines gigantischen Puzzles sind, ist es dann nicht logisch, dass wir schweigend miteinander kommunizieren können? Menschen können als Zellen im Körper Gottes betrachtet werden, und ebenso jedes Tier, jede Pflanze und jeder Stern in unserem Universum. Wenn ich »Gott« sage, meine ich eine liebevolle und unparteiische grenzenlose Macht. Man könnte sie auch universelle Intelligenz, göttliche Schöpfung oder den Geist der Natur nennen. Es ist mir egal, wie Sie sie nennen, Hauptsache, Sie rufen sie. Ihre Fähigkeit mit Tieren zu kommunizieren hängt von Ihrer Fähigkeit ab, mit Gott zu kommunizieren, denn an dieser Verbindung lässt sich messen, wie gut Sie mit sich selbst kommunizieren.

Würden wir Ihren Körper und den Körper Ihrer Katze, Ihres Pferdes oder Ihres Hundes ausradieren, so würden nur elektrisch geladene Energiefelder übrig bleiben – kleine Wolken aus sich drehenden Lichtstrahlen. Sie bestehen aus winzigen Energiepäckchen, die ständig mit der Welt um sich herum in Verbindung stehen. Auch Ihr Hund besteht aus solchen kleinen Informationspäckchen. Wenn wir diese Tatsache nun mit dem neuen Wissen betrachten, dass wir uns alle in dem NP-Feld befinden, sind Ihre Tiere nicht länger separat von Ihnen. Denken Sie sich die äußere Form und die scharfen Ränder weg – und Sie werden entdecken, dass es keine Trennung zwischen »Ihnen« und »nicht Ihnen« mehr gibt. Ihre Energie macht nicht an Ihren Fingerspitzen Halt, sondern kann in die Welt um Sie herum ausströmen.

Gehen Sie noch einen Schritt weiter, so stellen Sie fest, dass Sie und Ihr Hund nicht in Hüllen stecken oder in Körpern gefangen sind, die durch leeren Raum voneinander getrennt sind. Wenn wir Raum als ein Energiemeer betrachten, das außerhalb unseres Körpers genauso real ist wie in unserem Körper, so würde das alles verändern, nicht wahr? Dann könnten Sie in diesen Ozean hinauswaten und im Energiefeld Ihres Tieres schwimmen, wo Sie seine physischen und psychischen Schmerzen und Leiden spüren würden und vielleicht sogar die Bilder in seinem Kopf sehen könnten. Dies klingt vielleicht absurd, aber unser heutiges wissenschaftliches Verständnis macht es mir nicht gerade leicht, es zu erklären. Bevor ich Ihnen meine Version des NP-Felds anbiete, wollen wir uns einen Augenblick lang seine wissenschaftlichen Ursprünge ansehen.

Die neuste, Schwindel erregende Theorie, die Quantenphysik, ging dem NP-Feld voraus. Quantenphysik bedeutet einfach die Physik der kleinsten Teilchen. Während die Newton-Physik die Bahnen der Planeten oder den Energieaustausch während eines Billardspiels beschreiben kann, beschreibt die Quantenphysik subatomare Bewegungen, zum Beispiel wie Elektronen den Atomkern umrunden und vor allem wie Subteilchen innerhalb des Kerns miteinander tanzen. Man könnte meinen, dass sämtliche Materie auf die gleiche Art mit anderer Materie interagiert, seien es Planeten, die in einem Sonnensystem ihre Bahnen ziehen, oder Elektronen, die ihre Bahnen um einen Atomkern ziehen – doch leider ist das nicht der Fall. Die allgemein gültigen Gesetze der Physik beginnen auf der kleinen Ebene zu bröckeln.

Die Quantenphysik versucht, das Verhalten der Bausteine von Materie zu erklären: Elektronen, Protonen und Neutronen, und sogar die Subteilchen, aus denen diese Teilchen zusammengesetzt sind! Jedes Proton und jedes Neutron besteht aus sechs »Quarks«, die von »Gluonen« zusammengehalten werden. Ein Gluontyp wurde »Higgs Boson« genannt, und ein Bosontyp wird »exotisches Meson« genannt. (Bei mir erwecken diese Begriffe das Bild von Enten, die in Kübeln aus Klebstoff umherflattern, während mikroskopische Parasiten mit roten Gumminasen und Badelatschen auf den wasserdichten Rücken der Enten Fahrrad fahren.) Es gibt sogar »Antiquarks« und »Tetraquarks«, und, so Gott will, vielleicht sogar »Pentaquarks«. Die Wissenschaftler beschlossen, die Quarks nach »Geschmacksrichtungen (flavours)« und die Gluonen nach »Farben (colours)« zu benennen. Und sie gaben den sechs Quarks die Namen »up, down, top, bottom, charm und strange (auf, ab, oben, unten, Zauber und seltsam)«.

Wer hat sich diese Namen bloß ausgedacht? Fragen Sie nicht mich. Sie klingen so, als hätten zu viele Wissenschaftler um Mitternacht Hasch geraucht. (Und dabei vielleicht Kaninchen aus dem Hut gezogen.) Doch außer ihrer originellen Fähigkeit der Benennung von Teilchen präsentierten diese genialen Physiker auch eine neue Theorie, die andeutet, dass das Atommodell, das Sie in der Schule gelernt haben, falsch ist. Elektronen ziehen keine Bahnen wie Planeten; stattdessen bilden sie verschwommene Wolken von Wahrscheinlichkeiten um den Kern. Die Quantenphysik spielt sogar bei den schwarzen Löchern eine Rolle, bei denen man die Standardphysik glatt wegwerfen kann.

Die Entdeckung der Quantenphysik rief zwar großes Staunen hervor, doch sie ließ viele Fragen unbeantwortet. Albert Einstein arbeitete auch an einer großen vereinigten Feldtheorie und kämpfte bis zu seinem Tod gegen Paradoxe an. Doch selbst er konnte sich keinen Reim aus der launischen Welt der Quantenmechanik machen, in der Elektronen Verstecken spielen, sich materialisieren und wieder verschwinden und wie eine Horde mikroskopischer Flöhe umherhüpfen. Albert der Große akzeptierte die Quantenmechanik nie als fundamentale physikalische Theorie, da er – neben anderen Widersprüchen – den Gedanken des »reinen Zufalls« nicht schlucken konnte. In seinem berühmten Brief an den Physiker Max Born schrieb er: »Die Quantenmechanik ist sehr beeindruckend … doch ich bin überzeugt, Gott würfelt nicht.« Segne Gott seine Seele und seine wilde

Haarpracht! Er hat das ganze Leben lang versucht, Ordnung im göttlichen Universum zu finden.

Eine kleine Gruppe mutiger Wissenschaftler auf der ganzen Welt setzt die Experimente der Quantenphysik-Pioniere fort. Die Theorie vom NP-Feld ist aus der mathematischen Ungereimtheit entstanden, aus ein paar Gleichungen, die zwar von der Quantenphysik-Familie ausgegrenzt wurden, doch nicht vergessen sind. Die Wissenschaftler erkannten, dass, wenn das NP-Feld in unsere natürliche Wahrnehmung der materiellen Welt einbezogen werden würde, unser gesamtes Universum ein unteilbares Meer aus Energie, ein riesiges, schwingendes, vibrierendes Energiefeld wäre, und dass jedes winzige Teil zu jedem Zeitpunkt im Einklang mit dieser göttlichen Symphonie mitschwingt. Und hier kommt der wahre Hammer: Die besagten Wissenschaftler haben herausgefunden, dass wir nicht nur mit dem ganzen Orchester des Lebens verbunden sind, sondern auch unbewusst Informationen mit ihm austauschen. Wir tun dies zwar längst, doch die meisten Menschen sind sich dessen nicht bewusst.

Was genau ist dann ein Gedanke? Eine elektrische Spannung. Und was ist ein Gefühl? Auch eine elektrische Spannung. Was ist eine sinnliche Wahrnehmung? Ganz richtig – eine elektrische Spannung. Und ich möchte Ihnen zeigen, wie Sie Ihre Energie neu einstellen, damit Sie so sensibel werden, dass Sie die Gedanken, Gefühle und körperlichen Wahrnehmungen Ihrer Umwelt – insbesondere die Ihrer Tiere – spüren können. Sie werden sich dessen, was Sie längst empfangen, bewusster werden. Doch wie können wir unsere Intuition feiner einstellen? Indem wir lernen, die Quantenhologramme zu erkennen.

Willkommen in meinem Hologramm

Bitte anschnallen, es wird eine wilde Fahrt! Auch die folgenden Informationen stammen von Dr. Edgar Mitchell, der im Jahr 1971 den Mond mit den Zehen gekitzelt hat und der nun Ihre Fantasie mit seinem futuristischen, atemberaubenden Kauderwelsch kitzeln wird. Den Lesern unter dreißig möchte ich kurz erläutern, wer Dr. Mitchell ist. Als der Astronaut 1970 in Apollo 13 meldete: »Houston, wir haben ein Problem!«, sagte er dies zu Edgar Mitchell, der die Mission von Houston aus überwachte. Mitchell befand sich nur deswegen auf irdischem Boden, weil sein Team ausgewechselt worden war und für die nächste Raumfahrt eingeteilt war. Als der SOS-Ruf der Astronauten in der Raumfähre Apollo 13 einging, begab Mitchell sich in einen Simulator der NASA, wo er drei ganze Tage und Nächte fast völlig ohne Schlaf verbrachte, um bei der Lösung des Problems zu helfen, wie man die Raumfähre in ein Rettungsboot umfunktionieren könnte. Dies rettete den Astronauten das Leben und ermöglichte es ihnen, sicher zur Erde zurückzukehren. Dr. Mitchell studierte Industriemanagement an der Carnagie Mellon University sowie Aeronautik und Astronautik an der MIT. Er unterrichtete an der Pilotentestschule der US Air Force und war Pilot in der Navy, bevor er zu seiner ersten Apollo-Mission gerufen wurde.

Als Dr. Mitchell vom Mond zurückgekehrt war, gründete er das Institut für Noetik, das erste Forum in den USA, in dem Wissenschaftler zusammenarbeiten, um neue Theorien über Bewusstsein, Physik, Mystik und Evolution zu untersuchen. Und ich lernte einen Mann kennen, der für mich einer der hervorragendsten Denker des zwanzigsten Jahrhunderts in Bezug auf die Erklärung ist, weshalb telepathische Kommunikation mit Tieren möglich ist. Dr. Mitchell war so großzügig, mir das folgende Interview persönlich zu gewähren, während seine große Liebe, eine Schnauzerdame namens Miss Megs, mir zu Füßen saß und um einen Happen Käse bettelte. Hier ist das, was Dr. Mitchell während des Interviews sagte – und meine Übersetzung.

Dr. Mitchell: »Neue Untersuchungen weisen darauf hin, dass wir und jedes physikalische Objekt ein nachschwingendes holografisches Bild haben, das mit unserer körperlichen Existenz verbunden ist. Es wird Quantenhologramm (QH) genannt. Man kann es sich wie einen Heiligenschein oder wie einen Lichtkörper vorstellen, der aus winzigen Quantenemissionen aus jedem Molekül und jeder Zelle des Körpers besteht.«

Amelia: Sitzt ein kleiner Wollknäuel in diesem Augenblick mit glänzenden Augen vor Ihnen und versucht, Ihnen etwas mitzuteilen? Vielleicht möchte sie ein Stückchen Käse? Ihr Hund oder Ihre Katze ist in Wirklichkeit kein Wollknäuel. Es ist ein QH-Knäuel.

Dr. Mitchell: »Das QH wurde von dem deutschen Professor Walter Schempp entdeckt und experimentell nachgewiesen, während er an der

Verbesserung der Magnetresonanztomografie-Technik (MRT) arbeitete. Er hat entdeckt, dass das bekannte Phänomen der energetischen Emission/Re-Absorbierung sämtlicher physikalischer Objekte auf der Quantenebene Informationen über die Geschichte des besagten physikalischen Objekts trägt.«

Amelia: Fragen Sie sich, wie das Leben Ihrer Hündin aussah, als sie noch im Tierheim war? Die Geschichte Ihres Tieres ist in jeder Körperzelle enthalten. Ich meine damit nicht nur Gedächtnisspeicher im Hirn; die holografische Lebensgeschichte Ihres Tieres ist in jedem Molekular seines Körpers gespeichert.

Dr. Mitchell: »Eine zusätzlich wichtige Eigenschaft des QH ist, nicht lokal zu sein, das heißt, es befindet sich nicht in der Raumzeit, sondern trägt die Informationen wie Teilchen überallhin.«

Amelia: Jetzt wird es kompliziert. Dr. Mitchell glaubt, die Daten der Lebenserfahrungen Ihres Tieres seien nicht in seinem physikalischen Körper, sondern in dem NP-Feld selbst gespeichert – jener riesengroßen kosmischen Bibliothek, die die Geschichte eines jeden Lebewesens aufschreibt und verwaltet. Die holografische Geschichte eines Tieres zu lesen, ist, wie wenn man sich in einem riesengroßen Videoladen den Film aussucht, der einen interessiert, und ihn sich ansehen würde. Gemäß Dr. Mitchell »liest« man nicht das Tier selbst. Man »liest« die Dokumente und holt sich die Informationen direkt von Gott.

Dr. Mitchell: »Was einige Quantenphysiker Nichtlokalität nennen, hat Albert Einstein ›Unheimliche Handlung aus der Ferne‹ genannt.«

Amelia: »Nichtlokal« bedeutet, dass das Tier und/oder die Informationen, die Sie wahrnehmen, sich außerhalb Ihrer fünf Sinne Sehen, Riechen, Hören, Schmecken oder Fühlen befinden. Das Phänomen der Nichtlokalität kann dabei helfen, das zu erklären, was allgemein »Remote Viewing« genannt wird – die Fähigkeit, Tiere, Menschen, Orte und Ereignisse zu spüren, die nicht im Rahmen der fünf Sinne wahrgenommen werden können. Doch wenn alle Lebewesen nur ein riesiger Organismus sind und die ganze Welt unsere Heimat ist, dann ist doch alles lokal, nicht wahr?

Wenn die Theorie vom NP-Feld Gültigkeit hat, würden dieselben Regeln für sämtliche Objekte im Universum gelten – die winzigen und die riesigen und alle pelzigen Wesen dazwischen. Es würde bedeuten, dass wir in einer geordneten Welt leben, die von einer Art göttlicher Intelligenz geschaffen wurde und gemanagt wird, und dass unser Universum einen Sinn ergibt. Die Wissenschaft müsste dann zur Mystik sagen: »Ich verstehe, dass du telepathisch mit Tieren kommunizieren kannst. Telepathie ist ein absolut akzeptierter Quantenprozess geworden. Ich habe deine Schamanen auf Scheiterhaufen verbrannt und in zahllosen Talkshows lächerlich gemacht. Sieht so aus, als hätte ich mich die letzten sechshundert Jahre über geirrt. Oje. Tut mir leid.« Das wäre doch echt nett, nicht wahr?

Da das Wort »Quantenhologramm« ein ziemlicher Brocken ist, möchte ich eine Kurzversion einführen. Von nun an verwenden wir einfach den Begriff »Q-Form«, wenn wir von Quantenhologrammen sprechen.

Sollten Sie noch bei der Sache sein, wollen wir diese neuen Gedanken anwenden. Unser Ausgangspunkt in der Entwicklung Ihrer Intuition muss nichts mit Tieren zu tun haben. Lassen Sie uns einen Blick darauf werfen, wie Sie Informationen empfangen. Jeder von uns empfängt nichtlokale Informationen. Die Frage ist nur, wie viel Aufmerksamkeit Sie den Signalen schenken, die Sie erhalten. Das folgende Quiz hilft Ihnen, das herauszufinden.

Psychoquiz: Wie intuitiv sind Sie?

1. Haben Sie schon einmal das Telefon klingeln hören und noch bevor Sie den Hörer abnahmen gewusst, wer am anderen Ende der Leitung war?
2. Wie oft passiert Ihnen das?
3. Denken Sie vor oder nach dem Klingeln des Telefons an diese Person?
4. Wie empfangen Sie diese Information?
5. Sehen Sie dann das Gesicht der Person? Oder die ganze Gestalt?
6. Hören Sie im Geist ihre Stimme?
7. Hören Sie im Geist ihren Namen?
8. Riechen Sie ihr Parfüm oder sein Aftershave?
9. Spüren Sie ihre vibrierende Energie um sich herum?

10. Fallen Ihnen Erinnerungen an die Person ein, bevor sie anruft?
11. Haben Sie schon einmal an eine alte Freundin oder einen alten Freund gedacht, zu der oder dem Sie seit Jahren keinen Kontakt mehr hatten, nur um nach Hause zu kommen und herauszufinden, dass er oder sie angerufen, eine E-Mail oder einen Brief geschickt hat?
12. Haben Sie schon einmal gespürt, was in Ihrem Briefkasten sein würde, bevor Sie nachgesehen haben?
13. Haben Sie jemals das unangenehme Gefühl gehabt, sich lieber nicht mit jemandem zu verabreden, sind dann trotzdem mit ihm oder ihr ausgegangen und haben es bereut?
14. Sind Sie schon mal jemandem begegnet und haben ihr oder ihm auf Anhieb misstraut?
15. Haben Sie jemals gespürt, dass jemand lügt, und später herausgefunden, wie Recht Sie hatten?
16. Haben Sie schon einmal eine starke freundschaftliche Verbindung zu jemandem gespürt, den Sie gerade kennen gelernt hatten?
17. Hatten Sie jemals das Gefühl, dass mit einem Ihrer Angehörigen oder engen Freunde etwas nicht stimmt, um später herauszufinden, dass Sie mehr Recht gehabt hatten, als Ihnen lieb war?
18. Hatten Sie schon mal das Gefühl, besser eine andere Strecke zu fahren, ohne auf Ihre innere Stimme zu hören, und gerieten Sie prompt in einen Stau?
19. Hatten Sie je eine böse Vorahnung, eine bestimmte Aktie lieber nicht gekauft zu haben?
20. Waren Sie jemals in Gefahr und wussten, dass gleich etwas passieren würde, bevor es tatsächlich eintraf?

Denken Sie darüber nach, wie viele Fragen Sie mit »Ja« beantwortet haben. Erinnern Sie sich an Ihre Erlebnisse und fragen Sie sich: Wie intuitiv bin ich? Und wie sehr vertraue ich meiner Intuition? Tendiere ich dazu, mich selbst anzuzweifeln und mein spontanes Bauchgefühl zu überhören? Bis zu einem gewissen Maß tun wir alle das. Ihr Lernerfolg, mit Tieren zu sprechen, hängt jedoch vom Level Ihres Selbstvertrauens ab.

Schwarz auf weiß hinter Ihren Augen

Nun wollen wir uns ansehen, wie Sie eingehende Informationen erhalten. Die Mehrheit meiner Schüler sagt: »Ich spüre es einfach«, oder: »Ich *weiß* es eben«, wenn ich sie frage, woher sie wissen, wer sie anruft, bevor sie das Gespräch entgegennehmen. Dann werfe ich ihnen vor, es sich zu leicht zu machen. Man empfängt Q-Formen auf ganz bestimmte Weisen, und ich rate Ihnen dringend, diesem blitzschnellen Vorgang mehr Beachtung zu schenken. Erscheint die Person am anderen Ende der Leitung in Ihrem Geist als ein Bild, ein Geruch oder eine Erinnerung? Sagt Ihre innere Stimme den Namen der Person oder hören Sie in Gedanken ihre Stimme?

Diese Frage stellte ich einmal einer Gruppe von Schülern eines Workshops in den englischen Midlands. »Auf welche Weise empfangen Sie diese Informationen? In Bildern? In Wörtern? Hören Sie die Stimme der Person?«

Eine ältere Dame hob die Hand und sagte: »Ich sehe sie auf die Rückseite meiner Augen gedruckt! Schwarz auf weiß! Von links nach rechts zu lesen!« Nur wenige Menschen haben eine so feine Wahrnehmung wie sie. Doch es ist auch keine ungewöhnliche Erfahrung. Da in der heutigen Zeit so viele von uns täglich mehrere Stunden am PC verbringen, können viele Leute die Antworten tatsächlich vor dem geistigen Auge »getippt« sehen. Einige meiner Schüler nehmen die Worte handgeschrieben wahr. Auch ich verbringe täglich viele Stunden damit, auf einen Computerbildschirm zu starren, und seit dies für mich zur Routine geworden ist, hat sich auch meine übersinnliche Seite daran gewöhnt. Wenn ich bete, kann ich oft die Antworten auf meine Fragen über mein Drittes Auge huschen sehen.

Wir sollten damit anfangen, diesem inneren System Beachtung zu schenken – Ihre Intuition ist wie ein organischer Rauchalarm, den Gott als Überlebenshilfe in Ihrem Körper installiert hat. Es ist kein fauler Zauber. Es ist ein Überlebensmechanismus, der entwickelt werden kann, um das Wohlbefinden Ihrer Nächsten und Ihrer Tiere zu unterstützen.

Woher Sie wissen, dass Sie es sich nicht »nur einbilden«? Wenn Sie den Mut haben, auf Ihre intuitiven Informationen zu vertrauen und sich später herausstellt, dass Sie Recht hatten, werden Sie merken, dass sie nicht Ihrer Fantasie entsprungen sind, sondern es sich um empfangene

Daten handelt. Die Angaben, die Sie von einem Tier erhalten, können subtil sein, doch es ist unser Ziel, die Tatsache zu respektieren, dass das Gefühl der intuitiven Kommunikation ähnlich ist wie die allererste Fahrt auf einem Fahrrad.

In der Sekunde, nachdem Sie zum ersten Mal die Ekstase spürten, auf dem Fahrrad das Gleichgewicht gehalten und die Straße entlang geflogen zu sein, haben Sie sich vielleicht auch gefragt: »Ist das wirklich gerade passiert?« Und es war keine »Einbildung«. Sie wussten, dass es passiert war, weil es sich so real *anfühlte.* Telepathische Kommunikation funktioniert genauso. Ich möchte, dass Sie sich daran erinnern, wie es sich *anfühlt,* Gewissheit zu haben. Auf diese Weise stacheln Sie die Neurotransmitter in Ihrem Hirn an, neue Bahnen zu schaffen, über die Sie an diese Stelle »zurückkehren« und Ihre Intuition stärken können. Um meinen Lieblingskunstlehrer Karl Gnass zu zitieren: »Ihr wollt nicht, dass eure Begabung wie ein betrunkener Matrose ist, worüber ihr am nächsten Tag auf der Titelseite der Zeitung lest und euch fragt: ›Wer zum Teufel hat das gemacht?‹« Unser Ziel ist, eine Methode zu finden, mit der man den Vorgang wiederholen und Kontinuität entwickeln kann, und das schaffen Sie nur, indem Sie genau auf das achten, was Sie tun, während Sie es tun.

Auch wenn die Anzahl der »Ja«-Antworten auf die obige Fragenliste nur eine einzige ist, haben wir nun etabliert, dass Sie es »tun« können. Doch ich möchte, dass Sie es so kontinuierlich und oft tun, bis es zu einer trainierten Fähigkeit wird, genauso automatisch wie Fahrrad- oder Autofahren. Sie sollen es so blind beherrschen, wie Sie Pasta kochen. Wenn Sie oft genug Spaghetti kochen, müssen Sie auch nicht jedes Mal wieder neu die Kochanleitung auf der Packung lesen.

Im nächsten Kapitel erforschen wir, wie Sie Ihre Intuition als Werkzeug einsetzen, um diese Sensibilität für sich arbeiten zu lassen, wann immer Sie sie brauchen. Wir machen einen Kopfsprung ins Tiefe und »lesen« Fotos, damit Sie eine energetische Verbindung – und vielleicht sogar eine Unterhaltung mit einem Tier aufbauen können, wo immer es auch sein mag.

2

Stellen Sie Ihr Sonar ein

Die Fantasie ist wichtiger als das Wissen.
Albert Einstein

Die orangefarbene Stange

Nur wenige Meter von meinem Haus entfernt lernte ich zwei große bunte Papageien in einem Tiergeschäft kennen: Cosmo, einen goldblauen Ararauna, und Carlos, einen grün geflügelten Ara. Beide Vögel steckten in engen Käfigen. (Ein Vogel im Käfig – das ist dasselbe, wie wenn wir Menschen in eine Duschkabine eingesperrt wären.) Cosmo sah wie von Picasso in Gottes Papageienanstreichfabrik gemalt aus – seine Farben waren ultramarinblau, hellrot, grün und cadmiumgelb direkt aus der Farbtube und so schamlos auf seinen Flügeln verteilt wie Spitzenunterwäsche, die auf einem Balkongeländer flattert. Sein Kumpel Carlos war etwas bescheidener gekleidet; sein Federkleid wirkte wie eines von Elvis' Hawaiihemden.

Als ich den Gang entlangging, schimmerte Cosmo in der Ferne wie ein Kirmeszelt. Ich machte zwar immer einen Abstecher zu den beiden farbenfrohen Jungs, um ihnen mein Beileid auszusprechen, weil sie so weit von ihrer Heimat entfernt waren – sie sind in Südamerika zu Hause –, doch da ihr Leben recht eintönig verlief, wusste ich nie so ganz, worüber ich mich mit ihnen austauschen sollte. Ich kam mir vor, als würde ich versuchen, mich mit zwei alten Brasilianern in einem Mautkasten zu unterhalten. Deshalb fragte ich bei jedem Besuch Cosmo, den Charmanteren der beiden: »Was ist dein Lieblingsfutter?« Er antwortete jedes Mal gedanklich: »Orangefarbene Stange.« Ich hörte die Worte in meinem Kopf. Das nennt sich »Clairaudience«. Nicht alle meine Schüler hören Wörter, doch mir passiert das immer wieder.

Als ich in den Papageienkäfig sah und außer einem Schüsselchen Körner nichts zu fressen entdeckte, fragte ich ihn noch einmal: »Was frisst du gern?« (Gleichzeitig schickte ich ihm ein mentales Bild von sich, in dem er etwas im Schnabel hielt und darauf herumkaute.) Er antwortete eifrig: »Orangefarbene Stange!« Völlig verwirrt starrte ich in seinen Käfig und konnte nie etwas darin sehen, was wie eine Stange aussah und orangefarben war, doch Cosmo blieb bei seiner Antwort.

Dieses kleine Ritual währte anderthalb Jahre. Der arme Papagei muss mich für eine Idiotin gehalten haben (oder für eine Langweilerin), da ich ihm immer wieder dieselbe Frage stellte. Ich bin sicher, wenn er mich den Gang hinunterkommen sah, sagte er jedes Mal zu dem anderen Papagei: »Schau mal, Carlos. Hier kommt diese bescheuerte Tierkommunikatorin wieder. Pass auf!« Und dann brüllte er: »Hey, du dumme Henne! Orangefarbene Stange! Orangefarbene Stange, haha!« Und dann lachten die beiden Vögel bis zum Umfallen.

Ich überlegte sogar, ob ich die Papageien selber kaufen sollte, da ich sie unbedingt aus ihren Käfigen befreien wollte, doch ich befürchtete, dass meine fünf streitsüchtigen Katzen ihnen das Leben zur Hölle machen würden.

Als ich eines Tages den Laden betrat, bemerkte ich, dass Carlos verschwunden war. Als ich Cosmo darüber befragte, schickte er mir mentale Bilder, wie Carlos' Käfig aus dem Geschäft geschleppt wurde. Der Ladenbesitzer sagte mir, Carlos sei verkauft worden, und so tröstete ich Cosmo, dass sein Freund ein gutes Zuhause gefunden hatte und von nun an ein glückliches Leben hätte. Während ich zögernd dastand und nicht wusste, worüber ich sonst noch mit Cosmo reden sollte, fragte ich ihn zum hunderttausendsten Mal: »Was ist dein Lieblingsfutter?«

»Orangefarbene Stange«, gab er zur Antwort.

Erpicht, das Rätsel endlich ein für alle Mal zu lösen, fragte ich ihn: »Kannst du mir ein Bild davon schicken?« Sofort produzierte er die Vision eines Gegenstands in seinem Schnabel, der die ungefähre Größe einer großen Karottenscheibe hatte, circa zweieinhalb Millimeter dick und fünf Zentimeter breit war. Zum tausendsten Mal fragte ich mich, was um alles auf der Welt das sein könnte.

»Geben sie dir nach Geschäftsschluss orangefarbene Körnerstangen oder Karottenscheiben zum Knabbern?«

»Nein! Nein! Orangefarbene Stange!«, beharrte er. Dann kam die Erleuchtung. Ohne den Blick von mir abzuwenden, trippelte er in Windeseile seitlich auf seiner Stange auf mich zu und erschreckte mich zutiefst. Dann hüpfte er auf den Käfigboden und holte einen Kauring hervor, der mit lauter Babyspielsachen bestückt war. Ich hatte das Spielzeug noch nie zuvor gesehen, da es in der hinteren Käfigecke versteckt lag. Er hob es mit dem Schnabel auf und kletterte wieder auf seine Sitzstange. Dabei sah er mich mit seinem intensiven Blick an. Während er den Klapperring mit einer Kralle festhielt, benutzte er den Schnabel, um die farbigen Plastikscheiben wegzuschieben, so wie man früher auf einem Rechengerät die Kugeln verschoben hat. Mit großer Sorgfalt schob er die blaue Scheibe weg, dann die gelbe, die rote –

Als Cosmo das orangefarbene Spielzeug erreicht hatte, nahm er es mit dem Schnabel auf, beugte sich vor und starrte mich direkt an. Dann schüttelte er es vor meiner Nase hin und her. Das orangefarbene Spielzeug hatte die Form eines großen Autoschlüssels. Es war ungefähr zwei Millimeter dick und sah tatsächlich ähnlich aus wie eine Karottenstange.

»Orangefarbene Stange!«, wiederholte er. Vor Staunen wurden meine Knie weich. Ich musste mich festhalten, um nicht vor seinem Käfig ohnmächtig auf den Boden zu sinken. Sogar nach all den Jahren der Tierkommunikation hatte ich so etwas nicht für möglich gehalten.

Entschlossen, ihn auf der Stelle zu kaufen, rannte ich zur Kasse. Ich war bereit, Vorsicht, Vogelfedern und Katzenfell in den Wind zu schreiben, als der Besitzer mir sagte: »Ach, der ist schon reserviert. Gestern hat eine Frau ihn gekauft, aber sie kann ihn erst morgen abholen.«

Cosmo wusste, er würde mich nie wieder sehen. Deswegen musste er der schwachköpfigen Tierkommunikatorin, die ihn seit über einem Jahr wegen seiner orangefarbenen Stange genervt hatte, die Sache ein für alle Mal klar machen. Dieses Wunder war sein Abschiedsgeschenk an mich.

Seit jenem Tag mit Cosmo haben mir auch viele andere Papageien ihre schockierende Fähigkeit gezeigt, während der mentalen Kommunikation zu offenbaren, worüber sie sprechen. In einem Workshop in Frankfurt hatten wir einen großen Papageien als Gastdozenten. Ich bat die Gruppe, ihm Fragen über sein Leben zu stellen, die sein Halter eindeutig bestätigen könnte. Der Papagei saß ganz still da, während die Gruppe ihn mental befragte und die Antworten notierte. Er saß ruhig auf dem Arm seiner Halterin, während sie die Antworten meiner Schüler besprach. Doch als die Gruppe ihn fragte: »Was ist mit dem weiblichen Papagei zu Hause los? Sie hat irgendein Problem. Was ist es?«, wurde der Vogel plötzlich wild! Er breitete die großen Flügel aus und kreiste im Raum umher; dann hockte er sich wieder auf den Arm seiner Halterin. Alle schrien vor Überraschung auf. Das Problem mit dem anderen Vogel war, dass sie nicht fliegen konnte. Dies machte der gefangenen Vogeldame schwer zu schaffen und beunruhigte anscheinend auch unseren Papageien, der sogar so weit ging, die Antwort auf unsere Frage »zu demonstrieren«.

Man könnte dies natürlich als reinen Zufall abtun. Doch eine andere Kursteilnehmerin hatte als Tierdozentin eine Schildkröte mitgebracht. Der Papagei kannte die Schildkröte nicht. Nach Anweisung der Besitzerin fragte die Gruppe die Schildkröte per Telepathie, wie sie ihren Frust ausdrücke, wenn sie sich über etwas ärgere. Der Papagei war seit seinem Bumerangflug durch den Raum still und ruhig gewesen. Er wartete ein paar Minuten ab, während die Gruppe sich auf die Antwort konzentrierte. Dann flog er geradewegs auf ein geschlossenes Fenster zu und stieß mit dem Kopf gegen die Glasscheibe! Er stürzte benommen zu Boden und erschreckte alle furchtbar, vor allem mich. Seine Halterin sagte, sie hätte ihn so etwas noch nie tun sehen. Glücklicherweise fehlte dem Papageien nichts, und er rappelte sich wieder auf, während die Besitzerin der Schildkröte das Geheimnis lüftete. Wie sie uns erzählte, hatte die Schildkröte die Angewohnheit, mit dem Kopf immer wieder gegen die Glasscheibe des Aquariums zu stoßen, wenn sie sich über etwas aufregte. Der Papagei hatte unsere Frage an die Schildkröte nicht nur verstanden, sondern auch mit ihr darüber kommuniziert und der Gruppe dann das Verhalten der Schildkröte vorgespielt!

Wie können wir mit Tieren telepathisch kommunizieren? Auf die gleiche Art, wie sie miteinander kommunizieren. In diesem Kapitel beginnen wir das aufregende Abenteuer zu lernen, wie man mit Tieren spricht – ganz real. Doch lassen Sie uns zuerst darüber reden, warum es funktioniert.

Schwing mit, Baby!

»Phase« und »Resonanz« sind wissenschaftliche Termini, die uns helfen zu verstehen, wie wir durch einen Quantenprozess nonverbal Verbindung zu anderen Lebewesen aufnehmen können. Wie Dr. Mitchell es ausdrückt, funktioniert das Phänomen, nichtlokale Informationen zu erhalten, durch »phasenkonjugierte adaptive Resonanz«. So lautet die wissenschaftliche Definition. Puh! Mir gefällt »Resogenese« besser. Für unsere Tierkommunikation benennen wir diesen Begriff also um in »Resogenese« mit der Bedeutung, mit allen Lebewesen zu kommunizieren. In seinem Buch *The Way of the Explorer* definiert Dr. Mitchell Resonanz wie folgt:

> Information wird nicht von einem Teilchen zum anderen übermittelt; stattdessen sind die Wellenaspekte der Teilchen auf irgendeine Art nichtlokal miteinander verbunden und »schwingen mit«, um die Korrelation ihrer Merkmale zu erhalten. Sie verhalten sich nicht wie Teilchen, sondern eher wie Felder, die sämtlichen Raum ausfüllen und von einem noch unerkannten Mechanismus in ihren Eigenschaften geleitet und geführt werden. Da die Gesetze der Quantentheorie nicht nur für subatomare Materie, sondern für jede Materie gelten sollen, deutet die Ausdehnung dieser allgegenwärtigen, miteinander verbundenen »Resonanz« an, dass die gesamte Natur in gewisser Weise wie Wellen, Felder und »Geist« ist.

In anderen Worten: Wir können von Tieren Informationen erhalten, indem wir *wollen,* dass unser Bewusstsein mobil ist und auf elektromagnetischen Wellen schwingt, anstatt uns als isolierte Teile in einem kalten, abgetrennten Universum zu sehen.

Hier ist ein Beispiel zum besseren Verständnis: Um effektiv zu navigieren und zu jagen, stoßen Fledermäuse Klangwellen in hohen Frequenzen in ihre Umwelt aus. Wenn die Klangwellen auf etwas stoßen, schwingen sie in Form eines Echos zurück. Die Fledermäuse hören das Echo und können daran nicht nur erkennen, wo es ist, sondern auch was es ist – vielleicht eine schmackhafte Fliege als Mitternachtssnack. Diese Klangwellen haben eine einzigartige Signaturfrequenz; sie unterscheiden sich durch ihre »Amplitude« und »Frequenz« – ihre Höhe und Geschwindigkeit. Fledermäuse müssen die Beziehung zwischen Frequenz und Phase erkennen, um das einzigartige »Bild« eines Objekts zu erhalten, und können es *sehr schnell* (schließlich trödeln Fliegen nicht herum). Nicht nur Fledermäuse, sondern auch Delfine und einige Arten von Walen wenden Klangwellen an. Auf einer breiteren Basis scheint sämtliche Materie eine einzigartige Signaturfrequenz auszustoßen – die nicht aus Klangwellen, sondern aus elektromagnetischer Energie besteht.

Mit dieser neuen Munition im Gepäck können wir übersinnliche Kommunikation als einen Vorgang neu definieren, der dem von Fledermäusen und Delfinen angewandten Klangwellenprozess ähnelt. Scheinbar haben Menschen ihr eigenes Markenzeichen, das elektromagnetische Wellen verwendet. Wir können diese Energie zwar nicht an irgendwelcher Materie in unserer Umwelt abprallen lassen, wie Fledermäuse es tun, um uns in der Dunkelheit zurechtzufinden, doch wir können Gedanken, Gefühle, Eindrücke und Erinnerungen aussenden und einfangen. Einige Wissenschaftler halten dies für ein latentes Attribut in der Evolution der menschlichen Rasse, das plötzlich überall auf der Welt in den Menschen aktiviert wird. Wir entwickeln uns zu Wesen mit einem sechsten Sinn.

Wenn Sie Ihre Fähigkeit, Resogenese zu entwickeln, entdecken und pflegen, wird ihre Anwendung zu einer *erlernten Fähigkeit* – nicht zu einem einmaligen Vorfall des Gleichschwingens, den Sie zufällig einmal erleben, sondern zu einer Handlung, die Sie *bewusst* im täglichen Leben üben und anwenden können, bis Ihre neue »Vision« klar und Ihr Sinn der »zweiten Sicht« scharf und zuverlässig wird. Durch Fleiß, Disziplin und Geduld können Sie Ihre neuen Werkzeuge formen und freudig ohne Angst benutzen. Halten Sie Ihren Geist für ein geparktes Flugzeug, das den Hangar nie verlassen kann – oder für einen Jet, der fliegen kann? Die übersinnliche Fähigkeit ist eine bewusste Entscheidung, die fest mit unserem Selbstbild und unserer Einstellung über uns selbst und unsere Grenzen verwurzelt ist.

Betrachten Sie Resogenese als ein cooles neues Spielzeug. Wenn Sie damit spielen, wird Ihre Denkfähigkeit sich neu organisieren, um die neue Technik unterzubringen. Eine andere gute Methode, Resogenese zu betrachten, ist durch den Vergleich mit einem Computer: Sie können zwei Programme nebeneinander auf einem Monitor öffnen. Genau das werden Sie mit den Tieren tun. Sie öffnen beide Programme gleichzeitig und spüren die Gedanken, Gefühle und sinnlichen Wahrnehmungen beider Körper gleichzeitig. Die meisten Menschen betrachten Tiere nicht als psychologisch komplizierte Wesen mit komplexem Gefühlsleben und umfangreichen Gedankenprozessen. Sie sind dazu konditioniert, Tiere als zweidimensionale Pappfiguren mit begrenzter Hirnfähigkeit zu sehen. Nun, Sie werden eine wundervolle Überraschung erleben. Wenn wir anfangen, sie als dreidimensionale Lebewesen zu sehen, und wenn wir die Tatsache respektieren, dass sie zwar anders sind als wir, aber nicht oberflächlicher, beginnt unsere Weltsicht sich zu ändern. Wenn wir es uns zur Aufgabe machen, das Bewusstsein der Tiere zu erkennen, laden wir den »Geist in der Maschine« ein, hervorzutreten und sich vorzustellen. Dieser »Geist« kann, muss sich aber nicht in Worten ausdrücken.

Tierlogos

Vergessen Sie nicht, dass übersinnliche Kommunikation in verschiedenen Formen auftritt. Manchmal werden Q-Formen als Worte gehört, die mit Ihrer eigenen inneren Stimme oder einer Stimme, die für Sie »fremd« oder so, als würde sie von »außen« kommen, klingt. Diese Fähigkeit wird Clairaudience (»Klares Hören« auf Lateinisch) genannt. Doch ich kenne keinen Begriff für das eigentliche Phänomen – für die »Stimmen«, die wir hören können, wenn wir unsere »Antenne auf ein Tier einstellen«. Aus diesem Grund habe ich das Wort »Tierlogos« erfunden. Wenn ein Papagei »orangefarbene Stange« ruft, hören Sie ein bestimmtes Tierlogos. Das griechische Wort *Logos* bezieht sich auf das große kreative Wort, die göttliche Manifestierte in der Schöpfung.

Vergessen Sie nicht: Es ist der menschliche Geist, nicht der des Tieres, der die tatsächlichen Wörter kreiert. Das menschliche Gehirn interpretiert die Gedanken des Tieres, indem es sie in Sprache, Bildern oder Lauten ausdrückt. Die Art, wie Sie intuitive Informationen erhalten, hängt von der Entwicklung Ihres Gehirns ab.

Ihre Fähigkeiten und Möglichkeiten werden in neuronalen Netzen in Ihrem Hirn gespeichert, die wie Bäume aus glitzernden Ästen aussehen. Falls Sie Künstler sind, können die neuronalen Netze, die visuelle Daten enthalten, weiter entwickelt sein als diejenigen, die beispielsweise verbale Fähigkeiten beinhalten. Für Schriftsteller kann das Gegenteil der Fall sein. Ein Künstler könnte die Tiergedanken eher in Bildern sehen, während ein Autor oder Musiker sie eher in Wörtern hört. Wenn Sie Therapeut oder Krankenschwester sind, ist es möglich, dass Sie eher die Gefühle der Tiere aufschnappen, und sollten Sie Sportler oder Tänzerin sein, könnte es Ihre Stärke sein, die Wahrnehmungen im Körper des Tieres selber zu spüren. Als Arzt, Tierarzt oder Psychiater haben Sie eine Vielfalt an zerebralen Daten, auf die Sie zurückgreifen können, um den Zustand zu identifizieren, den Sie wahrnehmen und spüren.

So »hören« Sie vielleicht ein Wort, ohne das erwähnte Objekt zu sehen, oder Sie könnten ein Objekt »sehen«, ohne sein verbales Gegenstück zu hören. Es kann passieren, dass Sie mit einer Flut von Emotionen wie Frust, Trauer oder Angst überschwemmt werden, ohne verbale Erklärungen zu empfangen. Diese Veränderungen Ihres Bewusstseins sind die Höhenmarke, an der Sie ablesen können, dass Ihre »Antenne richtig eingestellt« ist. Und wenn mehrere Ihrer neuronalen Netze entwickelt sind, werden Sie möglicherweise derart mit Daten und Gefühlen bombardiert, dass Sie meinen, Sie würden viele Handlungen gleichzeitig ausführen. Während meiner Arbeit erhalte ich eine Flut von Eindrücken, die sich alle auf verschiedene Weise ausdrücken. Ich sehe, höre, fühle und spüre den tanzenden Zirkus der Stimulierungen. Das ist, weil ich eine Vielzahl von Talenten ausübe: Ich schreibe, rede, tanze, male, zeichne, spiele Theater und Klavier und arbeite als Beraterin. Da meine neuronalen Netze alle gleichermaßen entwickelt sind, haben die Daten viele »Kanäle« zur Auswahl, um die Frequenzen in mein Hirn strömen zu lassen. Viele von Ihnen werden ähnliche Erfahrungen machen, doch manche werden feststellen, dass ihre Intuition ein bestimmtes neuronales Netze bevorzugt, das besser ausgebildet ist als die anderen.

Dies ist im Wesentlichen die erste paradigmatische Veränderung, die wir annehmen müssen – eine neue Sichtweise mentaler Chemie, die es uns erlaubt, den menschlichen Verstand nicht nur als Radiostation anzusehen, sondern als ein Funkradio, das Mitteilungen aussenden und empfangen kann. Je bewusster wir uns des Erhalts intuitiver Informationen aus der Umwelt werden, desto eher wird es uns möglich sein, eine neue Technologie zu entwickeln, die uns den bewussten Einsatz unserer Intuition ermöglicht.

Die zweite paradigmatische Veränderung hat mit unserer Sichtweise von Tieren an sich zu tun. Wenn Sie zum ersten Mal Resogenese anwenden und mit dem Tier, mit dem Sie sprechen wollen, in Verbindung treten, können Sie sich auf eine *große* Überraschung gefasst machen. Die meisten Tiere sind hochintelligente Wesen mit dem gesamten Spektrum an Gefühlen, die wir »menschlich« nennen, und mit komplexen emotionalen Beziehungen, die unseren menschlichen Beziehungen gleichen. »Auch Schildkröten, Amelia?«, mögen Sie fragen. Ja, sogar Schildkröten. »Auch Schlangen, Amelia?« Ja, auch Schlangen. »Und sogar Fische?« Ja, sogar Fische. »Was ist mit Schmetterlingen?« Ja, auch Insekten. Reptilien, Fische und Taranteln haben alle schon als Gastdozenten in meinen Workshops fungiert, in denen sie meine staunenden Schüler mit einer überraschenden Menge an Informationen über ihr Leben überschüttet haben. Willkommen in der neuen Welt.

Wenn wir unsere Energie dahingehend lenken, dass sie in mentalen Wellen strömt, können wir uns mit anderen Tierarten verbinden und entdecken, wie ernsthaft sie über Dinge nachdenken. Erinnern Sie sich an Mister Spock und seine vulkanische Fähigkeit der Gedankenverschmelzung. Die Gedankenverschmelzung funktioniert zweiseitig, und Tiere können es viel besser als die meisten von uns Menschen. Zum Beispiel wissen alle »Haustiere«, was ihre menschlichen Halter denken und fühlen. Oft genug beschreiben sie nicht nur ihre eigenen körperlichen und emotionalen Leiden, sondern auch die ihrer »Besitzer«. Diese Dinge höre ich mir täglich an.

Und das können Sie jetzt auch! Lassen Sie uns die unbarmherzigen, veralteten Regeln der »zivilisierten« Welt über Bord werfen. Wir wollen das Bauerndorf mit all seinen mittelalterlichen Regeln und Missverständnissen hinter uns lassen. Kommen Sie mit mir in den Wald, wo die Gesetzesbrecher spielen.

Eine Übung in Resogenese: Fotos lesen

Ob Sie es glauben oder nicht: Zum Erlernen der Tierkommunikation fangen wir nicht mit einem lebenden Tier an. Ich möchte, dass Sie dies zuerst mit dem Foto eines Tieres versuchen. Und ich schlage vor, Sie beginnen diesen Lernprozess mit Tieren, die Sie überhaupt nicht kennen, denn Kenntnisse über Ihre eigenen Tiere oder Ängste und emotionale Blockaden könnten Sie davon abhalten, akkurate Informationen zu erhalten. Das ist unser Ausgangspunkt, doch vergessen Sie nicht: Die Arbeit geht weiter, bis Sie mit Ihren eigenen Tieren sprechen können. Auch wenn das Tier im Jenseits sein sollte, können Sie vielleicht dennoch eine Verbindung herstellen. Ich glaube, dass alle Seelen das Grab überleben, während Dr. Mitchell davon ausgeht, dass die Tiere einfach ihre holografischen Daten auf dem NP-Feld hinterlassen, so dass Sie nicht tatsächlich Verbindung mit einem verstorbenen Geist aufnehmen, sondern in Wirklichkeit nur die Erinnerungen an das Leben des Geists auf der Erde lesen. Egal welche Meinung Sie sich bilden – das Ergebnis ist dasselbe. Fast jeder meiner Schüler schaffte es, die Himmelstore zu erreichen und mit »Engeln« zu kommunizieren. Es gibt keine bessere Methode, dies zu lernen, als das Üben mit Fotografien.

Suchen Sie sich einen menschlichen Partner aus, der einfühlsam ist und hören will, was Sie sagen, selbst wenn die Information unangenehm ist. Bitten Sie Ihren Partner, eine Reihe leichter Fragen aufzuschreiben, deren Antworten eindeutig sind, so wie »Was ist dein Lieblingsfutter? Welche Farbe hat dein Schlafplatz? Welche Farbe hat dein Fressnapf?« Die letzten paar Fragen können auch von ungeklärten Dingen handeln, für die Sie Antworten suchen.

Vielleicht ziehen Sie es vor, mit einer Reihe von Fotos zu arbeiten, aus denen Sie sich dasjenige heraussuchen können, das Sie am lautesten »anspricht«. Auf jeden Fall müssen Sie die Augen des Tieres klar und deutlich sehen können. Die Augen sind das Fenster zur Seele, und das trifft auch dann zu, wenn Sie Resogenese mit einem Tier auf einem Foto herstellen. Legen Sie sich Stift und Notizbuch bereit, um Ihre Gedanken niederzuschreiben und die Liste der Fragen zu beantworten.

Es ist zu erwähnen, dass die Fähigkeit, mit anderen Lebewesen nichtlokal zu kommunizieren, zwar nicht von einem Foto des Zielobjekts abhängt, doch ein Bild ist hilfreich, da es das erste Tor auf der Reise durch das Netz aus Lichtstrahlen – das NP-Feld – darstellt. Stellen Sie sich das Foto als eine Koordinate im leeren Raum vor, auf die Sie Ihre Aufmerksamkeit richten. Die Fotografie ist Ihr e-Ticket, Ihre Fähigkeit sich zu konzentrieren schafft die Schwelle, und Ihr Wille trägt Sie über die Schwelle in die universale Bibliothek. Stellen Sie sich das NP-Feld wie eine Spinnwebe vor, die um die Ecke gesponnen ist, ein elektrisches Feld, das vor Informationen summt. Um in das System zu gelangen, müssen Sie die Linien zwischen den silbernen Punkten ziehen.

Der erste Schritt ist, Ihr Bewusstsein darauf vorzubereiten. Sie können zum Beispiel diesen Abschnitt einmal selbst lesen und ihn sich dann von Ihrem Partner vorlesen zu lassen, um sich auf meine Worte konzentrieren können. Vergegenwärtigen Sie sich, dass Einzelwesen nur durch ihr Fleisch voneinander getrennt sind. Unsere Energie – unsere »innere Welt« – schwimmt jedoch gemeinsam in einem Meer aus Licht, der »inneren Ordnung«. Die innere Ordnung steht Ihnen nicht zur Verfügung, wenn Sie auf die äußere Ordnung fokussiert sind – jenem Reich, in dem Ihr Ich in Zeit und Raum lebt, von Gedanken an Vergangenheit und Zukunft, gegenwärtigen Sorgen und alltäglichen Angelegenheiten regiert wird. Die innere Ordnung kann nur dann erreicht werden, wenn Sie Ihr Bewusstsein in den inneren, ruhigen Kern Ihres Wesens versetzen, in dem Ihr Verstand sich entspannen und verstummen kann, bescheiden, still und dankbar werden kann, und in dem Sie sich allein auf die Liebe konzentrieren können. Das Schlüsselwort hierfür ist »Stille«.

Wenn Sie im Augenblick etwas denken, dann stecken Sie in der äußeren Ordnung. Der einzige Weg, mit dem Denken aufzuhören, ist, sich auf Ihr Herz zu konzentrieren. Nehmen Sie Ihr Bewusstsein – dieser Identitätssinn fühlt sich möglicherweise wie ein Summen in Ihrem Kopf an – und richten Sie Ihre Aufmerksamkeit auf einen tieferen Punkt: Ihre Lunge. Nun stellen Sie sich Ihr Ich so, wie Sie sich kennen, als einen silbernen Ball aus Licht zwischen Ihren Schulterblättern vor. Stellen Sie sich vor, Sie könnten spüren, wie Ihre eigene Rückenmarkflüssigkeit Ihr Rückgrat auf und ab strömt, angefüllt mit Information über Sie, die auf winzigen Lichtpunkten fließt. Allein die Vorstellung daran wird Sie ins innere Gleichgewicht zurückversetzen. Hier in Ihrem Rückgrat werden Sie Ihre eigene Signaturfrequenz spüren. Filtern Sie heraus, wie es sich anfühlt, Sie zu sein, einzigartig unter allen irdischen Lebewesen.

Jetzt stellen Sie sich einen Blitz vor, der aus der Mitte der Erde in Ihre Fußsohlen schießt. Dieser Lichtstrahl ergießt sich in Ihre Waden, wandert an den Rückseiten Ihrer Beine hinauf in die Wirbelsäule, den Hals und verlässt Ihren Körper durch die Kopfdecke. Das ist das Geschenk des Lebens, das die Göttin Mutter Erde uns mitgegeben hat. Nun stellen Sie sich einen silbernen Lichtstrahl vor, der von den Sternen hinunter in Ihren Kopf dringt. Während er Ihren Nacken hinuntergleitet, dreht er sich um den anderen Lichtblitz und wirbelt sanft wie der Tanz der DNS. Er bewegt sich wie ein Laserstrahl an den Beinen hinunter und schießt durch Ihre Fußsohlen hinaus. Lichtarme dringen tief in den Boden bis ins Herz der Erde. Das ist das Geschenk, das wir an die Göttin Mutter Erde zurückgeben. Nun sind wir »geerdet« – sicher zwischen der Erde und den Sternen verankert. Sie wollen Ihre Energie spüren, die durch Ihre Fußsohlen fast wie eine Pflanze mit der Erde verwurzelt ist, während jedoch Frequenzen in zwei Richtungen durch Ihren Körper fließen – an Ihrem Rückgrat auf und ab wie der Strom einer Batterie.

Wir wollen unsere Aufmerksamkeit wieder auf die silberne Lichtkugel in Ihrer Brust richten. Mit jedem Atemzug stärken Sie die Flamme, so dass die Sphäre immer heller strahlt. Sehen Sie die Speichen aus Licht, die sich wie Sternstrahlen aus dem Feuer erstrecken? Das ist Ihre Signaturfrequenz, die in Ihre Umwelt ausstrahlt, Quanteninformationen über Sie preisgibt und nach Signalen von anderen sucht. Sobald Sie das Bild der Lichtstrahlen vor sich sehen können, sind Sie bereit, Resogenese herzustellen.

Öffnen Sie die Augen und betrachten Sie das Foto des Tieres, mit dem Sie Kontakt aufnehmen wollen. Wir werden eine Welle herstellen. Stellen Sie sich eine silberne Lichtwelle vor, die aus Ihrem Herzen strömt und sich mit dem Herzen des Tieres verbindet. Die Welle, Ihre »Lumensilta« (Lichtbrücke), schwebt durch den leeren Raum wie ein schimmerndes Lasso und verbindet sich mit dem Tier auf dem Foto. Auch wenn dies mentale Imagination ist, ist die von Ihnen geformte Lichtwelle real, und sie leitet holografische Informationen hin und her. Während die Welle das Herz des Tieres erreicht, spüren Sie den freudigen Stoß des Kontakts wie einen Stecker, der in eine Steckdose gesteckt wird, und vertrauen darauf, dass elektromagnetische Impulse zwischen Ihnen beiden ausgetauscht werden.

Senden Sie die erste Frequenz aus: Liebe. Schauen Sie dem Tier in die Augen und projizieren Sie die Liebe aus Ihrem Herzen wie Wasser, das durch einen Schlauch fließt. Sagen Sie dem Tier in Gedanken, wie sehr Sie es lieben, und bitten Sie es um Erlaubnis, mit ihm zu sprechen. Ein »Ja« wird sich wie eine Welle der Glückseligkeit oder Ruhe anfühlen. Bei einem »Nein« werden Sie sich nervös, unruhig, traurig oder leer fühlen. (Es passiert äußerst selten, dass Ihnen die Kommunikation mit einem Tier verwehrt wird.) Auch ein einfaches Gefühl des Friedens kann ausreichen, um es als »Ja« zu interpretieren. Vergessen Sie nicht: Intuitive Kommunikation ist etwas ganz Subtiles.

Schicken Sie nun die zweite Frequenz aus: Verehrung. Sagen Sie dem Tier mental, wie schön Sie es finden. Komplimente werden Ihnen alle Türen öffnen.

Schicken Sie dann die dritte Frequenz: Dankbarkeit. Sagen Sie ihm, wie sehr Sie es schätzen, und falls es verstorben sein sollte, danken Sie ihm für das, was es seinen Menschen hier auf der Erde gelehrt hat. Wieder brauchen Sie diese Gedanken nur zu denken, als könnte das Tier Sie hören. Sagen Sie ihm, dass Sie die Zeit würdigen, die es auf der Erde verbracht hat, und dass Sie sich sehr darüber freuen, die Gelegenheit zu bekommen, mit ihm zu reden.

Senden Sie nun die vierte Frequenz aus: Bescheidenheit. Bitten Sie das Tier um Hilfe. Bitten Sie es, Ihnen zu zeigen, wie Sie es sprechen hören können, wie Sie die Q-Formen erkennen können. Vergessen Sie nicht: Alle Tiere wissen, wie man diese Informationen wahrnimmt.

Nun achten Sie auf Ihren Körper. Wenn Sie sich außerordentlich ruhig fühlen, ist das ein gutes Zeichen dafür, dass sich etwas in Ihren gewöhnlichen Prozessen verändert hat. Erregung und Hochgefühl sind die physischen Anzeichen, dass Sie »eingestellt« sind, doch wenn in Ihren Augen plötzlich Tränen stehen und Sie ein seltsames Gefühl spüren, das nicht Ihr eigenes ist, wissen Sie, dass Sie erfolgreich Resogenese hergestellt haben.

Als Nächstes stellen Sie die Fragen. Ihr Partner soll die Antworten notieren, während Sie sie einzeln aussprechen, ohne Ihrem Verstand Zeit zu geben die Informationen zu filtern. Lassen Sie uns mit leichten Fragen beginnen, die von dem Besitzer des Tieres einfach beantwortet werden können. Zusätzlich zu den Beispielen, die ich schon erwähnt habe, könnte Ihr Fragebogen folgendermaßen aussehen:

- Was ist dein Lieblingsschlafplatz im Haus?
- Gibt es bei euch zu Hause noch andere Tiere?
- Was für Tiere sind das?
- Welche Farben hat ihr Fell?
- Wie nennst du sie?
- Was empfindest du für sie?
- Wie fühlst du dich emotional?
- Bist du einsam oder trauerst du um den Verlust eines geliebten Wesens?
- Bist du glücklich und zufrieden mit deinem Futter?
- Was tust du am liebsten?
- Wie sieht dein Lieblingsspielzeug aus?
- Wer ist dein Lieblingsmensch außer deinem Hüter?
- Wie sieht diese Person aus?
- Wie oft siehst du diesen Menschen?
- Was macht ihr zusammen?
- Bist du verliebt?
- Warst du schon mal verliebt?
- Hast du eine Aufgabe?
- Was könnte dein Besitzer oder deine Familie in deinem Leben ändern, um dich noch glücklicher zu machen?
- Wie fühlt sich dein Körper?
- Hast du irgendwelche Schmerzen?
- Gibt es irgendetwas, was ich deinem Menschen sagen sollte?

Wenn das Tier verstorben und jetzt im Himmel ist, müssen Sie Ihre Fragen sinngemäß anpassen. Sie könnten zum Beispiel fragen:

- Mit wem bist du jetzt zusammen?
- Wie sind deine letzten Tage auf der Erde verlaufen?
- Kannst du mir sagen, wie du gestorben bist?
- Hat dein Mensch dich zu früh gehen lassen?
- Hat dein Mensch dich zu lange auf der Erde festgehalten?
- Welche anderen Tiere sind mit dir zusammen?
- Wie sieht deine Welt nun aus?
- Wie verbringst du den größten Teil deiner Zeit?
- Hast du eine Aufgabe?
- Was war der Sinn deines Lebens auf der Erde?
- Was hast du auf der Erde am liebsten gemacht?
- Was hast du versucht, den Menschen zu lehren, die dich geliebt haben?
- Hast du vor zurückzukehren? Wann?
- Wie wird dein Äußeres dann aussehen?
- Hast du eine Botschaft an deinen früheren Besitzer?
- Besuchst du deinen früheren Besitzer oft und falls ja, wann?
- Wie kann dein früherer Besitzer deine Gegenwart deutlicher wahrnehmen?
- Hast du einen Rat, wie man noch lebende Tiere besser behandeln kann?
- Was kannst du uns über das Leben und den Tod sagen?

Geben Sie sich keine Zeit zum »Nachdenken«. Notieren Sie die Antworten, sobald sie eingehen, oder sagen Sie Ihrem Partner das Erste, was Ihnen in den Sinn kommt. Starke Gefühle oder Sinneswahrnehmungen sind ein Anzeichen dafür, dass Sie Resogenese hergestellt haben. Ein weiteres Zeichen ist die Schnelligkeit, mit der Sie die Eindrücke erhalten. Wenn Ihnen Gedanken in den Kopf schießen, auch Bilder, die ohne Unterbrechung aufeinander folgen, oder wenn Sie das Gefühl haben, dass Sie von Vorstellungen überrumpelt werden, ist das ein guter Indikator dafür, dass die Q-Formen vom Tier fließen und nicht Ihre eigene Einbildung sind.

Wenn Sie den Eindruck haben, das Gespräch sei beendet, danken Sie dem Tier dafür, dass es seine Weisheit mit Ihnen geteilt hat, und konzentrieren Sie sich wieder auf Ihren Körper. Sehen Sie, wie das silberne Band sich auflöst, und stellen Sie sich an seiner Stelle einen Wasserfall aus Sternen vor, der sich über das Tier ergießt, den Gleichklang zwischen Ihnen beiden unterbricht und das Tier sicher in seine eigene Signaturfrequenz zurückführt. Nachdem Sie die Verbindung abgebrochen haben, stellen Sie sich ein Feuerwerk aus Sternen vor, das auf Ihren eigenen Körper fällt und Sie wie eine schützende Decke einhüllt. Gehen Sie mit Ihrem Partner die erhaltenen Antworten durch und, wenn möglich, lassen Sie sich die Q-Formen vom Besitzer des Tieres bestätigen.

Affengeschnatter

Haben Sie es versucht? Haben Sie das Gefühl, erfolgreich gewesen zu sein? Falls nicht – was hat Sie davon abgehalten? Konnten Sie herausfinden, welche Gedanken Ihren Verstand beherrschen? Es sind oft die verfluchten Spielverderber, die Ihre Firmenfeier mit billigen Papphüten ruinieren: die Meinungen, Gefühle und Forderungen anderer; Ihre eigenen Gefühle, Ängste oder Ihr schlechtes Gewissen. Wenn wir unseren Verstand nicht ruhig stellen können und unsere Intuition von einer Gedankenflut ertränkt wird, nenne ich diesen Strom an unsinnigen Zweifeln »Affengeschnatter«.

Dominieren die Meinungen anderer Leute Ihren Gedankenprozess? Eine meiner besten Schülerinnen berichtete, sobald sie versuche mit ihrer Katze zu sprechen und eine »Antwort« erhalte, sei die Stimme, die »Nein!« schreit, die lauteste in ihrem Kopf. Das höre ich oft. Warum kann die neue Stimme nicht sagen: »Ich bin intuitiv!« Ist es, weil die Stimme des Kindes, das Sie früher waren, nicht sagen durfte: »Aber Mama, es hat funktioniert … wirklich!«? Können wir lernen, unsere eigene authentische innere Stimme gleichberechtigt zu behandeln?

Mein Mentor und guter Freund Dr. Bernie Siegel hat den Begriff »ein außergewöhnlicher Krebspatient« für Patienten erfunden, die allen Statistiken zum Trotz weiterleben und sich selbst heilen. Dies gilt auch für den Lernprozess, Ihre Intuition ernst zu nehmen. Das eine Mal, an dem Sie wie durch ein Wunder richtig lagen, wird von den Hunderten von Malen zunichte gemacht, an denen Sie sich geirrt haben. Warum? Weil die Wahrscheinlichkeit unser Feind ist. Und weil der Abdruck des Erfolgs im Gehirn keine echte Chance hat. Manche Wissenschaftler gehen davon aus, dass wir eine neue Spur, einen neuen chemischen Pfad im Gehirn anlegen müssen, wenn wir etwas Neues lernen. Dies ist dann der Kanal, durch den sich elektromagnetische Impulse (und intuitive Informationen) fortbewegen. Wie winzige Schneelawinen rollen die Impulse den Hügel hinunter und folgen demselben Pfad, bis die Hirnlandschaft sich verändert hat.

Sind Ihre Gedanken wie Kegelkugeln, die andauernd danebentreffen? Das Gehirn neu zu formen erfordert Ausdauer. Können Sie die Anmut Ihres Fortschritts spüren? Oder haben Sie Angst, sich zu bewegen? Vergessen Sie nicht: Es bedarf ständiger Übung und Selbstvertrauen. Der wahre Test wird sein, ob Sie genügend Mut aufbringen, das Gelächter der Leute wie das Wasser an Entenfedern abperlen zu lassen und es *weiter zu versuchen.* Die Tiere sind es wert. Zugegeben – Sie benötigen eine gesunde Portion Energie und Hingabe, um diese neuen Fähigkeiten zu entwickeln. Na und? Sie verschwenden längst wertvolle Energie darauf, Ihre Intuition zu ignorieren. Auch das erfordert Energie! Und wir stehen nun an einer Stelle der menschlichen Evolution, an der die Ignoranz der Entwicklung von Intuition nicht nur archaisch, sondern auch ganz einfach dumm ist.

Lassen Sie uns mit Ihrer Gehirnchemie einen neuen Abdruck formen, der es den Neuronen ermöglicht, ihren Weg kontinuierlich in der Dunkelheit zu finden. Wir werden in den Fluren Ihres Hirns winzige Nachtlämpchen aufhängen, damit Ihre Neuronen mitten in der Nacht aufstehen und den Weg zum Klo finden können.

Anfangs werden die Leute Sie hänseln: »Aber du hast dich hier, da und dort geirrt!« Das ist dasselbe, als würden sie sagen: »Du hast acht Kugeln daneben gerollt. Du wirst nie Kegeln lernen.« Nun, Ihre neunte Kugel könnte zwei Kegel treffen, und Ihre zehnte »alle neune«. Wenn Sie alle neune im Kasten haben, dann erinnern Sie sich bitte an all das, was Sie dorthin geführt hat. Die folgenden Fragen zu stellen, nachdem Sie bei etwas richtig lagen, wird Ihnen helfen, es wieder richtig zu machen.

Eine Übung, um Erfolgserlebnisse in Erinnerung zu behalten

Wenn Sie Fortschritte in Ihren Versuchen machen, mit einem Tier in Verbindung zu treten, stellen Sie sich die folgenden Fragen über das Experiment:

- Wie hat sich Ihr Körper zu dem Zeitpunkt angefühlt? Entspannt oder verkrampft?
- Woran dachten Sie, kurz bevor das Wunder geschah?
- Schien die Q-Form schneller hereinzukommen als bei Ihrem normalen Denkvorgang?
- Hat Sie das überrascht?
- War es leichter als gedacht?
- Kam der Gedanke mit einem sicheren Gefühl des »Wissens«, oder war er leise oder undeutlich?
- Wie lange lag Ihre letzte Mahlzeit davor zurück?
- Was haben Sie an dem Tag gegessen?
- In welcher Position befanden Sie sich? Saßen, standen oder lagen Sie?
- Hörten Sie gerade Musik?
- War es Abend? Waren Sie beim Einschlafen?
- War es das Erste am Morgen, bevor Sie mit anderen Menschen Kontakt hatten? Haben Sie das Tier berührt?
- War das Tier im selben Zimmer?
- Hatten Sie ein Bild des Tieres oder dachten Sie nur an das Tier?
- Wurden Sie von irgendetwas abgelenkt, oder konzentrierten Sie sich auf etwas anderes und ließen Ihre Gedanken wandern? »Schwebten« Sie? Oder befanden Sie sich in einem Zustand intensiver Konzentration?
- Haben Sie vor dem Stellen der Frage gebetet?
- Haben Sie zu dem Tier, das mit Ihnen kommuniziert hat, »Ich habe dich lieb« gesagt?

- Worauf richtete sich Ihr innerer Fokus? Auf Ihr Herz? Ihr Drittes Auge? Ihren Bauch?
- Wie sah die Information aus? War es ein Bild?
- War es klar oder verschwommen?
- Fühlte das Bild sich so an, als würden Sie es »sich einbilden« oder so, als käme es überraschend?
- Fühlte sich der Denkprozess anders als Ihre normalen Denkprozesse an?
- Haben Sie eine Stimme gehört? Wenn ja: War es Ihre eigene Stimme oder eine »fremde Stimme« in Ihrem Kopf?
- Klang sie männlich oder weiblich? Hatte sie einen Akzent?
- Haben Sie Emotionen gespürt?
- Waren die Gefühle in Ihrem Herzen oder Ihrem Bauch?
- Fühlten diese Emotionen sich vertraut an oder unterschieden sie sich deutlich von Ihren gewöhnlichen Emotionen?
- Hatten Sie körperliche Sinneswahrnehmungen?
- Waren diese subtil oder stark? Haben Sie so etwas schon jemals gespürt?

Vom ausgetretenen Pfad abkommen

Während Sie lernen, mit Ihrem Tier zu kommunizieren, schreiben Sie alles auf. Erinnern Sie sich an jedes Detail. Sie sind in einen neuen Bewusstseinszustand aufgebrochen, und ich möchte, dass Sie auch wieder dorthin *zurückkehren* können. Vergleichen Sie Ihre Antworten auf die obigen Fragen mit den Krümeln, die Hänsel und Gretel zurückließen, als sie durch den Wald gingen – mit einer einzigen Ausnahme. Der Wald *ist* Ihr Zuhause. Die Wildnis der inneren Ordnung ist Ihre wahre Heimat und das Bauerndorf ein ödes Nest. Lassen Sie uns nun herausfinden, wie wir unsere Rucksäcke packen und in den Wald ziehen können, wo das Leben aufregender und voller Tiere ist.

Die Informationen, die Sie soeben entdeckt haben, waren schon immer vorhanden, aber unter all dem Pomp der »Zivilisation« versteckt. Doch nun glänzt diese Information im hellen Sonnenschein und steht Ihnen zur

Verfügung. Sie haben eine neue Stelle in Ihrem Gehirn gefunden und dieses Neuland für sich reserviert. Feiern und applaudieren Sie sich. Wenn Sie einmal die übersinnlichen »alle neune« erreicht haben, dann haben Sie etwas richtig gemacht. Finden Sie heraus, was es war, und schreiben Sie es auf.

Nun können Sie üben, die Handlungen oder Gedanken, die Sie zu der Erkenntnis geführt haben, zu wiederholen. Für diese Übung wollen wir die Erkenntnis nicht als eine Aktion ansehen, sondern als einen Ort, einen neuen Bewusstseinszustand in Ihrem Gehirn oder Ihrer Seele, in den Sie einziehen können. Stecken Sie eine Fahne in den Boden und veranstalten Sie einen kleinen Freudentanz. Sie werden die Kunst meistern, von Ihrem normalen Bewusstseinszustand in diesen etwas veränderten Zustand zu reisen – diesen erweiterten Wissenszustand in Ihrem Inneren. Von hier aus erhalten Sie eine andere Sichtweise.

Wäre Ihr Erfolg nur Lug und Betrug, so müssten Sie die Information dafür zufällig von außen erhalten haben. Doch das gibt es nicht. Sie haben sich bewegt. Karl Gnass, einer der hervorragendsten Kunstlehrer, sagte einmal, es gebe zwei Wege, um eine andere Perspektive zu gewinnen: (1) das Licht an eine andere Stelle bewegen, und (2) aufstehen und sich selbst an eine andere Stelle begeben.

Wenn Sie die Lichtquelle an eine andere Stelle bewegen, verändert sich das Modell und Sie bekommen ein ganz anderes Bild. Was vorher im Dunkeln lag, ist nun beleuchtet, und was beleuchtet war, liegt nun im Schatten. Unsere zweite Methode, eine andere Perspektive zu erlangen, ist, unsere eigene Position zu verändern. Ein Problem kann nicht im selben Geisteszustand gelöst werden, in dem es entstand. Wenn Sie wissen wollen, was Ihr Pferd hat, müssen Sie sich bewegen, um gedanklich das Pferd zu werden. Aus dieser neuen Sichtweise wäre es unmöglich, nicht zu wissen, was Ihr Pferd hat.

Lernen, ohne Widerstand zu leben

»Ich kann hellsehen! Ich habe etwas gewusst, was ich nicht hätte wissen können. Das Zaubern funktioniert! Echt, Mama!«

Wer hat das gesagt? Sie selbst. Irgendwann einmal. Irgendwann in Ihrer Vergangenheit wurde Ihre Stimme von einer Autorität unterdrückt und übertönt, die viel stärker war als Sie, alles besser wusste als Sie, und die Sie sogar dafür bestrafen und Ihnen die Süßigkeiten wegnehmen konnte! Ihr Überleben und Ihr Wissen hingen von dieser Person ab. Sie hatte eine Stimme, mit der sie sagen konnte: »Weil ich es sage, basta!« Sie konnte jeden selbständigen Denkprozess abwürgen, den Sie verfolgt haben mochten.

Irgendwann wurde das in Ihrem Inneren, was mit Tieren sprechen und Geister sehen konnte, zum Schweigen gebracht. Die kritische elterliche Stimme kann zu Ihrer eigenen Stimme geworden sein, oder zumindest kann es sein, dass Sie das glauben. Aber jede Stimme, die sagt, Sie seien nicht intuitiv, ist nicht Ihre eigene Stimme. Jede Stimme, die behauptet, Sie könnten nicht mit Tieren sprechen, ist nicht Ihre Stimme. Allen Kindern ist das Wissen über die Wahrheit angeboren. Unsere telepathischen Fähigkeiten sind unser menschliches Geburtsrecht. Sie sind genauso menschlich und stehen uns genauso zur Verfügung wie unsere fünf äußeren Sinne.

Wie kann das Kind sich gegen verinnerlichte unwissende Eltern wehren? Wie kämpfen wir gegen diese überalterten Glaubensmuster an? Indem wir den Mund aufmachen. Indem wir uns mit der Wahrheit identifizieren und sie gegen die kritischen verinnerlichten Eltern verteidigen. Versuchen Sie es doch das nächste Mal, wenn die keifende Stimme in Ihrem Kopf sagt, Sie könnten die Gedanken oder Gefühle Ihres geliebten Tieres nicht wirklich hören oder spüren. Entgegnen Sie: »Du wirst mich nicht von dem abhalten, wer ich wirklich bin!!! Meine Intuition gehört mir!«

Vor kurzem lehrte ich ein Seminar in Rhode Island, in dem ich meine Schüler bat, den Namen der Person aufzuschreiben, der sie am meisten vergeben müssen. Dann sammelte ich die Zettel ein, um über ihre Antworten zu beten und ihnen zu helfen, ihre emotionalen Blockaden zu überwinden. Natürlich erwartete ich eine Liste voller Mütter, Väter und Ex-Partner. Ich erschrak, als ich entdeckte, dass beinahe jeder im Raum »mir selbst« geschrieben hatte. Wie traurig es ist, dass wir so oft unsere größten Feinde sind.

Die Begegnung mit dem Maut-Troll

Wenn Sie hinaus in den übersinnlichen Wald gehen, um Verbindung mit den Tieren aufzunehmen, werden Sie unter Ihrer Brücke einen Maut-Troll vorfinden. Er wird aus seinem Versteck kriechen und eine Brückengebühr verlangen. Sie müssen herausfinden, welche Währung Ihr persönlicher Troll fordert. Sie müssen das intuitive innere Kind mit so viel Munition wie möglich ausstatten, damit es sich gegen die Geister der Vergangenheit durchsetzen kann. Irgendwann wird der Satz »Das kannst du nicht, weil ich es sage, basta!« aufhören, so entmutigend zu klingen, und die Stimme in Ihrem Kopf, die behauptet: »So was gibt es nicht!«, wird nur noch wie dummes Geplapper klingen. Wenn der Troll sich rührt, setzen Sie ihm so lange Gedanken, Vernunft und »erwachsene Logik« vor, bis das Kind in Ihnen sich verbal durchgesetzt hat.

Nehmen wir mal an, der Troll sei Ihre Mutter. Sie könnten zum Beispiel versuchen, sie mit einem Satz wie »Ich stelle nur eine Resonanz mit den Tieren her und nehme ihre Quantenholografie wahr, Mama« überlisten. Das müsste sie zum Schweigen bringen. Oder Sie könnten versuchen, die Taktik des Trolls anzugreifen: »Was macht deine Meinung wichtiger als meine? Wer hat dir dein Glaubensmuster eingeimpft? Wo hast du gelernt, andere zu unterdrücken? Mich kannst du nicht unterdrücken.«

Oder gehen wir mal davon aus, Sie hätten schon jede Menge Jung'sche Analyse hinter sich. Dann könnten Sie eine elegante Waffe wie diese anwenden: »Ich höre dich. Ich verstehe deine Gefühle. Und ich meine, dich sagen zu hören, dass du allwissend bist und ich kein Recht habe, etwas zu versuchen, das von dem erlernten Glaubensmuster deiner Kindheit abweicht, und das du später an deine eigenen Kindern weitergegeben hast.« Und dann wenden Sie sich ab und kommunizieren trotzdem mit dem Tier. Auch wenn der Troll sich nicht ergeben mag, können Sie vielleicht beide lernen, nebeneinander zu existieren.

Wenn Sie sich kontinuierlich mit dem Kind und nicht mit dem Troll identifizieren, werden Sie und die dröhnende Stimme bald eine weniger einseitige Beziehung aufbauen können. Glauben Sie mir, wenn ich Ihnen sage, dass sogar ich einen meist hellwachen Troll habe. Mittlerweile gestehe ich mir meine Selbstzweifel ein, denn ich weiß, dass sie nie verschwinden werden. Wenn ich einen schlechten Tag habe, erwacht mein Maut-Troll aus seinem Nickerchen und fängt an, gegen die Unterseite der Brücke zu klopfen. Dann sage ich zu ihm: »Ich höre dich. Ich verstehe, dass du mein Vorgehen anzweifelst, doch das Tier hier braucht meine Hilfe, und ich werde trotzdem weitermachen. Für den Fall aller Fälle, dass ich Recht haben sollte, wird das Tier davon profitieren, und das ist mir das Risiko wert, mich zu irren.« Irgendwann wird der Troll gezwungen sein, sich in eine Ecke zu kauern und etwas anderes zu tun, während das Kind spielt.

Durch Übung werden Sie sogar in der Lage sein, Ihren unsichtbaren kritischen Elternteil (den Maut-Troll) in einen Cheerleader zu verwandeln, der Ihnen tolle Tipps geben kann. Doch das kommt später im Prozess, wenn Sie Ihre Imagination analysieren. Wenn Sie den kritischen Elternteil beruhigen können und ihm erlauben, mit Ihnen zusammenzuarbeiten, könnte er helfen, Sie mit mehr Genauigkeit durch Ihren intuitiven Prozess zu führen. Nach vielen Jahren des inneren Dialogs mit meinen Selbstzweifeln habe ich schließlich den Punkt erreicht, an dem ich meinen Troll hervorlocken und tanzen lassen kann. Er ist sogar zu meinem Choreographen geworden. Und ein scharfer Richter. Ihrer ist es auch.

Es wird Ihr Troll sein, der Sie durch eine körperliche Untersuchung führt mit Anweisungen wie: »Schau dir noch mal die Vorderpfote an. Du hast da was übersehen. Sieh dir die Nieren an. Check noch mal die Zähne.« Wenn Sie Ihrem Troll eine Aufgabe zuweisen, statt ihn nur zu bekämpfen oder auszuschalten versuchen, könnten Sie durch seine Hilfe umfangreichere Informationen erhalten. Und es wird Zeiten geben, an denen Sorgfältigkeit ganz wichtig ist. Das ist ein Segen, der sich aus dem emotionalen Missbrauch ergibt.

Wir müssen stark sein. Der verletzende, kritische Elternteil in unserem Inneren schadet unserem Wachstum. Doch bevor wir soziale Ungerechtigkeit, Ignoranz, Geldgier und all jene, die unseren Tieren Schaden zufügen, bekämpfen, müssen wir zuerst gegen den größten und einschüchternsten Feind ankämpfen, den wir haben: uns selbst. (Im alten Comic Strip Pogo findet sich der Spruch: »Wir sind dem Feind begegnet und er ist wir.«) Sämtliche inneren Strukturen negativer alter Muster müssen aufgelöst werden.

So wollen wir alle dunklen Flure in uns erleuchten und an die Zeit zurückdenken, bevor die Schäden angerichtet wurden, an eine Zeit, in der wir alle noch frisch und neu waren. Lassen Sie uns zurück in den ursprünglichen Wald gehen. Das Eden des Bewusstseins beginnt in Ihnen.

Eine Erdnuss für Gott

Ich war vier Jahre alt. Es muss im Winter gewesen sein, denn ich erinnere mich an meinen weißen, dampfenden Atem, während ich erwartungsvoll keuchte und auf eiskalten Zehenspitzen über den Zaun schaute. Ich war in einem Zoo in Fort Worth, Texas. Ich weiß noch, wie sich menschliche Arme um meinen warmen Mantel schlangen und mich hochhoben, doch ich weiß nicht mehr, zu wem sie gehörten – Vater, Mutter oder Großmutter –, da ich ganz in meine Mission vertieft war. Ich wollte dem Elefanten die Erdnuss überreichen. (Dies geschah in den frühen siebziger Jahren, lange vor den heutigen, gefängnisartigen Käfigen, die gebaut worden sind, um »gefährliche« Elefanten von unschuldigen Kindern zu trennen.)

Ich werde nie das Gefühl vergessen – das spontane Jauchzen, das meiner Kehle entschlüpfte, als die warme, feuchte Rüsselspitze sich wie eine rosa Seeanemone nach mir ausstreckte, sich um meine kleinen, zitternden Hände schloss, um die von mir angebotene Erdnuss zu nehmen. Als der Rüssel sich in meine Richtung bewegte, außen rau und faltig, doch innen weich und muskulös, ließ ich die Erdnuss hineinfallen, als würde ich eine Kugel in den Lauf eines samtigen Gewehrs stecken.

Ich habe noch viele andere Erinnerungen an die Zeit meiner jüngsten Kindheit, an Tulpen und an Schnee und daran, wie ich nackt auf meinem Bett herumhüpfte, doch diese Erinnerung bleibt ein unauslöschliches Hologramm – ein Augenblick, der in Zeit und Raum stehen geblieben ist – meiner ersten Erfahrung der Hochachtung, Verehrung und des unsagbaren Entzückens. Es war der Moment, in dem mein Leben begann. Es war der Tag, an dem ich auserwählt wurde. Der Elefant war absichtlich zu mir gekommen und hatte all die anderen eifrigen, klebrigen, kreidegroßen Finger in der Menge links liegen gelassen. In diesem Augenblick war es um mich geschehen. Ich war von den Armen Ganeshas, des Elefantengotts, umfangen worden. Ich hatte wahrhaftig das Gesicht Gottes berührt.

Für den Rest meines bisherigen Lebens habe ich nach der Gelegenheit gesucht, Gott nochmals eine Erdnuss zu geben. Und ich habe es mir zum Lebensziel gemacht, dabei zu helfen, diese herrlichen Tiere zu erhalten, damit andere Vierjährige diese zauberhaftesten göttlichen wilden Kreaturen erleben können. Werden Sie mir helfen, Visionen einer Zukunft zu erschaffen, die diese zarte Glückseligkeit erhalten kann?

In jedem folgenden Kapitel werde ich meinen Stolz, meine Freude und die Erfolgsgeschichten meiner Schüler mit Ihnen teilen, um Ihnen zu zeigen, dass ich nicht die Einzige bin, die mit Tieren kommunizieren kann. Tausende von Menschen auf der ganzen Welt können es auch schon. (Eine Kontaktliste sämtlicher professioneller Tierkommunikatoren, die von mir ausgebildet wurden, finden Sie am Ende des Buchs.)

Das erste Beispiel liefert eine Schülerin namens Julie Barone, die an einem meiner Einführungskurse in Tierkommunikation am Omega-Institut in New York teilnahm. Als Julie zum ersten Mal das Foto einer Katze »las«, verblüffte sie nicht nur das Frauchen der Katze, sondern war selbst geschockt. Ich war es auch! Nachdem sie ihre erstaunliche Erfolgsgeschichte mit der Klasse geteilt hatte, zeigte sie mir den Grundriss des Hauses, den sie aus dem *Sichtwinkel der Katze* gezeichnet hatte, einschließlich aller Möbelstücke und Fenster an den richtigen Stellen! Ich fragte Julie, woran sie gespürt habe, dass sie »im« Körper der Katze war. »Weil ich einen Schnurrbart hatte«, sagte sie.

Aus der Sicht der Katze

Ich nahm ohne die Erwartung, etwas zu lernen, am Unterricht teil. Ich ging zwar davon aus, dass Amelia eine besondere Gabe habe und wir ein paar spannende Vorführungen zu sehen bekämen und sie uns ihre Technik erklären würde, doch ich hätte nie geglaubt, dass wir schon nach zwei Tagen selber mit Tieren kommunizieren könnten. Ich dachte, am Ende des Wochenendes würde sie irgendeinen Marketing-Trick anwenden, damit wir uns für ein längeres Seminar anmelden würden, um Tierkommunikation richtig zu lernen.

Ich nahm teil, weil ich Pferde mitgebracht hatte – die Pferde aus dem Catskill-Tierheim dienten an dem Wochenende als Demonstrationstiere. Den ganzen Samstag über hatte ich das Gefühl, nichts zu lernen, vor allem da ich die Vorgeschichten und Charaktere der Tiere, mit denen wir arbeiteten, längst kannte. Da ich sehr enttäuscht war, schwänzte ich den Nachmittagsunterricht am Samstag und verbrachte die Stunden draußen mit den Pferden (was sich als großartige Gelegenheit für Dino und mich entpuppte, eine Vertrautheit zueinander aufzubauen, und was ein Glück für Chester war, der sich in seiner Pferdeleine verheddert hatte und sich vielleicht das Bein gebrochen hätte, wenn niemand bei ihm gewesen wäre).

Am Sonntagnachmittag änderte sich alles für mich. Wir machten eine Meditation zur Kontaktaufnahme mit unseren spirituellen Tierführern. Gewöhnlich kann ich meine Gedanken nicht lange genug stillhalten, um zu meditieren, doch diesmal schaffte ich es irgendwie. Mein spiritueller Führer erschien mir im Wald als eine mythische Kreatur in Gestalt eines Rehs, dessen Kopf eine Mischung aus einem Elch und einem Widder war. Er schickte mir einen blauen Lichtkreis, der mir helfen sollte, mich mit den Tieren zu verbinden.

Nach der Meditation machten wir eine Übung, in der Amelia uns aufforderte, mit Tieren zu sprechen, die wir auf Fotos sahen. Ich tauschte Fotos mit meiner Nachbarin aus und so schaute ich den Kater Sergio an. Ich konzentrierte mich auf sein Gesicht und machte die Augen zu. Ich stellte mir vor, wie ich Sergio den blauen Lichtkreis schickte. Plötzlich konnte ich in ein Zimmer sehen, als würde ich es aus Sergios Augen betrachten! Ich hatte das Gefühl, einen Schnurrbart zu haben. Als Sergio den Kopf wandte, konnte ich deutlich erkennen, was er sah.

Ich fragte ihn, ob ihn irgendetwas in seinem Leben störte. Er zeigte mir ein Klavier, dessen Oberkante mit einem weißen Tuch abgedeckt war. Ich fragte ihn, ob ihn der Klang des Klaviers störte, und er sagte mir: »Nein, das Tuch stört mich. Es rutscht immer weg, wenn ich auf das Klavier springe.« Ich fragte ihn, was er gerne fressen würde. »Noch mehr kleine gelbe Vögel«, antwortete er, »und mehr Dosenfutter. Das Trockenfutter tut meinen Zähnen weh.« Ich fragte ihn, ob er jemanden vermisse, und bekam das Gefühl, als würde ihm eine rotblonde Katze fehlen. Er sagte auch, er würde gern wie früher öfters hinausgelassen werden. Im Haus sei es zu eintönig.

Ich berichtete meiner Partnerin alle Antworten, und wie sich herausstellte, war alles wahr! Sergio war früher nach draußen gegangen, um gelbe Finken zu verspeisen, bis sein Frauchen einen Zaun gezogen hatte, um die Katzen von den Vögeln fern zu halten. Und sie hatte tatsächlich ein Klavier mit einem weißen Tuch obendrauf! Das Tuch lag oft auf dem Boden, wenn sie nach Hause kam, und Sergio hockte schrecklich gern oben auf dem Klavier. Die rotblonde Katze war sein

Bruder, der ihn seit ein paar Wochen links liegen ließ und die anderen Katzen im Haus bevorzugte.

Ich fertigte für Sergios Frauchen eine Zeichnung ihres Hauses an – und alles stand am richtigen Ort! Das große, plumpe Blümchensofa gegenüber vom Klavier, der Fenstersitz (Sergios Sitzplatz, während ich durch seine Augen das Zimmer betrachtete), der blaugraue Teppichboden, ein Fensterbild im Esszimmer, die Bücherregale zwischen dem Esszimmer und der Küche und das viele Gelb in der Küche. Alles war genau wie in der Wirklichkeit! Es war unglaublich!

Das Paradies der Liebe

Denken Sie an eine Sache, wofür Sie dankbar sind. Und nun denken Sie an den einen Menschen, den Sie mehr als jeden anderen Menschen auf der Welt lieben. Jetzt denken Sie an das eine Tier, das Sie mehr als alle anderen Tiere in Ihrem Leben lieben. Und nun denken Sie an das Tier im Himmel oder auf Erden, das Sie mehr als jedes andere geliebte Tier geliebt haben. Sie werden es immer lieben. Das kann Ihnen keiner jemals mehr nehmen.

Wenn Sie nun jedem Tier, dem Sie begegnen, *ebenso viel* Liebe schicken können, werden Sie lernen, seine Gedanken zu sehen und zu hören. Sie werden das Reich betreten, in dem der klebrige Elefantenrüssel ein so religiöses Erlebnis ist, das etwas in Ihnen bersten lässt. Die Liebe ist so gewaltig, dass Sie die Welt mit den äußeren Ablenkungen ausschalten und in jener heiligen Stille surfen können, in der es nichts als Ehrfurcht, Anmut und Dankbarkeit gibt. Einen heiligen Augenblick lang staunen Sie, dass wir auf einem Planeten mit solcher Schönheit leben können.

Dann passiert es. Sie hören ihre Gedanken. Moses ermahnte uns, keine Götzenbilder anzubeten. Doch unsere moderne Gesellschaft ist dermaßen auf »Form« fixiert, so objektorientiert, dass wir die kostbaren Wesen vernachlässigen, die Wesen, die schnurren und trompeten und Ihnen das Gesicht abschlecken. Lassen Sie uns wieder auf das konzentrieren, was wichtig ist, dann wird der Zauber uns in seine zeitlosen Arme nehmen.

Bitte verstehen Sie mich nicht falsch. Ich mag meinen Sportflitzer, meine Miniröcke, Go-go-Stiefel und meine Sammlung unechter Pelze. Ich lege beim Friseur einen Haufen Geld für meine blonden Strähnchen hin, und ich scheue keine Kosten, wenn es um meine hochhackigen Salsa-Sandaletten mit den vielen Glitzersteinchen geht. Ich bin eine echte Tussi und besitze vermutlich die größte Sammlung an rosa Lippenstiften auf dieser Erde. Aber in der Sekunde, in der ich ein Tier sehe, bin ich so hypnotisiert, dass ich die Welt um mich vergesse – fast zerbricht mir das Herz, wenn ich in seinen Augen versinke.

Die Welt reagiert auf Ihre Gedanken. Wenn Sie Ihre Gedanken auf den Elefanten konzentrieren, »werden« Sie der Elefant. Nur indem Sie sich in den Elefanten hineinversetzen, können Sie seine Gedanken und Emotionen hören und die Gefühle in seinem Körper spüren.

Hier sind ein paar wundervolle Worte meines Lehrers Lehrer, des legendären Dr. Raymond Charles Barker, der meinen Pfarrer Dr. Tom Johnson ausgebildet hat. In *The Power of Decision* sagt uns der König der Könige: »Die modernen Denker wollen uns davon überzeugen, dass Gott sich in den Ruhestand begeben hat. Das ist ein Ding der Unmöglichkeit. Das Unendliche muss ein unendlicher Prozess sein.«

Wenn Sie die feuchtwarme Rüsselspitze des Elefanten berühren und sich dem geheimnisvollen Geist dieses Tieres ausliefern, verlassen Sie die äußere Ordnung und begeben sich in die innere Ordnung, wo Sie und das Tier eins sind. Das ist das Paradies der Liebe, in dem Himmel und Erde aufeinander treffen und der grenzenlose Prozess voll im Gange ist. Sobald Sie aus Ihrem Verstand heraustreten und Resogenese herstellen, haben Sie geradewegs einen Sprung in die Ewigkeit gemacht. Die Liebe, in der Sie mit Tieren sprechen und sie hören, ist so tief, dass sie Raum und Zeit trotzt.

Im nächsten Kapitel untersuchen wir, wie wir diese Liebe für uns nutzen können, damit Sie den Unterschied zwischen Angst und Intuition kennen lernen und sogar herausfinden, wie Sie die Gedanken Ihrer eigenen Tiere zu Hause lesen können.

3

Die wissende Resogenese

Nur wer das Unsichtbare sieht, kann auch das Unmögliche erreichen.
Dr. Ernest Holmes, Gründer der Science of Mind

Der Unterschied zwischen Angst und Intuition

»Was sind Sie – etwa ein Mormone?«, fragte ich meinen Heilpraktiker, als ich ihm zum ersten Mal begegnete und ein Foto sah, auf dem er mit seinen fünf Söhnen abgebildet war.

»Das stimmt sogar!«, antwortete er lächelnd. »Die meisten Leute fragen mich, ob ich katholisch sei.«

»Vertragen sich Ihre Kinder eigentlich alle miteinander?«, fragte ich.

»Natürlich nicht!« antwortete er. »Das kann man von ihnen ja auch nicht erwarten!«

Es war das erste Mal, dass ich gehört hatte, wie ein Elternteil diese Tatsache offen zugegeben hatte, und es brachte mich zum Lachen. Seine Antwort ist mir eine große Hilfe in meinen Workshops, in denen immer irgendjemand aufsteht und ruft: »Aber Ihre Katzen vertragen sich doch, oder, Amelia?«

Jetzt kann ich die Wahrheit sagen. »Natürlich nicht!«, antworte ich. »Das kann man von ihnen auch nicht erwarten! Schließlich sind es Katzen!«

Ich hatte wirklich einen Kleinkrieg zu Hause. Meine beiden alten Katzendamen konnten einander nicht ausstehen. Sie wollten nicht einmal im selben Zimmer sein. Ich hatte Florabelle Beasley im Scherz »Königin von Österreich« und Emma Curtis Hopkins »Königin von Frankreich« genannt. Die Mädels waren so verschieden, wie zwei Frauen nur sein können. Hopkins war von Natur aus langhaarig und verwöhnt. Wäre sie ein Mensch, so wäre sie eine Carmen Miranda, aber nur wenn Carmen Miranda eine fette, auffallende und ewig unsichere Französin wäre. Flo war ihr genaues Gegenteil. Flo, ein kurzhaariges Modell ohne Geduld und ohne Sinn für Unsinn, war in Männerkleidung geboren worden. Ihr schicker Frack war gut geschnitten und sauber. Wenn man in ihr winziges schwarzweißes Gesicht blickte, hatte man dasselbe Bild vor Augen, wie wenn man gerade in ein schwarzes Keks mit weißer Füllung gebissen hätte, und ihre Persönlichkeit war genauso unverblümt wie ihre äußere Erscheinung. Wäre sie ein Mensch, so wäre sie eine Bette Davis.

Diejenigen unter Ihnen, die Susan Chernak McElroys Bestseller *Tiere als Lehrer und Heiler* gelesen haben, mögen sich an ein ganzes Kapitel der berühmt-berüchtigten Flo erinnern. Sie war fünfzehn Jahre lang Susans Begleiterin, bis Susan eine Katzenallergie entwickelte und mir die unsterbliche alte Tunte vererbte. Sobald ich Flo zu Hause untergebracht hatte, fand ich heraus, warum die hinterlistige Susan bereit gewesen war, sich von ihrer großen Tierliebe zu trennen. Das hier war kein süßes Kätzchen. Es war eine zehn Pfund schwere Dose Dynamit.

Flo hasste Hopkins – und das zu Recht. Schließlich hatte keine von beiden eine Annonce aufgegeben, in der sie eine Zimmergenossin suchten. Ich brachte die säuerliche Flo mit nach Hause, um dort mit der strahlendsten und luxuriösesten Katzenschönheit der Welt zusammenzuleben. Carmen Miranda, ihre Eigenarten und ihre La-La-Welt mussten Flo das Gefühl vermitteln, eine verschrumpelte alte Jungfer zu sein. Die alte Tante Flo lebt immer noch bei mir, verursacht Chaos und beherrscht alle, während Hopkins im vergangenen Sommer in meinen Armen starb.

Die kleine Hopkins, Königin von Frankreich, war eine himmlische Vision – eine gerettete Katze, die ihre ersten acht Jahre im Haus von Crack-Dealern gelebt hatte. Sie war das »pièce de résistance« in Gottes Katzenanstreichfabrik: Ihre Farben erweckten den Anschein, als wäre sie mitten in einer Explosion durch einen Eisladen gerannt – Spiralen aus Mokka und Karamell-Tupfer auf einer Kugel Kürbiseis, und als Krönung war sie auf dem Weg zum Ausgang durch eine Pfütze aus Marshmallowcreme gewatet. Als ich sie sah, nahm sie mir buchstäblich den Atem. »Oh mein Gott, die muss ich haben!«, war alles, was ich herausbrachte. Ich verliebte mich unsterblich in sie und schlief jede Nacht mit ihrer Pfote in meiner Hand ein, während ich sanft die weichen weißen Haarbüschel zwischen ihren Zehen streichelte.

Zweieinhalb Jahre später bückte ich mich eines Morgens, um sie aufzuheben, und spürte unter meinen Fingern einen Knoten an ihrem Bauch. Hier war er, der schreckliche Augenblick, auf den ich *nicht* gewartet hatte. In dem Moment, in dem meine Hand den Tumor berührte, *wusste* ich, es war Krebs, und dass mein kleines Mädchen sterben würde. Doch ich hatte keine Angst. Wenn Sie aus diesem Buch nur eines lernen, dann lernen Sie das: Intuition bedeutet *Wissen,* und im Wissen liegt keine Angst. Im Wissen ist Frieden, auch wenn das Wissen die schlimmste Botschaft ist, die Gott Ihnen jemals mitteilen kann. Angst hingegen ist eine fluktuierende Frequenz, eine zitternde Masse des Chaos. Sie spüren, wie Ihr Verstand hin und her springt zwischen dem, was Sie wissen, und dem, was Sie wissen *wollen.* Doch das ist eine *Reaktion* auf die Intuition, die Ihre erste und echte Reaktion ist. Ihre wahre Reaktion spüren Sie im *Bauch.*

In der Sekunde, in der mein Finger den Tumor berührte, spürte ich mich von einer warmen Welle des Friedens überrollt. Die Zeit blieb stehen, und für eine scheinbare Ewigkeit war ich ganz leicht und schaukelte in einem Meer der Stille. Wie nach dem Zünden einer Atombombe verschwand alles um mich herum und wurde weiß.

Als ich »zurückkam«, setzte die Angst ein und ich begann, mit Gott zu verhandeln: »Bitte, Gott, lass es nicht zu … lass das nicht zu …« Dann kam das Verleugnen: »Nein, nein, es ist nicht wahr! Es kann nicht wahr sein! Es ist bloß ein gutartiges Gewächs! Ich überreagiere! Es hat nichts zu bedeuten! Es ist bloß ein Gewebstumor!«

Es war zu spät. Ich wusste es längst. Mein Verstand brachte Gegenargumente hervor, weil mein Herz mir schon die Wahrheit gesagt hatte. Ich glaube, das ist es, was wir tun, und vielleicht ist das die Angst: Die Fluktuation von Energie, wenn Ihr Verstand mit Ihrem Herzen kämpft. Unser Ziel ist es jedoch, auf unseren ersten Impuls hin zu handeln, auf die authentische Information, die wir mit Lichtgeschwindigkeit erhalten. Jede Zelle in meinem Körper wusste, dass ich einen Krebs berührte. Ich hatte zuvor noch nie einen bösartigen Tumor berührt, und dennoch konnte mein Körper ihn schneller und richtiger identifizieren als mein Verstand.

Krebs bringt ein ekelhaftes sinkendes Gefühl mit sich. Für mich hat seine Signaturfrequenz das traurige Gefühl des Einsinkens, wie wenn nasser Sand am Strand bei Ebbe unter Ihren Füßen weggetrieben wird. Doch jeder von Ihnen wird eine andere Reaktion auf die Signaturfrequenz von Krebs haben. Mit der Zeit, wenn Sie mit Menschen oder Tieren zu tun haben werden, die Krebs bekommen, werden Sie sich an das *Gefühl* von Krebs erinnern und an Ihre eigenen einzigartigen körperlichen und psychischen Reaktionen. Sie werden lernen, wie sich die Gegenwart von Krebs *anfühlt,* und wenn Sie ihm dann wieder begegnen, werden Sie ihn erkennen. Selbst wenn Sie nur das Foto eines Tieres ansehen, werden Sie ihn in den Augen des Tieres »erkennen«.

In dem Augenblick, in dem ich von dem zeitlosen Ort des Wissens zurückkehrte, setzte ich mich mit Hopkins auf dem Schoß hin und brach in Tränen aus. In diesen Momenten – wenn unsere Gefühle uns zerreißen und wir von Angst fast erdrückt werden – scheint unsere Intuition nicht zu funktionieren. Ich ermutige Sie alle, sich mit anderen Tierkommunikatoren zusammenzutun, damit Sie in einer Krise wie dieser den Hörer abnehmen und Ihren Partner um Führung bitten können. Wenn unsere Angst Überhand nimmt, ist es sehr schwer, eine klare Antwort zu erhalten. Ich versuchte es trotzdem; auch während ich schluchzte und bebte, zwang ich buchstäblich meine Clairaudience zu funktionieren.

»Hopkins, ist das Krebs?«, fragte ich.

»Ja, Mami, ich muss bald sterben«, hörte ich in meinem Kopf. Sie hatte nicht die geringste Angst, doch mein Herz lag in tausend Scherben. Ein Jahr lang ertrug sie eine Reihe von Operationen und kämpfte tapfer gegen das, was bei Menschen Brustkrebs ist. In jedem wachen Augenblick schnurrte sie … und liebte mich. Das war alles, was sie kannte.

Meine tolle Tierärztin Dr. Karen Martin schläferte Hopkins in meinen Armen ein, und ich habe noch nie eine so anmutige Reise in den Himmel erlebt. Ich drückte Hopkins an mein Herz und führte sie sicher in die Arme ihrer Engel. Sie schnurrte nicht nur bis zum letzten Atemzug, sondern sie krönte ihr Leben sogar noch mit einer übersinnlichen Überraschung. Karen kam lange nach der letzten Spritze, die sie Hopkins gegeben hatte, in den Raum zurück, und ich sagte: »Ich weiß, dass Katzen eigentlich nicht schnurren können, wenn ihr Herz aufgehört hat zu schlagen … aber ihr Herz ist vor einer Viertelstunde stehen geblieben … und sie schnurrt immer noch!« Warm und behaglich in meinen Armen, schnurrte sie noch fast zwanzig Minuten lang. Ist das so erstaunlich? Selbst ihr letzter Augenblick war ein Wunder. Es gibt einen Spruch, der besagt: »Das Leben wird nicht an den Atemzügen gemessen, die wir nehmen, sondern an den Augenblicken, die uns den Atem rauben.« Wie mir das unerklärliche Schnurren bewiesen hat, hängt die Liebe noch nicht einmal vom Atmen ab.

Wenn Sie unsicher sind, fragen Sie nach!

Obwohl mir in dieser traurigen Situation meine Intuition mitteilte, dass Hopkins sterben würde, kann auch das freudige Gegenteil geschehen. Alle, selbst der Tierarzt, können Ihnen erzählen, dass Ihr Tier sterben wird, und in Ihrem tiefsten Herzen wissen Sie dennoch, dass es nicht stimmt. Im vorletzten Sommer bekam ich wegen der ollen Tante Flo schreckliche Panik. Sie war schon sechzehn Jahre alt, als sie die schlimmste Nierenentzündung bekam, die ich je erlebt hatte. Zwei Nierenspezialisten gaben die gleiche unselige Prognose ab, dass ihre Leber und Nieren versagen würden. Elf Nächte blieb ich wach, weinte hysterisch, steckte ihr Nadeln in den Rücken und führte ihr intravenös Flüssigkeiten zu. Jedes Mal, wenn ich für zwanzig Minuten das Haus verlassen musste, um zum Supermarkt zu gehen, hatte ich Angst, sie bei meiner Rückkehr nicht mehr lebend vorzufinden.

Nun, das Schöne am Schreiben eines zweiten Buchs ist, dass ich Ihnen darin zeigen kann, wie ich mich geändert habe. In meinem letzten Buch habe ich bis zum Umfallen gepredigt, Sie sollen Ihren Tieren einen sicheren und friedlichen Übergang in den Himmel erlauben, wenn sie *so weit* sind, und nicht, wenn Sie bereit sind, sie loszulassen. Ich habe mich darüber ausgelassen, wie viele Tiere noch Monate oder sogar Jahre nach dem Zeitpunkt, der für ihren Aufstieg in die andere Welt vorgesehen ist, unnötig leiden müssen, nur weil ihre menschlichen Besitzer nicht bereit sind, sie gehen zu lassen. Die Tiere bleiben und leiden für uns. Wie oft geschieht es nach jahrelangem Dahinsiechen eines Tieres, dass ich nur hingehen muss, sein Herrchen oder Frauchen berate, bis er/sie bereit ist, das geliebte Tier gehen zu lassen, und das Tier dann in derselben Nacht friedlich und ohne Hilfe stirbt. Ich habe sie oft ganz allein in das Licht geführt; sie sterben auf der Stelle in meinen Armen, ohne Medikamente und ohne Tierärzte. Ich erfülle nur meine Aufgabe als Pfötchen haltende Priesterin, die bereit ist, sie an die Himmelstore zu führen.

Hätte ich fünf Cent für jedes Mal, an dem ich meine Schüler ermahnt habe, nicht gegen den Tod ihres Tieres anzukämpfen, beiseite gelegt, hätte ich einen Stapel an Münzen, der von hier bis zum Mond reichen würde. (Also gut, vielleicht nicht bis zum Mond, aber bestimmt um den ganzen Häuserblock herum.) Als Flo nun erkrankte, befolgte ich tapfer meinen eigenen Rat und sagte zu ihr: »Wenn du gehen musst, verstehe ich es voll und ganz. Du hast meinen Segen. Ich werde dir so gut dabei helfen, wie ich nur kann.«

Wenn Katzen im Sterben liegen, nehmen sie Angst erregende Stellungen ein. Ich hatte sie früher bei meinem Kater Rodney in seinen letzten achtundvierzig Stunden gesehen. Die schöne Flora begann nun also, sich in diese fürchterlichen Posen zu verrenken. Die schlimmste davon – so komisch-tragisch es auch klingen mag – war eine Stellung, in der sie sich zusammenkauerte und ihr Kopf so weit nach vorne fiel, dass ihre hübsche kleine Stirn den Boden berührte. Sie konnte ihr Köpfchen nicht länger hochhalten. Ich hatte gesehen, wie Rodney an seinem letzten Tag dasselbe getan hatte, und als ich diese Körperstellung wieder erkannte, wusste ich, es war vorbei.

Doch sie harrte aus. Elf Tage lang war sie elender als jede Katze, die ich je in meinem Leben gesehen habe, und jeden Tag versicherte ich ihr, dass sie mit meinem Segen sterben dürfe, wann immer sie es wolle. Ich würde sie nicht von der Reise abhalten, nachdem ich ein Jahrzehnt damit verbracht hatte, meine Schüler zu ermahnen, ihre Tiere beim Sterben zu unterstützen. Doch in der Nacht des elften Tages änderte sich alles.

Ich lag im Bett, hielt sie an meine Brust gedrückt, weinte leise und lauschte auf ihren keuchenden Atem. Sie war dabei zu gehen. Direkt über meinem Kopf öffnete sich ein »Türrahmen« im Universum und das glitzernde Licht des Himmels strömte hindurch. Meine Großmutter Rheau-Nell erschien mir und streckte drängend die Hände nach Flora aus, wie sie es schon einmal mit Rodney gemacht hatte. Um sie herum standen andere Engel, und meine Hunde Gus und Gretel aus der Kindheit kamen aus einem der Lichttunnel angerannt. Doch diesmal kooperierte ich nicht so, wie ich es Jahre zuvor bei Rodney getan hatte. Stattdessen fing ich an zu schreien: »Nein! Nein! Ihr kriegt sie nicht! Nein! Geht weg! Noch nicht! Ihr dürft sie mir noch nicht wegnehmen! Neeeeiiiin!!!«

Nicht nur rüttelte ich vermutlich die halbe Nachbarschaft in meinem Haus aus dem Tiefschlaf und erschreckte ein paar der Obdachlosen in der Hintergasse zu Tode, sondern ich jaulte auch laut genug, um meine eigenen Engel zu verscheuchen. Rheau-Nell drehte sich auf den Fersen um und ging zurück in das Licht. Die beiden Hunde folgten ihr, und die Tür schloss sich wieder. Unten in der Dunkelheit schliefen Flo und ich endlich ein.

Nun hatte meine Katze sich dreizehn Tage lang nicht mehr bewegt. Da sie nicht mehr laufen konnte, hatte ich sie auf ihr Katzenklo getragen. Gegen Ende unserer letzten Höllenwoche hatte sie nicht einmal mehr stehen können. Fressen oder trinken war völlig ausgeschlossen. Sie hatte seit über zwei Wochen ihren Futternapf nicht mehr angerührt. Ich hatte ihr gegen ihren Willen flüssige Vitamine eingeflößt, während meine Tränen auf ihr Gesicht getropft waren.

Am nächsten Morgen stand ich auf und war völlig überrascht, als Flo durch das Wohnzimmer in die Küche flitzte. Sie wirkte vollkommen gesund und normal, als sei nichts geschehen. Tatsächlich sah sie sogar fünf Jahre jünger aus! Sie lief entschlossen an ihren leeren Futternapf, beschnüffelte ihn und warf mir dann einen empörten Blick über die Schulter zu.

»Flo!«, schrie ich. »Du lebst ja!«

»Was glotzt du so blöd?«, fragte sie schnippisch. »Und wo ist mein Essen?«

Wie ein Racheengel war sie zurückgekehrt. Die mürrische, streitsüchtige olle Flo hatte dem Mann mit der Todessichel wieder mal ein Schnippchen geschlagen und ihm eins auf die Nase gegeben. Vielleicht hatte sie auch einfach nur erfahren müssen, dass ich sie genug liebe, um um ihr Leben zu kämpfen.

Die Moral dieser Geschichte ergibt sich aus der Tatsache, dass ich mir nicht die Mühe machte, Flo zu fragen, ob sie sterben würde. Ich hatte Hopkins gefragt, und sie hatte mir sofort geantwortet, doch bei Flo war ich automatisch davon ausgegangen, dass sie diese Welt verlassen würde, da sie schon sechzehn war und alle Tierärzte mir versichert hatten, sie würde die Krankheit nicht überleben. Hätte ich sie stattdessen einfach gefragt, wären mir die beiden Wochen der emotionalen Hölle glatt erspart geblieben. Ich hätte sie nur fragen müssen: »Flo, wirst du sterben?« Und sie hätte mich angefaucht: »*Nein*! Wieso – *du* vielleicht?!«

Wie ich mittlerweile weiß, war wegen mir eine Entscheidung gefällt worden. Zwei Jahre später – ich stehe immer noch in Verbindung mit Hopkins, und Florabelle regiert allein mein Herz und Heim – wurde mir klar, dass die beiden Damen ein stillschweigendes Abkommen getroffen hatten. Hopkins, die kleine Venus, wurde der Luxus vergönnt, »über den Regenbogen« zu gehen und sich meinem geliebten verstorbenen Maine-Kater Mr. Jones anzuschließen, um die wahre Liebe zu erleben und etwas Erholung zu bekommen. Die olle Tante Flo hingegen beschloss, hier auf der Erde bei mir zu bleiben, weil sie die stärkere der beiden Katzen ist. Ihre Aufgabe ist es, mich zu beschützen, mir beizubringen, wie man Grenzen setzt, meinen Ärger zu zeigen (oft und laut »Nein!« zu sagen), und ausgedehnte Nickerchen zu halten. Und sie macht ihren Job wirklich gut.

Wie überlebe ich den Schmerz?

Heutzutage fragen die meisten meiner Schüler mich nicht: »Wie kann ich lernen, mit Tieren zu sprechen?« Sie tun es längst. Die häufigste Frage ist: »Wie kann ich den Schmerz überleben, der bei der Kommunikation mit einem leidenden Tier entsteht?« Hier ist ein interessanter Sichtwinkel; er stammt wieder einmal aus dem Buch *The Power of Decision* von Dr. Raymond Charles Barker:

> Sie selbst projizieren sich auf die Leinwand des Lebens. Sie sind die Ursache Ihrer eigenen Erfahrungen. Situationen, Erlebnisse und Dinge werden von Ihrem Bewusstsein auf die Leinwand des Lebens geworfen. Die Leinwand des Lebens ist so unpersönlich wie die Filmleinwand in einem Kino. In einer Woche kann eine Tragödie auf der Leinwand gezeigt werden, und in der nächsten Woche kann es eine Komödie sein. Die Leinwand weiß nicht, was sie den Zuschauern zeigt. Sie weiß nur, wie sie es zu zeigen hat. Eine Filmszene, in der ein Mann erschossen wird, hinterlässt kein Loch auf der Leinwand. Sie bleibt unberührt. In

Ihrem eigenen Leben sind Sie der Projektor Ihres Bewusstseins auf der Leinwand der Erfahrungen.

Ich werde diesen Abschnitt mit der Vorstellung erklären, dass der Schmerz eines jeden Tieres auf die Leinwand des Lebens projiziert wird. Der Schmerz ist nicht Sie. Dr. Barker geht sogar so weit anzudeuten, dass nicht nur der Schmerz des Tieres nicht Ihr Schmerz ist, sondern dass Ihr eigener Schmerz nicht Ihr Schmerz ist. Wenn wir zwischen der Leinwand (unseren äußeren Erfahrungen) und dem Film, der durch den Projektor läuft (unser Wille), und sogar dem Licht im Film (unser Bewusstsein) unterscheiden können, sind wir nicht länger Sklaven von Zeit und Raum.

Dr. Deepak Chopra verwendet ein paar weitere nützliche Begriffe: Der »stumme Zeuge« definiert das »andere du«, das in Ihrem Verstand auftaucht, wenn Sie mit sich selbst streiten – also, das »du«, das es besser weiß. Das ist der Aspekt von Ihnen, der Ihre Seele und Intuition beherbergt. In diesem inneren Schutzbereich können wir einen Schritt zurücktreten – uns von unseren Gefühlen loslösen – und feststellen, dass wir nicht unsere Gedanken sind.

Deepak spricht von dem »Raum zwischen den Gedanken« und nennt dieses Reich des meditativen Meisterns die »virtuelle Domäne«. Hier in diesem Raum können wir unsere Gedanken und Gefühle aus unserem Geist filtern, um die Gedanken von Tieren zu hören. Wenn Sie diese Distanz zu Ihrer eigenen physikalischen Maschinerie nicht erreichen können, werden Sie ein Nervenbündel sein, sobald Sie sich in ein Tier hineinversetzen. Wenn Sie glauben, Sie *seien* Ihre Gedanken und Gefühle, kommen Sie nicht weiter.

Meditation und emotionale Distanz erfordern eine große Menge an Disziplin, und es ist nicht meine Absicht, das Ganze auf die leichte Schulter zu nehmen. Der Auslöser, der mir sagt, dass ich mich auf ein Tier »eingestellt« habe, ist immer dann, wenn mir die Tränen kommen. Ich weine bei fast jedem Kontakt mit einem Tier. Ohne ihren Schmerz zu spüren, kann man nicht lernen, ihren Schmerz zu fühlen.

Wenn Sie sich Sorgen um Ihr eigenes Wohlbefinden machen, sollten Sie es sich gut überlegen, bevor Sie die Techniken dieses Buchs lernen. Nichts davon wird bequem sein. Schließlich reißen wir die Wände des Universums, wie wir sie kennen, ein. Das mag aufregend sein, es mag das Leben verändern und auch akut schmerzhaft sein, doch es wird Sie nicht in Ihrer gegenwärtigen Komfortzone weiterleben lassen. Unser Ziel ist es, uns auf Inhalt und Bedeutung statt auf äußere Form zu konzentrieren und auf Bewegung und Fortschritt statt auf Stillstand. Ich kann nicht versprechen, dass es nicht wehtun wird – aber ich verspreche Ihnen, es *lohnt* sich!

Immer mit der Ruhe

Wenn Sie eine Information von einem Tier erhalten möchten, schicken Sie ihm eine Welle der Liebe zusammen mit dem Gefühl der Geduld, was es wahrscheinlich noch nie bei einem Menschen gespürt hat. Wir Menschen haben es immer furchtbar eilig. Die meisten von uns sind ein Haufen plumper Macher, die wie kopflose Hühner umherrennen. Unsere Tiere können uns immer wieder und wieder etwas sagen, doch wir sind so sehr damit beschäftigt, in Eile zu sein und unser Leben mit Unsinn auszufüllen, dass wir sie nicht hören können. Irgendwann geben sie auf. Wenn es für Sie schwierig ist, eine Information zu erhalten, oder wenn Sie Ihre Katze abends hereinrufen, dann senden Sie diesen Gedanken aus: »Ich werde hier ewig warten. Du glaubst zwar nicht, dass ich so stur sein kann, aber ich kann es. Ich werde hier stundenlang warten und still stehen bleiben, bis du mir antwortest oder nach Hause kommst.« Dies zeigt Ihrer Katze, dass Sie erwarten, das zu bekommen, was Sie wollen. Es funktioniert zwar nicht immer, aber Sie werden staunen, wie oft es funktioniert.

Ich gebe nicht so leicht auf. Das könnte einer der Hauptgründe für meinen Erfolg in der Tierkommunikation sein. Einer der bemerkenswertesten Kunstlehrer überhaupt, Glen Villpu, sagte über sich: »Ich bin nicht begabter als irgendein anderer. Ich bin nur geduldiger.« Er verbringt viele Stunden oder sogar Tage an einer Zeichnung, die wir anderen nach fünf Minuten zusammenknüllen und wegwerfen würden. Genauso ist es mit der Tierkommunikation. Es gibt ein Sprichwort, das sagt: »Die längste Reise, die du jemals antreten wirst, ist die von deinem Kopf zu deinem Herzen.« Also, wenn wir eine lange Wanderung vor uns haben, dann sollten wir langsam aufbrechen, nicht wahr?

Der Herzensgrund

Wie Sie sich erinnern mögen, bedeutet Resogenese, auf der gleichen Frequenz wie ein Tier zu schwingen. Um Resogenese zu erreichen, können Sie sich vorstellen, Ihr Körper wäre ein Radio und die Übertragungen eines Tieres oder Menschen ein Rundfunkprogramm, das Sie hören. Die meisten meiner Schüler ziehen es vor, »in ihrem eigenen Körper zu bleiben« und dem Tier von dort aus Fragen zu stellen. Doch wenn Sie einen Schritt weitergehen, können Sie das herstellen, was ich »Unimorphose« nenne. In diesem bemerkenswerten veränderten Zustand fühlen Sie sich, als wären Sie *in* dem Körper des Tieres und würden mit *seinen* Augen sehen. Diese Bewusstseinsverschmelzung könnte ein Attribut davon sein, dass die Phasen-Beziehungen zwischen den Frequenzen in vollkommenen Gleichklang treten. Für manche Schüler ist dies eine beängstigende Vorstellung, und so ziehen sie es vor, nur dem Radioprogramm zuzuhören, anstatt das Radio zu werden. Ich wende beide Methoden an und finde beide wundervoll, doch die Freude kommt nur mit der Übung.

Um einen der beiden Prozesse erfolgreich durchzuführen, müssen wir unser Bewusstsein durch unsere *Willenskraft* dazu bewegen, mobil zu sein und sich auf Wellen fortzubewegen, statt uns als isolierte Teilchen in einem kalten, getrennten Universum zu empfinden. Die Flamme, die den Docht der Absicht entfacht, befindet sich nicht im Kopf, sondern im Herzen. Der Vorsatz wird nicht in Bewegung gesetzt, indem man die wissenschaftlichen Konzepte versteht oder in der Lage ist, die Welt um sich herum mit dem Verstand zu begreifen und zu messen. Die Geheimnisse der intuitiven Verbindung werden im Herzen gelöst, und die einzige Vorbedingung, um die Absicht umzusetzen und die Verbindung zu nichtmenschlichen Tieren herzustellen, ist liebevolle Sehnsucht. Es sind nicht unsere *Gedanken* an sich, sondern unsere *Gefühle,* die uns verbinden. Ihre Emotionen legen fest, mit wem Sie sich verbinden und mit wem nicht. Die Absicht, die ins Spiel kommt, ist nicht nur ein Willensakt, sondern eine Verpflichtung zu lieben, und so lieben zu lernen braucht Disziplin.

Ich würde jetzt gerne eine Wundergeschichte einer unserer jüngsten Kommunikatoren mit Ihnen teilen. Weit draußen auf dem Meer zwischen England und Schottland liegt ein kleines Märchenparadies, das Isle of Man genannt wird. Jedes Jahr, wenn ich dort im Juni ankomme, ist die

Insel mit nichts als sanften grünen Hügeln bedeckt, auf denen neugeborene Lämmer grasen. Von der Isle of Man stammen auch die berühmten schwanzlosen Manx-Katzen (»Manx« bedeutet »Dinge, die von der Isle of Man kommen«). Das Institut Brightlife, in dem ich dort jährlich unterrichte, ist zum Treffpunkt aspirierender Tierkommunikatoren aus aller Welt geworden. Doch die folgende Geschichte stammt von einem meiner Schüler, der selbst auf der Insel lebt.

Matthew Collister, der Sohn des Leiters von Brightlife, war neun, als er anfing, meine Seminare zu besuchen, und er schrieb diese Geschichte im Alter von elf Jahren. Wer könnte es uns besser erklären, wie einfach es ist, sich mit der Macht der Liebe in seinem Herzen zu verbinden, als ein kleiner Junge?

»Frag ihn einfach, wo er es verloren hat!«

Eines schönen Manx-Wintermorgens (in anderen Worten: Eines Tages, als es in Strömen goss) gingen meine Mutter und ich hinaus, um nach meinem Pferd Buzz zu schauen, das für einen wohlverdienten Urlaub auf die Koppel gebracht worden war. Wir riefen ihn, und als er auf uns zutrottete, entdeckten wir das Fehlen seines Halfters. Das wurde sofort als »neues Halfter für Buzz« auf seine Weihnachtswunschliste geschrieben! Mum beschloss, das hohe Gras der sechs Morgen nach seinem Halfter abzusuchen. Während sie erfolglos danach suchte, gab ich Buzz ein paar Leckerchen, und dann machte etwas in mir »klick«. Mir fiel die Tiertelepathie ein. So machte ich die Augen zu und ging hinunter in mein Herz. Dann schickte ich einen Lichtstrahl aus, der mein Herz mit seinem verband, und ich reiste auf diesem Lichtstrahl, während ich ihm gleichzeitig Liebe schickte, und dann war ich mein Pferd. Als ich in seinem Inneren war, spürte ich das Bedürfnis, das Halfter abzustreifen, weil es zu locker war und mich irritierte. Also wälzte ich mich im Gras, und als ich es schließlich losgeworden war, schaute ich mich um.

Danach machte ich die Augen wieder auf und bedankte mich bei Buzz. Ich ging zu der Stelle, an der er sich im Gras gewälzt hatte. Als ich dort ankam, sah ich mich um, aber ich konnte das Halfter nirgendwo sehen. So ging ich ein Stückchen weiter hinauf, und dann stach mir etwas ins Auge – das Kopfhalfter lag direkt vor mir! Ich war total überrascht! Ich rannte damit zu meiner Mutter. Als ich zurückkam, um Buzz noch einmal zu danken, fiel es mir schwer zu glauben, dass es wirklich passiert war, und ich wollte es als komischen Zufall abtun, aber mit der Zeit habe ich gelernt, auf das zu vertrauen und zu hören, was ein Tier mir sagt.

Matthew hat seit diesem Erlebnis noch zwei andere verloren geglaubte Gegenstände wieder gefunden, und auch seine kleine Schwester beherrscht nun die Kunst der Tierkommunikation. Wie seine Mutter Jane mir erzählte, war sie gestresst, als eines der Pferde ein Hufeisen verloren hatte. Matthew hatte sie empört angesehen und aufgebracht gesagt: »Mum! Frag ihn einfach, wo er es *verloren* hat!« (Au weia! Nichts kann einen so beschämen wie ein elfjähriger Junge mit übersinnlichen Kräften.)

Lassen Sie uns die Geschichte näher betrachten. Wenn Matthew uns berichtet, dass er »auf einem Lichtstrahl gereist ist«, bezieht er sich damit auf eine Übung, die ich in dem Buch *Tierisch gute Gespräche – Lerne mit Tieren zu sprechen, sie antworten dir* beschrieben habe. Damals wusste ich zwar, wie dieser Quantenprozess funktioniert, doch ich hatte keine Ahnung, wie ich ihn nennen sollte.

Matthew nennt ihn »die Brücke bauen«. (Unser Begriff für diese Welle aus liebevoller Energie lautet nun »Lumensilta« aus der lateinischen Wurzel »lumen« (Licht) und dem finnischen Wort »silta« (Brücke).

Matthew »reist« auf der Lumensilta, indem er seinem Geist erlaubt, im »Wellen«-Aspekt zu funktionieren statt in dem Bewusstsein der »Teilchen«, in dem die meisten von uns ihre wachen Stunden verbringen. Wir wollen einen kurzen Blick darauf werfen, worum es bei der Teilchen-Wellen-Theorie geht, denn das ist der einfachste und wirksamste Weg, die verschiedenen Zustandsarten zu beschreiben, die Ihr Bewusstsein fliegen lässt.

Die Teilchen-Wellen-Theorie

Albert Einstein hat eindeutig bewiesen, dass Materie sich aus Teilchen zusammensetzt. Ein Physiker namens Thomas Young hatte schon ein Jahrhundert früher die Teilchen-Wellen-Theorie aufgeworfen, nachdem er ein Phänomen namens Interferenz entdeckt hatte. Der Bestsellerautor

Gary Zukav beschreibt dies wundervoll in seinem Buch *Die tanzenden Wu Li Meister:*

> Youngs Experiment hat gezeigt, dass Licht wellenartig sein muss, da nur Wellen Interferenz-Muster hervorbringen können. Die Situation war also wie folgt: Einstein hat anhand des fotoelektrischen Effekts »nachgewiesen«, dass Licht teilchenartig ist, und Young hat mit Hilfe des Phänomens der Interferenz »nachgewiesen«, dass Licht wellenartig ist. Doch eine Welle kann kein Teilchen sein, und ein Teilchen kann keine Welle sein. Die Wellen-Teilchen-Zweideutigkeit war (ist) eines der dornigsten Probleme der Quantenmechanik. Physiker mögen eindeutige Theorien, die alles erklären, und wenn sie das nicht können, gefallen ihnen eindeutige Theorien darüber, warum sie es nicht können. Die Wellen-Teilchen-Dualität ist keine eindeutige Situation. Tatsache ist, ihre Nichteindeutigkeit hat die Physiker zu radikalen neuen Wegen der physikalischen Wahrnehmung gezwungen. Diese neuen Rahmen der Wahrnehmung sind weitaus kompatibler mit der Natur persönlicher Erfahrungen als die alten es waren. Für die meisten ist das Leben nur selten schwarzweiß. Die Wellen-Teilchen-Zweideutigkeit bedeutete das Ende der »Entweder-Oder«-Methode, die Welt zu sehen.

Die meisten nicht übersinnlichen Menschen sind das, was ich »Separatisten« nennen würde. Separatisten sind antimystisch und beharren darauf, dass ihr Bewusstsein auf ihren eigenen Körper beschränkt ist – wie ein Eiswürfel aus gefrorenem Wasser in einem Eiswürfelbehälter. Man könnte sagen, der große Unterschied zwischen einem Sensitiven – der Sie dabei sind zu werden – und einem Separatisten ist, dass Sensitive auf den Wellen reiten, während Separatisten die Teilchen zählen. Wenn wir uns als Wellen sehen – als Wasser statt Eis –, können sich zwei Tropfen in dem großen Meer aus menschlicher und tierischer Energie jederzeit und überall vereinen und in Harmonie zusammen fließen. Unser Körper und unser Geist sind zwar von Körper und Geist des anderen getrennt – und sind es zugleich nicht. Die Realität und die Existenz der darin enthaltenen Materie sind nicht zweideutig. Sie sind holografisch, was bedeutet, dass zu jedem Zeitpunkt mehr als nur eine Definition physikalischer Realität richtig ist.

Das Wasser dient als großartige Analogie zum Bewusstsein. Wasser hat zwar drei Formen, doch nur eine Substanz. Sein Baustein H_2O bleibt gleich, selbst wenn das Wasser die Form von Eis oder Dampf angenommen hat. Dasselbe gilt für Ihren Geist. Ich würde Resogenese mit fließendem Wasser vergleichen. In der Resogenese bewegt sich Ihr Bewusstsein auf einer Welle der Energie fort, um sich mit einem Tier oder einem anderen Menschen zu verbinden. In seiner »Dampf«-Form könnte das Bewusstsein die Form einer noch feineren Welle annehmen – eine Form, die es Ihnen ermöglicht, in Ihrem Geist zu fliegen und vermisste Tiere »aufzuspüren« oder verstorbene Seelen durch die Schleier des Himmels zu »sehen«.

Der Geist der Skeptiker gleicht einem Eisklotz. Ihrer nicht. Sie können wählen. Ihre Sichtweise des Universums ist von Ihrem Blickwinkel abhängig, und Ihr Blickwinkel wird davon bestimmt, wie Sie *wählen,* Ihren Geist einzusetzen. Wasser reagiert auf äußere Elemente. Auch Ihr Bewusstsein reagiert auf äußere Stimulierungen, doch Sie können es trainieren, um ebenso auf innere Stimulierungen zu reagieren, die von der jeweiligen Herausforderung abhängen. Sie können Ihre Denkprozesse so verändern, dass Ihre inneren Fähigkeiten multidimensional werden und sich darauf einstellen, auf das zu reagieren, was gerade ansteht – genauso wie, je nach den Umständen, eine Welle ein Teilchen und ein Teilchen eine Welle sein kann.

Die folgenden erhellenden Geschichten zeigen, wie eine meiner besten Schülerinnen ihre mentalen Kräfte bewusst aktiviert, um Tieren zu helfen. Heidi war früher Polizistin und arbeitet heute als professionelle Tierkommunikatorin in Nordkalifornien.

Geheimnisse einer übersinnlichen Friedenssoldatin

Als ich der California Highway Patrol (Autobahnpolizei) beitrat, wurde ich als Streifenpolizistin dem Bezirk Hayward zugeteilt, das im Süden von Oakland, Kalifornien liegt. Ich patrouillierte regelmäßig die unbebauten Gegenden des Gebiets und spezialisierte mich auf die Rauschgiftbekämpfung. Ich wurde als Drogenerkennungsexpertin ausgebildet und erlernte die Gesetze für Durchsuchungen und Sicherstellungen, um solide Festnahmen zu erreichen.

Von Anfang an in meiner Ausbildung zur Polizistin wurde ich wie alle Polizisten ermutigt, »auf meine innere Stimme zu hören«. Auf diese feine, kleine Stimme zu hören rettete mir nicht nur das Leben, sondern erwies sich auch in meinem Berufsalltag als äußerst praktisch. Bald fing ich an, meine »kleine innere Stimme« bei anderen Dingen zu befragen, zum Beispiel ob jemand bewaffnet war oder Drogen bei sich führte. Nach ein paar Jahren des Anfreundens mit meiner inneren Stimme nutzte ich sie heimlich regelmäßig im Dienst. Ich »durchsuchte« Fahrzeuge und Personen, indem ich sie »berührte« oder meine erhobene Handfläche ausstreckte. Ich stellte Fragen und erkannte mit meinem geistigen Auge die wahren Antworten über Waffen und Rauschgift, die im Widerspruch zu dem standen, was die Leute laut leugneten. Ich berührte Fahrzeuge an Unfallstellen und sah eine innere Wiederholung des Unfalls. Es erleichterte mir die Arbeit, Zeugen zu verstehen und meine Berichte zu schreiben. Wenn meine Kollegen mich dabei erwischten, lächelte ich und sagte, ich würde »meinem Bauchgefühl« folgen. Dann wechselte ich immer rasch das Thema, da die sarkastischen Polizisten mich für verrückt erklärt hätten, wenn ich ihnen erzählt hätte, dass ich wirklich auf mein Bauchgefühl hörte. Auf der Konsole meines Streifenwagens hatte ich ein Plastikschweinchen namens Edna, das ich in den Farben der California Highway Patrol – Gold und Blau – gekleidet hatte. Wenn jemand anfing, mir bohrende Fragen zu stellen, wie ich etwas herausgefunden hatte, antwortete ich: »Ach, das hat mir Edna zugeflüstert.«

Erst jetzt gebe ich offen zu, übersinnliche Kräfte zu besitzen, die ich bei der Polizeiarbeit eingesetzt habe. Heute habe ich den Polizeidienst aufgegeben und brauche mir keine Sorgen mehr darüber zu machen, was andere Polizisten von mir halten. Als ich hörte, dass Amelia nach Nordkalifornien kommen würde, meldete ich mich sofort für ihren Workshop an, da ich diese Fähigkeiten schon immer für Tiere einsetzen wollte. Amelia behandelte mich in ihrem Workshop wie etwas Besonderes, und jedes Mal, wenn ich bei einem Tier richtig lag, weinten Amelia und ich vor Freude. Sie schickte mir sofort Klienten und förderte meine neue Karriere. Hier sind zwei Geschichten über Wunder, die sich seitdem zugetragen haben.

Das Pferd, das mehr Aufmerksamkeit wollte

Ich erhielt eine E-Mail von einer Pferdebesitzerin aus Südafrika, die mich um Hilfe bat. Sie hatte mich im Internet gefunden, da ich auf www.infohorse.com und ein paar anderen Webseiten gelistet bin. Sie mailte mir Fotos der Pferde und eine Liste von Fragen. Ich war zwar etwas unsicher, da ich noch nie eine Sitzung allein durch E-Mails gemacht hatte, doch ich beschloss, mein Bestes zu geben. Ich weiß heute nicht, wie es funktioniert – aber es funktioniert.

Eines ihrer Pferde zeigte ein seltsames Verhalten. Immer wenn sie den Stall betrat, senkte das Pferd, ein großes, kastanienbraunes amerikanisches Sattelpferd namens Guy Fawkes, den Kopf und biss sich in die Vorderbeine, bis es blutete. Während es sich biss, bockte es und schlug mit den Hinterbeinen gegen die Stallwand. Da ich mehrere Pferde kannte und seit über fünf Jahren mit ihnen arbeitete, wusste ich, dass das Verhalten nicht nur sehr eigenartig war, sondern dass das Pferd sich dabei auch ernsthaft verletzen könnte. Ich hatte noch nie von einem Pferd gehört, das sich selbst Bisswunden beibrachte.
Als ich mit dem Pferd Verbindung aufnahm, klang es wie ein eifersüchtiges kleines Kind, das Mama dazu bringen will, es zuerst und länger als die anderen Kinder in den Arm zu nehmen. Es sagte, sein Verhalten würde ihm immer die Aufmerksamkeit bringen, die es erreichen wollte.
Während ich mir eine Lösung des Problems überlegte, erinnerte ich mich daran, wie ich mit meinem eigenen Sohn über positive und negative Aufmerksamkeit gesprochen hatte, als er noch ein Kleinkind war. (Ich habe absolut keine Geduld für Wutausbrüche.) Mir fiel wieder ein, dass ich ihm einfach gesagt hatte, er solle um Aufmerksamkeit bitten. Und es funktionierte. Wann immer er Aufmerksamkeit brauchte, kam er angewankt und sagte es mir. Dann antwortete ich und widmete mich ihm, sobald ich konnte. Ich wusste nicht, was ich sonst tun könnte, um die Wutausbrüche des Pferdes zu stoppen. So schlug ich ihm vor zu wiehern, wenn es Aufmerksamkeit brauchte. Ich sagte ihm auch, dass seine Wutausbrüche es verletzen könnten.
Noch bevor ich meinen Bericht an die Klientin abgeschickt hatte, erhielt ich eine E-Mail von ihr, in der sie besorgt schrieb, das Pferd hätte zwar aufgehört, im Stall zu bocken, doch jetzt würde es ständig wiehern. Sie musste dauernd hinaus in den Stall rennen, um nach ihm zu sehen. Ich gab zu, dass ich ihrem Pferd genau das vorgeschlagen hatte, und versprach, mit ihm weiter zu verhandeln, da es sich bereit zeigte, etwas Neues zu versuchen. Schließlich erklärte Guy Fawkes sich bereit, nur tagsüber zu wiehern, damit niemand im Schlaf gestört würde.

Wo sind meine Enten?

Als mein Sohn Trevenen zehn Jahre alt war, wollte er Enten als Haustiere und kaufte im Futtergeschäft ein paar Entenküken. Er fütterte sie mit der Hand und schmuste zweimal am Tag mit ihnen. Es waren fünf Khaki Campbell und zwei weiße Pekingenten. Als die Enten groß genug waren (zu groß, um von Adlern oder Habichten mitgenommen zu werden), wurden sie ins Freie gesetzt. Sie fraßen Trev immer noch jeden Tag aus der Hand. Er hatte ihnen allen Namen gegeben und umsorgte sie wie eine liebevolle Henne.

Als aus dem Frühling Sommer wurde und die Enten erwachsen waren, wurde klar, dass unter den sieben Enten nur drei Weibchen waren. Die Khaki-Campbell-Enteriche hatten dunkelbraune Kapuzen, braune Körper mit weißen Flügelspitzen, dunkelbraune Schwanzfedern passend zu ihren Kapuzen, und orangefarbene Füße. Die Weibchen waren durchgehend braun mit grauen Füßen, um sich und ihre Nester besser tarnen zu können. Die Pekingenten Thrasher und Dasher wurden schneeweiß mit orangefarbenen Füßen und Schnäbeln. Die beiden Pekingenten waren Männchen und Weibchen, die sich rasch fanden, doch es blieben zu viele braune Junggesellen übrig.

Eines Morgens kam Trev zu mir und sagte: »Mom, ich kann Thrasher und Dasher nicht finden. Würdest du mir sagen, ob sie tot sind? Sind sie letzte Nacht von einem Kojoten gerissen worden?«

Wie ich wusste, versuchte mein Sohn tapfer zu sein, doch alles, was ich sehen konnte, war sein gebrochenes Herz. Ich stellte mich auf die Pekingenten Thrasher und Dasher ein und rief sie in Gedanken. Sofort spürte ich Dashers Gegenwart. Ich fragte sie, ob mit ihr alles in Ordnung sei. Sie sagte ja. Ich fragte sie: »Wo seid ihr?«

»Wir verstecken uns.«

»Wo versteckt ihr euch?«

»Die lassen mich nicht in Ruhe!«

Ich erhielt das Bild der drei Junggesellen, die versuchten, sich mit ihr zu paaren, und sie dabei fast ertränkten. Ich gab die Information an Trev weiter, doch das reichte ihm nicht.

Er wollte sie sehen. Wieder versuchte ich, ihr Versteck herauszubekommen, doch Dasher weigerte sich es mir zu verraten. Ich schmuggelte die Frage ein: »Zeigst du mir dann wenigstens, wo du bist?« Für den Bruchteil einer Sekunde bekam ich das Bild von hohem grünem Gras; gleich darauf war Schweigen. Sie weigerte sich buchstäblich, mir irgendwas zu sagen oder zu zeigen. Es war, als würde sie fest die Augen zumachen und den Schnabel zupressen. Ich versuchte, ihren Partner zu fragen, doch auch er verriet nichts. Obwohl Trev sich besser fühlte, da er sie am Leben wusste, wollte er nicht so leicht aufgeben. Uns fiel keine Stelle in der Nähe ein, an der hohes grünes Gras wuchs.

Kurz darauf kamen die drei Enten-Junggesellen hintereinander angewatschelt. Mein Sohn wollte, dass ich sie fragen sollte, ob sie die Pekingenten gesehen hätten.
Noch bevor ich die Frage stellen konnte, hörte ich in einem leicht drohenden Ton die Warnung: »Sagt nichts!« Sie schien von dem Anführer der Enteriche zu kommen. Doch der Letzte in der Reihe sagte leise: »Ich sag es!«
Daraufhin blieben die beiden vorderen Enteriche stehen und drehten sich zu ihm um. Sie drohten ihm wehzutun, falls er etwas verriete. Ich hatte den Eindruck, die beiden anderen Enten wollten ihn einschüchtern, und der dritte Enterich war etwas eifersüchtig auf sie. Sie begannen ihn wegzudrängen, doch er verteidigte sich tapfer. Nach einer Reihe von Drohungen, er solle still sein, und Gegendrohungen sie zu verraten (während das Trio sich gegenseitig mit aufgeplusterter Brust schubste), platzte der dritte Enterich heraus: »Sie ist im Graben! Sie haben sie nicht in Ruhe gelassen, deswegen hat sie sich versteckt!« Vor meinem geistigen Auge lief ein rascher Film ab, in dem die beiden Enteriche erbarmungslos versuchten, sich mit der vermissten Pekingente zu paaren, während der dritte Enterich nicht zum Zug kam. Sobald er es gesagt hatte, duckten die beiden schuldbewussten Enteriche sich unter den Zaun und rannten in den Garten. Der Petzer watschelte langsam hinter ihnen her.
Wenn ich die Tiere höre, vernehme ich selten eine bestimmte Stimme. Gewöhnlich ist es, als würde ich nur in Gedanken mit mir selbst reden, doch die Energie ist anders. Es ist so, als würde ich in Gedanken mit verschiedenen Stimmen sprechen. Auch hat der Vorgang eine Richtung, die mir hilft zu erkennen, woher die Stimmen kommen. Es ist zwar, als würde ich eine Unterhaltung mit mir selbst führen, doch die andere Stimme kommt aus einem anderen Zimmer. Sie kommt sehr schnell, und oft werden die Fragen schon beantwortet, bevor ich sie überhaupt gestellt habe. Die Geschwindigkeit, die Richtung und die Charaktere zeigen mir, dass die Antwort nicht von mir kommt und nicht meine eigene Fantasie ist.
Ich musste lachen und erzählte meinem Sohn, was sie gesagt hatten. Ich wollte wieder ins Haus gehen, als er meine Hand nahm und mich bat: »Mommy, hilfst du mir bitte bei der Suche nach ihnen?« Er nennt mich nur »Mommy«, wenn niemand sonst es hören kann und wenn er etwas unbedingt will. Als ich seine bettelnden blauen Augen sah, konnte ich nicht »nein« sagen. Wieder machten wir uns auf die Suche. Wir wollten

schon aufgeben, als ich sie schließlich entdeckte und Trev herbeirief. Die weiße Pekingente Dasher versteckte sich in dem hohen Schilfgras im Graben. Das bestätigte das Bild mit hohem grünem Gras, das ich ganz kurz gesehen hatte. Das Schilf war so dicht, dass sie sich dort verstecken und nur aus einem ganz bestimmten Blickwinkel gesehen werden konnte.

Ihr männlicher Partner Thrasher war bei ihr. Als wir Augenkontakt hatten, hörte ich die Bitte: »Verrate ihnen nicht, wo ich bin, okay?« Ich versprach es. Mein Sohn bat mich, die Junggesellen zu warnen, dass sie eingesperrt würden, wenn sie die Ente nicht in Ruhe ließen. Die schuldigen Enteriche blieben bis zur Fütterung am Abend wie vom Erdboden verschwunden.

Später am selben Vormittag, nachdem die Pekingenten im Bewässerungsgraben geschwommen waren und hinauskamen, fütterte Trev sie mit der Hand und brachte sie dann in ein gesichertes Becken. Er ließ sie dort ein paar Tage, damit das Weibchen ein Nest bauen konnte, falls sie das wollte, und Ruhe vor den aufdringlichen Junggesellen hatte.

Die drei Schlüssel zur Kommunikation

Wahrscheinlich können Sie es nun kaum mehr erwarten zu lernen, wie Sie das selbst tun können. Wenn Heidi hören kann, was eine Gruppe von Enten übereinander sagen, können Sie auch lernen, mit einem einzelnen Tier zu sprechen. Aber zuerst wollen wir uns Heidis Erfahrungen näher ansehen. Sie berichtet, dass, obwohl diese Art telepathischer Kommunikation sich anfühlt, als würde sie mit sich selbst reden, es feine Unterschiede in der Form gibt, wie die Informationen empfangen werden. Sie nennt uns drei Schlüssel, mit Hilfe derer wir die subtilen Nuancen der Informationen verstehen können, die Sie von Tieren erhalten werden.

1. Geschwindigkeit: Der stärkste Hinweis auf intuitive Kommunikation ist die Geschwindigkeit, mit der die Information hereinkommt. Während des Denkprozesses haben Ihre Gedanken einen bestimmten Rhythmus. Ein Weg, um zu wissen, dass die Daten von außen kommen, ist die blitzschnelle Antwort. Wenn Sie den Tieren eine Liste von Fragen stellen, antworten sie oft wie aus der Pistole geschossen, noch bevor Sie Ihre Frage zu Ende gedacht haben. Wenn

ich mit einem Tier telepathisch in Verbindung stehe, läuft der Vorgang so schnell ab, dass es fast wehtut. Man muss sich unglaublich konzentrieren, damit der Verstand es schnell genug aufnimmt.

2. Richtung: Heidi sagt, die Stimmen würden klingen, als kämen sie aus dem Nebenraum. Dies ist zwar nur ein feiner Unterschied, doch die Animalogos (Stimmen) scheinen »aus dem linken Feld« zu kommen. Wenn die Antworten der Tiere Sie überraschen und sie etwas sagen, woran Sie nie selbst gedacht hätten, dann wissen Sie, dass Sie es »wirklich tun«. Die Antworten können Sie überraschen und zum Lachen bringen, oder sie können mit starken Gefühlen verbunden sein. Wenn Sie eine Welle der Trauer oder Wut spüren, die Sie total schockiert, dann wissen Sie, Sie haben die Verbindung hergestellt.

3. Persönlichkeit: Nicht jeder hört fremde Stimmen oder Akzente, die sich von Ihrem eigenen Denkprozess unterscheiden. Manche von Ihnen werden eine Stimme hören, die sich wie Ihre eigene »geistige Stimme« anhört. Die eindeutigste Methode, um Ihren eigenen Prozess zu prüfen, ist, mit mehreren Tieren gleichzeitig zu »sprechen« und zu sehen, ob ihre Animalogos verschieden klingen. Selbst wenn Sie einer der Menschen sein sollten, die Tiere in ihrer eigenen Stimme hören, kann es sein, dass Sie den Unterschied ihrer Persönlichkeiten spüren. Wenn Sie mit einem einzelnen Tier sprechen, können Sie seine »Stimme« möglicherweise nicht von Ihrem eigenen Denkprozess unterscheiden, doch wenn Sie mit mehreren Tieren zur selben Zeit kommunizieren, so haben ihre Vibrationen unterschiedliche Geschwindigkeiten. Eine Katze »klingt« ganz anders als ein Hund und – noch wichtiger– sie fühlen anders.

4. Wenn meine Schüler Fotos tauschen und die Tiere der anderen lesen, ist eines ihrer wichtigen Erfolgserlebnisse meist, wenn sie die individuelle Persönlichkeit eines bestimmten Tieres richtig wahrnehmen. Wie einige Teilnehmer berichteten, habe ihr jeweiliger Kurspartner zwar nicht alle Detailfragen richtig beantworten können, doch die Persönlichkeit des Tieres absolut korrekt wahrgenommen. In vielerlei Hinsicht ist das auch viel wichtiger.

Lassen Sie uns nun diese Ideen einsetzen und den Ball ins Rollen bringen. Am besten versuchen Sie die folgende Übung mit dem Tier eines anderen. Noch besser wäre, wenn Sie die Übung an einem Tier ausprobieren, das Sie kaum kennen. Wenn Sie mit Ihren eigenen Tieren anfangen, könnten Sie voreingenommen in Bezug auf ihre Antworten sein, und Ihre emotionale Bindung kann so stark sein, dass Sie keine distanzierte Perspektive erhalten. Es wäre hilfreich, wenn der Halter des Tieres eine Liste an Fragen über Dinge aufstellt, die er später bestätigen kann. Doch ich habe unten ein paar Musterfragen für Ihre erste telepathische Live-Begegnung zusammengestellt. Bitte notieren Sie die Fragen in einem Notizbuch. Es ist auch nützlich, die Antworten aufzuschreiben. Manchmal umgeht man mit dem Akt des Schreibens den eigenen kritischen Verstand, und wenn Sie freie Assoziation zulassen – alle Gedanken, Namen, Farben, Gerüche und Konsistenzen, die Ihnen während des Vorgangs einfallen, könnte das Aufschreiben Ihre kreativen Kanäle öffnen und Sie könnten die Tiere deutlicher hören.

Zu guter Letzt: Seien Sie sich bitte bewusst, dass wir nicht nur Lichtwellen aussenden, wenn wir unser Lumensonar aktivieren. Denken Sie an den Delfin! Die Wellen müssen auf etwas stoßen, um mit Daten zurückzukehren. Für unsere Zwecke besteht die Frequenz, die Sie ausstrahlen, aus einer bestimmten Emotion. So stellen wir unsere Fragen. Wenn Sie eine Welle aus Angst aussenden, werden Sie diejenigen Hologramme identifizieren, die mit der Angstfrequenz »übereinstimmen«. Wir beginnen immer mit Liebe, denn das ist es, was die Verbindung herstellt und Vertrauen zwischen Ihnen und Ihrem tierischen Freund aufbaut. Danach können wir auch negativere Gefühle verschicken, um bestimmte Informationen zu bekommen. Wenn Sie mit einem Hund kommunizieren und eine Welle der Angst *aussenden*, ist es gut möglich, dass Sie plötzlich Donner hören und unter das Bett kriechen wollen. Oder noch schlimmer: Wenn Sie Fragen über frühere Misshandlungen stellen, könnten Sie sogar Gebrüll hören und Schläge spüren.

Wenn Sie eine Energiewelle aussenden und nichts zurückkommt, ist das eine »Nein«-Antwort. In diesem Fall hat das Lumensonar nichts, was es identifizieren kann, und löst sich auf. Eine »Ja«-Antwort erhalten Sie zusammen mit dem verstärkten Gefühl der Emotion, die Sie ausgesendet haben. Hier kann es geschehen, dass Sie mentale Bilder oder sogar das, was Heidi einen »raschen Film« genannt hat, sehen. Doch genug der Erklärungen. Lassen Sie uns beginnen!

Eine Übung in Resogenese: Wie man lernt zuzuhören

Setzen Sie sich mit Ihrem ausgewählten Tier, das Notizbuch auf dem Schoß und den Stift in der Hand, entspannt hin. Ich beginne jede Kommunikation mit einem Gebet, und daher zitiere ich hier mein Lieblingsgebet. In meinem letzten Buch richteten wir das Gebet an Sekhmet, die altertümliche griechische Göttin mit dem Löwenkopf, doch nun möchte ich es an Raphael richten, den Erzengel der Tiere und Heilung. Natürlich können Sie selbst aussuchen, an wen Sie Ihr Gebet richten wollen. In der katholischen Tradition z. B. ist der Heilige Franziskus unser Schirmherr und in der buddhistischen Tradition ist die Göttin der Tiere Quan Yin, der weibliche Aspekt des Buddha. In der hinduistischen Tradition wird Ganesha angerufen, Hürden zu entfernen, und er ist gleichsam der Hüter der Tiere. Schneiden Sie dieses Gebet auf Ihre eigene höhere Macht zu, oder sprechen Sie es mit mir zu Ehren des Erzengels Raphael. Sitzen Sie ganz ruhig bei Ihrem tierischen Freund und beten Sie schweigend mit mir:

Erzengel Raphael,
Nimm uns sanft an die Hand
Und führe uns den kleinen Pfad hinauf
Durch das schmale Tor
In das Heiligtum der Heiligen, wo alles gerecht ist.
Denn hier sind wir eins mit dem Vater.
Und wir danken dir, Vater, dass du uns erhörst (Du erhörst uns immer).
Und dass du uns auf den Weg der Wahrheit führst,
der Befreiung ist,
Der vollkommene Liebe ist, die alle Angst vertreibt,
Der Friede ist, der jedes Verstehen übertrifft,
Und auf den Weg ins ewige Leben. Amen.

Nun konzentrieren Sie sich auf Ihren Atem. Wir atmen dreimal tief ein, zählen jeweils bis zehn, atmen aus, und dazwischen atmen wir dreimal normal. Holen Sie tief Luft – Sie inhalieren eine goldene Lichtkugel in Ihre Lunge – und zählen Sie schweigend mit mir – eins, zwei, drei, vier, fünf, sechs, sieben, acht, neun, zehn. Atmen Sie jetzt aus. Atmen Sie anschließend einmal normal ein und aus.

Atmen Sie nun ein zweites Mal tief ein. Sie spüren dabei, wie Ihre Schultern sich entspannen. Halten Sie die Luft an; lassen Sie dann beim Ausatmen alle Anspannungen, Schmerzen und Verspannungen, Ängste, Ärger, Sorgen, Unruhe oder Zweifel über den Erfolg des Vorgangs los.

Atmen Sie normal ein und spüren Sie, wie Ihr Bauch weich wird, während Ihre Brust sich mit warmer, Leben spendender Luft anfüllt. Mit diesem Atemzug inhalieren Sie alles Gute: Freude, Friede, Wohlbehagen, Liebe, Ruhe, Glücksgefühle, Triumph, Spannung. Und atmen Sie sanft wieder aus.

Den Fokus auf Ihre Lunge gerichtet, denken Sie an etwas, wofür Sie dankbar sind. Nun denken Sie an noch etwas, wofür Sie dankbar sind, und nehmen Sie sich einen Augenblick Zeit, um Gott für diesen Segen zu danken. Nun richten Sie Ihre Gedanken auf den Menschen, den Sie mehr als alle anderen Menschen auf Erden lieben. Als Nächstes denken Sie an das Tier, das Sie mehr als alle anderen Tiere in Ihrem Leben lieben. Vielleicht spüren Sie, wie Ihre Mundwinkel anfangen zu lächeln. Bleiben Sie ganz ruhig, während Sie tief atmen, und konzentrieren Sie sich auf Ihr Herz.

Denken Sie jetzt an ein geliebtes Tier, das über den Regenbogen geschwebt ist und nun im Himmel ist. Lassen Sie sich von der Dankbarkeit erfüllen, während Sie Gott still für die kostbaren Augenblicke danken, die Sie mit diesem Wesen teilen durften, das Sie so geliebt haben. Wenn Ihre Augen sich mit Tränen füllen, dann wissen Sie, dass Sie die magische Trance erreicht haben, in die ich Sie führen will.

Stellen Sie sich ihr Herz als einen silbernen Stern vor, der im Weltraum leuchtet. Ihr »Verstand« ist nicht länger in Ihrem Kopf, sondern hat sich in Ihr Herz verlagert. Wenn wir jetzt Ihren Körper entfernen würden, wäre alles, was übrig bliebe – ein heller silberner strahlender Stern. Mit jedem Atemzug wird der Stern, der Sie sind, heller und größer. Silberstrahlen aus Licht strahlen von Ihnen in jede Richtung, und mit Ihrer Absicht bringen Sie sie dazu, überallhin zu fliegen, wohin Sie auch wollen.

Öffnen Sie nun Ihre Augen und schauen Sie auf das Tier, mit dem Sie in Verbindung treten wollen. Schicken Sie einen Lichtstrahl von Ihrem Herzen aus, der eine Brücke zu dem Tier herstellt. Ich möchte, dass Sie dieses Tier genauso lieben, wie Sie eines Ihrer eigenen Tiere geliebt haben. Ich möchte, dass Sie dieses Tier so lieben, wie Sie je einen Menschen geliebt haben. In diesem Augenblick möchte ich, dass Sie dieses Tier mehr lieben als alles, was Sie je geliebt haben. Sehen Sie, wie wunderschön es ist. Sehen Sie sich seine Zeichnung an. Sehen Sie sich seine Form an. Sehen Sie sich seine majestätische Haltung an. Ich möchte, dass Sie seine Schönheit spüren, als würden Sie es zum ersten Mal sehen – ich meine wirklich sehen. Wenn Sie wollen, können Sie es berühren und sanft streicheln, während Sie ihm leise die folgenden Worte sagen: »Ich liebe dich. Ich liebe dich. Ich liebe dich. Ich werde nicht versuchen, dich zu ändern. Ich werde nicht versuchen, dich zu beherrschen. Ich werde deine Geheimnisse nicht gegen dich verwenden. Ich bin nicht gekommen, um dich zu manipulieren. Du kannst mir vertrauen. Ich kann alles hören. Ich bin da, um dich zu verteidigen, nicht um dich anzuklagen. Ich bin für dich da und nur für dich allein. Ich werde deine Wünsche aussprechen und deine Bedürfnisse beschützen, ganz egal, was dein menschlicher Halter denken mag. Ich verspreche, dir zuzuhören. Ich kann dich jetzt hören. Teilst du mir deine Gedanken mit?«

Hier sind ein paar mögliche Fragen an Tiere, doch Sie können die Fragen auch den besonderen Bedürfnissen des Tieres anpassen. Wenn der Besitzer des Tieres die Antworten eindeutig verifizieren kann, können Sie Ihren eigenen Fortschritt leicht verfolgen. Nehmen Sie Ihren Stift zur Hand und schreiben Sie das Erste auf, was Ihnen in den Sinn kommt, während Sie diese Fragen stellen.

Fragen an einen Hund

1. *Was ist dein Lieblingsfutter?* Stellen Sie sich das Tier hungrig vor. Tun Sie so, als seien Sie der Hund und als würden Sie in seinem Körper stecken. Ihr Magen knurrt. Ihnen läuft der Speichel im Mund zusammen.

Vor Ihnen steht ein Napf mit Ihrem Lieblingsfutter. Was ist es? Welche Farbe hat es? Welche Konsistenz? Wie riecht es?

2. Was ist dein bevorzugtes Leckerchen? Stellen Sie sich vor, Sie stecken im Körper des Hundes und sehen mit seinen Augen. Sie sehen, wie eine Menschenhand sich Ihnen nähert und Ihnen Ihre Lieblingsbelohnung hinhält. Sie ist eine Delikatesse, die Sie nicht allzu oft bekommen. Was ist sie?

3. Wie sieht dein Lieblingsspielzeug aus? Sehen Sie etwas direkt vor Ihrer Nase, das Sie mit den Zähnen aufheben. Vergessen Sie nicht, dass Sie Ihre Hände nicht benutzen können. Ihre Welt wird fast ausschließlich durch Ihre Nase und Ihren Mund erlebt. Was für eine Farbe hat das Spielzeug? Was können Sie damit machen? Werfen Menschen es Ihnen zu, damit Sie es in der Luft auffangen können? Ziehen Sie daran? Oder verstecken Sie es? Ist es ein »Hundespielzeug« oder haben Sie es den Menschen geklaut? Finden Sie das lustig?

4. Gibt es in deinem Zuhause noch einen Hund? Stellen Sie sich vor, Sie stecken in dem Hundekörper und sehen sich im Haus um. Sehen Sie einen zweiten Hund? Schicken Sie dem gegenwärtigen Hund einen riesigen Ball aus roher, kreativer Energie. Sie kreieren dadurch neben dem Hund eine Wolke aus Atomen, die sich plötzlich ordnen und Form annehmen wird. Ich nenne so etwas eine »Wahrscheinlichkeitswolke«, denn man weiß nie, was die Energie aufdecken wird, bis die eigene Intuition sie ordnet. Wenn die Energie anfängt »sich zu verbinden« und Sie neben dem Hund eine schattige Gestalt »sehen«, dann lautet die Antwort »Ja«.

5. Wenn ja, wie sieht der andere Hund aus? Welche Farbe hat er? Wie groß ist er? Was für eine Rasse ist er? Ist er größer als du? Oder kleiner? Ein Rüde? Eine Hündin? Wie riecht er? Sollten Sie die Antwort auf diese Frage schon kennen, dann fragen Sie stattdessen:

6. Welche Gefühle hast du für den anderen Hund? Aus den Augen des Hundes, mit dem Sie kommunizieren, sehen Sie den anderen Hund auf sich zulaufen. Wie fühlen Sie sich? Warm? Aufgeregt? Glücklich? Genervt? Eifersüchtig? Bedroht? Bitten Sie Ihren Freund, Ihnen die emotionale Dynamik seiner Beziehung zu dem zweiten Hund zu zeigen. Beschützt Ihr Freund den anderen Hund? Wenn ja, warum? Hat er Angst vor ihm? Wenn ja, weshalb? Bitten Sie den Hund, näher darauf einzugehen: Wenn der andere Hund mit dir redet, was sagt er dann? Welche Einstellung hat er dir gegenüber? Was empfindest du für ihn?

7. Wenn es keinen zweiten Hund im Haus gibt, hättest du dann gern einen Spielkameraden? Senden Sie wieder eine Wahrscheinlichkeitswolke, um die »Gestalt« eines Hundes zu formen. Schauen Sie zu, wie der imaginäre Spielkamerad neben dem Hund geht, mit ihm spielt, sich an ihn kuschelt und neben ihm frisst. Wie fühlt sich unser Hund dabei?

8. Gibt es jemanden, den du vermisst? Senden Sie die Frequenz von Einsamkeit aus. Das Gefühl wird über das Lumensonar strömen und sich den Q-Formen »angleichen«, die zu dieser Emotion passen. Sie werden zu Ihnen zurückkehren und Sie werden die Bilder des Wesens sehen, das der Hund vermisst.

9. Zeigst du mir deine Erinnerung an einen Hund? Schicken Sie ihm die Wahrscheinlichkeitswolke und sehen Sie, welche Form sie annimmt. Erinnerungen sind verschwommener, unklarer und subtiler als die scharfen Umrisse des Bilds eines noch lebenden Wesens. Der Geist eines verstorbenen Hundes kann also weichere Konturen aufweisen.

10. Bist du in einen anderen Hund verliebt? Senden Sie die Frequenz von Liebe aus und warten Sie ab, welches Bild zurückkommt.

11. Wie sieht dieser Hund aus? Halten Sie die Liebesfrequenz in Ihrem Körper fest und schauen Sie, wie klar Sie den anderen Hund sehen können. Benutzen Sie all Ihre Sinne: Sehen, Schmecken, Hören, Fühlen und vor allem Riechen!

12. Wo begegnest du dem anderen Hund? Stellen Sie sich vor, im Körper des Hundes zu sein, während der geliebte andere Hund auf Sie zukommt. Nun betrachten Sie die Umgebung. Wo befinden Sie sich? In einem anderen Haus? Im Park? Auf dem Gehweg? Was sehen Sie? Wie warm oder kalt ist es? Welche Tageszeit ist es? Gehen Sie gerade spazieren? Sind Sie angeleint?

13. Siehst du ihn/sie oft genug? Wie oft begegnet ihr euch? Sind Sie mit dem Kontakt zu dem anderen Hund zufrieden, oder spüren Sie eine Sehnsucht, die mit der Vision verbunden ist?

14. Was empfindest du für Katzen? Stellen Sie sich vor, Sie nähern sich einer Katze und schnuppern ihren köstlichen Duft. Vergraben Sie Ihre Schnauze in ihrem Fell. Wie fühlen Sie sich?

15. Gibt es in deinem Zuhause eine Katze? Stellen Sie sich vor, in dem Hundekörper zu sein und in seiner ungefähren Höhe vom Fußboden aus. Nun blicken Sie auf. Wenn es eine Katze gibt, hockt sie höchstwahrscheinlich über Ihrem Kopf auf einem Stuhl.

16. Wenn ja, ist sie in eurem Haus oder draußen im Freien? Suchen Sie das Haus aus der Hundeperspektive ab. Wenn Sie dort keine Katze finden, schauen Sie in den Garten, nach oben, vielleicht hockt sie auf dem Zaun. Dann schauen Sie vor dem Haus nach.

17. Welche Farbe hat die Katze? Versuchen Sie, sie deutlich zu sehen und die Farbabstufungen zu erkennen. Haben ihre Pfoten eine andere Farbe als ihr Körper? Was für eine Rasse ist sie? Hat sie langes oder kurzes Fell?

18. Wie nennst du die Katze? Keine Angst – assoziieren Sie frei und notieren Sie das Erste, was Ihnen in den Sinn kommt.

19. Was machst du am liebsten? Stellen Sie sich im Körper des Hundes vor, während er überglücklich ist. Was machen Sie? Nehmen Sie Ihre fünf Sinne zu Hilfe. Auf was für einem Boden befinden Sie sich? Was schmecken Sie? Was riechen Sie? Sind Sie draußen oder drinnen? Im Wasser? In einem Auto? Was hören Sie? Welche Tageszeit ist es? Sind Sie mit anderen Tieren zusammen?

20. Kannst du das oft genug erleben? Spüren Sie das Glücksgefühl während Ihrer Lieblingsaktivität. Senden Sie jetzt die Frequenz von Sehnsucht aus. Wenn die Sehnsucht »angeglichen« wird und doppelt so stark zu Ihnen zurückkommt, dann heißt das »ja« und bedeutet, dass der Hund das, was er am liebsten tut, vermisst.

21. Welche Farbe hat dein Schlafplatz? Spüren Sie im Körper des Hundes, wie Sie schläfrig werden und in Ihr Bett steigen. Schauen Sie nun nach unten. Welche Farbe hat das Kissen oder die Decke unter Ihren Pfoten?

22. Was ist dein Lieblingsplätzchen im Haus? Stellen Sie sich vor, wie Sie es sich an Ihrem Lieblingsplatz bequem machen. Ist es ein »Hundebett« oder liegen Sie auf einem Möbelstück? In welchem Zimmer befinden Sie sich? Wo liegt von hier aus die Küche? (Hunde erwähnen immer, wie weit sie von den leckeren Gerüchen entfernt sind.) Wie weit sind Sie vom nächsten Heizkörper oder Ofen entfernt? Wie hell ist es im Zimmer? Was sehen Sie von Ihrer Stelle aus, und warum mögen Sie den Platz so gern? Können Sie von Ihrem Blickwinkel aus das Fenster sehen? Haben Sie die Eingangstür im Auge? Können Sie Menschen in der Küche kochen sehen? Schlafen Sie auf dem Bett Ihres Herrchens oder Frauchens? Gibt es im Haus Treppen?

23. Hast du eine Aufgabe? Als Hund spüren Sie nun ein Verantwortungsbewusstsein. Was ist die wichtigste Aktivität in Ihrem Leben? Sie können noch spezifischere Fragen stellen, indem Sie dem Hund mentale Bilder eines Rettungshundes bei der Arbeit oder eines Hundes, der bei der Therapie von Kindern oder älteren Menschen hilft, schicken. Wenn Sie einen Polizeihund oder Blindenhund befragen, können Sie ihm Fragen über seine Arbeit stellen, indem Sie ihm eine Reihe von bestimmten Q-Formen senden.

24. Wie ist deine Beziehung zu deinem Herrchen oder Frauchen? Schauen Sie aus dem Blickwinkel des Hundes auf und sehen Sie, wie Ihr Herrchen oder Frauchen sich Ihnen nähert. Was empfinden Sie dabei?

25. Was irritiert dich an deinem Herrchen oder Frauchen? Entwickeln Sie im Körper des Hundes das Gefühl der Frustration. Was wollen Sie, ohne es zu bekommen? Was macht der Mensch mit Ihnen, was Sie nicht mögen? Wenn Sie mit ihm oder ihr sprechen könnten, was würden Sie sagen?

Gut, ich glaube, Sie wissen jetzt, wie man Fragen stellt. Hier ist noch eine Liste weiterer Fragen, die Sie an Ihren Hundekameraden richten können. Die einzige Frage, auf die ich näher eingehen werde, bezieht sich auf Trächtigkeit bei Hündinnen.

1. Bist du in ein Tier verliebt, das kein Hund ist?
2. Wie sieht dieses Tier oder dieser Mensch aus?
3. Wie nennst du es/ihn?
4. Wie verdient dein Herrchen oder Frauchen den Lebensunterhalt?
5. Wer ist außer deinem Herrchen/Frauchen dein Lieblingsmensch?
6. Wie alt ist dieser Mensch?
7. Welche Haarfarbe hat er/sie?
8. Magst du Kinder?
9. Hast du je Welpen gehabt? Spüren Sie die Schwere in Ihrem Bauch. Sie können herausfinden, ob die Hündin schon mal Welpen hatte oder sich nur Welpen wünscht, indem Sie ihr die Schmerzen der Geburt senden. Falls sie schon einmal trächtig war, haben die Geburtswehen einen starken Eindruck bei ihr hinterlassen. Nun schauen Sie direkt nach der Geburt auf die Geburtsstelle. Wie viele Welpen sehen Sie? Wie oft haben Sie schon Welpen gehabt?

10. Hättest du gern Welpen oder einen Ersatz für Welpen (wie zum Beispiel Katzen oder Stofftiere)? Stellen Sie sich vor, Sie wären im Körper der Hündin und betrachten ihre Welpen durch ihre Augen. Was empfinden Sie für die Hundebabys? Nun stellen Sie sich vor, Sie tragen Stofftiere in Ihrem Maul herum und beschützen Ihre Stoffwelpen. Stellen Sie sich nun vor, Sie umsorgen Katzen statt eigenen Welpen. Empfinden Sie sich als eine gute Mutter? Sind die Katzen in Ihrer Obhut in Sicherheit?
11. Was siehst du auf deinem Lieblingsspaziergang?
12. Wie empfindet dein Herrchen/Frauchen dein Verhalten anderen Hunden gegenüber?
13. Was macht dich wütend?
14. Was macht dir Angst?
15. Hast du Schmerzen? (Wir werden uns in späteren Kapiteln noch näher mit der medizinischen »Gestaltdiagnose« befassen.)

Fragen an eine Katze

1. Was ist der Sinn des irdischen Lebens? Würdest du uns bitte einen kurzen Überblick des Anteils von Katzen an der menschlichen Evolution geben? (Kleiner Scherz)

2. Was ist dein Lieblingsfutter? Stellen Sie sich vor, die Katze frisst etwas, das ihr köstlich schmeckt, auch wenn es für Sie als Nahrung nicht in Frage käme. Vergessen Sie nicht: Wenn Sie plötzlich auf den Knochen einer delikaten Maus oder eines schmackhaften Spatzens herumkauen, ist das die beste Bestätigung der Welt dafür, dass Sie tatsächlich mit der Katze in Verbindung stehen. Ein drastisch anderer Blickwinkel als Ihr eigener zeigt die Ebene Ihres Erfolgs an.

3. Kannst du nach draußen gehen? Stellen Sie sich vor, Sie klettern auf Bäume, jagen Käfern hinterher, schleichen durch Gärten und springen auf Mauern. Funkeln nachts über Ihrem Kopf die Sterne oder befinden Sie sich dann in einer Wohnung? Ist unter Ihren Pfoten Gras oder Teppichboden? Scheint die Sonne oder künstliches Licht auf Ihren Rücken? Wenn Sie draußen sind, spüren Sie den Wind in Ihrem Schnurrbart, riechen die Rosen, die Nadelbäume und sehen die Schmetterlinge fliegen. Sie befinden sich in einem himmlischen Paradies voller Vögel, Insekten und vielleicht sogar Nagetiere für Ihren Jagdtrieb.

4. Falls du immer in geschlossenen Räumen gehalten wirst – würdest du gern im Freien sein? Schicken Sie wieder das verlockende Gefühl der Natur statt dem eines behüteten Lebens, in dem Sie nur auf einem Bett oder einer Couch schlafen.

5. Jagst du? Das herrliche wilde Leben einer jagenden Katze ist eine Welt voller ständiger Abenteuer und Spannung. Selbst wenn Sie nur eine Schoßkatze sind, die nicht mehr als ein weiches Fellknäuel zu sein scheint, könnten Sie sich gewaltig irren. Raubkatzen sind Gottes hoch entwickelte Killermaschinen. Die Erregung, die Sie spüren werden, wenn Sie mit einer Jagdkatze Kontakt aufnehmen, geht über alles hinaus, was ein Mensch je fähig ist zu erleben.

6. Welches Tier jagst du am liebsten (drinnen oder draußen)? Es gibt einen großen Unterschied zwischen einem Mäusejäger und einem Vogeljäger, und viele Katzen bevorzugen eine der beiden Beutetiere. Sie werden den Unterschied fühlen, denn ein Vogeljäger muss in die Luft springen, um eine fliegende Wolke aus Federn zu fangen, während ein Mäusejäger Ihnen Spalten und Schlupflöcher in den Fußböden und Leisten zeigen wird – oder sogar Maulwurflöcher im Garten, wo die Erde schwer und nass riecht. Manche Katzen sind so überzeugte Jäger, dass sie beide Beutetiere jagen, doch genauso wie Pferde, die abhängig davon, worauf sie sich konzentrieren, in die Kategorien von »Himmelspferden« und »Bodenpferden« eingeteilt werden können, ziehen viele Katzen Luftbeute der Bodenbeute vor und umgekehrt.

7. Bist du die einzige Katze in deinem Zuhause? Sehen Sie sich in der Wohnung oder im Haus um und schauen Sie, ob noch eine andere Katze da ist.

8. Wo wohnt die nächste Katze, und welche Farbe(n) hat sie? Katzen beachten andere Katzen sehr stark. Selbst wenn Ihre Katze den Anschein erwecken sollte, andere Katzen nicht zu bemerken, weiß sie genau, wo die nächste Katze lebt.

9. Was empfindest du für andere Katzen? Wärst du gern die einzige Katze in deinem Umfeld? Senden Sie ihr die Vorstellung, eine Katze als Spielgefährtin zu haben, und sehen Sie, welche Emotionen zu Ihnen zurückkehren. Wenn Sie mehr als eine Katze haben, können Sie jede von ihnen fragen, wie ihre Gefühle den anderen Katzen gegenüber sind, indem Sie ihr hintereinander das Bild jeder der anderen Katzen schicken und dann vorsichtig Ihre Emotionen prüfen, um zu sehen, welche subtilen Eindrücke Sie erhalten.

10. Was ist deine absolute Lieblingsbeschäftigung? Schicken Sie ihr das Gefühl ungehemmter Freude. Was verursacht bei Ihnen diese Freude?

11. Gibt es in deinem Körper einen Schmerz, und wenn ja, an welcher Stelle? Dies wird in den weiteren Kapiteln näher behandelt, doch für den Augenblick reicht es, zu sagen, dass der Schmerz in dem Körper eines Tieres wie ein Magnet Ihr Bewusstsein anziehen wird. Wenn Sie die schmerzenden Stellen suchen, wird Ihr Geist von der Stelle des Körpers angezogen, der wehtut. Wenn Sie versuchen, Ihre Aufmerksamkeit woandershin zu lenken, wird sie sich ständig erneut auf die Körperstelle richten, die schmerzt.

12. Was kann dein Menschendienstmädchen/Menschensklave tun, um dich noch zufriedener zu machen? Wir alle wissen insgeheim, dass Hunde »Herrchen« oder »Frauchen« haben und Katzen »Personal« beaufsichtigen. Katzen sind völlig unabhängige Wesen, die keinen Menschen brauchen. Wenn Sie das Glück haben, eine Katze in Ihrem Haus zu beherbergen, die Sie als ihre Lebensgefährtin ausgewählt hat, dann danken Sie den Sternen. Sie müssen schon ein wunderbarer Mensch sein, um eine solche Ehre zu erfahren. Senden Sie der Katze das Gefühl der Frustration, und stellen Sie sich dann das Bild ihres menschlichen Sklaven oder Dienstmädchens vor. Visualisieren Sie, dass Ihre Katze ihm oder ihr unbedingt etwas sagen will, das er/sie bisher überhört hat. Fragen Sie sie: »Wenn du deinem Menschen irgendetwas sagen könntest, was er tun kann, um dein Leben noch glücklicher zu machen – was wäre es?« Hören Sie dann gut zu. Lassen Sie Raum für das Erhalten der Informationen. Sitzen Sie still und ruhig da und tun Sie so, als könnte die Katze zu Ihnen »sprechen«. Sie kann es wirklich. Nur durch das Üben bedingungsloser Liebe und angenehmem, stillem Schweigen lernen Sie, mit Katzen zu kommunizieren. Sie sind die stillsten Kreaturen Gottes. Sie können sie nur dann hören, wenn Sie schweigen.

Wenn Ihr Gespräch beendet ist, ist es ganz wichtig, zu sehen, wie die Brücke aus Lumensilta sich auflöst. Stellen Sie sich einen Wasserfall aus glitzernden weißen Sternen vor, der sich über dem Kopf Ihres Tieres ergießt und es in eine Schneewolke aus schützender Energie einhüllt. Jetzt ist es wieder unabhängig und von Ihrem Energiefeld völlig getrennt. Wiederholen Sie daraufhin den Vorgang über Ihrem eigenen Kopf und sehen Sie, wie ein glitzernder kristallener Wasserfall aus Energie Sie überschüttet. Er muss eine Sphäre mit klaren Wänden um Sie herum bilden, die hart wie Glas sind. Nun sind Sie geschützt und ein eigenes Individuum. Sie nehmen die Ängste oder Zahnschmerzen des Tieres nicht mit, und auch das Tier absorbiert Ihre Leiden nicht. Danken Sie als Zweites dem Tier dafür, dass es Ihnen erlaubt hat, in Verbindung mit ihm zu treten, und handeln Sie dann nach dem Wunsch des Tieres. Das ist der wichtigste Schritt von allen. Gehen Sie sofort los und kaufen Sie Ihrer Katze das Futter, das sie am liebsten mag, oder das Spielzeug, das sie sich wünscht. So wird das Tier ermutigt, auch in Zukunft mit Ihnen zu kommunizieren und zu begreifen, dass Menschen nicht so dumm oder unsensibel sind, wie es immer gedacht hat. Ihre Handlungen werden den Glauben des Tieres an die Menschheit stärken und ihm das Vertrauen geben, dass es mit Menschen kommunizieren und wirklich gehört werden kann. Das ist absolut unabdingbar.

Und vergessen Sie nicht, all Ihre Gespräche schriftlich mit Datum festzuhalten und aufzubewahren. Oft können die menschlichen Halter der Tiere zwar nicht all Ihre intuitiven Eindrücke sofort identifizieren, doch es passiert nicht selten, dass sie eine Woche, einen Monat oder sogar ein Jahr später bestätigen: »Ach ja, wir haben herausgefunden, wer Christine ist!«, oder: »Ja, sie haben das Pferd geröntgt und festgestellt, dass das Problem tatsächlich die Wirbelsäule und nicht die Hüfte war!« Kreisen Sie jede richtige Antwort ein und veranstalten Sie zur Feier des Tages nach jeder Bestätigung einen kleinen Freudentanz. Und – ganz wichtig – hören Sie gut zu, denn jetzt wird es ernst – ich möchte, dass Sie jedes Mal »Juhuu!« und »Hurra!« schreien, wenn Sie Recht behalten!

Im nächsten Kapitel gebe ich Ihnen weitere Anweisungen, wie man Katzen zuhört, und auch Orang-Utans, Leoparden, Elefanten, Hunden und Pferden. Auch werden Sie Ihre eigenen Gedanken und Gefühle noch besser von dem, was tatsächlich vom Tier gesendet wird, unterscheiden lernen.

4

Lumensilta

Mit Liebe Zuhören

Nichts geschieht, bevor sich etwas bewegt.
Albert Einstein

Die Katze, die Bettwäsche anknabberte

Eine meiner ungewöhnlichsten Sitzungen hielt ich mit Mavis und Harvey ab, zwei Katzen, die mit zwei Schwulen in West Hollywood zusammenlebten. Als einer ihrer menschlichen Väter mich wegen eines Termins anrief, bat ich ihn, mir die Farben der Katzen zu beschreiben. Mavis war schwarz und Harvey eine rotblonde Hauskatze.

Ich stellte während der Fahrt über den Canyon nach West Hollywood schon mal mentalen Kontakt mit Mavis her. Gewöhnlich trete ich schon vor einem Hausbesuch in Verbindung mit den Tieren, um zu sehen, ob ich sie »online« erreichen kann, bevor ich sie richtig kennen lerne. Jemand ganz Besonderes half mir, diese Technik zu meistern.

Er lebte im McCarthy Wildpark in Südflorida, einem Paradies für Wildkatzen. An dem Tag, an dem ich ihn kennen lernte, hatte der Kameramann von NBC Nightly News schon lange, bevor ich die Tiger persönlich kennen lernte, angefangen mich zu filmen. Im Geist stellte ich Verbindung zu den Tigern her, bevor wir den Wildpark erreicht hatten, und fragte sie, was ich dem Nachrichtensender von ihnen ausrichten solle. Ich hatte noch nicht einmal Bilder von ihnen zu sehen bekommen, und so arbeitete ich völlig im Dunkeln. Ich hatte diese Methode zwar schon früher ausprobiert, doch nie unter solch starkem Druck. Nun richtete ich mein Bewusstsein hintereinander auf jeden Käfig, um zu sehen, wen ich dort antreffen und was ich empfinden würde, wenn ich mich auf das jeweilige Tier einstellte.

Der erste junge Tiger berichtete mir: »Unser ältester Tiger hat gerade eine Zahnoperation hinter sich. Hoffentlich muss ich so was nie erleben.« Während ich mich von einem Tiger auf den nächsten konzentrierte, blieb die Information immer die gleiche. Alle Tiere machten sich um ihren König, den männlichen Alpha-Tiger, wegen seiner schmerzhaften Zahnprobleme Sorgen. Als ich einen der jüngeren Tiger bat, mir den Zahn zu zeigen, spürte ich einen bohrenden Schmerz im Bereich der oberen linken Backenzähne.

Unter Stress und vor der Kamera machte ich hastig meine Diagnose und zeigte, welcher Zahn oben links im Maul des alten Tigers wehtat. Als wir im Wildpark ankamen, lernte ich zuerst alle jungen Tiger kennen, doch ich hörte immer wieder dasselbe von ihnen. Nichts war ihnen wichtiger als das Leiden ihres majestätischen Königs.

Als ich schließlich das Gehege des ältesten männlichen Tigers, genannt Raja, erreicht hatte, konnte ich sehen, warum die anderen Tiere sich Sorgen um ihn machten. Vor mir lag der herrlichste Tiger, den ich in meinem ganzen Leben gesehen habe, doch von seiner Oberlippe tropfte Blut. Wie sein Wärter erklärte, habe Raja einen inoperablen Krebstumor im Nasengang und daher habe sein Tierarzt einen seiner oberen linken Backenzähne gezogen, um zu versuchen, die tödliche Geschwulst zu entfernen. Unglücklicherweise für mich und alle Katzen auf der Welt, denen Rajas Fall hätte helfen können, hat NBC Nightly News den Bericht nie gezeigt, und mein geliebter Raja erlag der Krankheit, bevor wir seine Geschichte veröffentlichen konnten. Ich hatte gehofft, dieser meisterhafte Lehrer von einem Tiger würde der Star des wichtigsten amerikanischen Nachrichtensenders werden, und wir könnten gemeinsam der Welt beweisen, dass Katzen wirklich denken, fühlen und telepathisch mit Menschen kommunizieren können, doch mein Wunsch erfüllte sich nicht.

Raja trat ein Jahr nach unserer Begegnung den Engeln bei. Ich war völlig niedergeschlagen, und dennoch hat er mir die wichtigste Weisheit meines Lebens geschenkt: Vertrauen in mich selbst zu haben. Sein Geist lebt für immer in meinem Herzen weiter.

Doch heute ging ich keine Tiger besuchen, sondern ihre Miniaturkusinen – die Hauskatzen, die viele von uns in ihrem Heim nicht mehr missen möchten. Während ich mich auf Mavis einstellte, befand ich mich auf der Fahrt zu ihrem Zuhause in West Hollywood. Ihr Animalogos klang wie die Stimme einer säuerlichen alten Schauspielerin, die ihr ganzes Leben im Theater verbracht hat. Wie sie mich in Kenntnis setzte, wurden die beiden Menschen im Haus »Vater« und »Dad« genannt. Dann schickte sie mir die Q-Form einer typischen italienischen Mamma mit dunklen Locken, die manchmal vorbeikam, um Pasta zu kochen. Ich war noch nicht mit Harvey in Verbindung getreten, als ich vor der Tür stand, und so überraschte es mich nicht, dass er sich unter dem Sofa versteckte, sobald ich die Wohnung betrat. (Egal wie scheu ein Tier sein mag, es versteckt sich nur selten, wenn Sie schon vorher mental mit ihm in Verbindung getreten sind.) Als ich es mir auf der Couch bequem machte, »redete« Mavis mit mir, während Harvey sich nicht blicken ließ.

»Ein blonder Mann kommt manchmal her. Er ist ziemlich schrill – laut und gesellig – und er spielt viel zu laute Musik!« Dies wiederholte ich dem Mann gegenüber, der »Vater« genannt wurde.

»Ach, das ist ein Freund von uns, der auf die Wohnung aufpasst. Er war am Wochenende hier und ist gestern Abend gegangen«, bestätigte Vater glucksend. »Er ist wirklich etwas laut und hört gern Rockmusik.«

Als ich mich weiterhin auf Mavis einstellte, hörte ich das Folgende: »Es gab auch eine Großmutter, die gerade gestorben ist. Ihr Geist besucht unser Zuhause. Sie war Pianistin und liebt die Musik, die meine Väter gern hören.« (Eine wunderschöne esoterische Melodie ertönte leise aus dem Stereo.)

»Wer von Ihnen hatte eine Großmutter, die Pianistin war?«, fragte ich die beiden Männer. »Ihre Großmutter ist in der Wohnung. Wie Mavis mir sagt, mag Ihre Großmutter Ihren Musikgeschmack. Wann ist sie gestorben?«, fragte ich.

»Vor einem Jahr«, antwortete Vater.

»Wer kommt sonst noch hierher, Mavis?«, fragte ich die Katze mental.

»Eine Horde Kinder, darunter ist ein älterer Junge und ein kleines Mädchen. Es trägt Blumenkleider und Hüte. Den Jungen mag ich nicht so gern; er hat immer so komische, schlabbernde Sachen an.« (Sie zeigte mir mentale Bilder eines vierjährigen Mädchens und eines siebenjährigen Jungen und jede Menge Chaos.)

Ich gab die Botschaft an die Männer weiter und fragte: »Wessen Kinder sind das?«

»Es sind meine Nichten und Neffen«, erwiderte Vater.

Mavis zeigte mir aus ihrer Perspektive einen Schwarm von Kinderfüßen. »Es sind so viele!«, sagte ich.

»Es sind vier Kinder«, sagte Vater lachend.

»Richte ihm aus, dass ich seine Mutter lieb habe. Ich wünschte, sie würde immer hier wohnen. Ich kriege sie zu selten zu sehen«, klagte Mavis. Ich richtete ihre Beschwerde aus.

Es dauerte eine Weile, bis ich Harvey unter dem Sofa hervorgelockt hatte. Er war wunderschön – sein Fell hatte die Farbe von Karamell und Champagner. Er hatte einen prächtigen, muskulösen Körper, doch er war scheu und linkisch, langbeinig und still. Ich fragte ihn, ob ihm irgendwas fehlte. Doch wieder war es Mavis, die das Wort ergriff:

»Ich brauche mehr Gemüse. Und mehr Öl und Butter. Ich bin schon richtig eingetrocknet. Und ich will öfters Brokkoli.« Ich gab ihre Forderungen an ihre menschlichen Hüter weiter. Es war mir nicht entgangen, dass Mavis Harvey nicht zu Wort kommen ließ, ohne sich einzumischen.

»Ich habe ihr erst gestern Brokkoli gegeben!«, rief Dad.

Harveys Animalogos klang in meinem Geist mutlos und müde.

»Ich habe Eisen- und Calciummangel. Ich bekomme oft Verstopfung und brauche mehr Gemüse«, sagte Harvey. Ich schlug seinen Vätern vor, frisches Fleisch, Lebertran, Butter, Zucchini, Erbsen und Brokkoli unter sein Dosenfutter zu mischen. Die Männer baten mich ihn zu fragen, warum er so scheu war.

Harvey antwortete: »Ich hasse den Autolärm in dieser Wohnung. Ich habe noch nicht mal auf dem Balkon meine Ruhe, weil es da so laut ist. In meinem früheren Zuhause konnte ich im Gras sitzen und an den Blumen schnuppern, mich in die Sonne legen, und es herrschte eine himmlische Ruhe. Es gefällt mir hier nicht. Und ich mag die Kinder nicht.«

»Seit wann lebst du hier?«, fragte ich ihn.

»Seit zwei Jahren.« Die Väter bestätigten, dass es exakt zwei Jahre waren. Dad wollte wissen, ob Harvey misshandelt worden war, bevor sie ihn adoptiert hatten.

Harvey teilte sein trauriges Schicksal mit mir – er war zu früh von seiner Mutter getrennt worden, und davor hatte er als Kleinster mit seinen Geschwistern um die Muttermilch kämpfen müssen. Sein Herz war gebrochen, da er seine Mutter und seine Geschwister zu früh verloren hatte. Er zeigte mir eine Straße mit starkem Autoverkehr, die beängstigend gefährlich war. Dann schickte er mir einen Schmerz in seiner rechten Hüfte und auf der Unterseite seiner linken Hinterpfote. Er berichtete, er sei vielleicht angefahren worden, sich aber dessen nicht sicher. Kinder hätten ihn mit Gegenständen beworfen und am Schwanz gezogen. Er wolle sich nicht mehr zurückerinnern, da alles zu schmerzhaft gewesen sei.

Nachdem ich die schlechten Neuigkeiten weitergegeben hatte, bestätigte Vater, dass die schreckliche Beschreibung auf sein früheres Haus zutreffen könnte. Ich empfahl, einen Blumenkasten am Balkon anzubringen.

Dad fragte: »Warum raufen Harvey und Mavis manchmal so furchtbar? Es passiert zwar nicht oft, aber sie bringen sich dann gegenseitig fast um.«

»Wer fängt damit an?«, wollte ich wissen.

»Zuerst hat sie angefangen, aber jetzt tut er es«, sagte Dad.

Harvey ließ mich spüren, wie verletzend Mavis sich ihm gegenüber verhielt.

»Sie hänselt mich mit Schimpfnamen«, sagte er.

Ich erklärte den Männern: »Sie provoziert ihn. Auch wenn sie völlig unschuldig wirkt, wirft sie ihm Schimpfnamen an den Kopf, wenn sie an ihm vorbeiläuft.«

Plötzlich konnte Mavis sich nicht mehr zurückhalten und bestätigte Harveys Klage: »Er ist ein nutzloser Schwächling. Ein fauler Sack.«

»Und sie ist eine herrschsüchtige, dominante Zicke!«, gab Harvey zurück.

Er ließ mir eine Bildermontage zukommen: Wie ihr Territorium im alten Haus klar abgetrennt gewesen war; wie sie, als sie in die neue Wohnung gezogen waren, alles für sich haben wollte und ihn abgedrängt hatte; wie er sich auf hohen Plätzen vor ihr versteckte, vor allem im Wäscheschrank; wie sie ihn anschrie herunterzukommen, wenn sie ihn dort fand.

Dies alles brachte Dad dazu, die große Gewinnfrage zu stellen: »Warum beißt er Löcher in unsere Bettwäsche? Alle paar Monate müssen wir neue Leintücher kaufen. Er frisst unsere Bettwäsche und T-Shirts richtiggehend! Schadet ihm das denn nicht?«

»Kein Wunder, dass er unter Verstopfung leidet«, sagte ich lachend. Als Nächstes fragte ich Harvey: »Was ist mit den Leintüchern?« Ich prüfte ihn auf weitere Nahrungsprobleme, da das Lecken von Wolle und Plastik einen Mangel an Mineralstoffen bedeuten kann. Er schickte mir mentale Bilder, in denen er wie eine Mumie in die Bettwäsche seiner Väter gehüllt war. Ich sagte zu ihnen: »Dahinter steckt ein Abgrenzungsproblem. Was machen Sie mit den Tüchern, die er ruiniert?«

»Wir legen sie in seinen Katzenkorb!«, antwortete Dad mit großen Augen. »Sie lassen sich für nichts anderes mehr verwenden.«

»Da haben Sie den Grund«, sagte ich und lachte. »Immer wenn er ein Loch in Ihre Bettwäsche beißt, bekommt er das Stück für sein Bett, und das ist das einzige Territorium, das er nicht mit Mavis zu teilen braucht. Versuchen Sie, ihm stattdessen die T-Shirts und Leintücher zu geben, die er schon zerbissen hat; machen Sie ein besonderes Bett daraus und lassen Sie ihn damit machen, was er will. Sagen Sie ihm: ›Die gehören dir, Harvey.‹ Zeigen Sie ihm dann die Wäsche, die Sie neu gekauft haben, und erklären Sie ihm: ›Das ist unsere Wäsche, nicht deine. Du hast deine eigene Wäsche.‹ Wenn Sie ihm etwas eigenen Raum geben, hört er vielleicht damit auf, sich ein Stück Ihres Territoriums zu nehmen.«

Die Männer erklärten sich bereit, dies zu versuchen, doch dann fragte Dad: »Was können wir tun, damit die beiden sich nicht mehr in die Haare kriegen? Ihr Gekreische ist schrecklich.«

Als ich Harvey über die Raufereien mit Mavis befragte, sendete er mir Q-Formen, wie Mavis ihn herumkommandierte. Er ließ mich wissen, dass er zwar fürchterlich von ihr unterdrückt wurde und sich ihr immer beugen musste, doch nie eine Pfote gegen sie erhoben hatte.

»Du bist viel größer als sie und könntest sie fertig machen, wenn du es wolltest. Verpasse ihr eine kräftige Ohrfeige, die sie zur Räson bringt«, sagte ich zu Harvey und zeigte ihm mental, dass er Mavis ins Gesicht schlagen müsste. (Ohne ausgestreckte Krallen und nur als Warnung.)

»Ich will ihr nicht wehtun!«, gab Harvey zurück.

In diesem Augenblick stand Mavis von ihrem Liegeplatz auf und ging mit hocherhobenem Schwanz hinaus. Dad sagte: »Du liebe Güte! Das hat Mavis gar nicht gefallen!«

Ich kommunizierte weiter mit dem malträtierten Kater: »Harvey, du musst ihr nicht wehtun; bring sie nur dazu, dich zu respektieren. Du musst dich gegen sie durchsetzen und ihr eine Ohrfeige verpassen, wenn sie anfängt dich zu terrorisieren. Wenn du das nicht tust, wirst du nie dein eigenes Territorium haben.« Ich schickte ihm noch einmal die Vision, wie er ihr einen raschen Pfotenschlag auf die Schnauze gab.

In der Hoffnung, bei der Lösung dieses Problems weitergekommen zu sein, bat ich nun Mavis um vertrauliche Informationen.

»Vater hat vor, den Beruf zu wechseln. Sag ihm, der neue Job wird viel besser für ihn sein. Sag ihm, er braucht keine Angst zu haben. Er wird in der neuen Firma viel erfolgreicher sein.« Als ich die Voraussage der Katze in Worte fasste, kippte Vater vor Staunen fast aus dem Stuhl. Wie er mir bestätigte, habe er soeben eine neue Stelle angeboten bekommen.

»An seinem jetzigen Arbeitsplatz wird er nicht genug gewürdigt«, erklärte Mavis. »Seine Chefin ist sehr dominant und bereitet ihm viele Probleme.« Sie schickte mir das Bild einer großen, dunkelhaarigen, maskulin wirkenden Frau. Als ich die Mitteilung weitergab, lachte Vater schallend: »Mein Chef ist schwul«, sagte er mit zwinkernden Augen. Wie ich ihm erklärte, verwechseln Tiere das oft, da die Energie sich ähnlich anfühlt.

»Es gibt dort zu viele Leute, die seine Energie abschöpfen und ihn zwingen, dauernd etwas zu sagen«, fuhr Mavis fort. Gleichzeitig zeigte sie mir seine Kehle und schickte mir Halsschmerzen. »Andere saugen seine Energie aus und erschöpfen seine Stimmbänder. Er ist nicht gesellig wie Dad. Vater ist still und sensibel. Er hat es nicht nötig, den ganzen Tag diese vielen unhöflichen Leute zu bedienen.« Sie zeigte mir plappernde, eitle Frauen, die auf Stühlen saßen.

Ich konnte nicht umhin, Vater zu fragen: »Wo arbeiten Sie denn?«

»Ich bin Friseur«, erklärte er.

Nun begann Mavis, ihrem Dad mehrere Berufswechsel und Beförderungen vorauszusagen. Sie deutete sogar einen ungefähren Zeitraum an, in dem all das geschehen würde.

»Im Oktober hat er die neue Stelle fest, und im Januar erhält er eine Gehaltserhöhung. Dies führt zu weiteren Angeboten. In zwei Jahren wird er Zeitungswerbung oder Werbespots leiten.« Sie zeigte mir das Bild eines hohen Baums, dessen Zweige sich in viele Richtungen verästelten.

»Dad ist extravertierter und gesprächiger als Vater, daher passt diese Arbeit besser zu ihm.« Auch das wurde von den beiden Männern bestätigt.

Mavis machte weitere Zukunftsprognosen: »Auch Vater wird in Dads Karriere eingespannt werden und die Frisuren für Werbespots oder Fernsehshows machen.«

Vater war entzückt, als er das hörte. »Das wäre ja toll! Davon habe ich schon immer geträumt!«

Ich dankte Mavis für das Gespräch und verabschiedete mich von Harvey, nachdem ich ihm noch eine kurze Predigt gehalten hatte, dass er sich gegen Mavis zur Wehr setzen müsste und ihr seine eiserne Pfote zeigen sollte.

Ich gebe zu, ich habe keine Ahnung, warum Tiere die Zukunft voraussagen können. Und nicht alle Tiere tun es. Den meisten reicht es, sich über Sandwiches mit Huhn oder Autofahrten zu unterhalten. Alles, was ich tun kann, ist zuzuhören, wenn ich den animalischen Wahrsagern begegne, und in den Jahren danach zuzusehen, wie ihre Prophezeiungen eintreffen. Ich vermute, der Teil des Tieres, der mit mir spricht – also sein Geist oder das, was ich den Sprecher nenne –, hat eine viel größere Perspektive vom menschlichen Leben als wir in unserem gestressten Alltag. Außerdem haben Katzen eine größere Weitsicht als wir.

Dennoch war es nicht Mavis, die mir bei dieser Sitzung den Atem raubte. Es war Harvey. Ein paar Tage später erhielt ich einen aufgeregten Anruf seiner Väter, die gesehen hatten, wie Harvey sich zum ersten Mal in seinem Leben aktiv wehrte. Als Mavis ihn wieder anfauchte, wie sie es immer tat, rannte Harvey nicht wie sonst unter das Sofa, sondern drehte sich um und versetzte ihr einen Schlag auf die Schnauze. Diese eine Pfote im Gesicht wirkte Wunder. Die olle Mavis lässt ihn seitdem in Ruhe.

Schnurrende Propheten

Um fair zu sein, wollen wir die Frage weissagender Tiere aus einer wissenschaftlicheren Sicht betrachten. Dr. Edgar Mitchell würde vielleicht sagen, dass das Tier nicht wirklich die Zukunft voraussagt, sondern uns nur eine Andeutung davon gibt, in welche Richtung gewisse Energien strömen. Wie Ed sagt: »Wenn Sie jemanden auf die Küche zugehen sehen, stehen die Chancen gut, dass er in der Küche landen wird.« Ich verstehe zwar, was er meint, doch ich stimme nicht völlig mit ihm überein, da ich auch schon Zukunftsprognosen über unerwartete Umzüge, Todesfälle oder andere Veränderungen gehört habe, die sich unmöglich voraussehen ließen.

Und dennoch stimmt Dr. Mitchells Gegenargument nachdenklich: Wenn Menschen und Tiere im Karma und der Energie ihrer gegenseitigen Felder gefangen werden, bilden sie eine so genannte »Quantenverwickelung«. Ein ähnlicher Begriff in der Psychologie ist die »Familienkonstellation«. Die Vorstellung gefällt mir: Man hat sein eigenes persönliches Solarsystem, was bedeutet, Sie, Ihre Lieben und Ihre Tiere umkreisen einander und wirken gegenseitig durch Gedanken und Handlungen aufeinander ein. Eine Art Schwerkraft und Magnetismus gewährleisten die Aufrechterhaltung der Verhaltensmuster. Wird ein Mensch oder ein Tier in diesem System geheilt oder verändert sich sein Verhalten, so verändert sich dadurch auch die Dynamik der gesamten Konstellation. Deswegen ist die Selbstheilung so wichtig. Denn wenn das eigene spirituelle und emotionale Wachstum sich auch auf andere auswirkt, können wir irgendwann die Welt heilen, Mensch für Mensch und Wesen für Wesen, indem wir einen Katalysator einführen, der wie göttliche Dominosteine die ganze Welt berührt. »Liebe, Liebe, Liebe, Liebe, Liebe …« Wäre das nicht schön?

Mehrere Psychiater in Deutschland erforschen im Augenblick die Möglichkeit, Tiere in die Familienkonstellation mit aufzunehmen, und ich helfe ihnen dabei, diesen neuen Weg zu beschreiten. Doch noch ist es jungfräuliches Gebiet – äußerst umstritten und geheimnisvoll. Nach meiner neuen Hypothese muss eine große Veränderung im Bewusstsein der separatistischen Wissenschaft der letzten Jahrhunderte eintreten, wodurch wir etwas erfahren, indem wir es in seine kleinsten Teilchen zerlegen. In dieser neuen und einfühlsameren Art der Forschung treten wir einen Schritt zurück, um eine breitere Perspektive statt einer engeren Sichtweise zu erreichen; diese breite Perspektive schließt alle Tiere mit ein, die durch Beziehungen mit dem Menschen energetisch mit ihm verbunden sind.

Meiner Ansicht nach können wir Tiere als »Koordinaten« in einer Familienkonstellation nutzen, indem wir durch den Kontakt mit dem Tier Zugang zu den Menschen um ihn herum bekommen. Stellen Sie sich eine Familienkonstellation als ein übersinnliches U-Bahn-System vor, in dem wir alle auf einem Netz aus Licht miteinander verbunden sind. Jede Person und jedes Tier befindet sich an einer Kreuzung des Netzes, und wir können an dieser Kreuzung in verschiedene Richtungen gehen, um mit jedem Wesen in ihrem Leben mentale Verbindung aufzunehmen. Und es funktioniert auch umgekehrt. Wenn ich einen Klienten am Telefon habe, kann ich mich durch seinen Körper mit dem Tier in seinem Leben verbinden. Ich nutze dabei nicht das Bewusstsein meines Klienten – dadurch wäre ich in seinen Gedanken und Ängsten gefangen –, sondern ich benutze sein »Feld«, um zur nächsten Haltestelle der übersinnlichen U-Bahn zu gelangen.

Wenn wir davon ausgehen, dass sogar leblose Gegenstände aus Q-Formen bestehen und in bestimmten Signaturfrequenzen vibrieren, könnte Dr. Mitchells Modell bedeuten, dass die Einsetzung eines Tieres als Koordinaten sich nicht von der Psychometrie unterscheidet, in der man zum Beispiel die Armbanduhr oder Autoschlüssel eines Menschen als Zugang zu seinem Energiefeld verwenden kann. Ich habe diese Art der Psychokinese schon angewandt, und obwohl leblose Objekte mit Q-Formen und Vorgeschichte überhäuft sind und eine Art »Landkarte« für die Familienkonstellation und Zukunft ihres Besitzers darstellen können, spüre ich ihre Energie nicht so deutlich wie die eines organischen Lebewesens oder auch einer Seele »im Jenseits«. Natürlich ist all das reine Spekulation, und ich will nicht behaupten, Dinge zu wissen, die ich nicht verstehen kann. Doch es ist mir eine Ehre, einen Dialog über dieses Thema eröffnen zu können, der es uns ermöglicht, auf der ganzen Welt über diese Mysterien zu sprechen.

Apropos Zukunftsprognosen: Ich werde eine Sitzung nie vergessen, die ich mit einem Pferd in einem teuren Reitstall der Palos Verdes Estates im Pferdeland südlich von Los Angeles abhielt. Eigentlich war ich nur hingegangen, um mit einem einzelnen Pferd zu arbeiten, doch als ich am

Stall eines anderen Pferdes vorbeikam, sagte es: »Bitte sprich mit meiner Mama!« Als ich es fragte, wie seine Mama aussah, sagte es: »Es ist das hübsche blonde Mädchen mit der gebrochenen Hand.« Tatsächlich bestätigte meine Klientin, dass die Besitzerin des Pferdes, die Suzie hieß, eine Hand im Gips hatte. Ihr Pferd erzählte mir daraufhin ausführlich, wo es gestürzt war und wie schrecklich es sich fühlte, weil seine geliebte Reiterin sich bei dem Sturz verletzt hatte. Doch auch alle anderen Pferde im Stall wussten von dem Sturz und machten sich solche Sorgen wegen Suzies Verletzung, dass sie sich nun alle vor der Stelle des Wegs fürchteten, an dem der Unfall sich ereignet hatte. Während ich an den Pferden im Stall vorbeiging, fragte jedes der Tiere mich: »Wie geht es Suzie? Ist mit ihr alles in Ordnung? Ist sie aus dem Krankenhaus entlassen worden?«

Doch das war noch nicht der Höhepunkt. Wie Sie sicher längst wissen, ist diese Art von Wunder in meinem Leben zum Geschäftsalltag geworden. Als ich später mit Suzie und ihrem Pferd redete, begann der Hengst im Nachbarstall, mir von seiner Menschenmama zu erzählen. Er zeigte mir ein Bild ihres Unterbauchs, und ich sah Blut und spürte schreckliche Schmerzen. Als ich näher hinsah, stellte ich fest, dass es ihre Gebärmutter war, und als ich weiterforschte, merkte ich, dass es sich um Endometriose handelte. Dazu hörte ich die Worte: »Sie braucht sofort eine Notoperation.« Noch beängstigender war, dass, wie das Pferd mir mitteilte, die Operation riskant sei und die Frau beinahe auf dem Operationstisch sterben würde. Als ich den Hengst nach dem Grund fragte, sagte er, sie sei sehr unglücklich und würde die Chance zu sterben möglicherweise wahrnehmen.

Ich machte einen Termin mit der Besitzerin des Pferdes aus. Wir sprachen über die chronischen Blutungen und Schmerzen, die sie seit Jahren plagten, und wie sie mir bestätigte, hatte sie mittlerweile selbst den Verdacht, es könnte Endometriose sein. Trotz der intimen Natur unseres Gesprächs erwähnte ich die dramatische Weissagung ihres Pferdes nicht, denn ich wollte sie nicht erschrecken oder ihr Angst einflößen. Noch im selben Monat musste eine Notoperation an der Frau durchgeführt werden, bei der ihr die Gebärmutter entfernt wurde, und sie erlitt tatsächlich auf dem Operationstisch einen Herzstillstand. Die Ärzte konnten sie gerade noch rechtzeitig wiederbeatmen.

Wie kann ein Tier so viel über seine Besitzerin wissen? Der Hengst der Frau hatte nicht nur eine Krankheit beschrieben, von der sie nichts Konkretes wusste, sondern er hatte auch ihre Zukunft vorausgesagt. Wie ist so etwas möglich? Die einzige Erklärung dafür ist, dass die Fähigkeit der Tiere, Informationen aufzuspüren und zu speichern und ein Quantenfeld anzuzapfen, weitaus stärker ist, als wir früher angenommen haben. Demnach sind unsere bisherigen Modelle veraltet. Doch zum Glück haben wir nun eine neue Art der Betrachtungsweise.

Engel auf Stecknadelköpfen

Haben Sie sich schon mal gefragt, wie viele Informationen in ein Katzenhirn passen, das nicht größer als eine Mandarine ist? Laut Michael Talbots Buch Das holographische Universum könnten Hologramme die Erklärung dafür sein. (Hier möchte ich Sie ermutigen, liebe Leser: Keine Sorge, wenn Sie die technischen Details der Hologramme nicht genau verstehen! Ich verstehe sie auch nicht. Man muss nicht wissen, wie sie funktionieren – sie funktionieren trotzdem!) Wie er uns sagt, wird ein Hologramm produziert, wenn ein einziges Laserlicht in zwei verschiedene Strahlen gespalten wird. Der erste Strahl prallt von dem Gegenstand ab, der fotografiert werden soll. Der zweite Strahl trifft mit dem reflektierten Licht des ersten Strahls zusammen. Wenn das geschieht, verursachen die Strahlen ein so genanntes »Interferenzmuster«, welches dann auf einem Stück Film festgehalten wird. Mit dem nackten Auge betrachtet, ähnelt das Bild auf dem Film dem fotografierten Objekt zwar gar nicht, sondern erinnert an die konzentrischen Ringe, die sich bilden, wenn eine Handvoll Kieselsteine in einen See geworfen werden. Doch sobald ein weiterer Laserstrahl den Film durchdringt, erscheint ein dreidimensionales Bild, das unglaublich realistisch wirkt. Man kann zwar um ein Hologramm herumlaufen und es aus allen Winkeln betrachten, doch wenn man die Hand danach ausstreckt, berührt man nur Luft. Noch wichtiger: Ganz anders als bei der gewöhnlichen Fotografie enthält jedes kleine Teilchen eines holografischen Filmabschnitts sämtliche aufgenommenen Informationen. Wie Michael Talbot schreibt, bleiben in jedem Teil alle Informationen intakt, wenn man den Film in zwei oder noch mehr Teile zerschneidet. Cool, nicht wahr? Und was hat das mit Tieren und Gehirnen zu tun? Laut Michael Talbot sehr viel.

Wie er berichtet, hat Dr. Karl Pribram, Neurophysiologe an der Stanford University in Connecticut, USA, und Autor des wissenschaftlichen Werks Languages of the Brain, mit seiner holografischen Hirntheorie einen Meilenstein geschaffen, auch wenn Dr. Pribram leider kein Verfechter von Tieren war. Dr. Pribram glaubte, das Modell eines Hologramms könnte endlich erklären, wie Erinnerungen verteilt werden, statt sich im Gehirn festzusetzen. Vor Pribrams Forschungen war die Frage, wie herausgefunden werden kann, in welchem Hirnbereich das Gedächtnis gespeichert wird, für die Wissenschaftler eines der größten Geheimnisse überhaupt. Niemand konnte die Stelle finden. Doch Dr. Pribram ging von der Möglichkeit aus, dass jeder Teil des Hirns sämtliche notwendigen Informationen für ein lückenloses Gedächtnis enthält, wenn ein Teil eines holografischen Filmabschnitts sämtliche Informationen enthalten kann, die für die Zusammensetzung eines ganzen Bilds nötig sind.

Können Sie mir noch folgen? Worauf ich hinauswill ist, dass alle Lebewesen ihre irdische Lebenserfahrung so in den göttlichen Computer namens Null-Punkt-Energiefeld einspeichern, wie Bilder auf ein Stück holografischen Films gespeichert werden. Ihr Bewusstsein funktioniert wie die Laserstrahlen, die die Hologramme in der Lebenserfahrung der Tiere »beleuchten« und so ihre Erinnerungen für Sie sichtbar machen können. Wie viele Hologramme können in einem Hirn gespeichert werden? Michael Talbot nennt uns ein paar erstaunliche Zahlen:

»Der geniale Physiker und Mathematiker ungarischer Herkunft, John van Neumann, hat einmal berechnet, dass das Gehirn während der Durchschnittszeit eines menschlichen Lebens ungefähr 2,8 x 1020 (280.000.000.000.000.000.000) Informationsteile speichert. Interessanterweise besitzen auch Hologramme eine fantastische Speicherkapazität für Informationen.«

Wenn wir von holografischen Wellen-Interferenzmustern sprechen, meinen wir winzige unruhige Energiewellen, die dicht aufeinander gepackt sind. Derart komprimiert würde die gesamte Kongressbibliothek der Vereinigten Staaten, die alle jemals in englischer Sprache herausgegebenen Bücher umfasst (abzüglich ein paar geklauter Bände), auf einen großen Zuckerwürfel passen. Anhand des holografischen Modells ließe sich also unsere Fähigkeit erklären, Erinnerungen sofort und oft in dreidimensionalen Bildern abzurufen.

Dies wirft auch die Frage der Hirngröße in Bezug auf Intelligenz auf. Ich werde oft danach gefragt. Wenn die Größe unseres Gehirns ein Maßstab für unsere Intelligenz wäre, würden Wale und Elefanten die Spezies Homo sapiens wie einen Haufen Korinthenkacker aussehen lassen. Hier stellt sich zudem die Frage der Hirngröße im Verhältnis zur Körpermasse – wenn ein für den Körper verhältnismäßig großes Gehirn mehr Intelligenz bedeuten würde, dann wäre die Menschheit im Vergleich zu Ameisen hirnamputiert (und wenn man betrachtet, wie effizient eine Gesellschaft aus Ameisen funktioniert und miteinander kommuniziert, kann man glatt zu der Überzeugung gelangen, dass etwas dran sein muss). Einstein hat gesagt, dass das Vorhandensein von Genialität durch die Weise entschieden wird, wie die beiden menschlichen Hirnhälften miteinander kommunizieren.

Auch ich bin der Auffassung, Intelligenz hängt nicht von der Hirngröße, egal ob im Verhältnis zur Körpergröße oder nicht, ab, sondern von der Fähigkeit, zwischen den beiden Hirnseiten eine Verbindung herzustellen. Eine große Oberfläche erhöht diese Fähigkeit, und so spielt die Größe der Hirnoberfläche eine wichtige Rolle. Tiere mit stark ausgeprägten Hirnwindungen (einer großen Hirnoberfläche, die sehr gewunden und kompakt ist, um in den Schädel zu passen) sind tendenziell am intelligentesten. Dazu gehören Delfine, Wale, Menschenaffen und Menschen. In dieser Hinsicht zählt Größe wirklich nicht. Und wenn Sie sich den mit Frequenzen voll gepackten Zuckerwürfel in Erinnerung rufen: Sogar das erbsengroße Gehirn Ihres Goldhamsters oder Iguanas könnte den Speicherplatz für die gesamte Kongressbibliothek zwischen den pelzigen oder schuppigen Ohren seines Besitzers haben.

Wenn wir Resogenese zu einem Tier herstellen, erweitern wir unser Bewusstsein, damit wir Zugang zu dieser Bibliothek an Informationen bekommen. Und um die Sache noch spannender zu machen: Ihr Gehirn funktioniert in diesem erleuchteten Reich nicht länger so, wie Sie es gewöhnt sind. Willkommen im Wunderland! Sie werden nicht mehr darauf beschränkt sein, Gedanken von einem Punkt zum nächsten zu denken, wobei Ihre Gedanken einer Linie durch die Zeit hindurch folgen. Sie werden einer Masse an Informationen ausgesetzt werden, die mit Lichtgeschwindigkeit heruntergeladen wird und auf Ihrem Schoß landet. Beim Lesen dieser »Dateien« gibt es keine Von-A-bis-Z-Linie mehr. A und Z wird Ihnen nebeneinander präsentiert werden, wie wenn man den Anfang, die Mitte und das Ende eines Spielfilms gleichzeitig sieht, und das vermutlich noch nicht einmal irgendwie logisch geordnet. Sie können von einem Tier alle möglichen Bilder erhalten: seine körperlichen Leiden, seine Krankheitsgeschichte, seine Hoffnungen und Träume, seine Gefühle und noch viel mehr scheinbar unzusammenhängende Informationen auf einmal.

Dr. Pribram schreibt: »Das Gehirn kommuniziert mit sich selbst und mit dem Rest der Welt zum größten Teil nicht in Worten oder Bildern, noch nicht einmal in kleinen Teilen oder chemischen Impulsen, sondern in der Sprache der Welleninterferenz: der Sprache der Phase, Amplitude und Frequenz – der ›spektralen Domäne‹. Wir nehmen ein Objekt wahr, indem wir mit ihm im Gleichklang sind. Die Welt zu verstehen bedeutet buchstäblich, ihre Wellenlänge zu haben.«

Wenn Sie völlig im Gleichklang mit einem Tier sind und auf seiner Wellenlänge liegen, können Sie tatsächlich seine Gedanken hören. Doch um den Animalogos »herunterzuladen«, müssen wir uns als Erstes eine neue Welt vorstellen – eine Welt, in der Tiere sprechen können. Gleichzeitig müssen wir uns ein neues »Wir« vorstellen, eine neu modellierte menschliche Rasse, die die Tiere hören kann.

Eine meiner Lieblingsmetaphern stammt aus einem meiner Lieblingsfilme Matrix. Als der Held auf ein Zimmer voller telekinetischer Kinder trifft, sieht er ein Kind, das einen Löffel verbiegt und diesen dazu bringt, wie eine Raupe in einem Wirbelsturm zu tanzen. Als der Held das Kind fragt, wie es »den Löffel verbogen« hat, antwortet das geniale Kind: »Es gibt keinen Löffel. Es gibt nur mich. Ich habe meinen Verstand gebogen.«

Das Bewusstsein ist nicht Sklave seines Entwurfs

»Stellen Sie sich Ihr Gehirn als ein Klavier vor«, schlägt Lynne McTaggart in ihrem Buch The Field vor. »Wenn wir etwas in unserer Umwelt beobachten, hallen bestimmte Teile des Gehirns bei bestimmten Frequenzen wider. Zu jedem Zeitpunkt unserer Wahrnehmung drückt unser Hirn nur auf bestimmte Noten, die wiederum Saiten von bestimmter Länge und Frequenz auslösen. Diese Informationen werden dann von den gewöhnlichen elektrochemischen Kreisläufen des Hirns aufgegriffen, genauso wie die Vibrationen der Seiten am Schluss durch das ganze Klavier widerhallen.«

Ich liebe diesen Vergleich mit einem Klavier, denn er hilft mir bei der Beantwortung der Fragen, die so häufig gestellt werden. »Können Sie auch mit Schildkröten sprechen?« – »Ist es anders, mit Elefanten zu kommunizieren als mit Löwen?« – »Ratten sind doch nicht so intelligent wie Schimpansen, oder?« und die beste Frage von allen: »Können Sie mit Insekten kommunizieren?« Der Vergleich mit Musiknoten ermöglicht es, all diese Fragen gleichzeitig zu beantworten. Verschiedene Tierarten und verschiedene Tiere innerhalb der Spezies hallen auf verschiedene Frequenzen – oder Noten – wider, und natürlich können Insekten sprechen, aber man muss eine Menge Energie anwenden, um sie zu »hören«. Sogar Bäume können reden, aber sie liegen auf der Frequenzskala höher und sind noch schwieriger zu hören. Seien Sie sich jedoch bewusst, dass es nicht die Insekten oder Bäume sind, die »sprechen« – in Wirklichkeit nimmt Ihr Geist die Frequenzpakete (Q-Formen) auf, die Sie in dem Quantenfeld des Tieres oder der Pflanze vorfinden, und verwandelt es in Ihrem eigenen Geist in etwas, das wie Sprache klingt. Es ist ein harmonischer Widerhall, den Sie für sich übersetzen können.

Menschen sind daran gewöhnt, nur mit anderen Menschen zu kommunizieren. Unter Anwendung unserer Klavier-Metapher bedeutet diese Beschränkung, dass man, wenn man zum Beispiel auf das C widerhallt, nur identische andere Noten identifizieren kann. Wenn ein anderer die Vibrationen des C nicht aussendet, kann man ihn schon nicht mehr hören. Oder es bedeutet, dass man zwar lernt, mit Katzen und Hunden zu sprechen, aber nicht mit Insekten. Das würde heißen, das man zwar ein paar zusätzliche Noten für einen Ton anschlagen kann, doch weitere Noten außer Reichweite bleiben.

Ein anderer Vergleich ist der mit einem Radio, das mehrere Sender wiedergibt. Während ein paar Sender klar und deutlich empfangen werden, rauschen andere, klingen leise und verschwinden immer wieder. Es wird Sie überraschen festzustellen, dass Sie eine Maus kristallklar hören können, während Ihr eigenes Pferd so klingt, als würde es Sie aus Japan anrufen. Sie werden mit verschiedenen Tieren verschiedene Ebenen der Kommunikation aufbauen, und nach meiner Erfahrung hat die Intensität der Kommunikation nichts mit der Tierart zu tun. Selbst ich erlebe trotz meiner Übung manchmal Probleme, mich auf einen bestimmten Hund einzustellen, auch wenn ich mich schon auf Tausende von Hunden erfolgreich einstellen konnte.

Nun mögen Sie fragen, ob alle Tiere gleich intelligent sind. In unserem neuen Modell erfahren und speichern alle Lebewesen das Leben auf der Erde holografisch. Die Antwort auf diese Frage offenbart sich Ihnen, wenn Sie lernen, sich auf diese anderen Lebewesen einzustellen. Sobald Sie genügend Ratten zugehört haben, die den Verlust ihres Partners beklagen, Katzen, die sich um den Gesundheitszustand ihres menschlichen Hüters sorgen, Pferden, die nach Jahren der Trennung immer noch ein anderes Pferd vermissen, Schlangen, die darunter leiden, isoliert in Aquarien ihr Leben zu fristen, einsamen Schildkröten, die sich nach Kindern sehnen, und Leoparden, die ihre Kameraden und die menschlichen Wärter des Wildparks bei ihren Namen benennen können, werden Sie feststellen, dass die Ebene auf dem Spielfeld der Intelligenz weitaus gleichmäßiger ist, als wir gedacht haben. Der Homo sapiens ist nicht das intelligenteste Tier auf Erden; wir sind nur eine von vier Arten von Menschenaffen, die – zusammen mit den Walen – für die Klassenbesten der Erde gehalten werden (und was mich betrifft, gibt es nur einen einzigen minderbemittelten Affen auf der Intelligenzskala, und das ist der Mensch, der Reality-TV erschaffen hat!).

Hier ist die Geschichte eines wirklich schlauen Menschenaffen – eines kleinen männlichen Orang-Utans, der meinem amerikanischen Schüler genau sagen konnte, welche Krankheit er hatte. Lesen Sie, wie mein Schüler Darren die Tierärzte mit der Diagnose des Orang-Utans verblüfft hat:

Affentheater mit Tierärzten

Eine meiner vielen Tätigkeiten, bei denen ich mit Tieren zu tun habe, ist meine Stelle als Assistenzarzt einer Tierklinik. Wir hatten den Orang-Utan Julian als Patienten der Tierklinik, der schon seit längerem krank war. Auch wenn ein paar der Mitarbeiter bestimmte Vermutungen über seine Krankheit hatten, war keiner von uns sicher, was die Ursache war.

Eines Tages befand ich mich mit einer der Tierärztinnen direkt vor Julians Gehege. Der Orang-Utan sah mich an und sagte: »Sag ihr, ich habe Lungenentzündung.« Woher wusste er, dass ich der Ansprechpartner für Tiere war? Ich versuche in der Tierklinik natürlich oft, mit

Tieren zu sprechen, doch ich kann mich nicht daran erinnern, schon mal mit einem der Orang-Utans kommuniziert zu haben. Als die Ärztin und ich uns später die Hände wuschen, fragte ich sie, ob Julian Lungenentzündung haben könnte, da er seit kurzem hustete. Sie sagte, dies sei unwahrscheinlich, denn er zeige keine der anderen typischen Symptome. Ich war ratlos. Ich verstand nicht, warum er glaubte, Lungenentzündung zu haben, und woher er überhaupt wusste, was Lungenentzündung ist. Noch am selben Tag hörte ich, dass eine der anderen Ärztinnen auch glaubte, Julian hätte Lungenentzündung, doch keiner der anderen stimmte mit ihrer Diagnose überein. Also vermutete ich, dass sie ihre Diagnose vor Julian erwähnt hatte. Da es ihm nicht besser gehen wollte, machten sie ein paar Tage später eine gründliche Generaluntersuchung, und dabei stellte sich heraus, dass er tatsächlich Lungenentzündung hatte.

Es scheint, als hätte er von Anfang an genau gewusst, was mit ihm nicht in Ordnung war, und als hätte er mich deshalb gebeten, es der Tierärztin zu sagen, damit sie ihn auf Lungenentzündung behandeln würde. Es erstaunt mich, dass er das Wort »Lungenentzündung« kannte und sich sicher genug war, es mir zu sagen und mich zu bitten, es der Ärztin mitzuteilen.

Die Erfahrung mit Julian hat mich gelehrt, den Tieren wirklich zuzuhören, anstatt zu überlegen, wie sie auf ihre Schlussfolgerung kommen, selbst wenn sie keine der typischen Krankheitssymptome aufweisen.

Ich habe Darren gefragt, ob Tierstimmen anders als sein eigener Denkprozess klingen oder ob die Worte wie seine eigenen Gedanken klingen. Er sagte: »Gewöhnlich habe ich Schwierigkeiten, einen Unterschied herauszuhören, aber manchmal höre ich eine ganz bestimmte Stimme, vor allem dann, wenn ein Tier von sich aus mit mir sprechen will. Dann höre ich nicht nur seine Stimme, sondern auch fast so etwas wie eine winzige Alarmglocke in meinem Kopf, die mich drängt zuzuhören (ähnlich wie deine spontane Reaktion, wenn jemand deinen Namen ruft und du dich umdrehst). In dem bestimmten Fall mit dem Orang-Utan Julian habe ich die Stimme eines erwachsenen Mannes gehört. Sie klang sehr tief.«

Ich fragte ihn auch, ob er den Schmerz in Julians Brust gespürt hatte. Wenn ich Lungenentzündung diagnostiziere, was ich schon mehrmals (bei Menschen!) getan habe, ist der erdrückende Schmerz in meiner Brust für mich immer das Alarmsignal. Darren hat jedoch die gesegnete Begabung, als medizinisch Intuitiver das Tier hören zu können, ohne jedes Mal die Schmerzen des Tieres am eigenen Körper spüren zu müssen.

»Ich habe keine Schmerzen gespürt«, erklärte Darren. »Ich glaube, Julian wusste, dass die Menschen ihn nicht verstehen können. Aber woher wusste er, dass er es mir sagen konnte? Es war nicht, als hätte er jedem Vorbeilaufenden gesagt: ›Ich habe Lungenentzündung!‹, in der Hoffnung, irgendeiner würde zuhören. Er sah mich nur an und sagte ruhig: ›Sag ihr, dass ich Lungenentzündung habe‹, als wüsste er, dass ich der Einzige in der Klinik war, der seine Botschaft hören konnte, und als hätte er die Falschdiagnosen der Tierärzte satt. Ich vermute, manche Tiere wissen einfach, wer sie hören kann und wer nicht. Vielleicht können Sie mir helfen, es herauszufinden.«

Vielleicht kann ich das auch nicht, aber ich werde es versuchen. Aus irgendeinem unerklärlichen Grund können Tiere tatsächlich Tierkommunikatoren erkennen. Ich besuchte kürzlich zwei Leoparden-Wildparks in Südafrika, um ihren Tierärzten und Mitarbeitern zu helfen, und während ich zu jeder der Wildkatzen einzeln hinging, sagte ich zu ihr: »Ich bin anders als andere Menschen. Ich kann euch hören.« Die meisten von ihnen gaben zurück: »Die liebe Güte! Ich weiß, wer du bist, Amelia! Wir wissen schon seit Monaten von deinem Besuch hier!« Ein paar von ihnen waren sogar beleidigt, weil ich nicht genug Zeit hatte, um mit jedem Leoparden einzeln zu sprechen, denn sie hatten schon freudig am Tor zu ihrem Gehege auf mich gewartet.

Als ich einige Elefanten im Nationalpark Pilanesberg besuchte, machte ich eine ähnliche Erfahrung. Während meine Workshop-Vermittlerin Sandy mit mir in den Park fuhr, sagte sie: »Erwarten Sie nicht zu viel. Das Reservat ist riesig! Man kann stundenlang herumfahren, ohne ein Tier zu sehen.« Wir hatten uns verfahren und deswegen nur wenig Zeit. Immer wieder »schickte« ich den Elefanten die Gedanken: »Wir sind spät dran, aber ich komme! Ich bin bald da! Bitte kommt zu uns runter auf die Straße!« (Wir erreichten den Park nach einem heißen, frustrierenden Nachmittag des Umherfahrens, als er gerade geschlossen wurde.) Während wir in den Park rasten, wartete schon ein großer junger Elefant nur wenige Meter hinter dem Eingang auf uns. Er brüllte mir zu: »Endlich bist du da!« Er stolzierte herum, während ich ihn bewunderte und Fotos von ihm schoss. Er sagte: »Ich habe den anderen Bescheid gesagt. Sie kommen her, um dich zu begrüßen.«

Und noch bevor eine Stunde vergangen war, tauchten tatsächlich drei riesige Elefantenweibchen im Busch auf und stellten mir ihre vier Babys vor. Ich staunte und jauchzte, als sie unser Auto umstellten.

Aus der gewöhnlichen menschlichen Perspektive mag dies klingen, als würde ich mir die Übertragungen, die ich empfange, nur ausdenken. Aber wie man bedenken sollte, ist es ein sicheres Zeichen, dass man erfolgreich Verbindung mit Elefanten aufgenommen hat, wenn sie am Tor des Nationalparks auf einen warten.

Doch zurück zu unserem Orang-Utan: Ich fragte Darren, was er nach seiner triumphierenden Tierkommunikation fühlte. »Na ja, was mich am meisten beeindruckt hat«, berichtete er, »ist die Tatsache, dass er seine Krankheit richtig erkannt hatte und sogar den medizinischen Begriff dafür wusste. Er sagte nicht einfach nur: ›Ich habe Probleme mit der Lunge‹ oder ›In meiner Brust ist so ein Zeug‹. Was mich am meisten umgehauen hat, ist sein Gebrauch des Worts ›Lungenentzündung‹. Sogar Menschen, die viel über Medizin wissen, können ihre Krankheit nicht immer benennen, und schon gar nicht den medizinischen Ausdruck dafür. Aber irgendwie muss er es gewusst haben. Vielleicht gibt es keine logische Erklärung dafür.«

Nun, es gibt zwar eine logische Erklärung dafür, doch wir müssen unseren Verstand etwas beugen, um sie zu verstehen. Das Modell für diese Art von Phänomen ist die Quantenholografie, die darauf hindeutet, dass Tiere nicht wirklich mit Ihnen »sprechen«, sondern dass Sie stattdessen in einem bemerkenswert effektiven System der Einholung von Daten Zugang zu Informationen bekommen.

Ein paar Beispiele: Als ich mit der kranken Reiterin in Palos Verdes zusammenarbeitete, schien ihr Pferd mir tatsächlich zu »sagen«, dass seine Besitzerin Endometriose hatte. Einer der Leoparden in Südafrika »sagte« mir, er habe Zystitis (Blaseninfektion) und einen Geburtsfehler in der Hüfte, der seine Dysplasie verursachte. Bei einer anderen Gelegenheit erklärte eine ziemlich berühmte Gorilla-Dame mir ein Problem, das sie mit der Eustachischen Röhre in einem Ohr hatte, und behauptete, es hätte mit ihrer Allergie gegen Haferflocken zu tun. All diese Daten wurden mir von den Wärtern der Tiere bestätigt. Ich hatte tatsächlich die Termini »Endometriose«, »Zystitis«, »Dysplasie« und »Eustachische Röhre« empfangen.

Es gibt keine einfache Erklärung dafür, warum ein Tier mir medizinische Begriffe nennen und mehr über seine eigenen Erkrankungen wissen kann, als wir Menschen über unseren eigenen Körper wissen, doch es gibt eine wunderschöne Hypothese, die wir in Erwägung ziehen können. Wenn ich Ärzte und Tierärzte ausbilde, werden sie Tierkommunikatoren und zugleich zu wandelnden Lexika medizinischen Wissens, und sie können all ihre himmlischen Daten durch die Identifizierung von Signaturfrequenzen einholen. Da sie medizinisch ausgebildet sind, sind sie eher in der Lage, bestimmte Krankheiten zu identifizieren. Darren »hörte« das Wort »Lungenentzündung«, weil er weiß, was das ist. Ich muss betonen, dass man nichts diagnostizieren kann, was sich außerhalb seines Wissensrahmens befindet. Ich weiß, was Endometriose ist, und daher kann etwas in meinem Bewusstsein sie widerspiegeln, wenn ein Pferd mir diese Krankheit zeigt. Wenn ich nicht weiß, was ich beschreibe, fehlen mir dafür die Wörter. Tierärzte kennen die Wörter für eine ganze Litanei von Krankheiten, die ein Laie nicht kennen kann. Der Arzt ist derjenige, der die Terminologie für das Leiden kennt; die Sprache kommt nicht von den Tieren. Die Worte hallen in dem Teil von Ihnen wider, der sie wiedererkennt.

Die Bibliothek der Liebe

Früher dachte ich immer, wenn man einem Tier eine Frage stellt, würde es die Antwort wie einen Ball zurückwerfen, so als würden sich beide an einem telepathischen Ping-Pong-Spiel beteiligen. Doch dann fingen meine Workshop-Teilnehmer an, diese schlaue Frage zu stellen: »Wenn eine Gruppe von hundert Leuten einen Hund fragt, welche Farbe sein Fressnapf hat, muss er dann nicht hundert Mal antworten: ›Er ist blau mit weißem Rand! Er ist blau mit weißem Rand! Er ist blau mit weißem Rand!‹?«

Aha. Was für eine Superfrage! Als ich sie Dr. Mitchell stellte, sagte er, das Tier könnte die Information an jeden Menschen aussenden, der danach fragt, doch es ist wahrscheinlicher, dass die Q-Formen in einem Tier einer Bibliothek ähneln. Alle Erinnerungen des Tieres werden in jeder seiner Körperzellen gespeichert, und mit Übung und Disziplin lernt man, einzutreten und die Informationen zu lesen. Erinnern Sie sich noch an Dr.

Schempp, der herausfand, dass es möglich ist, dreidimensionale Bilder aus Klangwellen zu extrahieren? Im Grunde tun wir genau dasselbe, wenn wir Resogenese herstellen. Wir richten unseren Fokus und unser Bewusstsein auf das Tier, und dann werden die Informationen in den Tierzellen »beleuchtet«, damit wir sie sehen können.

Hier sind ein paar Berichte von zwei meiner begabtesten Schüler, deren Erfolge Ihnen zeigen, wie dieser Vorgang funktioniert. Die erste Geschichte stammt von einer Workshop-Teilnehmerin am Omega Institute im Bundesstaat New York, Patty Gibbons, die während des Unterrichts eine blitzartige Offenbarung erlebte und entdeckte, dass sie viel mehr kann, als sie geglaubt hatte. Das Thema ist ein wichtiges – was man tun kann, wenn eine Frau schwanger wird und ihre Haustiere sich vernachlässigt fühlen.

Ich war zuerst da!

Meine Schwester bat mich, mit Sylvester, einem ihrer Hunde, zu sprechen. Meine Schwester und ihr Mann hatten sechs Monate zuvor Nachwuchs bekommen, und fast jeder war der Überzeugung, dass Sylvester das Baby nicht ausstehen konnte. Auf alle Fälle wirkte er seitdem nicht mehr glücklich und zufrieden.

Während meines Gesprächs mit Sylvester sagte er zwar nicht, er würde das Baby »hassen«, doch er hatte Angst, durch den Säugling »verdrängt« zu werden. Sylvester wollte wissen, warum das Baby ein besonderes Bett (Wiege) und Zimmer hatte, und sagte, er hätte auch gern »Sterne und Blau« – die Farben und Dekorationen im Kinderzimmer! Er zeigte mir, wie mein Schwager nach der Arbeit an den Hunden vorbei sofort zum Baby ging, ohne sie zu begrüßen. Er sagte, er sei eifersüchtig auf die Aufmerksamkeit, die das Baby erhalte, und neidisch auf seine Spielsachen. Sylvester beklagte sich darüber, dass er nicht mehr auf den Arm genommen würde. Bevor das Baby kam, hatte mein Schwager den Hund oft wie ein Baby auf dem Arm herumgetragen.

Doch was mich am meisten überraschte, war der Wunsch, den Sylvester äußerte, als ich ihn nach irgendeinem besonderen Wunsch fragte. Er sagte, er hätte gern ein türkises Halstuch! Als ich ihn fragte: »Was ist, wenn sie kein türkises finden?«, antwortete er: »Dann reicht auch ein lila Halstuch.«

Ich rief meine Schwester an und berichtete ihr, was Sylvester mir mitgeteilt hatte. Wie sie bestätigte, hatte Sylvester dem Baby tatsächlich immer wieder die Spielsachen geklaut, und ihr Mann war in letzter Zeit wirklich an den Hunden vorbeigelaufen, um nach der Arbeit das Baby zu sehen. Und das Beste von allem – vor über zehn Jahren hatten sie, als sie noch in Manhattan gewohnt hatten, die Hunde in einen ziemlich teuren Hundesalon gebracht. Wohl damit die Hundebesitzer das Gefühl hatten, einen Gegenwert für ihr Geld zu bekommen, wurde den Hunden nach der Pflege ein Halstuch umgebunden. Der Rest ist wohl eindeutig … Sylvester war mit einem türkisfarbenen Halstuch und sein »Bruder« Sam mit einem lila Tuch aus dem Salon stolziert!

Nach unserem Gespräch achtete mein Schwager darauf, die Hunde nach der Arbeit zu begrüßen, und ging sofort in die Stadt, um ein türkises und ein lila Halstuch zu besorgen. Und seitdem ist Sylvester wieder ein viel glücklicherer Hund. Wie meine Schwester berichtet, schmust er wie früher und lässt sich wieder auf dem Arm ihres Manns herumtragen.

Patty ist mittlerweile eine professionelle Tierkommunikatorin in den Vereinigten Staaten und ihre Kontaktadresse finden Sie hinten im Buch. Auch die nächste Geschichte handelt von einem ähnlichen Thema, von einem vernachlässigten Hund. Dieser Bericht stammt von einer lieben Schülerin und Freundin, der Südafrikanerin Wynter Worsthorne, die nun als professionelle Tierkommunikatorin in London arbeitet.

Daisys Schwanz

Das allererste Mal, dass ich einem Tier und seinem Menschen mit meinen neu entdeckten Fähigkeiten half, war nach einem Workshop von Amelia auf der Insel Man. Ich war soeben nach Südafrika zurückgekehrt. Eine nahe Freundin von mir, Amy, hatte gerade ein Kind bekommen, doch ihr zweites Kind (Amys achtjährige Dackelhündin Daisy) bereitete ihr Sorgen. Daisy fühlte sich vernachlässigt, verstoßen, ignoriert, völlig wertlos und nicht mehr als ein Familienmitglied. Jetzt war sie »nur noch Hund«.

Daisy hatte damit angefangen, an ihrem Schwanz zu kauen. Sie fraß ihn buchstäblich auf! Da sie schon ungefähr zwei Zentimeter der Schwanzspitze weggekaut hatte, musste sie eine Halskrause tragen und hatte

Cortisonspritzen erhalten, doch nichts half. Der nächste Schritt wäre, den Schwanz operativ zu entfernen!
Amy war gestresst, am Ende ihrer Weisheit angelangt und wusste nicht mehr, was sie tun sollte oder an wen sie sich noch wenden könnte.
Ich bot ihr an zu versuchen, mit Daisy intuitiv Kontakt aufzunehmen und zu erfahren, was mit ihr los sei. Ich hatte zwar kein Foto von Daisy, aber ich kannte sie von klein auf und sah daher keine Schwierigkeiten, mich auf sie einzustellen. Da ich Künstlerin bin, fertigte ich eine schnelle Zeichnung von ihr an und schrieb ihren Namen darunter – dann fing ich an, mich auf sie zu konzentrieren. (Ich habe seitdem festgestellt, dass eine Zeichnung genauso gut wirkt wie ein Bild. Selbst wenn ich dem Tier nie persönlich begegnet bin, helfen mir sein Name und eine Beschreibung seines Äußeren dabei, mich ohne Schwierigkeiten über jede Entfernung hinweg mit dem Tier zu »verbinden«.)
Dann stellte ich mir Daisy visuell vor und schickte ihr ein starkes Gefühl der Liebe. Ich sah vor meinem geistigen Auge, wie ich zusammen mit Daisy in einer Lichtblase saß – ohne von irgendjemandem oder irgendetwas gestört zu werden –, nur wir beide ganz allein. Ich spürte ein tiefes Gefühl der Verbundenheit mit dem Hund. In diesem Augenblick gab es niemanden auf der Welt außer diesem wunderschönen kleinen Dackel, der direkt vor mir saß.
Noch bevor ich anfing, Daisy Fragen zu stellen, wurde ich von dem Gefühl der Verzweiflung überwältigt – ich fühlte mich wie tot, hatte keinen Lebenswillen mehr und verstand nicht, was los war. Plötzlich merkte ich, dass ich mich in Daisys Welt befand, ihre Gefühle statt meiner eigenen spürte. Als der Hund Daisy wurde ich angeschrien, wenn ich warnend bellte, weil jemand sich unserem Haus näherte, obwohl mein wachsames Bellen vorher immer geschätzt worden war. Ich durfte nicht mehr bei meinem Frauchen im Schlafzimmer schlafen und durfte auch nicht in die Nähe des Babys kommen, das plötzlich bei uns wohnte. Ich wurde jetzt so oft allein zu Hause zurückgelassen, während ich früher immer mit meinem Frauchen mitkommen durfte. Die Situation fraß mich buchstäblich auf, und so spürte ich den Zwang, aus Frust an meinem Schwanz zu knabbern. Der körperliche Schmerz war wenigstens etwas, was ich begreifen konnte.
All diese Informationen prasselten auf mich nieder, sobald ich Daisy geworden war. Ihr Leid war so überwältigend und ich fühlte so stark mit ihr, dass ich am liebsten in Tränen ausgebrochen wäre. Dann erinnerte ich mich daran, wie Amelia gesagt hatte, dass man bei der intui-

tiven Kommunikation so schnell wie möglich hineingehen, die Informationen sammeln und wieder herausgehen muss. Amelia sagte, wir müssen wie Feuerwehrleute handeln, deren Aufgabe es ist, ins Haus zu rennen, das Feuer zu lokalisieren, es zu löschen und wieder hinauszugehen, ohne verletzt zu werden. Nun verstand ich genau, was sie damit meinte. Wenn ich mich noch länger Daisys Leid und Schmerz aussetzte, wäre ich selbst zu sehr in Mitleidenschaft gezogen, um noch etwas dagegen tun zu können.

Also trat ich in mich selbst zurück und löste mich von Daisys Leid, indem ich mir wieder meines eigenen Körpers und meiner selbst bewusst wurde. Ich befand mich zwar immer noch in der Lichtblase mit Daisy, doch ich war nicht mehr »in« ihrem Körper; wir waren wieder zwei getrennte Wesen.

Ich fing nun an, mit Daisy zu sprechen – ich schickte ihr riesige Mengen an Liebe und erklärte ihr, was es mit dem neuen Baby auf sich habe. Ich sagte ihr, dass ihre neue Aufgabe noch viel wichtiger sei! Schließlich musste sie sich jetzt um ihr menschliches Schwesterchen kümmern. Ich erklärte ihr, wie viel Stress ihr Frauchen gehabt habe, der nicht klar gewesen sei, dass Daisy darunter leide. Ich versprach ihr auch, mit Amy zu reden und sie aufzuklären.

Während ich mit Daisy sprach, stellte ich mir die Hündin visuell in ihrer neuen Rolle und wieder als Teil der Familie vor – ich sah sie zusammen mit ihrem Frauchen und dem Baby. Sofort spürte ich eine innere Ruhe – und da wusste ich, dass Daisy sich wieder erholen würde. Noch in der Lichtblase sah ich, wie Daisy sich in ihrem Körbchen zusammenrollte und in einen tiefen, friedlichen Schlaf sank. Ich dankte ihr dafür, dass sie mich mit sich hatte reden lassen, und versicherte ihr, dass ich mit ihrem Frauchen sprechen und dass alles gut werden würde.

Dann sah ich Daisy in ihrer eigenen Lichtblase und mich selbst in einer anderen Lichtblase – dies trennte uns, so dass keiner von uns die körperlichen oder emotionalen Gefühle des anderen mit sich herumtragen würde. Wie ich festgestellt habe, ist das ganz wichtig, denn wir nehmen nicht nur die Gefühle des Tieres in uns auf, sondern das Tier, mit dem wir arbeiten, wird auch all unseren Problemen ausgesetzt. Wir müssen völlig sichergehen, dass wir wieder getrennt sind, wenn wir die Kommunikation beendet haben.

Den ganzen Tag über stellte ich mich immer wieder auf Daisy ein, visualisierte, dass sie ihren Frieden gefunden hatte, und schickte ihr große Mengen an Liebe und Zuversicht. Abends rief ich meine Freundin an.

Als Erstes fragte sie: »Was hast du bloß mit Daisy gemacht? Sie hat seit Stunden nicht mehr an ihrem Schwanz herumgeknabbert! Sie schläft friedlich zusammengerollt in ihrem Körbchen.« Ich berichtete ihr ausführlich, was Daisy in letzter Zeit durchgemacht hatte, und fand heraus, dass Amy die ganze Zeit über von einem schlechten Gewissen geplagt gewesen war, weil sie ihre geliebte Hundefreundin so schlecht behandelt hatte. Als frischgebackene Mutter hatte sie auf den Rat von »denen, die es besser wissen« gehört – und in den Kinderzimmern unserer isolierten Menschenwelt ist nun mal kein Platz für Hunde.
Daisy erholte sich rasch wieder, und Amy gab sich alle Mühe, damit die Hündin sich wieder als Familienmitglied fühlen konnte. Daisy und das Baby sind ein Herz und eine Seele geworden, und Daisy hat sich nie wieder unerwünscht gefühlt.

Lassen Sie uns einen raschen Blick auf all das werfen, was Wynter richtig macht: Als sie »in« Daisys Körper hineinschlüpfte, um den emotionalen Schmerz des Hundes zu spüren, stellte sie eine Unimorphose her. Dieser Trancezustand ist tiefer als Resogenese, bei der man im eigenen Körper bleibt, während man die übersinnliche Verbindung zu dem Tier herstellt. In der Unimorphose verschmilzt Ihr Geist richtig mit dem Geist des Tieres, Sie gehen in seinen Körper und sehen die Umwelt aus seinen Augen. Wynter war so klug, dies zu tun. Sie war sogar noch klüger, rechtzeitig wieder aus dem Körper der Hündin herauszugehen. Sie kehrte zur Resogenese zurück, um sich mit dem Hund zu beraten.

Außerdem demonstrierte sie, was ich meine, wenn ich sage: »Sagt dem Tier, ihr seid dazu da, es zu verteidigen und nicht, um es zu bestrafen.« Wynter versuchte nicht, Daisy zu heilen oder sie zu ändern. Deshalb konnte es auch funktionieren. Sie sagte nicht: »Damit musst du fertig werden, denn dein Frauchen hat jetzt ein anderes Baby, basta!« Wynter tat genau das Gegenteil. Sie sagte: »Ich werde mit deinem Frauchen reden und es aufklären.« Und genau das tat sie! Und Mann, hat es funktioniert!

Die dritte Technik, die sie glänzend erfolgreich anwendete, war, dass sie Daisy die Q-Formen (die Imagination) dessen schickte, was Wynter sich wünschte – Daisy würde sich wieder als geliebtes Familienmitglied fühlen – und nicht das, was sie nicht wollte –, nämlich dass Daisy sich weiterhin elend fühlen und ihren Schwanz abknabbern würde. Als Wynter die telepathische Anweisung dessen sendete, was sie von der Hündin wollte, sah Daisy den »Filmclip« der holografischen Anleitungen und tat genau das, worum Wynter sie gebeten hatte. Wir werden im nächsten Kapitel im Einzelnen untersuchen, wie man telepathische Anweisungen schickt.

Doch zuerst noch eine letzte Geschichte. Sie kommt von einer meiner Schülerinnen aus Texas, Janet Ballard, deren akkurate telepathische Fähigkeiten in meinem Workshop in The Crossings, Austin, mich überrascht haben. Janet ist unter allen, die mir für dieses Buch ihre Berichte zur Verfügung gestellt haben, die Einzige, die keine professionelle Tierkommunikatorin werden möchte. Stattdessen ist sie ein echtes Cowgirl und Expertin für Maulesel. Ganz richtig – es reicht ihr völlig, die Landesgöttin der Maulesel zu sein. Doch hier teilt sie eine fröhliche Geschichte mit uns, in der es um einen so ausgeprägten Mutterinstinkt geht, dass sie vor Staunen fast aus dem Sattel gefallen wäre.

Die Fütterung der Truthähne

Ich kannte Tierisch gute Gespräche – Lerne mit Tieren zu sprechen, sie antworten dir schon fast auswendig. So oft hatte ich es gelesen. Auch wenn ich ein paar der Übungen versucht hatte, hatte ich bisher damit kein Glück bei meinen Pferden gehabt. Auf Amelias Webseite entdeckte ich, dass sie in wenigen Wochen einen Workshop in unserer Nähe abhalten würde. Ich war fest entschlossen, etwas zu »erreichen«, bevor ich mich für den Workshop anmeldete, um kein Geld darauf zu verschwenden oder mich vor einer Person, von der ich so viel hielt, lächerlich zu machen.

Als die Farmarbeit erledigt war, setzte ich mich in die Hollywood-Schaukel auf unserer Terrasse und betrachtete den Sonnenuntergang. Ich machte das Buch auf und ging die Übung noch einmal Schritt für Schritt durch. Mittlerweile hatte sich mein Schatten Jaycee, die schwarzblonde Hündin, die mir auf Schritt und Tritt folgte, neben mich auf die Schaukel gelegt. Also bat ich sie: »Jaycee, sag mir was, irgendwas! Ich bin völlig ratlos!« Sofort tauchte vor meinem geistigen Auge das Bild ihres leeren weißen Futternapfs auf! Ich dachte: »Ach komm! Den habe ich doch gerade erst gefüllt, bevor wir uns hingesetzt haben!« Ich war so wütend, dass ich aufstehen wollte, als ich blitzschnell das Bild unserer Truthahnküken sah. Jaycee ist die geborene Mutter – sie hat schon Rehkitze, Füchse, Hühner und sogar Katzenbabys bemuttert. Sie bemuttert jedes Baby. Und sie hatte Recht. Ich hatte die Truthahnküken noch nicht gefüttert! Es war der einzige Tag in den drei Wochen seit ihrer Geburt, an dem ich vergessen hatte, sie zu füttern. Doch Jaycee hatte es nicht vergessen. Natürlich stand ich sofort auf und fütterte die Truthähne, und um mich zu vergewissern, warf ich auch einen Blick auf Jaycees Hundenapf. Meine Intuition hatte sich nicht geirrt – er war angefüllt mit Hundefutter!

Janets Bericht zeigt uns, wie fürsorglich Tiere anderen Tieren helfen. Sie werden dies beim Meistern der intuitiven Kommunikation täglich erleben. Wenn Sie lernen, einem Ihrer Tiere zuzuhören, könnte es der Sprecher der anderen Tiere in Ihrer Familie oder sogar in Ihrer professionellen Praxis sein, bei denen Ihre Kommunikation noch nicht stark genug ausgebildet ist. Wenn einer Ihrer Hunde vermisst wird, fragen Sie die anderen Hunde, wo er ist. Wenn eine Ihrer Katzen krank ist, fragen Sie die anderen Katzen, was mit ihr nicht stimmt. Wie Sie feststellen werden, unterstützt die Bitte um die Hilfe eines Ihrer Tiere auch die Beseitigung Ihrer eigenen emotionalen Blockaden. Wenn Angst Sie für die klare Sicht einer Situation blind macht und Sie sich auf eines Ihrer Tiere konzentrieren, kann dies die Quelle der Liebe und Unterstützung zum Sprudeln bringen, die Sie für die gesuchten Antworten auf Probleme brauchen.

Im nächsten Kapitel untersuchen wir die Geheimnisse der medizinischen Gestaltmethode, die Ihnen helfen kann, die körperlichen Leiden und Schmerzen Ihrer geliebten Vierbeiner zu verstehen. Zweifellos ist sie das Wichtigste überhaupt, was ich Ihnen beibringen kann.

5

Unimorphose

Die Magie des verschmelzenden Bewusstseins

Es gibt keine unnatürliche oder übersinnliche Erfahrung.
Es gibt nur Erfahrung.
Dr. Edgar Mitchell

Harry und der Tennisball

Ich lernte Harry während eines Hausbesuchs kennen, um herauszufinden, warum ein Schäferhund die Teppichböden im Palast seiner menschlichen Eltern ruinierte. Sein Frauchen Rachel war eine strahlende Schönheit, die wie viele reiche Hausfrauen in Los Angeles zwischen der Maniküre, dem Tennisunterricht und den Wochenendtrips nach Las Vegas Termine mit Hellsehern und anderen Übersinnlichen ausmacht. Wie Rachel mich vorab telefonisch warnte, sei Harry in Deutschland als Kampfhund ausgebildet worden; er belle alles und jeden an, und ich solle mich von seinem aggressiven Verhalten nicht abschrecken lassen.

Während der Fahrt zu ihrem Haus nahm ich mental Verbindung mit Harry auf, um zu sehen, ob ich so eine feindselige Begrüßung verhindern konnte. Es funktionierte. Ich war sehr erleichtert, als der gefährliche

Wachhund mich bei meiner Ankunft nicht nur mit einem breiten Grinsen statt wütendem Gebell begrüßte, sondern sich auch noch prompt wie ein Schoßhund zu meinen Füßen legte. Er legte sich sogar auf den Rücken und präsentierte mir stolz seinen goldblonden Bauch.

Rachel und ihr Mann Vince waren völlig verblüfft. Sie hatten so ein Verhalten gegenüber Gästen noch nie erlebt. Wie sie mir erzählten, bellte er sogar sie manchmal an. Ich war Harry dankbar dafür, dass er auf meine vorherige mentale Kontaktaufnahme so positiv reagierte. Dies verhalf Vince und mir zu einem guten Start. Vince war ein großer, gut aussehender Bär von einem Mann – nicht die Teddybär-Variante, sondern eher ein Grizzlybär – und er machte deutlich, dass er meine Gegenwart nur als neue Extravaganz seiner Frau tolerierte. Er hatte mit internationalem Export ein Vermögen gemacht, und so hatte er sich zwei Schäferhunde als Wachhunde zugelegt. Für ihn waren die Tiere eine wertvolle Investition und gleichzeitig sein Eigentum. Er hatte nicht vor, sich von einer kleinen Tierwahrsagerin hinters Licht führen zu lassen und sagte sich, ich hätte bloß eine »besondere Art«, mit Tieren umzugehen.

Harry und ich machten an jenem Tag Fortschritte und bauten eine stabile Beziehung auf. Glücklicherweise war Harry ein guter »Sender«, und so hatte ich keine Schwierigkeiten, mich später telefonisch direkt in Harry hineinzuversetzen, als Rachel und Vince mich ein paar Monate später zutiefst beunruhigt anriefen.

Wie Rachel mir sagte, hätten Röntgenaufnahmen einen frei schwebenden, apfelgroßen Gegenstand neben Harrys Darm zu Tage gebracht. Dann berichtete Vince mit seiner tiefen Stimme: »Wenn ich ihn mit in die Firma nehme, pinkelt er auf den Teppichboden in meinem Büro. Der Tierarzt kann nicht feststellen, ob der Gegenstand auf seine Blase drückt oder ob sie entzündet ist. Harry frisst in letzter Zeit Steine und erbricht sie wieder, aber der Tierarzt glaubt nicht, dass das Ding ein Stein ist.« Ihr absolut ratloser Tierarzt wollte sofort eine Biopsie machen, um herauszufinden, ob das große, runde Objekt bösartig war. Sofort wendete ich eine Gestaltmethode an (die ich im nächsten Abschnitt näher erläutern werde), um in Harrys Körper zu sehen. Ich entdeckte ein hartes Objekt in Harrys Körper, das in Flüssigkeit schwamm. Dann prüfte ich die Signaturfrequenz, um herauszufinden, ob es sich um Krebs handelte, und erhielt ein eindeutiges »Nein!«

Später am Abend stellte ich mich erneut mental auf Harry ein. Während ich mit ihm Verbindung aufnahm, war er in der Tierarztpraxis in einem Käfig eingesperrt und hatte solche panische Angst, dass er nicht »reden« konnte. Also beruhigte ich ihn eine Weile. Er schickte mir immer wieder schreckliche Bilder dessen, was ihn während der Operation erwarten würde, und im Gegenzug schickte ich ihm beruhigende Bilder eines langen Nickerchens, auf das eine glückliche Rückkehr nach Hause folgte, und danach das Wiedersehen mit seiner heiß geliebten Patsy, dem zweiten Schäferhund. Am nächsten Morgen stellte ich Verbindung mit Harry her, während er im Halbschlaf war.

»Was ist das für ein Gegenstand in deinem Körper?«, fragte ich.

»Er fühlt sich an, als hätte ich einen Stein verschluckt«, sagte Harry.

»Hast du das?«

»Ich habe viele Steine verschluckt.«

»Damit der Gegenstand wieder rauskommt?«

»Ja.«

»Ist es denn ein Stein?«, wollte ich wissen.

»Na ja, es fühlt sich an, als hätte ich einen Tennisball verschluckt.«

Wieder schaute ich in seinen Körper hinein und entdeckte etwas, das wie ein rissiges Darmteil aussah. In einer Wand aus weichem Gewebe steckte ein großer runder Ball.

»Tut es weh?«, fragte ich.

»Es drückt«, sagte Harry.

»Drückt es auf deine Blase?«

»Ja.«

»Ist es bösartig?«

»Nein«, antwortete er.

Da Harry so überzeugt klang, wusste ich, dass das Ding kein bösartiger Tumor sein konnte, wiederholte die Frage jedoch immer wieder nervös wie eine besorgte Mutter. Zum Glück wirkte er zu unbekümmert, um eine lebensbedrohliche Krankheit zu bekämpfen, und daher konnte ich meiner Intuition trauen. Anscheinend handelte es sich nur um eine Zyste und er hatte aus irgendeinem Grund das Gefühl, einen Tennisball verschluckt zu haben.

»Hast du vor, nach der Operation wieder gesund zu werden?«, fragte ich ihn. Die Antwort auf diese Frage verrät mir viel darüber, ob die Krankheit tödlich verlaufen könnte. Tiere scheinen zu wissen, ob ihre Operation erfolgreich sein wird oder nicht. Dieses Vorausspüren ist eine der vielen erstaunlichen Kräfte, die Tiere besitzen und die nur wenige Menschen haben. Seine Antwort ließ mich aufatmen.

»Ja. Sag Daddy, er braucht sich keine Sorgen um mich zu machen, und sag Mutter, sie soll mich hier abholen. Ich will, dass sie mitkommt.«

»Gibt es etwas, was dich bedrückt und das Ding verursacht hat?«

Harry schickte mir einen Filmclip voller Q-Formen, die zeigten, wie er seine Tage im Büro seines Herrchens verbrachte und viel Stress ertragen musste. Das internationale Exportgeschäft seines Menschenvaters war erbarmungslos hart, und Harry nahm seine Aufgabe als Wachhund sehr ernst. Der Hund sendete mir die Wut und Anspannung, die sich in Vinces Magen – und dadurch auch in seinem eigenen Bauch – angesammelt hatte, und dazu den Soundtrack von Männern, die sich heftig stritten.

»Sam. Daddy hat mit einem Mann namens Sam Schwierigkeiten. Ich mache mir wegen der beiden dunkelhäutigen Männer Sorgen um ihn.« (Gleichzeitig zeigte er mir verschwommene Umrisse eines Lands auf der anderen Seite des Ozeans. Ich hatte den deutlichen Eindruck, als wären die beiden Männer aus dem Nahen Osten.) »Daddy ist an einem neuen Geschäft mit den Männern beteiligt. Sam! Und Sampanaro! Ganz schlecht!« Harry übermittelte mir ein Gefühl der düsteren Vorahnung.

»Macht der Stress in Vinces Job dich krank?«, fragte ich.

»Ich muss Daddy vor Sam … Sampanaro beschützen!«

»Würdest du lieber zu Hause bleiben, als mit Vince in die Firma zu fahren?«

»Ich muss Daddy vor den bösen Männern beschützen.« Ich spürte ein sinkendes Gefühl in der Magengrube und bekam den Eindruck, als sei Vince in ungute Geschäfte verwickelt.

»Sag Daddy, ich mag die lustige Musik im Auto«, bat Harry.

»Okay«, versprach ich. »Wie wäre es, wenn du dich eine Weile zu Hause ausruhst? Wie steht es mit deinem Zuhause?«

»Iris hat mich nicht mehr lieb.« Obwohl ich nicht wusste, wer Iris war, wurde ich von einer Welle der schmerzhaften Trauer überrollt. Ich setzte meine Fragen fort, und Harry sagte: »Carrie. Mutter arbeitet mit einer Frau namens Carrie zusammen. Sag Mutter, sie soll sich keine Sorgen machen. Carrie wird ein Unglück zustoßen. Sag Mutter, sie soll sich raushalten.«

»Ich werde mit deinen Eltern reden. Deine Operation wird ohne Komplikationen verlaufen, und bald wirst du wieder zu Hause –«

»Patsy! Zuhause bei Patsy!«, unterbrach er mich.

»Ja. Bald kannst du dich bei Patsy ausruhen. Ich sage deiner Mutter, dass sie dich abholen soll. Sag mir noch einmal – es ist nur eine Zyste, oder? Es ist kein Krebs.«

»Kein Krebs. Es fühlt sich an, als hätte ich einen Tennisball verschluckt.«

»Ist die Zyste ein Tennisball?«, fragte ich.

»Es ist eine Zyste. Aber es fühlt sich an wie ein Tennisball.«

Ich dankte ihm und rief seine Menscheneltern an, die meinen Anruf auf eine Konferenzschaltung legten. Wie ich ihnen versicherte, war Harry sicher, dass das Ding nur eine gutartige Zyste und kein Krebs war. Ich ließ sie wissen, dass Harry in letzter Zeit sehr viel Stress in Vinces Büro erlitten hatte, und nannte ihnen die Namen Sam und Sampanaro. Auch sagte ich ihnen, dass Harry glaube, diese Männer seien eine Bedrohung für Vince. Ich hörte ein unterdrücktes Keuchen am anderen Ende der Leitung. Es klang, als hätte Vince vor Überraschung den Hörer fallen lassen. Ein paar Sekunden lang hörte ich keinen Ton. Schließlich fand Vince seine Sprache wieder.

»Sampanaro ist jeden Tag im Büro«, flüsterte er. »Wie haben Sie das nur gemacht?«

Ich versuchte zu erklären, wie mentale Telepathie funktioniert, wie einfach es ist und was für ein guter Beobachter sein Hund war. Wie Vince überrascht bestätigte, war Sam sein früherer Geschäftspartner. Harry hatte den hässlichen Bruch der Geschäftsverbindung miterlebt. Auch hatte Harry in letzter Zeit viele laute Streits zwischen Vince und einem Geschäftspartner namens Sampanaro mit anhören müssen. Ich war froh, meine Informationen ungefiltert weitergegeben zu haben, denn ich hätte gefolgert, dass es sich entweder um einen Sam oder um einen Sampanaro handelte, aber nicht um beide, da die Namen sich so stark ähnelten.

Glücklicherweise hatte ich gelernt, alle Informationen zu überliefern, ohne sie vorher zu analysieren.

»Sampanaro! Sampanaro! Oh Gott!«, rief Rachel und brach in ungläubiges Gelächter aus. Das war einer dieser Momente, für die ich lebe – wenn ich erlebe, wie ein jahrelanger Streit endlich geschlichtet wird. Vince war bisher ein Zweifler gewesen. Seine Frau hatte ihn in dieses ganze übersinnliche Getue hineingezogen. Ich wusste: In dem Augenblick, in dem Rachel den Hörer auflegte, würde sie triumphierend sagen: »Hab ich's dir nicht gesagt?«

Ich riet Vince, vorsichtig zu sein und seine Geschäftsbeziehung zu Sampanaro zu kündigen. Wie Rachel bestätigte, habe sie Sampanaro noch nie über den Weg getraut und sei von Anfang an gegen diese Verbindung gewesen. Vince stimmte zu, die Partnerschaft sobald wie möglich zu beenden, doch er klagte darüber, in etwas verwickelt zu sein, aus dem er sich noch nicht lösen könne.

Wie Vince bestätigte, hatte er tatsächlich ein paar Projekte mit zwei Männern aus dem Nahen Osten am Laufen. Die »lustige Musik im Auto« stellte sich als Creedence Clearwater Revival auf dem Oldie-Sender heraus, zu der Harrys Menschenpapa mitsang, und so konnten wir alle verstehen, warum Harry das für ziemlich lustig hielt.

Vince und Rachel erklärten auch, Iris sei ihre Tochter, die seit kurzem das College besuche und deshalb keine ausgedehnten Spaziergänge mit Harry im Park mehr machen könne. Niemand in der Familie hatte gemerkt, wie viel diese Spaziergänge Harry bedeutet hatten.

Ich schlug vor, Rachel sollte Harry vom Tierarzt abholen, da der Hund darum gebeten hatte. Sie war gerührt – sie hatte Harry immer für Vinces Hund gehalten. Sie bestätigte mir auch, dass sie mit einer Frau namens Carrie zusammenarbeitete, die in letzter Zeit ziemlich schwierig geworden war.

»Aber woher weiß Harry von Carrie?«, fragte sie. »Er hat sie noch nie gesehen!«

»Er hat gehört, wie Sie mit ihr telefoniert haben«, erklärte ich.

»Aber das ist unglaublich … das ist echt unglaublich!« Wieder lachte Rachel schallend. Das stimmte zwar, doch Harry schüttelte etwas noch Unglaublicheres aus der Pfote.

Mir fielen Harrys Worte über den Tennisball wieder ein. Harry hatte gesagt: »Ich fühle mich, als hätte ich einen Tennisball verschluckt«, doch dann hatte er versichert, die Zyste sei kein Tennisball. Es wäre eine ziemliche Leistung für einen Schäferhund, einen ganzen Tennisball zu verschlucken, und da er das Ding eine Zyste genannt hatte, schien es nicht sehr wahrscheinlich. Trotzdem fragte ich mich, was es mit dem Tennisball auf sich hatte. Wir konnten es alle kaum erwarten, das Geheimnis zu lüften, und mussten auch nicht lange warten. Harrys Operation war auf den Nachmittag gelegt worden.

Am nächsten Abend rief Rachel mich an, um mir das Neueste zu berichten: Die Tierärzte hatten eine gutartige Zyste auf Harrys Prostata gefunden. (Harry war nicht kastriert.) Die Tierärzte hatten ihn daraufhin kastriert und die Zyste aufgeschnitten, damit sie trocknen konnte, doch sie mussten ihn noch ein paar Tage dabehalten. Aufgeregt beschrieb Rachel ihren Besuch bei Harry: Statt wie sonst immer sofort zu Vince zu rennen, war er diesmal zu ihr gelaufen. Sie hatte nie gewusst, wie sehr der Hund an ihr hing.

Doch das Beste kam erst später. Am nächsten Abend rief Rachel mich wieder an. Völlig aus dem Häuschen berichtete sie, der Tierarzt habe sie angerufen und erzählt, dass Harry sich erbrochen hätte – und raten Sie mal, was er ausgespuckt hat! Zerkaute Tennisbälle! Anscheinend hatte er zu Hause Tennisbälle verspeist und spuckte sie nun wieder aus.

Ein paar Wochen später erhielt ich ein glorreiches Update der Situation: Harry hatte sich wieder völlig erholt, und Vince hatte sich zu dem Schritt entschlossen, die Geschäftsverbindung mit seinem charmanten Partner Mikie Sampanaro zu beenden.

Nun wundern Sie sich vielleicht, wie ich in die Körper der Tiere hineinsehen kann. Wie um alles in der Welt mache ich das? Es nennt sich medizinische Gestaltmethode.

Ich bin du und du bist ich und wir sind alle zusammen

Durch die Gestaltmethode kann man die Erfahrungen anderer Lebewesen aus ihrem eigenen Sichtwinkel erleben.

Wenn ich eine körperliche Untersuchung mache, stelle ich Resogenese her, um die Gedanken des Tieres zu hören; dann gehe ich einen Schritt weiter und wechsle zur Unimorphose über, in der ich mein Bewusstsein kurz in den Körper des Tieres einbringen und mit seiner Erlaubnis in seine körperliche Gestalt schlüpfen kann. Es ist leichter, als es klingt. In der Unimorphose sieht man die Welt durch die Augen des Tieres, was für uns noch von großem Nutzen sein wird, wenn wir uns mit der Aufspürung von vermissten Tieren beschäftigen. Unimorphose ist die beste Methode, (von innen heraus) wirksame Anweisungen zu geben und im Körper eines Tieres nach Schmerzauslösern zu suchen.

Die medizinische Gestaltmethode ist nichts weiter als eine konzentrierte Form der kreativen Visualisierung – eigentlich ein Spiel, das wir als Kinder alle schon gespielt haben, wenn wir so taten, als wären wir jemand anderes. Wenn Sie so tun, als wären Sie das Tier, können Sie eine Vielzahl von Körperleiden herausfinden. Es ist so einfach, aber wir haben vergessen, wie es geht, und viele von uns, die sich noch daran erinnern können, haben vergessen, darauf zu vertrauen.

Auf mehreren Ebenen funktionieren

Ich wette, man hat Ihnen immer wieder gesagt, Sie könnten nicht in andere Menschen hineinsehen, nicht wahr? Wenn das stimmt, dann haben Sie sicher auch gelernt, dass Sie den körperlichen Schmerz anderer Menschen nicht in Ihrem eigenen Körper spüren können. Nun werde ich Sie jedoch bitten, Ihre Vorstellungen für eine Weile beiseite zu schieben – das, was Sie wissen oder zu wissen glauben. Ich werde Sie bitten, Ihre Fragen aufzuschreiben, während sie Ihnen spontan einfallen, denn Sie könnten später blockiert sein, während Sie meine Erläuterungen lesen. Heben Sie sich die Fragen für später auf. Räumen Sie für den Augenblick den neuen Gedanken und Vorstellungen denselben Stellenwert ein, den Ihr altes Glaubensmuster genießt. Nachdem Sie die neuen Vorstellungen in Erwägung gezogen haben, prüfen Sie Ihre Überzeugungen und fragen Sie sich: Wer hat mir das gesagt? Wo habe ich das gelernt? Warum habe ich das als unabdingbare Wahrheit angenommen? Bin ich selbst zu dieser Überzeugung gekommen, oder habe ich sie von einem anderen Menschen übernommen? Wenn ich meinen eigenen Verstand gebrauche, welche

Erfahrung hat mich darauf schließen lassen, dass diese Vorstellung eine absolute Wahrheit ist? Vergessen Sie nicht: Sie sind nicht hier, um veraltete Glaubensmuster zu hegen. Es ist an der Zeit, nach vorne durchzustarten und Ihre Energie neu aufzuladen. Da draußen gibt es eine ganz neue Welt, von der nur wenige sprechen … noch.

Während wir lernen, Tierkörper zu untersuchen, werden wir entdecken, dass die Daten nicht nur im Gehirn gespeichert sind. Wie die meisten unserer Wissenschaftler mittlerweile bereit sind zuzugeben, war noch niemand in der Lage herauszufinden, wo das Gedächtnis im Gehirn gespeichert ist. Auch wenn die Hypothese stimmen mag, dass gewisse Abschnitte des Gehirns bestimmte Eigenschaften kontrollieren, beschreibt die Philosophie des neuen Jahrtausends den Verstand anders – mit der holografischen Hirntheorie. In diesem logischeren Paradigma lesen wir keine »Gedanken«, sondern »Energiefelder«.

Michael Talbot, Autor von Das holographische Universum, stimmt zu, dass die Summe unserer Erfahrungen in jeder unserer Körperzellen holografisch gespeichert sein könnte, doch er betont auch, dass diese Vorstellung nicht weniger mysteriös ist als viele der Wahrheiten der Physik, die unsere Wissenschaft zwar adoptiert, jedoch nie völlig verstanden hat. Talbot weist auf das Paradox hin, indem er schreibt: »Bemerkenswert ist, dass wir nicht wirklich wissen, was ein Feld ist. Dr. (David) Bohm hat gesagt: ›Was ist ein elektrisches Feld? Wir wissen es nicht. Wenn wir eine neue Form von Feld entdecken, wirkt sie mysteriös. Dann geben wir dem Feld einen Namen, gewöhnen uns daran, damit umzugehen und seine Eigenschaften zu beschreiben, und es scheint nicht länger mysteriös zu sein. Doch wir wissen immer noch nicht, was ein Elektrofeld oder ein Gravitationsfeld ist. Wir wissen noch nicht einmal, was Elektronen sind. Wir können nur beschreiben, wie sie sich verhalten.‹«

Ähnlich verhält es sich mit Gestalttherapie und telepathischer Kommunikation: Wir können beobachten, wie beides abläuft, auch wenn wir nicht genau wissen, was es ist.

Die wunderbarste Erklärung für die holografische Hirntheorie, die ich Ihnen liefern kann, ist das seltsame und schockierende Verhalten, das mit Organtransplantationen einhergehen kann. Wir alle kennen die Berichte: Ein Patient erhält die Niere eines Konzertpianisten und hat plötzlich nicht nur das Verlangen, sondern sogar die Begabung, Klavier zu spielen! Die umfangreichste Sammlung solcher Studien wurde von Dr. Paul Pearsall in seinem Buch Heilung aus dem Herzen zusammengestellt. Wie Pearsall ausführt, hat Albert Einstein nachgewiesen, dass Materie und Energie austauschbar sind; daher sind auch Energie und Informationen miteinander verwandt. Was er damit meint, ist, dass Erinnerungen in den Organen unseres Körpers gespeichert zu sein scheinen; und sogar noch revolutionärer ist seine Theorie, dass das Herz genauso wie das Gehirn Informationen aus der Umwelt erhält und speichert. Hier ist eines seiner wichtigsten Beispiele, die Dr. Pearsall aus seiner Sichtweise erzählt:

> Kürzlich unterhielt ich mich mit einer internationalen Gruppe von Psychologen, Psychiatern und Sozialarbeitern in Houston, Texas. Ich präsentierte meine Ideen über die zentrale Funktion des Herzens in unserem psychischen und spirituellen Leben, und nach meiner Präsentation ergriff eine Psychiaterin das Mikrofon und berichtete mir von einer ihrer Patientinnen, deren Erlebnis meine Theorien über Zellerinnerungen und ein denkendes Herz zu bestätigen schien. Der Fall nahm die Psychiaterin so mit, dass sie nur mühsam unter Tränen sprechen konnte. Sie schluchzte so sehr, dass die Zuhörer und ich Schwierigkeiten hatten, sie zu verstehen, während sie erzählte: »Ich habe eine achtjährige Patientin, der das Herz einer ermordeten Zehnjährigen eingepflanzt worden ist. Ihre Mutter brachte sie zu mir, als sie anfing, nachts wegen ihrer Albträume zu schreien, in denen sie von dem Mann träumte, der ihre Organspenderin umgebracht hatte. Sie sagte, ihre Tochter wüsste, wer er ist. Nach mehreren Sitzungen konnte ich die Wirklichkeit dessen, was das Kind mir sagte, nicht länger verleugnen. Ihre Mutter und ich entschlossen uns schließlich, die Polizei zu rufen, die aufgrund der Schilderungen des kleinen Mädchens den Mörder fasste. Er konnte durch die Beweislast gegen ihn, die meine Patientin erbrachte, problemlos verurteilt werden. Die Uhrzeit, die Waffe, der Tatort, die Kleidung, die er trug, was das Mädchen zu ihm gesagt hatte … alles, was die kleine Herzpatientin berichtete, war völlig akkurat.«

Laut Dr. Pearsalls Untersuchungsergebnissen wird die Geschichte des Körpers im Körper gespeichert, und nach meinen eigenen Untersuchungen findet die Fähigkeit, die Daten zu lesen, durch einen Quantenprozess statt, der die Grundlage der Natur bildet. Anscheinend benutzte ich meinen Verstand, während ich Harrys Körper untersuchte, ganz einfach anders, als Sie im Augenblick Ihren benutzen, aber wenn ich lernen kann, wie man es macht, so können Sie es auch, denn organisch gesehen haben Sie und ich die gleiche Ausrüstung. Wir wollen sehen, was Dr. Mitchell darüber zu sagen hat: »Wir nennen zusammenhängende Emissionen von Objekten Quantenhologramm, was bedeutet, dass sämtliche Informationen über Sie in jedem Molekül Ihres Körpers enthalten sind. Um eine vollständige Beschreibung eines Objekts zu erhalten, braucht man seine Zeit-/Rauminformationen sowie Quanteninformationen – die nichtlokale Verbindung. Das innere subjektive Erleben (die Emotion) scheint in den nichtlokalen Attributen verwurzelt zu sein, die in der Quantenmechanik entdeckt wurden.« Die Eigenschaften der nichtlokalen Verbindung sind dieselben, die wir in der Resogenese empfangen.

Darüber hinaus befindet sich das Terrain, das wir in der Unimorphose beleuchten wollen, im Körper des Tieres, und dazu kann es erforderlich sein, dass Sie Ihr Paradigma erheblich erweitern. Als Tierkommunikatorin könnte meine Perspektive physikalischer Körper sich stark von Ihrer unterscheiden. Als ich zum Beispiel in die Unimorphose mit Harry eintrat, funktionierte ich auf einer nichtlokalen Ebene. Das bedeutet, dass ich mich auf den Inhalt und die Bedeutung des elektrischen Felds unter Ausschluss aller anderen Dinge konzentrierte und meine Untersuchung mit bedingungsloser Liebe antrieb. In diesem heiligen Bereich gibt es kein Urteil und keine eigenen Gedanken oder Projektionen. Es gibt nur noch das Zuhören. In dieser Stille ist meine Konzentration so vollkommen, dass ich aufhöre zu existieren. Mit dieser Verpflichtung der Selbstlosigkeit kann ich Harrys Körper anders betrachten. Ich akzeptiere nicht, dass Harrys Körper bei seinem Fleisch aufhört und seinen Gesundheitszustand und seine Gedanken von mir fern hält. Ich sehe ihn nicht in der äußeren Ordnung. Ich kann mich in sein Quantenfeld und seine innere Ordnung hineinversetzen, weil ich ihn so lieb habe, und fürchte mich vor nichts, was er mir zeigen könnte, auch nicht vor den Schmerzen, die er mich spüren lassen könnte.

Wo liegt Ihre Schmerzgrenze?

Ihr Erfolg in der medizinischen Gestaltmethode hängt von Ihrer Schmerzgrenze ab. Sie müssen fähig sein, Schmerz auszuhalten und trotzdem zu funktionieren. Mut und Mitgefühl sind die Attribute des

Selbstbewusstseins. Wenn Sie ein Tier ehrlich ansehen und still sagen können: »Lass mich deinen Schmerz fühlen. Ich kann ihn ertragen. Es ist mir egal, wie weh es tut. Wenn es dir hilft, will ich die Last tragen«, dann haben Sie sich auf das magische Terrain der liebevollen Güte vorgewagt, indem Sie erklärt haben, dass Sie so stark und stabil sind, dass kein Schmerz Ihnen etwas anhaben kann. Das ist unser Ziel. Hier sind Sie nicht länger ein isoliertes Wesen. Sie sind nicht länger zwei Körper in zwei getrennten Energiefeldern. Das Tier und Sie sind kraft Ihrer Liebe zu einer Einheit verschmolzen.

In Creating Affluence schreibt Deepak Chopra: »Das Leben ist die Co-Existenz aller gegensätzlichen Werte. Freude und Trauer, Spaß und Schmerz, Auf und Ab, heiß und kalt, hier und da, Licht und Dunkelheit, Geburt und Tod. Alle Erfahrungen entstehen durch den Kontrast und wären ohne das andere bedeutungslos … Wenn es eine stille Aussöhnung gibt, wenn unser Bewusstsein diese lebendige Co-Existenz aller gegensätzlichen Werte akzeptiert, dann urteilen wir automatisch immer weniger. Der Sieger und der Besiegte werden als zwei Gegensätze desselben Wesens angesehen. Nicht zu urteilen führt zum Verstummen des inneren Dialogs, und dies öffnet die Tür zur Kreativität.«

In diesem undefinierbaren Raum jenseits der Gegensätze ist die Kommunikation zwischen allen Lebewesen möglich. Überlegen Sie nur, was Dr. Chopra von uns fordert – dass der innere Dialog verstummt. Setzen Sie sich still hin und werden Sie sich bewusst, dass das Tier und Sie schon eins sind. Joseph Campbell drückt es in wunderschönen Worten aus: »Das ultimative Wort in unserer Sprache für das, was transzendent ist, ist Gott … Nun ist in Religionen, in denen Gott oder der Schöpfer die Mutter ist, die ganze Welt in ihrem Körper enthalten. Es gibt nichts anderes.«

Und wie betrifft uns das? Als Harry Schmerzen hatte, ging ich in sein Energiefeld hinein, um sein Leiden zu lindern. Es gab nichts anderes für mich. Die Welt schmolz dahin und die Zeit blieb stehen, ich verlor mich, und meine ganze Identität ging in der eines verängstigten Hundes auf, der in der Tierarztpraxis die ganze Nacht in einen Käfig gesperrt war. Doch dann musste ich wieder in meine eigene Identität zurückgehen, um ihm Kraft zu geben, und so etablierte ich zwei Stimmen in seinem Kopf: seine eigene und meine. Ich konnte seine Angst und seine Schmerzen zwar spüren, doch gleichzeitig meine Distanz genügend wahren, um ihn mit klarem Verstand immer wieder zu beruhigen, ihn in friedlicher Energie zu baden und alle paar Stunden liebevolle Worte des Trosts zu wiederholen. Wenn ich in diesem heilenden Raum arbeite, werde ich allmählich wieder ich selbst, bringe das andere Wesen dazu, auf meiner Frequenz zu schwingen, und während meine liebevolle Gegenwart Kontrolle über ihre Ängste gewinnt, stelle ich das her, was »Kohärenz« genannt wird. Das ist das Phänomen der Klanggabel, bei dem alle Töne des Instruments dazu gebracht werden, sich auf die höchste Frequenz einzustellen.

Für eine andere einfache Sichtweise wollen wir zu Campbells Beschreibung der göttlichen Mutter – Mutter Natur – zurückkehren, die die ganze Welt in ihrem Körper trägt. Ähnlich sind Sie während der Unimorphose innerlich in der ganzen Welt präsent. Erinnern Sie sich an das Zitat aus Matrix, in dem das kleine Wunderkind den Löffel biegt und sagt: »Es gibt keinen Löffel. Es gibt nur mich. Ich biege meinen Verstand.« Auch das trifft zu. Alle Tiere auf diesem Planeten, jedes Lebewesen ist in Ihrem Geist enthalten. Wie ein Wassertropfen im göttlichen Meer tragen Sie den Makrokosmos in sich. Wenn Sie Ihre Verbindung zum Kosmos erkennen, ändert sich Ihre Wahrnehmung, da Sie in diesem Augenblick nicht länger wählen, sich wie ein Teilchen zu verhalten, sondern wie eine Welle oder sogar wie ein ganzes Energiefeld.

Wenn Sie lernen, wie man eine Körperuntersuchung ausführt, werden Sie die Antworten nicht wirklich im Tier suchen. Sie suchen sie in sich selbst. Wenn ein Tier oder ein Mensch Schmerzen hat, spüre ich seine Schwingungsrate auf, passe sie an, verändere sie dann, und bei diesem Vorgang absorbiere ich seine negativen Gefühle. Wenn er mich berührt, wird er ich, und ich leite ihn in mein Energiefeld wie eine Mutterhenne, die ihre Küken unter ihre beschützenden Flügel nimmt. So bewirkt die Gestaltmethode nicht nur den Erhalt von Informationen, sondern heilt auch.

Die medizinische Gestaltmethode erfordert, dass Sie sich Ihre Beziehung zu einem anderen Lebewesen bewusst machen, und die Klarheit Ihrer Sicht hängt von Ihrer Beziehung zu sich selbst ab. Sie haben schon eine Quantenbeziehung mit jedem Tier in Ihrer Umwelt, die es Ihnen ermöglicht zu fühlen, was sie fühlen. Ich bitte Sie nur, noch mehr darauf zu achten. Da Ihr eigener Körper das Instrument ist, mit dem Sie messen, was Tiere fühlen, müssen wir erst erforschen, wie bewusst Sie sich dessen sind, was Sie fühlen. In der Gestaltmethode sind Ihre körperliche und psychische Gesundheit Ihre einzigen Werkzeuge. Wie sauber sind sie? Sind sie scharf oder stumpf und verdreckt?

Gestalttherapie erinnert mich an die alte Fernsehserie Kung Fu, die ich als Kind gern gesehen habe. Am Anfang jeder Folge wird die Hauptfigur Grasshopper gezeigt, der von seinem Meister eingewiesen wird. Der Kung-Fu-Meister lässt Grasshopper auf eine Kerze schauen, während der Meister sagt: »Du bist die Flamme. Werde die Flamme.« Das ist wie der nette Spruch, den viele Leute zu hören bekommen, wenn sie Meditation lernen: »Du bist deine Aufmerksamkeit.« Das Konzept ist verblüffend einfach und dennoch verleiht es so viel Macht, da es uns zurück auf den Fahrersitz katapultiert; es schenkt uns uneingeschränkte Verantwortung – nicht für die Ereignisse in unserem Leben, sondern für unsere Deutung der Ereignisse.

Die Körperuntersuchung: Eine Übung

Wir werden uns nun ein paar Ideen näher ansehen, die ich in meinem letzten Buch *Tierisch gute Gespräche – Lerne mit Tieren zu sprechen, sie antworten dir* untersucht habe – doch aus einem neuen Winkel. Falls Sie es noch nicht gelesen haben, könnte es Ihnen von Nutzen sein. Doch für den Augenblick sollten Sie sich nur daran erinnern, dass die Gesetze der Gestaltmethode sich nicht ändern, und dass Übung den Meister macht.

Die Herausforderung ist hier, sich deutlich bewusst zu sein, was im eigenen Körper vor sich geht, um zwischen den eigenen körperlichen Wahrnehmungen und denen des Tieres unterscheiden zu können. Bei den psychischen Emotionen ist es genauso. Wenn Sie Ihre eigenen Gefühle kennen und annehmen, können Sie aussortieren, was von Ihnen selbst stammt, im Gegensatz zu den Emotionen und Wahrnehmungen, die vom Tier ausgestrahlt werden. Deshalb werden wir uns zuerst darauf konzentrieren, unseren eigenen Körper kennen zu lernen.

Der Einfachheit halber formuliere ich diese Übung so, als würde sie sich auf einen Hund oder eine Katze beziehen, doch Sie können jederzeit »Hufe«, »Flügel« oder »Hand« einsetzen, wenn »Pfote« nicht in Ihren Kontext passt.

Bevor Sie sich das Innere Ihres Tieres ansehen, sollten Sie eine rasche Inventur Ihrer eigenen Leiden und Schmerzen machen. Welche Körperteile fühlen sich verspannt und steif an? Lassen Sie Ihre Aufmerksamkeit über Ihren ganzen Körper von oben nach unten gleiten, beide Arme entlang, in Ihren Hals, Rücken, Ihre Hüften, Beine und Füße. Atmen Sie in die verspannten Stellen hinein und lassen Sie die Anspannung los. Merken Sie sich, was in Ihrem eigenen Körper wehtut, damit Sie Ihre eigenen Beschwerden nicht mit denen Ihres tierischen Freundes verwechseln. Richten Sie Ihre Aufmerksamkeit sanft zurück auf Ihr Herz, ziehen Sie sich an den Zufluchtsort des Lichts zurück und bereiten Sie sich darauf vor, mit mir zu beten. Diese Meditation soll Sie in eine sanfte, fröhliche Trance versetzen, und wenn Sie sie laut sprechen, wird dies die Schwingungsweite sogar noch erhöhen und die Frequenz Ihrer Gehirnwellen abschwächen, was Ihren Geist noch empfänglicher macht.

Ich bleibe in der Liebe verankert

Ich glaube, es gibt nur eine Macht im Universum, und diese Macht ist Gott, die Quelle des Friedens, der Liebe und des schöpferischen Ausdrucks. Diese Macht steckt in jedem Atom meines Wesens, in jedem Menschen, jeder Blume, jedem Baum, jedem Stern, jedem Gewässer auf diesem wunderschönen Planeten und in jeder einzelnen Zelle meines geliebten Tieres. Ich gehe tief hinunter an den stillsten Ort in meiner Seele, und hier wird es für mich ganz leicht, mich mit der Macht zu verbinden. Ich bin jetzt gänzlich auf den göttlichen Geist eingestellt. Mein Bewusstsein erweitert sich, während ich diese Liebe anerkenne, und die liebevolle Güte, die von mir ausströmt, ist ein Schirm, der andere Lebewesen vor dem Leid beschützt. Ich weiß, die Liebe in mir ist so stark, dass sie jeden Menschen und jedes Tier, dem ich heute begegne, beruhigen, trösten, aufmuntern und erhellen kann. Die Quelle des Vertrauens und der Heilenergie leuchtet aus allem, was ich denke, sage oder tue. Jeder Augenblick meines Lebens ist eine freudige Feier, die mich in dem Wissen tränkt, dass ich Gottes vollkommene Liebe in ihrer Umsetzung bin, die ständig wächst und sich entfaltet, um die Welt um mich herum zu segnen. Ich erfreue mich daran, im göttlichen Bewusstsein in mir selbst verankert zu sein und immer wieder dorthin zu gelangen. Diese Wahrheit gilt für mich, für jeden anderen Menschen und für jedes Tier überall auf der Welt. Ich bin dankbar für die Freude, die dieses geheiligte Wissen mir schenkt. Ich schicke diesen Segen in die Welt hinaus im Wissen, dass der göttliche Geist meinen eigenen Geist mit Weisheit erleuchten wird, damit ich dies Tier heute verstehen kann.

Die Anwendung von Unimorphose

Bitten Sie als Nächstes Ihr Tier um die Erlaubnis, mental in seinen Körper zu »blicken«. Dabei würden Sie mit Ihrem eigenen Geist in seine physikalische Gestalt hineingehen, und diese Ebene der Intimität könnte das Tier beunruhigen. Wenn es aufsteht und den Raum verlässt, nachdem Sie es um Erlaubnis gebeten haben, dann üben Sie besser Stepptanz und versuchen diese Methode ein anderes Mal.

Den meisten Tieren gefällt diese Art der Verbindung jedoch und sie mögen die Aufmerksamkeit, die Sie ihnen damit schenken. Das Gefühl des verschmelzenden Bewusstseins ist gewöhnlich sehr angenehm. Wenn Ihr tierischer Freund sich bei Ihrem Vorschlag zu entspannen scheint, dann stellen Sie ruhig den Kontakt her. Stellen Sie sich als ein ganz kleines Wesen vor: als eine Elfe, eine Fee oder einen winzigen Lichtpunkt. Springen Sie aus Ihrer Kopfdecke heraus und fliegen Sie hinüber zu Ihrem tierischen Freund. Schlüpfen Sie durch die Schädeldecke des Tieres in seinen Körper hinein, durch sein Kopf-Chakra, und gleiten Sie hinunter in seine linke Vorderpfote. Jetzt befinden Sie sich im Tier.

Spüren Sie die Schulter. Spüren Sie sein Knie. Spüren Sie die Pfote und die Unterseite des Ballens. Ist sie müde? Tut sie weh? Wie steht es mit der Blutzirkulation? Wird das Bein durch irgendwas blockiert? Wie ist die Beinstellung? Ist das Bein funktionstüchtig?

Nun klettern Sie wieder das linke Vorderbein hoch, wechseln zum anderen Bein und gleiten die rechte Vorderpfote hinunter. Untersuchen Sie auch dieses Bein auf Steifheit, Probleme mit den Knochen, der Haut, den Muskeln und der Blutzirkulation. Stellen Sie sich vor, Sie würden Druck auf die Pfote ausüben. Stellen Sie sich vor, wie Sie gehen. Stellen Sie sich die Flexibilität der Fessel vor. Schmerzt sie oder sind die Gelenke geschmeidig?

Wenn Sie in Ihren eigenen Armen und Händen etwas spüren, dann ist dies genau das, wonach Sie suchen. Ihre Körperwahrnehmungen sind genauso wichtig wie die Sprache, die Sie in der Resogenese empfangen. Vergessen Sie nicht: Sie befinden sich nun an zwei Orten gleichzeitig und richten Ihre Aufmerksamkeit in Ihrer winzigen astralen Gestalt auf das Innere des Tieres, während Sie zur gleichen Zeit Gefühle in Ihrem eigenen Körper wahrnehmen. Falls Sie schon bekannte Krankheitssymptome untersuchen, bitten Sie um die Antworten, die Sie brauchen. Zum Beispiel: »Ist dieser Knochen nicht richtig verheilt?« Wenn Ihr tierischer Freund freiwillig Informationen preisgibt, könnten Sie in Ihrem eigenen Körper Schmerzen spüren oder Visionen sehen. Ihr Tier könnte Ihnen eine Botschaft wie »Der heiße Asphalt verbrennt mir die Pfoten« schicken und Sie einen Blick auf den Gehweg werfen lassen, verbunden mit einem brennenden Gefühl in den Handflächen. Während des Lernprozesses können solche Mitteilungen mit oder ohne Sprache erfolgen. Wenn Sie kein klares Bild erhalten, dann machen Sie einfach weiter. Diese Arbeit bedarf der Übung.

Wenn Ihr Tierpatient eine Katze ist, dann spüren Sie, wie es sich anfühlt, Ihre Krallen auszustrecken. Toll, nicht wahr?

Nun steigen Sie hinauf in die Kehle des Tieres. Untersuchen Sie seinen Kehlkopf. Wie fühlt es sich an zu miauen oder zu bellen? Wie fühlt es sich emotional an zu sprechen, ohne verstanden zu werden? Wenn Ihr Freund ein Hund ist: Wie fühlt es sich an, zum Schweigen gebracht zu werden? Tut es weh, nichts sagen zu dürfen? Wenn Ihre Freundin eine Katze ist: Wie fühlt es sich an zu schnurren?

Steigen Sie in das Herz des Tieres hinab. Schauen Sie sich um. Ist es stark? Ist es klar? Funktioniert es einwandfrei? Fühlt es sich gut an? Wie fühlt es sich emotional an? Sind Sie einsam? Brauchen Sie als Tier mehr Liebe? Werden Sie zu oft allein gelassen? Hätten Sie gern die Gesellschaft eines anderen Tieres? Wenn Ihr eigener Körper von einer Woge der Traurigkeit überrollt wird, dann wissen Sie, dass Ihre Verbindungsaufnahme erfolgreich war.

Schlüpfen Sie hinüber in die linke Lunge. Wie sieht sie aus? Ist sie rosa? Ist sie klar? Wie fühlt es sich an, Atem zu schöpfen? Ist das Atmen locker oder verkrampft? Dringen Sie nun zur rechten Lunge vor. Ist sie gesund? Ist sie stark? Spüren Sie einen Reiz, ein Brennen oder eine Verkrampfung in Ihrer eigenen Brust, während Sie die Lungen des Tieres untersuchen?

Als Nächstes richten Sie die Aufmerksamkeit auf den Magen des Tieres. Rumort er oder ist er ruhig? Hat er Hunger? Fragen Sie Dinge wie: »Welche Art von Futter ist schwer verdaulich?« Stellen Sie sich vor, wie das Futter vom Maul des Tieres aufgenommen wird und warten Sie auf eine Reaktion in Ihrem eigenen Magen. Möglicherweise sehen Sie eine Farbe, spüren eine Substanz, riechen ein Aroma, hören ein Wort oder schmecken etwas.

Falls Sie Allergien vermuten, stellen Sie sich vor, wie das Tier den möglichen Missetäter frisst oder mit ihm sonst wie in Berührung kommt und warten Sie dann ab, um zu sehen, ob der Allergieauslöser sich auf Ihren eigenen Körper auswirkt. Machen Sie sich Ihre eigenen Gefühle zunutze, während Sie im Tierkörper sind. Der Gedanke an ein »schlechtes« Futter oder Medikament könnte bei Ihnen Krämpfe, Übelkeit, Panik oder sogar Tränen auslösen. Eine vorhandene Krankheit kann als Düsternis, Schwere, Schmerz oder Trauer wahrgenommen werden.

Bitten Sie das Tier, Ihre Aufmerksamkeit auf jedes Organ zu richten, das wehtut oder nicht richtig funktioniert. Scheuen Sie sich nicht, allgemeine Fragen wie die folgenden zu stellen:

»Glaubst du, Akupunktur oder eine chiropraktische Behandlung würde helfen?« Stellen Sie sich dabei die Heilmethoden vor, die ein qualifizierter ganzheitlicher Tierarzt anwenden würde.

»Hilft eine solche Behandlung dir, dich besser zu fühlen, oder willst du lieber von allein heilen?« Prüfen Sie Ihren Körper darauf, wie er sich »vor« und »nach« der Therapie oder Behandlung fühlt.

Vielleicht hören Sie kein »Ja« oder »Nein« als Antwort, doch ein Gefühl des Unbehagens oder eine Welle der Erleichterung bietet genug Auskunft, um zu wissen, dass Sie auf der richtigen Spur sind. Sehen Sie alles, was Sie spüren, als ermutigendes Feedback an.

Nun gehen Sie hinauf in die Wirbelsäule und tasten Sie jeden Wirbel ab. Wie gut sitzen sie? Was ist mit den Knorpeln? Sind sie kräftig und flexibel? Spüren Sie einen Schmerz? Wenn es das Anzeichen einer Verletzung gibt und Sie eine gute Verbindung zu der inneren Stimme des Tieres haben, könnten Sie fragen: »Wie ist das passiert?« Achten Sie auf jegliche Emotionen wie Angst oder Adrenalinstöße und begleitende imaginäre Bilder.

Richten Sie Ihren Fokus nun auf die rechte Hüfte des Tieres. Schmerzt sie oder ist sie steif? Funktioniert sie wie eine gut geölte Maschine? Stellen Sie sich die Hüfte in Bewegung vor. Knarrt sie? Gleiten Sie das rechte Hinterbein hinunter. Konzentrieren Sie sich auf den Knöchel, den Fuß, die Fußballen. Wie fühlt es sich an? Stellen Sie sich vor, wie das Körpergewicht auf dem Bein lastet. Wie fühlt es sich jetzt an?

Gleiten Sie hinüber zum linken Bein und spüren Sie die Muskeln, die Knochenstärke und die Beinstruktur. Wenn das Tier gesund ist, werden Sie ein plötzliches Gefühl der Kraft in Ihrem eigenen linken Bein spüren. Es fühlt sich besonders aufregend an, im Körper eines starken, drahtigen Pferdes oder eines glücklichen, muskulösen Hundes zu sein. Ein gesundes Tier telepathisch zu untersuchen kann sich besser anfühlen, als in seinem eigenen Körper zu stecken.

Konzentrieren Sie sich jetzt auf den Schwanz des Tieres (diesen Teil mag ich besonders). Spüren Sie, wie er durch den Steiß mit dem Körper verbunden ist. Gleiten Sie hinunter zur Schwanzspitze und schauen Sie, wie es sich anfühlt, einen Schwanz zu haben. Checken Sie jedes Gelenk. Stellen Sie sich vor, Sie könnten mit dem Schwanz wedeln. Fühlt sich jeder Zentimeter gut an?

Prüfen Sie die Haut. Fühlt sie sich angenehm an – oder ist sie trocken und juckt? Die Haut ist ein besonders gutes Messgerät Ihrer Verbindung zu dem Tier. Wenn Ihr Tier unter einer Hautallergie leidet, werden Sie Juckreiz verspüren und den Drang, die Stelle zu kratzen.

Als Nächstes lassen Sie Ihre Aufmerksamkeit in den Kopf des Tieres hinaufschweben. Gehen Sie in die Nasennebenhöhlen. Fragen Sie das Tier, ob es öfters Kopfschmerzen hat. Gehen Sie in seine Augen und überprüfen Sie seine Sehkraft. Untersuchen Sie seine Ohren. Wie gut hört es? Leidet es unter Milben oder Entzündungen? Gehen Sie in sein Maul und prüfen Sie seine Zähne. Sind sie einigermaßen sauber? Schauen Sie nach Schmerzen und Entzündungen. Untersuchen Sie die Haltung seines Halses und seiner Kiefer. Wenn Ihnen der Saft im Mund zusammenläuft und Sie lächeln wollen, dann ist alles in Ordnung; doch wenn Sie Druck oder Schmerzen spüren, rote oder schwarze Flecken sehen, dann haben Sie einen Volltreffer gelandet.

Gehen Sie im Körper des Tieres überall dahin, wo Sie suchen müssen. Stellen Sie Fragen. Schauen Sie hin. Hören Sie gut zu.

Wenn Sie mit dem übersinnlichen Auskundschaften fertig sind, springen Sie aus der Kopfdecke des Tieres hinaus. Kehren Sie in Ihren eigenen Kopf zurück und danken Sie Ihrem tierischen Freund dafür, dass Sie seinen Körper untersuchen durften. War es nicht überwältigend? Nun ist es an der Zeit, eine Schutzwand zu bauen. Stellen Sie sich einen Lichtkokon um Ihr Tier vor und eine getrennte Wand aus weißem Licht, die Sie umschließt und Ihre eigenen körperlichen und psychischen Angelegenheiten von denen des Tieres trennt. Damit das Tier gesund und glücklich sein kann, müssen Sie eine saubere Trennung vollziehen. Um zu verhindern, dass Teile oder Reste Ihrer unbewussten negativen Verhaltensmuster im Energiefeld Ihres tierischen Freundes zurückbleiben, stellen Sie es sich im sicheren Schutz einer Lichtkugel vor. Wenn Sie während des Prozesses seine Schmerzen und Nöte auf sich übertragen haben, hilft kein Aspirin. Sollten Sie ungewöhnliche Beschwerden oder Emotionen verspüren, bauen Sie den Kokon aus Licht um sich herum auf und kehren Sie in Ihren Alltag zurück. Mit der Zeit werden diese Gefühle wieder verschwinden.

Es kann sein, dass Sie während der Übung nichts als eine wortlose Aufforderung erhalten haben. Sie könnten auch nur ein »Bauchgefühl« entwickelt haben. Beobachten Sie in den Tagen nach der Übung Ihre Reaktionen. Falls nötig, rufen Sie den Tierarzt an und lassen Sie Ihr Tier untersuchen. Vorsorge ist besser als Nachsorge.

Sie könnten auch herausgefunden haben, dass die Medikamente oder das Futter Ihres tierischen Freundes ungeeignet sind. Ich empfehle dringend, sich einen Tierarzt zu suchen, der sich in ganzheitlicher, alternativer und östlicher Medizin auskennt. Behalten Sie einen Tierarzt für Notfälle in der Nähe, doch suchen Sie sich auch einen ganzheitlichen Tierarzt, selbst wenn er ein paar hundert Kilometer weit weg ist.

Sobald Ihnen die Körperuntersuchungsmethode vertraut ist, üben Sie sie an Menschen. Machen Sie ein Spiel mit Ihrem Partner und Ihren Kindern daraus. Bringen Sie Ihren Kindern bei, wie sie die Untersuchung an Ihnen machen können und ihre Erkenntnisse aufschreiben, denn die meisten Kinder haben noch nicht vergessen, wie man seinen intuitiven Röntgenblick benutzt. Das Schöne an der Arbeit mit Menschen ist, dass sie in Ihrer Sprache antworten können.

Wie man die Signaturfrequenzen eines Tieres liest

Körperliche Symptome lassen sich durch die Signaturfrequenzen eines Tieres identifizieren. Wie der spirituelle Autor und Luftfahrtexperte Gregg Braden erläutert, sind Lebewesen von Natur aus elektrisiert. Er sagt: »Jede Zelle innerhalb unseres jeden Körperteils generiert circa 1,17 Volt in der bestimmten Frequenz dieses Organs. Dieses einzigartige Vibrieren wird Signaturfrequenz genannt. Jede Zelle ist ständig in Bewegung, in einer subtilen rhythmischen Schwingung, die ihre Signaturfrequenz ausmacht.«

Okay, lassen Sie mich das in Amelias eigene Worte übersetzen: Jedes Organ hat ein Design. Wenn dieses Design aus dem Gleichgewicht gerät, spüren Sie das Notsignal wie das SOS eines sinkenden Schiffs. Laut Bradens Interpretation könnte man sagen, dass die Geometrie dieses Organs durcheinander geraten ist, selbst wenn das Problem nicht strukturell, sondern Viren oder Bakterien sind. Wenn einem bestimmten Organ nichts fehlt, fühlen Sie möglicherweise bei der Untersuchung nichts außer vielleicht Wellen der Ruhe. Doch wenn im Körper Schmerzen sind, wird Ihre Aufmerksamkeit darauf gelenkt wie auf einen lauten Rauchalarm. Wie ich im 4. Kapitel ausgeführt habe, zeigten mir auf diese Weise die Tiger in Florida Rajas Zahn. Wie durch einen Feueralarm wurde mein Bewusstsein auf seine oberen linken Backenzähne gelenkt. Die Signaturfrequenz ist nicht nur die Blaupause des inneren Organs, sondern auch das »Lied«, das dieses Körperteil singt. Die Vorstellung, dass jede Zelle im Körper singt, kann sinnvoll sein. Der »Gesang« jeder Zelle ist das, was jedes Design in Form hält. Sie werden durch die Vibrationen spüren, wenn eine Signaturfrequenz aus dem Gleichgewicht ist, da sie dann nicht mehr harmonisch »klingt«. Sie wird im falschen Rhythmus schwingen, und das bedeutet, dass der Rhythmus des Organs aus dem Gleichgewicht geraten ist. Bezogen auf meine Sitzung mit Harry bedeutet das, ich konnte »sehen«, dass das Design seiner Gedärme verzerrt war – ich konnte den riesigen Tumor deutlich erkennen –, und bei näherer Untersuchung konnte ich in den Tumor hineinschlüpfen und sehen, dass er mit einer klaren Flüssigkeit gefüllt war. So erkannte ich, dass der Tumor nicht karzinogen war. Außerdem war die Signaturfrequenz zwar aus dem Gleichgewicht, doch ich wusste, dass es nichts Lebensbedrohliches war, da sie im Vergleich zum restlichen Körper nicht extrem zusammengezogen war. Für mich fühlt Krebs sich an wie ein Hackbrett, das ein Harfensolo übertönt. Genauso krass.

Also gut, wollen wir ein paar Ihrer Fragen anhand des Beispiels beantworten, das meine Schülerin Laurie Filsinger mir zusammen mit einer Erfolgsgeschichte gemailt hat:

Wie bitte sieht die Milz aus?

Kurz bevor ich den Kurs in Nashville begann, machte ich die zweite telepathische Körperuntersuchung meines Lebens. Meine erste Untersuchung fand an einer gesunden Katze statt und so kam nichts dabei heraus. Dann bat mich eine Freundin, die knapp bei Kasse war, ihre Katze zu untersuchen und zu sehen, ob sie mit ihr zum Tierarzt gehen müsste, da die Katze Gewicht verloren hatte. (Für mich war zwar schon vorher klar, dass sie zum Tierarzt gehen müsste, doch ich tat ihr den Gefallen.) Also untersuchte ich die Katze nach Ihrer Methode. Ich sagte meiner Freundin, dass ich das Gefühl hätte, ein Zahn im Backenbereich oben links würde der Katze Probleme bereiten und dass es sich so anfühle, als sei im Unterbauch irgendein weiches Hindernis. Am Tag der ersten Unterrichtsstunde brachte sie ihre Katze zum Tierarzt. Als ich an jenem Abend aus Tennessee zurückkehrte, wartete eine E-Mail von ihr auf mich. Wie sie schrieb, hatte der Tierarzt zwei vereiterte Zähne gefunden, einer davon war ein Backenzahn oben links. Ich war völlig von den Socken!!

Doch als er ihren Unterbauch untersuchte, konnte er nichts finden. Meine Erfolgsquote lag also nur bei 50 Prozent, doch ich war damit ganz zufrieden. Zwei Wochen später brachte meine Freundin ihre Katze zur Zahnbehandlung wieder zum Tierarzt. Die Katze hatte Schwierigkeiten, aus der Narkose aufzuwachen, und so behielten sie sie über Nacht da. Ich fand das äußerst seltsam. Als meine Freundin ihre Katze abholte, eröffnete der Tierarzt ihr, dass die Milz stark vergrößert sei. Das beunruhigte mich, da er noch vor zwei Wochen gesagt hatte, im Unterbauch sei alles in Ordnung. Ist es tatsächlich möglich, Organprobleme schon vor ihrem Auftreten herauszuspüren, oder hat der Tierarzt die vergrößerte Milz bei der ersten Untersuchung glatt übersehen?

Ich selbst habe keine Milz mehr; mir sind auch schon die Gallenblase und der Blinddarm entfernt worden. Anscheinend macht das nichts aus, da ich trotzdem »etwas« im Unterbauch gefühlt habe, während ich die

Katze untersuchte. Es fühlte sich aber mehr wie eine Stauung an – nicht wie ein Tumor, sondern so, als könnte etwas nicht vorbeifließen. Da die Milz vergrößert war, nehme ich an, sie hielt Blutkörperchen zurück, was das Gefühl des Staus erklären würde, das ich gespürt habe. Glauben Sie, ich hätte die Milz besser identifizieren können, wenn ich selbst noch eine hätte? Auch fühlten sich beide Symptome – die der Zähne und die der Milz – bei mir wie ein dumpfer Druck an, doch ich glaube, vereiterte Zähne würden einen scharfen Schmerz auslösen. Wie meine Freundin erzählte, brach während der tierärztlichen Untersuchung sogar ein Stück Zahn ab. Können Sie mir sagen, warum meine körperlichen Reaktionen so schwach ausfielen?
Ach ja, und noch etwas möchte ich Sie fragen: Sind Sie schon einmal von einem Hund gefragt worden, warum Sie nicht auch in den Garten pinkeln? Ich hatte bisher kein großes Glück damit, meine Hunde zu hören, doch seit Ihrem Unterricht glaube ich, Gedankenfetzen von ihnen aufzuschnappen! Gestern Abend folgte mir meine kleinste Hündin ins Bad, wie sie es immer tut, und ich schwöre, ich konnte hören, wie sie mich fragte: »Warum machst du nicht in den Garten wie ich?« Wieder fiel ich vor Überraschung beinahe vom Hocker!! Nach so vielen Jahren kann ich sie plötzlich hören – und das war ihre drängendste Frage! Ich fand es witzig und wollte nur wissen, ob Ihnen ein Hund jemals schon diese Frage gestellt hat.

Der Röntgenblick

Die Antwort auf Lauries Fragen: Ja, man kann den Schmerz in der Milz spüren, auch wenn man selbst keine Milz mehr hat. Genauso werden Sie einen unsichtbaren gebrochenen Schwanz spüren, obwohl Sie selbst keinen haben – und wie! Dasselbe gilt für Elefantenrüssel und Fledermausflügel und Känguruschwänze. Sie spüren die Signaturfrequenzen dieser Gliedmaßen, wenn nicht in Ihrem unsichtbaren Schwanz, dann doch zumindest in Ihrem Energiefeld.

Spürt man Körperteile deutlicher, die man selbst besitzt? Nicht unbedingt. Wenn Sie sich auf einen Vogel mit einem gebrochenen Flügel einstellen, wird das verdammt wehtun.

Können Tiere Gesundheitsprobleme voraussagen? Anscheinend ja, da sie deutlicher zu wissen scheinen, welche Körperteile abbauen und an Energie abnehmen, als Menschen ihre eigenen Gesundheitsprobleme erkennen können. Um es noch einmal deutlich zu machen: Auch diese Vorhersagen entstehen vermutlich nicht im »Geist« des Tieres, sondern im Quantenfeld der Organe an sich. Doch in Lauries Fall würde ich vermuten, dass die Katze die angeschwollene Milz schon hatte, bevor der Tierarzt sie entdeckt hat.

Warum spürte Laurie nur einen dumpfen Schmerz? Weil Gott ein Herz hat. Sie sollte Gott einfach dafür danken, dass sie den Zahnschmerz lokalisieren konnte, ohne ihn wie einen Hammer zu spüren. Ich vermute, wie Darren und sein Orang-Utan in Kapitel 4 blieb Laurie mehr in ihrem eigenen Körper als im Körper der Katze. Sie stellte Resogenese stärker her als Unimorphose, während sie sich in das Energiefeld des Tieres vorwagte. Hätte sie ihre volle Konzentration auf das Innere der Katze gerichtet, so hätten die Zahnschmerzen sie umgeworfen. Es ist ein großer Segen, Schmerzen feststellen zu können, ohne ihre ganze Wucht spüren zu müssen.

Haben Hunde mich schon gefragt, warum ich nicht in den Garten pinkle? Klar doch – und Schlimmeres. Diese Frage war ein wundervolles Anzeichen dafür, dass Laurie tatsächlich die Gedanken ihrer Hündin durch Clairaudience hören konnte. Je ungewöhnlicher die Fragen aus unserer menschlichen Perspektive klingen, desto wahrscheinlicher ist, dass sie tatsächlich aus der Sicht des Tieres stammen. Wenn Sie seltsam anmutende Fragen wie die von Lauries Hund erhalten, so ist das ein sicheres Zeichen dafür, dass Sie wirklich richtig »eingestellt« sind.

Laut Dr. Mitchell erhalten wir in der Unimorphose Zugang zu holografischen Daten, als wären wir nichts weiter als Messgeräte, die Energie auf einem Quantenlevel prüfen. Demgemäß sind die in den Zellen gespeicherten Erinnerungen des Tieres eine ungeschützte Bibliothek holografischer Informationen, und man kann einfach durch die kosmische Tür gehen und »lesen«, wonach einem der Sinn steht. Doch in diesem Punkt bin ich anderer Ansicht. Auch wenn ich zustimme, dass man auf der tiefsten Ebene genau auf diese Weise eine übersinnliche Untersuchung ausführt, bin ich sicher, dass es auch eine Ebene des geistigen Bewusstseins gibt, auf der das Tier Ihre Fragen »beantwortet«, wenn Sie sie stellen, und dieser Teil des Tieres ist näher mit dem Ich oder der Persönlichkeit als mit der Seele verbunden. Vielleicht ist das nur eine weitere Schicht des geheimnisvollen Quantenprozesses. In jedem Fall war das die Ebene, auf der ich mit dem deutschen Schäferhund Harry telepathisch kommunizieren konnte, während ich mental durch seinen Körper streifte.

Noch etwas, was mich dazu veranlasst, an die Kommunikation mit dem Tier als bewusstes Wesen zu glauben, ist die Tatsache, dass ein Tier gelegentlich den Kontakt verweigert. Hier ist ein seltener und prägnanter Fall einer solchen Verweigerung.

Dinos innere Hölle

Während ich in New York Seminare hielt, hatte ich das große Vergnügen, mit einigen der Tiere aus der Catskill-Tierfarm zu sprechen. Julie Barone, über die Sie in Kapitel 2 lesen konnten (das Mädchen mit dem »Katzenschnurrbart«) brachte mir viele herrliche Tiere als Gastdozenten in meinen Workshop, einschließlich eines Schafbocks, der überall seine Spuren hinterließ, einer großen, herrischen Ente, die mich als Lehrerin völlig beiseite schob und den Unterricht an sich riss, und einer goldigen Kuh, die uns von dem Leid berichtete, das Zuchtvieh in den grausamen amerikanischen Tierfabriken erdulden müssen.

Doch das Tier, in das ich mich auf Anhieb verliebte, war ein kleines Pony namens Dino mit kürbisfarbenem Fell, einer zotteligen blonden Mähne und warmen, honigbraunen Augen, die jedes Herz zum Schmelzen brachten. Dino beantwortete geduldig alle Fragen der Gruppe und ließ jeden mit ihm intuitiv kommunizieren, und als Julie uns bat, »in seine Vergangenheit zu gehen«, ließ ich mein Bewusstsein sogleich in seinen Körper gleiten, um Zugang zu seinen Zellerinnerungen zu bekommen. Plötzlich hörte ich eine Stimme schreien: »Nein! Nein, Amelia! Komm nicht hier hinein!!!« Während Julie uns darauf vorbereitete, dass Dino etwas Schreckliches erlebt hatte, beruhigte ich ihn wortlos: »Es ist okay, Dino! Was immer es ist – ich kann es ertragen.« Sofort ging ich in seine Vergangenheit und »drehte die Zeit zurück«, um seine früheren

Erlebnisse zu empfangen. Doch er widersprach mir heftig: »NEIN, AMELIA! GEH WEG! LASS ES! Du verstehst es nicht! Du kannst es NICHT ertragen! Ich werde es dir NICHT zeigen!«

Doch noch während die Stimme mich warnte, war es schon zu spät. Ich befand mich urplötzlich in einer blinden Panik – vielleicht der schlimmsten, die ich in meinem Leben jemals erlebt habe. Ich war von völliger Finsternis umgeben und versuchte verzweifelt, aus meinem Stall herauszukommen, doch ich erstickte an dickem Rauch. Der Lärm des Feuers war betäubend und ich spürte ein Brennen im Gesicht, meine Lunge brannte, doch Dinos Gedanken übertönten alle anderen Geräusche. Ich hörte ihn in meinem Kopf schreien: »Ich muss meine Freunde retten! Ich muss sie retten! Lasst mich hier raus! Lasst mich raus!«

Ich zog mich so schnell ich konnte wieder in meinen eigenen Körper zurück, während mir vor der ganzen Klasse die Tränen über das Gesicht strömten und ich so zitterte, dass ich kaum noch stehen konnte. Eine so mächtige Welle des Schmerzes und des Mitgefühls überrollte mich, dass ich mich beinahe erbrochen hätte. Jemand fragte: »Um Gottes Willen, Julie. Was ist dem Pony zugestoßen?« Als sie uns von seiner Vergangenheit erzählte, rollten uns allen die Tränen über die Wangen, denn der Horror war unvorstellbar groß.

Dino war der einzige Überlebende eines absichtlich gelegten Feuers in Brooklyn, in dem dreiundzwanzig Pferde ums Leben gekommen waren. Eines seiner schönen Augenlider war buchstäblich in den Flammen geschmolzen, doch das heldenhafte kleine Pony hatte nur an die Rettung seiner Freunde denken können. Sein Herz war gebrochen, als er erfuhr, dass alle anderen Pferde in ihren Ställen um ihn herum eingeschlossen waren und in den Flammen ums Leben kamen. Ist es da ein Wunder, dass er diese grauenhaften Bilder nicht mit mir teilen wollte?

Dino lebt jetzt ein langes, glückliches, gesundes Leben auf der wundervollen Catskill-Tierfarm, und es ist nur ein weiterer Beweis seines warmen Herzens, dass er noch nicht einmal die »Pferdetherapeutin« mit seiner tragischen Vergangenheit belasten wollte. Tiere können sehr wohl »Nein« zu einer Körperuntersuchung sagen, und wenn sie es tun, ist es am besten, ihren Wunsch zu honorieren.

Aufruhr in der Tiermedizin

Lassen Sie uns jetzt ein bisschen lachen. Am Ende dieses Kapitels möchte ich eine meiner absoluten Lieblingsgeschichten mit Ihnen teilen. Doch zuerst will ich erklären, wie ich den menschlichen Star dieser witzigen und frechen Geschichte kennen gelernt habe. Ich stand auf einer Bühne in Köln, Deutschland, und hatte die Menge gerade gefragt, ob schon einmal ein Tier zu ihnen im Traum gesprochen hätte. Ein paar Zuschauer hoben schüchtern die Hand. Ich fragte sie, ob die Tiere »deutsch gesprochen« hätten und ob ihre Mäuler sich wie ein menschlicher Mund bewegt haben. Diesmal waren nur ein paar Hände zu sehen; darunter war eine Frau mit langem, blondem Haar.

»So hat es bei mir angefangen«, erklärte ich. »Als meine Katze anfing, mir in meinen Träumen zu erscheinen und mit mir auf Englisch zu reden.«

Als ich eine Pause machte und mich unter die Zuschauermenge mischte, kam die blonde Frau zaghaft auf mich zu.

»Ich habe eine Nachricht für Sie«, sagte sie. »Gestern Nacht, bevor ich aus England abgereist bin, erschien mir meine Katze im Traum. Sie sprach englisch mit mir, als wäre sie ein Mensch. Ihr Maul bewegte sich dabei. Das hat sie noch nie gemacht.«

»Was hat sie gesagt?«, fragte ich gebannt.

»Sie hat gesagt, ich soll Ihnen einen Gruß ausrichten«, antwortete die Frau aufgeregt.

»Wie bitte?«, fragte ich erstaunt.

»Sie hat gesagt: ›Richte Amelia einen Gruß von mir aus.‹«

Die Frau holte ein Foto einer kleinen grauweiß gestreiften Katze mit wilden Augen hervor. Meine Knie wurden weich. Als ich wieder aufblickte, sah ich, dass der Frau Tränen über die Wangen liefen. Auch mir kamen die Tränen, als ich sie erkannte.

»Oh Gott! Dr. Bertram! Sind Sie das?«

Sie nickte und umarmte mich nervös. Julia Bertram und ich hatten uns schon eine Weile E-Mails geschickt, und ich hatte sie gebeten, während des Seminars zu mir zu kommen und sich vorzustellen. Diese Frau war nicht auf der Suche nach Spiritualität, wie man es von Teilnehmern meiner Workshops erwarten könnte. Sie ist nicht jemand, der mit Feen spricht, von einem früheren Leben als Kleopatra besessen ist oder in Indien Gurus hinterherjagt. Sie ist eine Tierärztin und mit einem Tierarzt verheiratet, der gleichzeitig Chirurg ist. Beide sind anerkannte traditionelle Tierärzte.

Plötzlich wurde ich von einer Frau umarmt, die Tiermedizin studiert hatte und nun in ihren Träumen mit ihrer Katze redete. Aufruhr in der Tiermedizin! Diesen Blick hatte ich schon oft in den Augen meiner Schüler gesehen, die Ärzte und Psychiater sind. Sie war völlig aus dem Gleichgewicht geraten. Ihre eigene Katze war in ihrem Traum erschienen und sprach wie ein Cambridge-Literaturprofessor Englisch mit ihr. Julias übersinnliche Fähigkeiten hatten die Festung ihres analytischen Verstands gestürmt und brachten nun alle überlieferten Weisheiten des Medizinstudiums durcheinander.

In den nächsten zwei Tagen entfalteten sich Julias übersinnliche Fähigkeiten, und sie wurde rasch zu einer meiner besten Schülerinnen. Sie verriet uns Details über die Gasttiere, die sie nie hätte wissen können, beschrieb die Einrichtung der Tierbesitzer, ihre Berufe, das Äußere ihrer Partner und Einzelheiten über Tiere, die nicht anwesend waren – einschließlich der Rassen, Größen, Körperform, Farben und Namen von Tieren, die zu Hause gelassen worden waren. Sie konnte uns die Farben der Hundekörbchen nennen, was die Hunde auf ihrem Spaziergang zu sehen bekamen und welchen anderen Tieren sie begegneten, und sie lieferte detaillierte Beschreibungen der Aktivitäten der Tierbesitzer hinter verschlosenen Türen. Sie beschrieb den Gefühlszustand und die Beziehungen jedes Tieres zu seinen Menschen und zu anderen Tieren.

An einem Punkt wurde ein Papagei auf die Bühne gebracht. Julia sagte zu der jungen deutschen Frau, zu der er gehörte: »Er sagt, am liebsten schaut er Ihnen beim Tanzen zu.« Auch ich konnte sehen, dass die junge Frau gern CDs abspielte und dazu wild in ihrer Wohnung tanzte. Als sie bestätigte, dass sie dies oft tue und dass ihr Papagei dann mittanze, lachten Julia und ich vor Freude. Nichts auf der Welt macht mir mehr Spaß, als mit einem meiner Schüler gleichzeitig telepathisch zu kommunizieren.

Zu einem späteren Zeitpunkt des Workshops wurde ein Hund auf die Bühne gebracht, und wir fragten ihn: »Gibt es noch andere Tiere bei dir zu Hause?« Julia beschrieb ein braunweißes Meerschweinchen, das gestorben war, ein sandfarbenes Kaninchen, das auch schon im Himmel war, und einen Goldfisch, den die Familie kaufen wollte. Als das Frauchen des Hundes bestätigte, dass sie tatsächlich diese Tiere gehabt hatte und sich einen Goldfisch zulegen wollte, wäre sogar ich vor Staunen fast vom Stuhl gefallen. Eine solche Anhäufung von exakten Details hatte ich noch nie erlebt.

Doch der wahre Test für sie würde darin bestehen, ihre neu erworbene Technik zu Hause bei der Arbeit anzuwenden. Wir Menschen laden eine riesige Menge Stress auf unseren Tierärzten ab, während wir ängstlich und oft in Panik, manchmal sogar hysterisch oder feindselig zusehen, wenn unsere lieben, klugen Tierärzte sich bemühen, die Ruhe zu bewahren, um eine eindeutige Diagnose stellen zu können. Ich teile nun zwei von Julias glänzenden Erfolgsgeschichten – einer atemberaubenden und einer frechen – mit Ihnen, um zu zeigen, welch hohe Risiken sie in Kauf nimmt und wie sie sich auszahlen.

Ein göttlicher Eingriff – mit dem Skalpell

Vor zwei Wochen kam die Empfangsdame der Tierklinik zu mir und sagte, draußen sei eine Katze mit Atemnot. Eigentlich war sie die Klientin einer der anderen Tierärzte, doch da alle beschäftigt waren, übernahm ich den Fall.

Die dreizehnjährige Katze lag im Sterben – sie keuchte geschwächt und ihr Zahnfleisch war schon blau angelaufen. Das Paar, das sie gebracht hatte, war in Tränen aufgelöst. Ich untersuchte ihren Herzschlag. Ohne lange nachzudenken wandte ich die Gestaltmethode an und sah ein Loch in ihrem Zwerchfell. Wie ich den Besitzern erklärte, war ich überzeugt, dass sie einen Zwerchfellbruch hatte. Ich sagte ihnen, ich würde die Katze dabehalten, ihr künstlich Sauerstoff geben, röntgen und sie dann anrufen, um ihnen die Ergebnisse mitzuteilen und die weitere Behandlung zu besprechen. Die Tierbesitzer wollten, dass ich alles tun sollte, um die Katze zu retten, doch sie waren überzeugt, dass ihr Liebling sterben würde.

Ich setzte die Katze in ein Sauerstoffzelt. Es ging stetig bergab mit ihr. Ihr Zustand verschlimmerte sich derart, dass alle anderen Tierärzte mich fragten: »Was machst du da, Julia? Schläfere sie doch ein! Sie ist sowieso schon halb tot!«

Doch ich dachte: »Nein, ich kann sie retten.« Bei einem Riss im Zwerchfell kann Gewebe aus dem Unterbauch durch das Loch gleiten und auf die Lunge drücken. Ich dachte: »Wenn ich die Katze vorne auf-

richte und sanft schüttle, wird das Gewebe, das durch den Riss eingedrungen ist, vielleicht wieder herausgeschüttelt.«
Und so tat ich genau das – vor den entsetzten Blicken der Assistentinnen. Und es funktionierte! Die Katze beruhigte sich sofort. Sie konnte wieder leichter atmen und ihr Zahnfleisch färbte sich wieder rosa. Ich machte eine Röntgenaufnahme und entdeckte nichts. Doch obwohl die anderen Tierärzte mich für leicht verrückt hielten, war ich immer noch davon überzeugt, Recht zu behalten. Ich rief die Besitzer der Katze an und sagte ihnen, dass ich erst den Zustand der Katze stabilisieren und sie später operieren würde. So behielt ich sie drei Tage lang da, und sie erholte sich prächtig.
Dann kam die Operation. Es ist eine sehr komplizierte Operation, denn sobald man den Bauch geöffnet hat, wird Luft durch das Loch im Zwerchfell gesogen und dann fällt die Lunge in sich zusammen. Mann muss die Katze mit einem Gerät beatmen. Als ich ihren Bauch öffnete, wurde ihr Atmen sofort schlechter, und ich entdeckte tatsächlich ein Loch mit einem Durchmesser von circa zwei Zentimetern im Zwerchfell. Ich hatte mich nicht geirrt! Die Operation verlief gut. Gestern entfernte ich die Nähte und bekam einen riesigen Blumenstrauß von den glücklichen Katzenbesitzern.
Alle anderen Tierärzte in unserer Klinik hätten die Katze eingeschläfert. Keiner von ihnen dachte auch nur an einen Zwerchfellbruch. War es daher ein Zufall, dass ausgerechnet diese Katze meine Patientin wurde und ich sie retten konnte? Oder war es ein göttlicher Eingriff? Hauptsache ist jedoch, dass die Katze gesund und munter ist. Ihre Besitzer haben den Tierarzt gewechselt und so darf ich ihre Katze von nun an immer behandeln.

Wie Dr. Bertram beiläufig erwähnte, summt sie während der Operationen. Sie berichtete, dass sie, während die anderen Tierärzte manchmal in Panik geraten und Dinge wie »Diese Katze packt es nicht« sagen, sich nur das Ergebnis vorstellt, das sie erreichen will, und spricht während der Operation mental mit dem Tier. Wie ich miterlebt habe, schickt sie dem narkotisierten Tier nicht nur beruhigende und zuversichtliche Energie, sondern sie tut dies auch in der Körpersprache der Katzen, denn Summen ist das beste Mittel, um eine nervöse Katze zu beruhigen. Wenn wir summen, ahmen wir das Schnurren der Katzenmutter nach. Wie Julia mir bestätigt hat, verlaufen sogar ihre schwierigsten Operationen erstaunlich gut, wenn sie summt und Freude an der Arbeit hat. Sie sagt, sie operiert sehr gern, und das zeigt sich an ihren Erfolgen.

Und nun kommt Dr. Bertrams berühmteste Erfolgsstory. Da dieses Buch für jede Altersgruppe zugelassen ist, kann ich Lesern unter achtzehn Jahren nur raten, diese Geschichte zu überspringen und gleich zum nächsten Kapitel überzugehen.

Gute Vibrationen

Eine Frau brachte ihren Hund in meine Praxis, da er sich in den letzten Tagen nur noch erbrochen hatte, ohne Verdauung zu haben. Ich vermutete, dass in seinem Darm ein Fremdkörper steckte, und sagte der Frau, sie solle sich einen Röntgentermin geben lassen. Falls die Röntgenaufnahmen einen Fremdkörper zeigen sollten, müssten wir den Hund operieren.

Unter Narkose war der Hund jedoch so entspannt, dass ich tatsächlich etwas in seinem Unterleib spüren konnte, und so brauchten wir ihn nicht zu röntgen. Während wir ihn auf die Operation vorbereiteten, fragte ich ihn, was er verschluckt habe, und er zeigte mir »etwas, das wie eine Banane aussieht«. Ich dachte: »Eine Banane kann keine so starken Verdauungsprobleme hervorrufen«, und war sehr gespannt, was ich finden würde. Ich öffnete seinen Unterleib und fühlte den Fremdkörper. Als ich seinen Darm aufschnitt, fand ich den oberen Teil eines Vibrators! Ich nahm ihn heraus, zeigte ihn meinen Kollegen und rief: »Hey, ist es das, was ich denke, oder bilde ich es mir nur ein?« Auf dem Teil steckten kleine Gummiringe, die wie ein Gesicht aussahen. Die englischen Tierärzte beäugten es so stoisch, als hätten sie einen solchen Gegenstand noch nie im Leben gesehen, doch einer unserer irischen Tierärzte sagte: »Es hat ja einen Smiley! Das ist ein verdammter Vibrator!«

Ich fragte mich, was ich Herrchen und Frauchen sagen sollte. Die Frage »Fühlten Sie sich in letzter Zeit vielleicht etwas unbefriedigt?« schien mir nicht angemessen zu sein, und so rief ich sie nur an und teilte ihnen mit, dass ich etwas gefunden hätte. Als sie mich fragten, was es sei, sagte ich: »Äh… irgend so ein Gummispielzeug. Am besten zeige ich es Ihnen, vielleicht erkennen Sie es ja wieder!« Die anderen Mitarbeiter und ich machten viele Witze und lachten darüber. Als einer meiner Kollegen mich ein paar Tage später fragte, wie es dem Hund gehe, antwortete ich: »Ruhig und entspannt, seit die Batterien leer sind!«

Als ich den Hundebesitzern den Fremdkörper zeigte, fragten sie mit unschuldiger Miene: »Was ist denn das? Wo kann er das nur herhaben?« (Vielleicht veranstalten die Nachbarn wilde Orgien im Garten …?)

Das nächste Kapitel handelt von Techniken, mit denen man vermisste Tiere wiederfindet, die weggelaufen sind und deren Batterien nun leer sind.

6

Spurensuche

Folge den Sternen

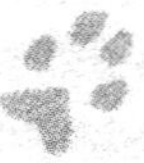

Unentschlossenheit ist auch ein Entschluss. Es ist der Entschluss zu versagen.
Dr. Raymond Charles Barker

Chloes Mut

An einem Ostersonntag vor mehreren Jahren erhielt ich einen SOS-Ruf einer alten Freundin. Obwohl Liz den größten Teil ihres Lebens damit verbracht hatte, Tiere zu retten, hatte ich sie noch nie so aufgewühlt erlebt. Dieser Fall war ein echter Hammer.

Liz hatte gerade einen Hund zu sich nach Hause gebracht, der in einen schrecklichen Unfall verwickelt war. Sie hatte kein Handy dabeigehabt und nicht gewusst, wo der nächste Notdienst war, und so hatte sie den Hund nach Hause gebracht, um eine Klinik im Telefonbuch finden zu können. Als sie nur den Anrufbeantworter einer Tierklinik erwischt hatte, war sie in Panik geraten. Und als sie herausfand, dass sämtliche Tierarztpraxen geschlossen waren, rief sie mich an.

»Gott sei Dank bist du zu Hause«, stieß sie aus. »Ich glaube, der Notdienst macht gerade Mittagspause.«

Sie wollte wissen, ob ich auch blind am Telefon arbeiten könnte. Obwohl ich lieber mit Fotos arbeite, konnte ich in diesem Notfall mentale Kommunikation herstellen, indem ich hörte, wie Liz den Hund beschrieb.

Nachdem sie mir einen herrlichen Labrador-Schäferhund-Mischling beschrieben hatte, stellte ich Verbindung zu dem Hund her und spürte sofort die Lähmung in den Hinterläufen. Gleichzeitig erzählte Liz mir schluchzend, was sich zugetragen hatte. Sie war auf einer Landstraße wenige Häuserblocks von ihrem Haus in einem nördlichen Vorort von Los Angeles gefahren. Sie konnte nicht erkennen, ob es der blaue Chrysler vor ihr war, oder der rote Kleinlaster vor dem Chrysler, der den Hund überfahren hatte. »Es ging alles so schnell, dass ich es nicht sehen konnte«, sagte sie weinend. Liz schluchzte so heftig, dass ich ihre Worte kaum verstehen konnte.

Sie hatte gesehen, wie der Hund in die Luft geflogen und rechts von der Straße auf einem Feld gelandet war. Weder das Auto noch der Truck vor ihr hatten sich die Mühe gemacht zu halten. Liz hielt sofort an und rannte auf das Feld, auf dem die Hündin gelandet war. Sie war zwar hellwach und schien keine Schmerzen zu haben, doch sie schien von der Hüfte abwärts gelähmt zu sein. Liz hob das Tier auf und hoffte inständig, ihm keine weiteren Verletzungen zuzufügen. Ihr war klar, dass sie für die Hündin die einzige Hoffnung auf Rettung war.

Ich fragte die Hündin nach ihrem Namen und hörte »Chloe«. Als ich Chloe fragte, wo ihr Rücken wehtat, hörte ich: »Er ist nur an einer Stelle gebrochen.« Sie schickte mir ein Bild ihres unteren Rückgrats, auf dem ich den dritten Wirbel oberhalb des Schwanzknochens erkennen konnte. Ich richtete mein Bewusstsein mit der Gestaltmethode in sie hinein und untersuchte sie auf Schmerzen. Ich fand nur dann einen stechenden Schmerz in ihrem Rücken, wenn sie versuchte sich zu bewegen.

Sie zeigte mir ihre Versuche, sich aufzusetzen, indem sie ihr Gewicht auf die Vorderpfoten verlagerte und versuchte, sich vorwärts zu schleppen. Liz bestätigte, dass die Hündin »halb« aufrecht saß. Ich schickte Chloe die Aufforderung, sich nicht zu rühren. Ich war erleichtert, als ich mehr Angst und Schock als körperliche Schmerzen in ihr fand. Chloe war völlig durcheinander. Ich fragte sie, ob sie durch den Aufprall oder die Landung verletzt worden sei. Sie sagte, soweit sie wisse, sei es der Aufprall eines Trucks gewesen, der sie am Rücken verletzt habe.

»Es war also kein blauer Chrysler?«, fragte ich.

»Nein, es war ein roter Lastwagen.«

»Gott sei Dank ist er langsam gefahren«, sagte ich.

»Warum hat er mich angefahren?«, fragte sie.

»Er hat nicht gewusst, dass du auf der Straße warst.«

»Hat er mich denn nicht gesehen?«

»Nein.«

»Warum hat er nicht angehalten, nachdem er mich angefahren hat?«, wollte sie wissen. Darauf hatte ich keine Antwort. In meinen Augen brannten die Tränen. Die Grausamkeit der menschlichen Rasse ist etwas, das ich Tieren nie erklären kann – vielleicht, weil ich sie selbst nicht begreife.

In diesem Augenblick klopfte es in Liz' Leitung. Die Notklinik rief wegen ihrer panikartigen Nachricht zurück. Ich sagte ihr, ich würde bei ihr sein, sobald sie von der Tierklinik zurückkäme. Ich wandte mich wieder Chloe zu, da ich ihr unverzüglich die schmerzhafteste Frage stellen musste, die ich einem Tier stellen muss: »Chloe, willst du weiterleben?«

»Ja … oh ja, ich bin noch nicht bereit wegzufliegen. Ich werde mich wieder erholen«, antwortete sie.

»Liz«, drängte ich, »lass unter keinen Umständen zu, dass sie diese Hündin einschläfern, hörst du mich? Sie will leben! Versprich mir, sie nicht einschläfern zu lassen, egal was sie dir sagen!«

Liz versprach es mir und fragte, wie sie Chloe aufheben könnte, um sie auf eine Liege zu legen, ohne ihr wehzutun. Liz presste den Hörer gegen das Ohr, während ich ihr nach Chloes Anleitungen sagte, wie sie die Hände unter den Hund legen sollte. Da Chloes Hüften bei dem Aufprall nach rechts gedrückt worden waren, wollte sie keinen Druck gegen die verletzte Wirbelsäule. Liz legte sie vorsichtig auf die Liege. Kurz bevor sie den Hörer auflegte, hörte ich Chloe traurig bellen – ein leiser Hilferuf.

Gleich nachdem Liz mit der Hündin aus der Notaufnahme nach Hause zurückgekehrt war, kam ich bei ihr an. Zitternd und völlig fertig führte sie mich ins Wohnzimmer und versuchte, sich zusammenzureißen. Sie sagte, der Tierarzt hätte sie gewarnt, dass Chloe vielleicht nie mehr laufen könnte und er absolut nichts dagegen tun könnte. Liz hatte darum kämpfen müssen, dass Chloe nicht eingeschläfert wurde, da der Tierarzt kaum mehr an ihre Genesung glaubte. Er hatte Liz auch gesagt, die Chancen, Chloes Familie zu finden, stünden eins zu einer Million und sie müsste bereit sein, einen verkrüppelten Hund für den Rest seines Lebens aufzunehmen. Liz war am Boden zerstört.

»Du bist unsere einzige Hoffnung«, murmelte sie. Ihre Worte wühlten meine Seele auf, und ich fing verzweifelt an, um Führung zu beten.

»Einen Moment, warte«, sagte ich und bemühte mich, gelassen zu klingen. »Chloe soll für sich selber sprechen.«

Liz zeigte auf eine Hundebox in der Ecke. Dort lag Chloe. Zwei zarte Pfoten lugten durch die offene Klappe hervor. Ich bückte mich und schaute in das Gesicht einer der herrlichsten Hunde, die ich je gesehen habe. Ich setzte mich vor Chloe auf den Boden und bat Liz, sich zu beruhigen, damit ich nicht ihre Ängste aufgreifen und gemischte Botschaften erhalten würde.

Zuerst fragte ich die Hündin: »Wirst du wieder laufen können?«

»In drei Tagen«, antwortete Chloe.

»Hast du Schmerzen?«

»Ich ruhe mich bloß aus«, sagte sie.

Als ich ihren Körper untersuchte, spürte ich heiße und kalte Schübe in ihren Hinterläufen. Wie Liz bestätigte, hatten die Röntgenaufnahmen eine gerissene Scheibe im dritten Wirbel zu Tage gebracht. »Er ist nur an einer Stelle gebrochen«, hatte Chloe mir übermittelt. Für einen Hund dürfte »gebrochen« eine gute Umschreibung für »gerissen« sein. Wir dankten den Sternen dafür, dass das Rückgrat selbst nicht beschädigt war.

»Drei Tage«, sagte ich zu Liz. »Sie sagt, sie kann in drei Tagen wieder laufen.«

»Langsam«, fügte Chloe hinzu. Liz wiederholte die grimmige Horrorprognose des Tierarztes. Er glaubte nicht, dass wir die Besitzer der Hündin je finden würden. Ich bat Chloe, mir den Weg von der Unfallstelle auf der Landstraße zurück nach Hause zu beschreiben. Sie schickte mir eine ungefähre Vorstellung davon, wie viele Häuserblocks in nordöstlicher Richtung sie zurückgelegt hatte. Als ich sie bat, mir ein Straßenschild zu zeigen, ließ ich Liz sofort das Wort »Centennial« notieren. Während ich mental nach Orientierungspunkten suchte, sah ich ein großes gelbes

Schild direkt vor der letzten Kurve. Auf das Schild waren Strichmännchen gemalt.

»Ein Zebrastreifen für Schulkinder?«, fragte ich Chloe. »Kleine Menschen?«

»Ja! An der Ecke steht eine Schule«, konnte ich gleich darauf Liz zuflüstern. Sie sprang auf.

»Ich weiß genau, wo das ist!«, rief sie aufgeregt.

»Zeig mir euer Haus«, bat ich Chloe ruhig, damit die Bilder ungehemmt fließen konnten und nicht durch meine Ungeduld verzerrt würden. Sie zeigte mir ein rosa Haus mit Stuckverzierungen, einem hohen Baum und einem großen, steinernen Gegenstand im Vorgarten.

»Was ist das, Chloe?«

»Das ist eine Statue.«

»Eine Statue?«

»Ja.«

Sie schickte mir das Bild einer Statue oder eines Gebildes aus Stein, doch ich konnte nicht erkennen, was es war. Ich bemühte mich, es nicht für mich zu übersetzen, sondern ihre Begriffe so zu nehmen, wie sie hereinkamen. Die Welt sieht aus der Sicht eines Hundes völlig anders aus.

»Baum?« Ich schickte das Bild eines Baums.

»Er riecht gut«, antwortete sie.

»Liegt irgendwas auf dem Boden?« Ich stellte mir Pekannüsse, Eicheln und Äpfel vor.

»Die wuscheligen gelben Bälle riechen gut.«

»Danke, Chloe. Vielen, vielen Dank!«

»Im Vordergarten steht eine Platane!«, informierte ich dann Liz.

»Vögel«, fügte Chloe noch hinzu.

Ich schickte erst mentale Bilder von Spatzen und dann von Tauben. Sie verneinte meine Vorschläge.

»Nein, nein«, sagte sie. »Hübsche bunte Vögel.«

Ich konnte ihre Vögel zwar nicht deutlich erkennen, doch ich nahm sie ohne zu fragen entgegen.

»Erzähl mir von eurem Garten. Gibt es darin einen Swimmingpool?«

»Ja.«

»Hat der Garten einen Zaun oder eine Mauer?«

»Einen Zaun.«

»Lebst du in dem Garten mit dem Pool?«

»Nein.«

»Ich dachte, du hättest gesagt, es gibt da einen Pool.«

»Ja.«

»Hältst du dich in dem Garten des Hauses auf, das einen Pool hat?«

»Nein.«

Ich befand mich in einer Sackgasse. Diese Art von Details kommen bei Gesprächen mit Tieren oft verdreht an. So ließ ich diesen Ansatz fallen und versuchte eine andere Taktik.

»Mama?«

Sie schickte mir das Bild einer zierlichen Frau mit schulterlangem rotem Haar. Sie war ungefähr um die fünfzig und sah irisch aus.

»Die Namen?«

»Robert.«

»Robert«, rief ich Liz zu, die am Esstisch saß und sich wie eine Wilde Notizen machte.

»Papa?«

»Baby kommt. Baby ist ein Mensch.« Damit schickte sie mir das Bild eines krabbelnden blonden Kleinkinds in einem bedrohlich wirkenden Lauftrainer.

»Der Lauftrainer nervt mich«, hörte ich.

Ich bat Chloe, mir ihren Tagesablauf vor dem Unfall zu erzählen.

»Zum Frühstück bekam ich Leber. Ich mag Leber sehr.« Ihr Animalogos klang hoch mit einem eleganten Lispeln, oder zumindest interpretierte ich ihn so.

»Dann kam das Baby, und deswegen bin ich nach nebenan gegangen, um Boots zu holen.«

»Wer ist Boots?«, warf ich ein. Sie zeigte mir einen großen goldblonden Mischling mit beeindruckenden weißen Pfoten.

»Er durfte nicht raus.« Sie zeigte mir, wie der blonde Hund sehnsüchtig durch ein Erkerfenster mit Spitzenvorhängen hinausschaute.

»Seine Menscheneltern haben noch geschlafen.« Sofort darauf sah ich ein dunkelhäutiges junges Paar. »Schließlich standen die Langschläfer auf und haben ihn rausgelassen. Wir sind zu der schrecklichen Straße gelaufen. Er hat mir zwar gesagt, ich solle sie nicht überqueren, aber ich hätte nicht gedacht, dass das Auto mich anfahren würde.«

»Wohin ist er gegangen?«

»Er ist zurück nach Hause gerannt, um Hilfe zu holen.«

Liz konnte sich nicht entsinnen, einen zweiten Hund gesehen zu haben, der von der Unfallstelle weggerannt war, doch wie sie sagte, war sie so fertig gewesen, dass sie den anderen Hund sowieso nicht bemerkt hätte.

»Was kannst du mir noch über euer Haus sagen?«

»Laute Maschinen im Garten. Schreckliche Maschinen.«

»Danke, Chloe.« Ich stand auf, um mich mit Liz zu beraten.

Chloe fügte in letzter Sekunde hinzu: »Mutter hat eine schöne Stimme. Ich höre ihr gern beim Singen zu.«

»Und du kannst in drei Tagen wieder gehen?«, vergewisserte ich mich noch einmal.

»Ja. Ich kann in drei Tagen nach Hause gehen. Mutter wird mich abholen.« Sie war sich ganz sicher.

»Chloe, gibt es noch etwas, was du mir gern mitteilen würdest?«

»Ja«, fügte sie hinzu. »Sag Liz Dankeschön.«

Ich teilte ihre Botschaft meiner Freundin mit, und wir schluckten beide unsere Tränen hinunter. Dann wiederholte ich die Beschreibung der ungefähren Gegend, die Chloe mir gegeben hatte. Liz holte eine Stadtkarte heraus, um nach einer Centennial Street in ihrer Nachbarschaft zu suchen. Sie fand eine Centinella Street.

Dann eilte Liz in einen Kopierladen, um Flyer drucken zu lassen, und ich fuhr nach Hause, um mich auszuruhen und zu beten. Sie rief mich am selben Abend an und berichtete mir, dass sie in der ganzen Centinella Straße, die tatsächlich in der Nähe einer Schule lag, Flyer aufgehängt habe. Und sie hatte wirklich ein rosa Haus in der Straße gefunden! Die »Statue« schien eine Fahnenstange zu sein, und die »bunten Vögel«

hatten sich als hölzerne Dekorationen im Vorgarten herausgestellt! Ungeduldig hatte Liz an die Haustür geklopft, doch es war niemand zu Hause gewesen. Vielleicht waren die Besitzer fort, um ihren Hund zu suchen, und so hatte sie mehrere Flyer vor dem rosa Haus verteilt.

Am nächsten Vormittag klingelte eine zierliche irische Frau namens Patricia Roberts an Liz' Tür. Sie suchte ihren Hund Lowie. (Chloe und Lowie klingt im Englischen bis auf den Anfangsbuchstaben identisch).

»Das war der Name meiner Mutter«, erklärte sie und bestätigte, dass ihre Enkelin sie über Ostern besuchte. Die »lauten Maschinen« im Garten waren Handwerker, die an den Wasserrohren arbeiteten. Und Socks – der goldblonde Mischling der Nachbarn, den Chloe »Boots« nannte – war Chloes Freund von nebenan. Er gehörte einem jungen indischen Paar.

»Haben Sie auch einen Swimmingpool?«, fragte Liz Patti. Sie kicherte, während sie mir Pattis Antwort mitteilte: »Doch, den haben wir.«

»Ich habe ihn durch den Zaun gesehen«, flunkerte Liz. »Halten Sie Lowie gewöhnlich im Garten?«

»Ach, es ist unmöglich, Lowie irgendwo zu halten. Sie ist eine richtige Zauberin! Sie findet überall einen Weg, um hinauszuschlüpfen und in der Nachbarschaft herumzustreunen.« Das erklärte, warum Chloe nicht im Garten mit dem Pool lebte.

Liz erzählte Patti die düstere Diagnose der Tierklinik. Patti entschädigte Liz dankbar für die hohen Tierarztrechnungen und versicherte ihr, es würde ihr nichts ausmachen, wenn Lowie nie wieder laufen könnte. Solange Lowie keine Schmerzen hatte, würde Patti sie für den Rest ihres Lebens pflegen. Lowie war ihr Ein und Alles. Sie liebte die Hündin bedingungslos. Gott sei Dank für Tierfreunde – sie sind die Engel der menschlichen Rasse!

Drei Tage später erhielt ich ein Update der Geschichte, das sogar noch erfreulicher war als das letzte. Patti hatte Liz angerufen, um ihr die tollen Neuigkeiten mitzuteilen: Am Morgen hatte Lowie sich auf alle vier Beine gestellt und ihre ersten wackeligen Schritte gewagt. Wie die Hündin vorausgesagt hatte, *konnte sie wieder laufen!*

Am Telefon mit Patti konnte Liz sich nicht verkneifen zu scherzen: »Vielleicht war es Ihr wunderschöner Gesang, der Lowie wieder gesund gemacht hat.« Liz hatte Patti nichts von mir erzählt, und so hat sie nie erfahren, was ihre Hündin alles verraten hat.

Die Erfindung des Lichts

Meine Sitzung mit Chloe war keine typische Erfahrung. Die meisten Versuche, ein vermisstes Tier aufzuspüren, schlagen fehl, doch wenn sie erfolgreich sind, erscheint es mir fast, als hätte das Tier sich »beleuchtet«, damit ich es sehen kann.

Einer meiner Lieblingskunstlehrer erteilte uns eine unvergessliche Unterrichtsstunde, anhand derer ich vielleicht erklären kann, wie das mit dem Licht funktioniert. In der ersten Stunde eines Seminars über zweidimensionales Design sprach Dave »The Fox« Starrett über Erfindungen.

Dave ist ein fünfundsiebzigjähriges Schlitzohr und könnte glatt eine Figur von Charles Dickens sein. »Kann ein einziger Mensch die Welt verändern?«, fragte er uns frischgebackene Erstsemestler, die wir ihn mit großen Augen ansahen. »Aber nein!«, dröhnte er mit lauter Stimme. »Ein einziger kann niemals die Welt verändern! Sie können die Welt nicht verändern! Ich kann die Welt nicht verändern! Ein Mensch macht keinen Unterschied!«

Dann schlurfte er hinüber zu den Lichtschaltern und machte sie mit einer dramatischen Bewegung alle aus. Auf einen Schlag war es finster im riesigen Vorlesungssaal. Die erschreckten Studenten verstummten ängstlich.

»*Vor* Thomas Edison«, rief Dave. Dann schaltete er die Lichter wieder ein, und im Raum wurde es schlagartig wieder hell.

»*Nach* Thomas Edison«, zischte er lächelnd. Er wiederholte das Ganze, um die Wirkung auszukosten. »Und was hat Thomas Edison getan, was kein anderer getan hat?«, fragte er mit dröhnender Stimme. »Er hat es gewagt, *anders zu denken.*«

Tierkommunikatoren haben mit Thomas Edison etwas gemeinsam. Auch wir »erfinden das Licht«, doch es ist eine andere Art von Licht. Wenn wir lernen, vermisste Tiere aufzuspüren, erhellen wir die Q-Formen im Gedächtnis des Tieres und beleuchten die »Landkarte«, die sie zurückgelassen haben, als sie von zu Hause weggelaufen sind. Im übersinnlichen Sinne hinterlassen sie Reste elektromagnetischer Energie und somit eine Spur – wie der schimmernde Schweif eines Kometen, der über den Himmel rauscht. Wir können lernen, die schimmernden Spuren zu »lesen«, wenn wir Hinweise darüber, was das Tier auf seinem Weg in die Irre gesehen und wahrgenommen hat, aufdecken und notieren.

In vielerlei Hinsicht ist der Vorgang mit den anderen Techniken, die wir schon behandelt haben – der Resogenese und der Unimorphose –, identisch. Der einzige wirkliche Unterschied ist Ihr Grad der Konzentration. Wenn man für die Unimorphose ein mentales Taschenlämpchen braucht, um das Innere eines Tieres zu erhellen, so benötigt man ein übersinnliches Flutlicht, um ein vermisstes Tier zu finden. Die Chancen sind gering, die Nerven liegen blank, die Uhr tickt und höchstwahrscheinlich hat man es mit einem Klienten zu tun, der längst ein hysterisches Wrack ist. Nicht gerade eine einfache Kombination, wenn Sie mich fragen. Das Aufspüren eines vermissten Tieres ist ungefähr so angenehm wie eine Zahnwurzelbehandlung, und daher rate ich Ihnen, es jetzt zu lernen! Lassen Sie alles stehen und liegen und lernen Sie es auf der Stelle! Bitte »reparieren Sie das Dach, während die Sonne noch scheint«, denn wenn Ihr Hund oder Ihre Katze vermisst wird, werden Sie sich sehnlich wünschen, diese Methode schon gelernt zu haben.

Spurensuche: So wird es gemacht

Im Grunde ist die Spurensuche eine Gestaltmethode für Super-Fortgeschrittene. Sie müssen das Energiefeld des Tieres lokalisieren und ihm dann in die Augen sehen. Um zu sehen, was es sieht, müssen Sie alles andere beiseite schieben und sich nur noch auf das Tier konzentrieren. Erinnern Sie sich kurz an das Null-Punkt-Energiefeld, das ich in Kapitel 1 beschrieben habe. Gemäß dieser Theorie sind alle Lebewesen Teil einer saumlosen Matrix und in einem gigantischen Netz aus Energie miteinander verbunden. Verknüpft mit der Vorstellung, dass »Sie Ihre Aufmerksamkeit sind«, weist dies darauf hin, dass wir unsere Konzentration mühelos in andere Lebewesen richten und aus ihrer Sicht sehen können. Man könnte es die »Mobilität des Bewusstseins« nennen, was bedeutet, dass man seinen Geist und sein kognitives Bewusstsein aus dem eigenen Körper hinaus in seine Umwelt bringen kann. Dafür brauchen wir nur unseren selbstsüchtigen Verstand für die Vorstellung öffnen, dass unser Gehirn nicht isoliert ist, sondern wir alle Teil eines grenzenlosen göttlichen Verstands sind, der viele Milliarden von Körpern hat.

Auf praktischer Ebene bedeutet dies: Wenn der menschliche Halter eines Tieres Sie völlig am Boden zerstört anruft, weil sein Hund verschwunden ist, tauchen Sie zuerst tief hinunter in jenen heiligen, friedlichen Ort in Ihrem Inneren, wo die universale Intelligenz Zuhause ist. Sie ankern diese Energie. Das heißt, dass Sie unter allen Umständen an dem ruhigen, liebevollen Ort bleiben, und Sie lassen diese Liebe und Ruhe wie ein Leuchtturm aus Ihrem Herzen leuchten. Sie sind nicht dazu da, um in das Chaos anderer hineingezogen zu werden. Sie sind das Auge des Sturms. Wenn Sie diese Technik meistern, könnte es das Schwierigste werden, was Sie in Ihrem ganzen Leben erreicht haben … und das Lohnenswerteste.

Wie ein Freund mir einmal sagte, funktioniert er am besten unter großem Druck. In Zeiten, in denen sein Leben nicht dramatisch ist, lebt er nur vor sich hin und schafft den ganzen Tag über Chaos, doch wenn etwas Schreckliches passiert, schaltet sich bei ihm wie bei einem Notarzt ein roter Alarm ein. Marianne Williamson hat über dieses Phänomen geschrieben. Sie berichtet, wenn jemand sie voller Panik anruft, gleitet sie sofort in einen Zustand der Ruhe und des Friedens. Die Zeit bleibt stehen, bis die andere Person beruhigt und der Notfall vorüber ist. Genau das müssen wir tun, wenn wir vermisste Tiere suchen. Wir dürfen auf keinen Fall emotional reagieren und uns von der Angst und Verzweiflung der Menschen anstecken lassen, die ihre Tiere verloren haben.

Nachdem Sie sich in friedlicher Energie verankert haben, bauen Sie als Nächstes die Brücke aus Lumensilta, die sich von Ihrem eigenen Herzen zu dem Ort im freien Raum erstreckt, an dem sich das Tier befindet. Bitten Sie darum, aus den Augen des Tieres sehen zu können, und – durch das Gebet bestärkt – befehlen Sie es. Sie müssen so lange so tun, als seien Sie das Tier, bis das mental »real wird«. Sie wissen, dass Sie Erfolg haben, wenn sich bei den Gefühlen in Ihrem Körper eine leichte Veränderung einstellt. Möglicherweise sehen Sie flüchtige Bilder, spüren Wärme oder Kälte im Gesicht oder einen bestimmten Untergrund unter Ihren »Pfoten« oder »Hufen«.

Sobald Sie die Verbindung aufgenommen haben, besteht Ihre erste Aufgabe immer daraus zu sehen, ob Sie eine Lichtquelle lokalisieren können und feststellen können, ob das vermisste Tier irgendwo gefangen ist – zum Beispiel in einem Kofferraum, einer Garage oder einem Müllcontainer. Als Nächstes untersuchen Sie den Körper des Tieres auf

Wunden oder Hunger. Wenn Sie Schmerzen oder Hunger spüren, so ist das ein deutliches Anzeichen dafür, dass das Tier noch lebt. Tiere im Himmel haben nie Hunger oder Schmerzen.

Wenn Sie eine vermisste Katze oder einen verschwundenen Hund suchen und Ihre Frage lautet: »Lebst du noch?«, dann müssen Sie nach zwei Dingen schauen – nach Scheinwerfern und einem Aufprall. Wenn das Tier nachts ausgesperrt war und Sie erst blendende Scheinwerfer sehen und gleich darauf alles weiß vor Augen wird, dann wissen Sie, dass das Tier von einem Auto angefahren worden ist. Wenn Sie einen Aufprall an Ihrem Körper spüren, dann haben Sie die Gewissheit, dass es einen Unfall erlitten hat, und wenn Sie einen stechenden Schmerz im Nacken fühlen, ist es von einem wilden Tier gebissen worden.

Eine weitere Methode, um zu erfahren, ob das Tier das Zeitliche gesegnet hat, ist anhand der Bilder, die es Ihnen sendet. Wenn ein vermisster Hund Ihnen ein Bild von sich zeigt, auf dem er friedlich auf dem Schoß der verstorbenen Großmutter seines Menschen liegt, so ist dies ein ziemlich klares Anzeichen dafür, dass der Hund ins Jenseits übergegangen ist. Wenn Sie die Namen verstorbener Eltern oder Großeltern des Besitzers empfangen, ist die Wahrscheinlichkeit sehr groß, dass das Tier nicht mehr lebt.

Herauszufinden, ob ein Tier tot oder lebendig ist, kann äußerst schwierig sein. Es gibt eine Tierart, die geradeheraus flunkert. Raten Sie mal, von welchem Tier die Rede ist! Von Katzen. Wenn ich eine vermisste Katze frage, ob sie noch lebt, wird sie sagen: »Natürlich!« Wenn ich weiß, dass sie von einem Auto getötet wurde, muss ich sagen: »Kannst du dich noch an den kalten, steifen, toten Körper erinnern, den du auf der Straße zurückgelassen hast?« Und die Katze wird antworten: »Ach … der?« Mit großer Wahrscheinlichkeit wird sie hinzufügen: »Das hab ich absichtlich gemacht.«

Ich halte Katzen für Mutter Naturs magischste Geschöpfe, und da sie achtzig Prozent ihres Lebens im Schlaf und außerhalb ihres irdischen Körpers verbringen, kann es sehr schwierig sein herauszufinden, ob sie noch leben oder nicht. Selbst wenn sie leben, sind sie nicht so »lebendig« wie andere Tiere. Katzen sind Schlafwandler: Sie stehen mit einem Bein in allen Welten – unserer dreidimensionalen Welt und den anderen Dimensionen – und tanzen unabhängig auf allen Hochzeiten. Sie kommen und gehen auf geheimnisvolle Weise. Wir werden uns in einem der nächsten Kapitel mehr damit befassen, doch nun möchte ich eine Geschichte über die Spurensuche einer vermissten Katze erzählen. Danach können Sie es anhand der folgenden Übungen selbst ausprobieren.

Boo Boo im Mondschein

Dr. Bernie Siegel verfasste das Vorwort zu meinem jüngsten Buch und beschrieb, wie ich seine vermisste Katze Boo Boo in Connecticut wiederfand, obwohl ich sie noch nie gesehen hatte und selbst in Los Angeles wohnte. Bernie konnte seine Sicht der Dinge erzählen, doch meine Sicht habe ich noch nicht aufgeschrieben. Es wurde eine der erfolgreichsten Spurensuchen in meinem Leben.

Ich begegnete Dr. Bernie Siegel im Juli 2000 nach seiner außergewöhnlichen Rede auf der Tagung Kinship for Life (»Verbindungen auf Lebenszeit«) in San Francisco. Bernie stand vor der Zuhörermenge und strahlte wie ein Flutlicht. Er erzählte uns von den hundert Tieren, die er aus verschiedensten Gründen zu unterschiedlichen Zeiten in seinem Haus aufgenommen hatte, und er sprach so liebevoll von ihnen, als wären sie seine Kinder. Wie eine Mischung aus Dr. Doolittle und dem Rattenfänger von Hameln hielt Bernie seine Vorlesung über die Heilkräfte der Tiere, ihre wichtige Bedeutung als Lehrer und Freunde, und auf welche dramatischen Weisen sie das Leben der Menschen verändert haben. Offensichtlich fühlen sich Tiere aus denselben Gründen wie Menschen von Bernie angezogen – wegen seines offenen Herzens, seines leisen Humors und seiner unkonventionellen Klugheit, die Unheilbare heilt und Hoffnungslosen Hoffnung schenkt. Bernie sprach mit der Freude eines Fünfjährigen, der an Weihnachten seine Geschenke auspackt, von seinen Maine-Hauskatzen Dickens und Gabriel und von seinem Kaninchen Smudge. Jeder Zuhörer im Saal wurde von seiner Begeisterung angesteckt.

Als ich ihn zufällig im Aufzug traf und ihm sagte, dass ich Tierkommunikatorin bin, war er zwar skeptisch, doch offen für das Neue: »Na ja, wenn sie sagt, sie könne mit Tieren reden … Ich frage mich, ob sie es wirklich *kann* …«

Drei Tage später rief er mich an, um es herauszufinden. Als zu Hause in Los Angeles mein Telefon klingelte und ich Bernie Siegel in der Leitung hatte, wäre ich fast auf dem Küchenboden tot umgefallen.

(Damals hatte ich noch nichts veröffentlicht und stand in meiner Karriere noch ganz am Anfang.) Den Tränen nahe schilderte er mir seine Not: Eine geliebte Katze wurde seit anderthalb Wochen in einem Wohngebiet voller wilder Kojoten vermisst.

Bernie hatte das Haus seines Sohns Jeffrey gehütet, dessen Hauskatze Boo Boo, der die Krallen entfernt worden waren, Bernies geschätzte Bodybuilding-Partnerin war. Jeden Morgen trieb Bernie Sport, während seine heiß geliebte Katzenfreundin auf den Geräten turnte. Boo Boo war verschwunden, während Bernie sich in San Francisco aufhielt und ein Bekannter ein paar Möbelstücke aus dem Haus getragen und die Tür offen gelassen hatte. Bernie hatte erst bei seiner Rückkehr nach Connecticut erfahren, dass die Katze verschwunden war. War sie noch am Leben? Konnte ich sie finden?

Du liebe Güte! Wenn es etwas gibt, was ich nicht gerne tue, dann ist es, vermisste Tiere mental aufzuspüren. Und wenn es einen Augenblick in meinem Leben gab, in dem ich keinen Fehler machen wollte, dann war es dieser mit Dr. Bernie Siegel!

Ich gab Bernie meine »logischen Tipps, wie man durch Vernunft eine Katze wiederfindet«. Eine Hauskatze verläuft sich oft in Gegenden, in denen andere Katzen schon ihr Territorium markiert haben. Ich vergleiche es immer mit dem Film *The Warriors,* in dem eine New Yorker Gang versucht, durch eine ganze Stadt von rivalisierenden Banden, die der Gang eine Hürde nach der anderen aufbürdet, nach Hause zu gehen. Ich fühlte, dass Boo Boo unter einem Haus gefangen war, an dem eine andere Katze Wache hielt und sich weigerte, sie gehen zu lassen. Ich rechnete es mir nicht als meinen Verdienst an, mich auf Boo Boo »einzustellen«, da dies fast immer bei vermissten Katzen der Fall ist. Ich machte Bernie den Vorschlag, nach Einbruch der Dunkelheit mit einer Dose Tunfisch bewaffnet loszumarschieren, unter alle Häuser zu schauen und hinunter in die Keller zu rufen.

Dann gab ich ihm eine Kurzfassung meines noch unveröffentlichten Kapitels über die Suche von vermissten Tieren. Wenn Bernie so intuitiv war, konnte er es vielleicht selbst lernen? Nicht wirklich.

Dann versuchte ich, die leidige Aufgabe auf meine Freundin Marty Meyer abzuwälzen. Sie ist eine ausgezeichnete Tierkommunikatorin hier in Los Angeles, an die ich meine Fälle abgebe, in denen Spurensuche erforderlich ist. Ich rief sie an und fand heraus, dass sie verreist war. Ein paar Tage vergingen, und als ich noch eine jämmerliche E-Mail von Bernie erhielt, gab ich schließlich nach und sagte ihm zu, die Spurensuche zu versuchen, wenn er mir ein Bild von Boo Boo mailen könnte. Doch Bernie war von seiner Trauer so überwältigt, dass er es nicht ertragen konnte, das Haus seines Sohns nach einem Bild von Boo Boo zu durchsuchen. Er konnte mir also noch nicht mal ein Foto der Katze schicken! »Wie groß ist die Wahrscheinlichkeit, dass sie noch lebt?«, haderte ich mit mir. Ich hatte Bernie nicht die ganze Wahrheit gesagt: Gewöhnlich werfe ich das Handtuch, wenn eine Hauskatze länger als drei Tage vermisst wird – ganz abgesehen von einer vermissten krallenlosen Hauskatze. Wie hoch waren Boo Boos Überlebenschancen unter Kojoten, Autos und feindseligen Nachbarkatzen und -hunden? Und Bernie schaffte es noch nicht einmal, mir ein Foto zu schicken. Gott im Himmel!

Der einzige Hinweis darauf, dass Boo Boo noch lebte, war ein Name, den ich während meines Telefonats mit Bernie »aufschnappte«.

»Wer ist Michael?«, fragte ich. Mit dem Namen war ein Gefühl der Sehnsucht verbunden.

»Michael ist Boo Boos Tierarzt«, antwortete Bernie. Das deutete an, dass Boo Boo noch am Leben war und ich mit ihr in Verbindung stand.

»Sie will Michael sehen«, sagte ich. Eine tote Katze würde nicht nach ihrem Tierarzt fragen. Dennoch schnürten mir meine Dämonen des Selbstzweifels die Kehle zu. Ich wollte das Risiko nicht eingehen. Doch später am selben Tag nahm ich ein Notizbuch zur Hand, warf mich aufs Sofa und begann laut zu beten.

»Boo Boo, wenn du noch lebst, dann sag mir, was du siehst!«, flehte ich. Dann beschloss ich, direkt zur Quelle zu gehen.

»*Gott, führe meine Hand.* Bitte zeige mir, wo die Katze ist«, betete ich. Meine Hand fing an zu schreiben.

Ich kritzelte eine Seite mit Notizen voll, die so aussahen:

> Ich sehe sie sehr geschmeidig mit einem dreieckigen Kopf. Ich habe das Gefühl, als sei sie links gegangen, als sie Jeffreys Haus verlassen hat. Das bedeutet, wenn man in seinem Haus steht und zur Haustür hinaussieht und hinausgeht, würde man links gehen. Ich habe nicht das Gefühl, als wäre sie sehr weit weg. Oben auf einem Hügel. Sie sagt, ihr Lieblingsfutter ist Tunfisch. Ich höre die Namen Michael, Bobbi,

Margaret, Simpson, Terry/Teresa, Steven, David, Rebecca/Reba/Rodney.

Sie hat zwei Hunde in einem Garten gesehen – eingezäunt. Einen großen und einen kleinen Hund. Sie hat roten Backstein und Efeu und ein schwarzes Eisentor gesehen. Sie versteckt sich unten in einer Garage oder unter einem Haus. Sie hat große weiße Steine um eine Steintreppe oder eine Terrasse herum gesehen.

Marjorie, Jeff, David. In der Nähe von Zuhause. Sie will nach Hause.

Tammy, Tamara. Durstig, hat in einer Nacht etwas zu fressen gefunden. Hungrig. Will nach Hause zu Jeff. Nachts ist es kalt.

Großer schwarzer Kater hält sie gefangen. Weiße Pfoten. Viele wilde Hunde nachts in der Nachbarschaft unterwegs (Kojoten?). Sie hat in einem Garten einen »Brunnen« aus Backsteinen gesehen. Angst schnürt die Brust zu. Will Michael sehen. Kieferbäume, Tannenzapfen auf dem Boden. Hat einmal neben einer Mülltonne gefressen. Ist vor einem Rasensprenger in einem Garten davongerannt.

Dann untersuchte ich ihren Körper mental auf ernsthafte Verletzungen, doch ich konnte keine feststellen – nur Angst und Hunger und das Gefühl, eingesperrt zu sein. Als die Übertragung zu Ende war, schaute ich auf meine Seite voller Notizen. Sie waren sehr spezifisch. Falls ich danebenlag, lag ich meilenweit daneben. Ich hatte den Namen »Steven« aufgeschrieben. Mein Blick blieb an dem Namen haften. »Nein, ich kann mich irren«, ermahnte ich mich. »Dieses Risiko kann ich nicht eingehen.« In einem Anfall von Feigheit legte ich die Notizen beiseite und versuchte, das Ganze zu vergessen.

Ich hatte noch keines von Bernies Büchern gelesen, und so ging ich ein paar Tage später in einen Buchladen und kaufte *Mit der Seele heilen.* Noch am selben Abend klappte ich das Buch auf und las die Widmung: »Ich möchte meinen Kindern danken … Stephen.« Meine Knie wurden weich. »Steven!« Bernie hatte mir nur den Namen seines Sohns Jeffrey genannt. Und er dankte in der Widmung auch seiner Frau »Bobbi«.

»Gott im Himmel«, dachte ich und hätte mich ohrfeigen können. »Was bin ich für ein Idiot! Die arme Katze lebt wirklich noch, und sie musste noch zwei kalte, hungrige Nächte unter dem Haus verbringen, nur weil ich zu feige war, um Bernie meine Notizen zu schicken!«

In einem Augenblick der Verzweiflung rannte ich hinaus in meinen Garten. Es war die Nacht zum 16. Juli 2000, und der Mond hing rund wie ein riesengroßer goldener Kürbis am Horizont. Ich starrte hinauf in den

Sommerhimmel, nahm mental mit der kleinen Katze Verbindung auf und rief ihr zu: »Schau nach oben, Boo Boo! Schau nach oben! Kannst du den Mond sehen?«

Über die mehreren tausend Meilen, die zwischen uns lagen, ertönte ihre Stimme glockenhell.

»Ja«, sagte sie. »Ich kann ihn sehen!«

Heiße Tränen stiegen mir in die Augen.

»Sie lebt!«, dachte ich überzeugt. »Wenn sie im Jenseits wäre, könnte sie nicht von der Erde aus den Mond sehen.«

»Ist alles in Ordnung mit dir?«, fragte ich sie.

»Ja, aber er lässt mich nicht gehen.« Wieder sah ich den dunklen Kater mit den weißen Pfoten, der sie unter dem Haus gefangen hielt. Ich spürte ihre Angst und ihren Hunger. »Also gut«, sagte ich zu meinen Dämonen, »wenn die Katze tot wäre, wäre sie nicht frierend und hungrig unter einem Haus gefangen.« Ich gab mir einen weiteren mentalen Tritt, weil ich sie unnötig hatte leiden lassen, rannte an meinen Computer und schickte Bernie die Notizen per E-Mail. Noch während ich die Worte schrieb, befürchtete ich, er würde sie nie finden.

Am nächsten Tag entdeckte ich eine Nachricht von Bernie in meiner Mailbox mit der Überschrift »ERFOLGREICH!« Als Bernie meine E-Mail gelesen hatte, hatte er viele der Namen wieder erkannt, und so hatte er meine E-Mail ausgedruckt und war meinen Hinweisen wie einer Straßenkarte gefolgt. Er ging zur Haustür hinaus nach links, einen Hügel hinauf zu Jeffs eigenem Haus, in dessen Garten sich ein Rasensprenger befand. Neben der Mülltonne stand ein Napf mit Katzenfutter, um den Tannenzapfen herumlagen. Zwei Hunde wurden im Garten gehalten, der eingezäunt war. Ein Hund war noch da, der andere war nur noch eine Erinnerung. Im Vorgarten befand sich ein »Brunnen« – ein sprudelnder Teich. Dort hielt Bernies dunkler Kater mit weißen Pfoten, der den passenden Namen Meanie («Fiesling«) trägt, Boo Boo unter dem Haus als Geisel fest. Bernie rief nach unten und hörte die kleine Boo Boo mit ängstlichem Miauen antworten. Überglücklich hob Bernie sie auf und brachte sie ins Haus. Es wurde das freudigste Wiedersehen seines Lebens! Boo Boo hatte fast zwei Wochen lang draußen überlebt! Auch wenn die Katze abgemagert und zerkratzt war und deswegen »Michael sehen« wollte, war sie völlig gesund. Bernie bestätigte mir fast jedes Detail meiner Sitzung mit Boo Boo; er hatte sie genau an der Stelle gefunden, die sie mir beschrieben hatte.

In der Zwischenzeit hatte ich Bernie Übungen geschickt, wie man telepathisch mit Tieren kommuniziert. Ich war fest entschlossen nicht aufzugeben, bevor auch er es konnte. Jeden Tag erhielt ich drei oder vier aufgeregte E-Mails von Bernie, in denen er schilderte, wie er plötzlich mit seinen Katzen und dem Kaninchen sprechen konnte und »ihre Antworten« im Kopf hörte. Wofür die meisten anderen Menschen Jahre oder sogar ein Leben lang des fleißigen Übens brauchen, schaffte Bernie in ungefähr einer Woche. Er wurde über Nacht vom Skeptiker zum Starschüler, doch ist das wirklich so überraschend? Schließlich ist Dr. Bernard Siegel einer der schärfsten Werkzeuge im Geräteschuppen der Wissenschaft.

Der Mut zum Fliegen

Mut ist der Schlüssel zur Spurensuche. Genauso wie Ihr Erfolg bei der Telepathie von Ihrem Grad des Selbstvertrauens und Ihr Erfolg bei der Gestaltmethode von Ihrer Schmerzgrenze abhängt, hängt Ihr Erfolg bei der Spurensuche von Ihrem Mut ab. Meine Lieblingsdefinition von Mut ist: »Etwas zu finden, woran man sich festhalten kann, wenn es nichts gibt, woran man sich festhalten kann.« Sie müssen bereit sein, riesengroße Risiken einzugehen. Sie könnten sich irren, sich lächerlich machen – oder Sie könnten ein Leben retten. Wenn Sie sich neun Mal irren und einmal nicht, dann war es das wert.

Ein Aspekt des Muts, den man braucht, um ein vermisstes Tier zu suchen, ist die Bereitschaft, Fehler zu machen. Als ich anfing, für Dr. Siegel auf Spurensuche zu gehen, hatte ich schreckliche Angst, doch ich hätte Boo Boo niemals helfen können, wenn ich meinem eigenen Angstpegel nicht widerstanden hätte. Vielleicht verstehen Sie die Bilder, die Sie erhalten, erst einmal nicht. Wissen Sie noch, wie ich mit Chloe in Unimorphose ging, und sie mir von einer »Statue« und »bunten Vögeln« in ihrem Vorgarten berichtete? Diese Bilder gaben mir bei meinem Versuch herauszufinden, was aus ihrer Sicht damit gemeint war, ein mentales Scharaderätsel auf. Bitte beachten Sie, dass ein »See« eine Pfütze bedeuten könnte, wenn Sie mit einem Frosch sprechen, und ein »Berg« ein

Maulwurfhügel sein könnte, wenn Sie mit einem Hamster kommunizieren. (Das erinnert mich an meinen Lieblingswitz: Zwei Schnecken schauen einem Schildkrötenrennen zu. Zwei der Schildkröten prallen dabei zusammen. Knall! Dann fragt eine der Schnecken die andere: »Hast du gesehen, was passiert ist?« Die andere Schnecke sagt: »Nein! Es ging alles so *schnell!*«)

Die meisten Dinge im Leben lassen sich erklären, wenn man sie aus einer neuen Perspektive betrachtet. Warum ist Ihr Tier weggerannt? Das hängt von Ihrer Perspektive ab. Tiere rennen nicht grundlos von zu Hause weg. Vielleicht haben Sie etwas getan, was Ihren tierischen Freund dermaßen verstört hat, dass er bereit war wegzulaufen? Warum haben Sie es getan? Wieder hängt die Antwort von Ihrer Sichtweise ab. Ich spüre deswegen keine Tiere auf, weil es mir die ganze Energie raubt. In 99 Prozent der Fälle ist das vermisste Tier längst tot, und die meisten der wenigen noch lebenden sind weggerannt, weil ihre Menschen sie vertrieben haben. Vergessen Sie nicht: Katzen sind nicht das Eigentum der Menschen. Katzen haben das Recht zu leben, wo sie wollen. Doch wenn Sie diese Techniken beherrschen, steigen Ihre Chancen dramatisch, zuhause eine zufriedene und glückliche Katze zu haben. Je mehr wir Unimorphose praktizieren, desto mehr gewöhnen wir uns daran, unsere Welt aus der völlig anderen Perspektive der Tiere zu sehen.

Lassen Sie uns eine Übung in der Spurensuche machen. Wir werden kein Tier aufspüren, sondern nur die Techniken der anderen Perspektive üben, die Sie für die Spurensuche benötigen. Ich habe diese Fragen für Tiere, die nicht vermisst werden, zusammengestellt, und in dieser Übung wenden wir auch einige der Techniken aus meinem ersten Buch an. Statt sich auf den Aufenthaltsort Ihres Tieres zu konzentrieren, habe ich die Fragen so ausgerichtet, dass Sie üben können, die Umwelt aus dem Auge des Tieres zu sehen und seine Gedankenvorgänge zu verstehen.

Wenn Ihr Tier eine Katze ist

- Was siehst du (durch die Augen Ihrer Katze)?
- Wie schmeckt dein Futter?
- Welches Futter magst du am liebsten? Welche Konsistenz hat es? Welche Temperatur?

- Wie fühlt es sich an zu schnurren? Umherzuschleichen? Zu jagen? Zu spielen? Was ist dein Lieblingsspielzeug? Warum?
- Was empfindest du für die Vögel draußen vor deinem Fenster oder in deinem Garten?
- Wie fühlt sich dein Katzenklo an? Wie riecht es? Ist es sauber genug?
- (Falls Ihre Katze das Katzenklo verweigert:) Warum tust du das?
- Wie fühlt es sich an, deine Krallen am Katzenbaum zu wetzen? Am Teppichboden? Am Sofa? An einem Baum? An meiner Strumpfhose (oder anderen Gegenständen der Menschen)?
- Weißt du, warum ich nicht will, dass du das Sofa zerkratzt?
- Verstehst du, was ich zu dir sage?
- Gehst du absichtlich vorsichtig mit meiner dünnen, »nackten« Haut um?
- Was siehst du im Garten?
- Was empfindest du für Nagetiere?
- Welches Gefühl gibt Katzengras dir?
- Was hältst du von Menschen?
- Wie fühlst du dich, wenn du einem Dackel begegnest?
- Wie fühlst du dich, wenn du einer Dogge begegnest?
- Wie denkst du über Geräusche im Fernsehen?
- Machen Autos dir Angst?
- Was sind Autos für dich?
- Hast du einen Lieblingsplatz im Haus oder in der Wohnung?
- Lasse ich Gegenstände an deinem Lieblingsplatz liegen, die dich stören?
- Gibt es Gegenstände, an denen du hängst?
- Gibt es Gegenstände, die ich dir schenken sollte, um dich zufriedener zu machen?
- Weißt du, was Bücher sind?
- Verstehst du, warum Menschen auch eine schriftliche Sprache haben?
- Was empfindest du im Sonnenschein?

- Wie fühlt es sich an, in der Dunkelheit zu sehen?
- Wie fühlt sich die Abenddämmerung an? Der Mondschein? Die Sterne?
- Kannst du in deinen Körper hineinschauen?
- Verstehst du deine eigenen Krankheitssymptome?
- Wirkt deine Impfung?
- Wie fühlst du dich in einem Haus voller Menschenkinder?
- Was empfindest du, wenn deine Menscheneltern sich über dich ärgern? Wenn sie sich verspäten? Wenn sie sich Sorgen machen? Wenn sie krank sind? Wenn sie zu laut sind?
- Wie sieht Gott für dich aus?
- Was ist für dich der Sinn des Lebens?
- Wohin gehst du, wenn du deinen Körper verlässt?
- Wovon träumst du?
- Wohin gehst du, um deinen Körper gesund zu machen?
- Wie fühlt es sich an, draußen im hohen Gras zu sein?
- Wie riechen Rosen? Nadelbäume? Apfelbäume? Rosmarin?
- Wie fühlt es sich an, wenn ich dich streichle?
- Wo lässt du dich am liebsten streicheln? Am Kopf? Am Rücken? An den Ohren? Wie stark? Bin ich zu grob? Welche Berührungen magst du gar nicht?
- Was würdest du gerne an deinem Zuhause ändern?
- Bin ich zu laut? Klingt meine Stimme zu schrill, wenn ich mit dir rede?
- Mache ich dir Angst? Sind meine Bewegungen zu hastig?
- Wie empfindest du das andere Tier in deinem Zuhause? Liebst du es? Bist du eifersüchtig? Jagt es dir Angst ein? Wie sieht es aus deiner Perspektive aus? Ist es schön? Ist es größer oder kleiner als du? Fühlst du dich von ihm bedroht? Willst du es bemuttern? Beschützen? Verbringst du gern Zeit mit ihm? Worüber unterhaltet ihr euch? Hast du auch Freunde, die keine Katzen sind? Worüber redest du mit anderen Tierarten?
- Wirken Menschen seltsam auf dich, weil sie nur zwei Beine haben?

- Was empfindest du für mich? Lasse ich dich zu lange allein?
- Wie fühlt es sich an, auf meinem Bett zu schlafen?
- Was magst du von den Dingen, die ich tue, am liebsten?
- Was magst du von den Dingen, die ich tue, am wenigsten?
- Was für Musik magst du gern?

Weitere Fragen, wenn Ihr Tier eine Katze ist, die drinnen und draußen lebt:

- Welches Tier fasziniert dich am meisten?
- Wie fühlt es sich an, ein Tier zu erlegen?
- Wie schmeckt ein Spatz? Eine Maus? Eine Grille? Eine Eidechse?
- Welches Tier magst du nicht? Warum?
- Woran denkst du, wenn du nur dasitzt?
- Wovon träumst du, wenn du schläfst?
- Hast du Freunde, von denen ich nichts weiß?
- Wohin gehst du, wenn du draußen bist?
- Besuchst du andere Menschen? Füttern sie dich?
- Kennst du andere Katzen in der Nachbarschaft?
- Hast du dich mit irgendwelchen »Nachttieren« wie Igeln, Mardern usw. angefreundet?
- Wie groß ist dein Territorium?
- Weißt du, wie gefährlich Katzen sind? Marder?
- Musst du zu einer bestimmten Uhrzeit zu Hause sein?
- Hast du einen Freund? Bist du verliebt?
- Kannst du die Geister der Tiere im Jenseits sehen? Die verstorbener Menschen?
- Leben in deinem Haus Geister?
- Wohin gehen Katzen, wenn sie sterben?
- Hast du schon mal in einem anderen Körper gelebt? Wie war dein früheres Leben?

Wenn Ihr Tier ein Pferd ist

- Lässt du dich gerne reiten?
- Wie fühlt sich ein Reiter auf deinem Rücken an?
- Trägst du gern einen Sattel?
- Wie fühlt sich der Zügel in deinem Maul an?
- Wie fühlt es sich an, beschlagen zu werden?
- Wie fühlt es sich an, zusammen mit anderen Pferden vorgeführt zu werden?
- Galoppierst du gern? Wie oft hast du das Bedürfnis zu rennen?
- Wie viel Zeit willst du in deiner Box verbringen?
- Wie fühlt es sich an, ganz allein in deiner Box eingesperrt zu sein?
- Würdest du lieber an einem Ort schlafen, wo du andere Pferde sehen kannst?
- Hättest du gern einen anderen Stall?
- Lässt du dich gern striegeln?
- Wie fühlt sich das Halfter an?
- Springst du gern?
- Was ist dein Lieblingsfutter?
- Bekommst du genug zu fressen oder hast du oft Hunger?
- Was hältst du von den Menschen?
- Gehe ich sanft genug mit dir um?
- Verstehst du meine Befehle oder verwirre ich dich damit?
- Wer ist dein bester Freund unter den Pferden?
- Warst du schon mal verliebt?
- Hast du einen Partner?
- Bist du einsam?
- Hast du Freunde, die keine Pferde sind?
- Was ist deine Lieblingsbeschäftigung?
- Fühlst du dich in deinem Pferdeanhänger wohl?
- Gehst du gerne zu Pferdeshows?
- Gefällt es dir, mit anderen Pferden im Wettbewerb zu stehen?

- Hast du irgendwelche Schmerzen?
- Könnte ein Chiropraktiker dir helfen?
- Magst du lieber flache Ebenen oder Bergpfade?

In den Tausenden von Sitzungen, die ich in den letzten Jahren gehalten habe, tauchte ausnahmslos immer wieder eine Frage auf. Die beliebteste Frage von allen lautet: Weißt du, wie sehr ich dich lieb habe?

Siehst du, was ich sehe?

Wenn Sie das Gefühl haben, mit einem anwesenden Tier Verbindung aufgenommen zu haben, ist der Zeitpunkt gekommen, an einem abwesenden Tier zu üben. Hier bietet sich an, sich in ein Tier eines Ihrer Freunde hineinzuversetzen und zu versuchen herauszufinden, wo es sich gerade befindet. Sie können es als Spiel versuchen: Bitten Sie eine Freundin, einen neuen Spazierweg mit ihrem Hund auszuprobieren oder etwas Außergewöhnliches mit dem Tier zu machen, und üben Sie dann die Spurensuche. Listen Sie all Ihre Eindrücke auf und bitten Sie die Freundin, Ihnen Fragen über das Tier und die Umgebung zu stellen. Beantworten Sie sie rasch und mutig, ohne nachzudenken, und lassen Sie sich die Einzelheiten dann von Ihrer Freundin bestätigen.

Neben dem Aufspüren eines vermissten Tieres eignet sich die Spurensuche auch glänzend, wenn Sie ohne Ihr Tier im Urlaub sind. Sie können damit herausfinden, wie es Ihren tierischen Freunden geht, während Sie weg sind, und Sie können sie informieren, wann Sie zurückkommen. Tiere haben übrigens tatsächlich einen Zeitsinn; unterschätzen Sie nie, wie viel Ihr Tier über Zeit und Ort weiß! (Die beste Methode, ihnen zu erklären, wie lange man wegbleibt, ist, indem man ihnen ein mentales Bild von fünf Tagen und fünf dunklen Nächten schickt – oder wie lange man auch immer verreist ist.) Es gab Hunde, die mir erzählten: »Frauchen ist im vergangenen Juni nach New York gefahren, und im August geht sie nach Italien, aber sie soll nicht ohne mich wegfahren.« Katzen sagten mir: »Am Mittwoch muss ich zum Tierarzt«, und ich hatte Pferde, die mich informierten: »Wir sehen uns um halb elf am Vormittag.« Holografisch gesehen nehmen Tiere alles auf und speichern es. Wir Menschen sind es, die so geistig abwesend und mit anderen Dingen beschäftigt sind, dass wir nicht begreifen können, was in ihrem Leben vor sich geht. Sie kennen sogar unsere Zukunftspläne, unsere Ängste, Hoffnungen und Träume und auch unseren Gesundheitszustand.

Wenn ich auf Tour bin – ungefähr ein Drittel des Jahres –, bleibe ich täglich telepathisch in Verbindung mit meiner Katze Flo. Während ich letztes Jahr auf der Insel Man unterrichtete, erlitt ich beinahe einen Nervenzusammenbruch. Ich hörte immer wieder Flos Stimme: »Mama, ich bin ausgesperrt! Ich bin ausgesperrt!« Voller Panik brach ich beim Mittagessen in Tränen aus. Zwei meiner besten Schüler, die beide professionelle Heiler sind, mussten mich an den Händen nehmen und mich buchstäblich festhalten, sonst wäre ich mit dem nächsten Flieger nach Hause geflogen. Stattdessen rannte ich zum Telefon und hinterließ meiner Katzensitterin eine Nachricht. Ein paar Stunden später erhielt ich einen beruhigenden Rückruf von der Katzensitterin: Flo war wieder wohlbehalten im Haus, doch sie war tatsächlich ausgesperrt gewesen und hatte sich zu Tode erschreckt.

Ein weitaus dramatischerer Vorfall ereignete sich vor ein paar Jahren, während ich mit dem Bestseller-Autor und spirituellen Heiler Alan Cohen zusammen auf Maui Workshops abhielt. Meine Katze Hopkins brauchte eine Zahnuntersuchung. Die Ärmste hatte eine schlimme Zahnfleischentzündung und schreckliche Schmerzen. Da ich sie vor meiner Abreise nicht mehr zur Tierärztin hatte bringen können, überließ ich den Termin meiner Katzensitterin. Ich hatte die Erlaubnis gegeben, dass die Tierärztin Zähne ziehen könnte, falls es notwendig sei, und keine Kosten zu sparen, um die Zahnprobleme meiner kleinen Hopkins ein für allemal zu beenden.

Ich wusste nicht, an welchem Tag und um wie viel Uhr meine Katze ihren Termin hatte. Ganz plötzlich bekam ich auf der paradiesischen Insel Maui pochende Kopfschmerzen, und mein ganzer Kiefer war wie taub. Zwei Tage lang konnte ich kaum sprechen und nicht schlafen. Als ich zu Hause anrief, hörte ich, dass meiner wunderschönen kleinen Katze zehn Zähne gezogen worden waren. In den nächsten Tagen bemühte ich mich, mich aus den Schmerzen wieder herauszuholen und Hopkins Kraft zu schicken. Ich sandte ihr Aufforderungen zu schlafen und sich von Gott heilen zu lassen. Schließlich ließen die Schmerzen in ihrem und in meinem Kiefer allmählich nach.

Doch die Spurensuche während des Urlaubs kann auch amüsant sein. Eine meiner Schülerinnen aus San Diego flog nach Hawaii und ließ ihren Dalmatiner zu Hause mit der Haushüterin zurück. Als die Frau telepathisch Verbindung zu ihrer Hündin aufnahm, um zu sehen, ob mit ihr alles in Ordnung war, hörte sie die Worte: »Sie hat die Kekse verbrannt!« Gleichzeitig empfing die Frau den Geruch von Rauch und ein Gefühl von Panik. (Da Hunde viel empfindlichere Nasen haben als wir, empfinden sie Rauch als sehr unangenehm.) Anscheinend befürchtete der Dalmatiner, die Haushüterin würde das Haus abbrennen! Als meine Schülerin nach Hause zurückkehrte, entdeckte sie eine große Plastiktüte voller Schokoladenkekse im Kühlschrank. Kein einziger Keks war verbrannt. Sie untersuchte die Backbleche auf Spuren von verkohltem Teig. Nichts. Als sie schließlich die Haushüterin fragte: »Haben Sie vielleicht ein paar der Kekse verbrannt?«, erschrak die junge Frau zutiefst. »Woher wissen Sie das?«, fragte sie. Sie hatte zwei ganze Backbleche voller verkohlter Kekse weggeworfen und die Bleche anschließend sorgfältig geschrubbt!

Flugstunden

Die folgende Übung gelingt am besten mit dem Foto eines Tieres, das Sie aufspüren wollen. Blicken Sie in die Augen des Tieres, das Sie finden möchten, und bringen Sie Ihren Geist in Bewegung. Sie werden feststellen, dass Sie durch den leeren Raum reisen, während Sie nach der Tierseele suchen. Sie strecken die Hände aus. Sie springen von einem Kliff. Sie rasen in der Achterbahn in die Tiefe. Sie lassen ganz einfach los. Während Ihrer Suche geben Sie Ihr Ego auf. Stellen Sie sich das Tier und sich selbst als zwei Polaritäten eines Magneten vor. Lassen Sie sich dorthin ziehen, wo das Tier ist. Lassen Sie sich von Ihrer Fantasie mitreißen.

Möglicherweise spüren Sie ein leichtes Gefühl des Schwindels oder der Übelkeit. Das ist die Bewegung, die sich jeder Beschreibung entzieht. In diesem Augenblick lassen wir unsere Alchemie für uns arbeiten. Wir gehen mit unserem Geist über uns selbst hinaus. Stellen Sie es sich als einen übersinnlichen Fallschirmsprung vor – einen Augenblick des mentalen freien Falls. Doch die Schwerkraft zieht uns nicht zur Erde; die Schwerkraft zieht uns dorthin, wo das gesuchte Wesen ist.

Um die göttliche Intelligenz zu finden, schauen wir in uns hinein – wir untersuchen unseren eigenen Zuckerguss und unsere Sahnefüllung, unseren Geschmack und unsere Zusammensetzung. Gott in einem Tier zu finden ist sogar noch leichter. Es kann ihn nicht verstecken – jedes Tier ist ein spirituelles Meisterstück. Sehen Sie die Seele Ihres Tieres als ein Leuchtfeuer an, das wie ein heller Stern in der Dunkelheit funkelt, und fliegen Sie gedanklich darauf zu. Machen Sie sich von Ihren Eindrücken schriftliche Notizen und prüfen Sie, wie viele Informationen der Besitzer des Tieres bestätigen kann.

Zum anderen Ufer gelangen

In den letzten vier Jahren hatte ich das besondere Vergnügen, meine europäische Schülerin Esther Yesudas zu trainieren. Esther schrieb im Alter von fünfzehn Jahren die Sitzung auf, die im Folgenden wiedergegeben wird. Nun ist sie sechzehn und meine jüngste professionelle Tierkommunikatorin. Sie ist auch die begabteste intuitive Seherin, die ich jemals kennen gelernt habe. Esther spricht fließend englisch und deutsch; sie lebt und arbeitet in Deutschland.

> Hatte ich Ihnen nicht über die Katze Blacky geschrieben? Sie ist völlig schwarz, hat grüne Augen, kurzes Fell und ein freches Gesichtchen. Ein Hauch von Geheimnisvollem umgibt sie. Als ich mir die Bilder, die ihre Besitzerin mir schickte, anschaute, war es, als würde sie mich rufen: »Komm schon, komm her und sprich mit mir!«
>
> Also fragte ich sie: »Welche Räume kennst du?« Sie zeigte mir viel mehr als das, was ich sonst von Tieren gewöhnt bin. Sie zeigte mir eine Treppe, die vom Dachboden hinunter auf einen Flur mit vier Türen führte. Zwei der Türen standen einen Spalt offen, und so konnte ich in die Zimmer gehen und sie aus Blackys Sichtwinkel betrachten. Im ersten Raum waren ein Computer und ein dunkler Teppichboden. Der andere Raum war eine Art Schlafzimmer mit weißen Wänden und einem dunklen Boden. Wie die Besitzerin mir bestätigte, stimmte alles! Es war ein Schlafzimmer mit weißen Wänden, doch der Boden hatte dieselbe Farbe wie der im Computerraum.
>
> Da ich nun neugierig geworden war, fragte ich Blacky nach dem Garten. Sie zeigte mir eine helle, halbrunde Mauer. Direkt vor der Mauer sah ich Blumenbeete, und in der Mitte stand eine Statue. Auf dem

Weg vom Haus in den Garten kam man an ein paar Stühlen und einem Tisch vorbei. Links an der Mauer war ein kleines Überdach, das an den Wintergarten der Nachbarn grenzte, und gegenüber lag eine Tür, die in den Garten führte. Beim Verlassen des Gartens ging man über hellbraune Fliesen. Ich habe noch nie erlebt, wie eine Katze mir ihr Zuhause so genau beschrieben hat – und ihre Besitzerin hat mir alles bestätigt – jedes Detail!

Ich wollte nun wissen, wo sie am liebsten schläft. Ich sah eine blaugrüne Decke, die die Besitzerin als Couch identifiziert hat. Links davon sah ich ein langes Büfett und in der Mitte eine Pflanze. Ich konnte zwar das Wohnzimmer nicht sehen, doch ich wusste, dass ich von Blackys Lieblingsschlafplatz ins Wohnzimmer schauen könnte. Ich sah auch einen Fernseher. Wieder bestätigte ihre Besitzerin alles. Daher fragte ich Blacky nach der Farbe ihres Futternapfs und was sie gern fraß. Ich stellte mir einen dunkelblauen Napf vor. Und dann sah ich plötzlich einen silbernen Futternapf. Ich fragte die Besitzerin danach, und sie erklärte mir, dass der Fressnapf silber-blau mit einer dunkelblauen Katze ist. Ist das nicht fantastisch?

Wie Blacky mir sagte, liebt sie das Risiko. Sie berichtete mir auch, dass sie gerne gefährliche Wege geht. Wie sie recht stolz zugab, provoziert sie ihre Besitzerin gern ein bisschen. Auch sollte ich sie fragen, ob sie in den zwei Tagen, in denen sie nicht nach Hause gekommen war, irgendwo eingesperrt gewesen wäre. Sie verneinte das und erklärte, sie hätte sich nur an einem Ort umgesehen (ich vermutete ein Holzhaus, das gerade gebaut wurde), und als ich sie fragte, warum sie nicht nach Hause gekommen sei, antwortete sie mir, als sei ich völlig durchgeknallt: »Warum sollte ich einen so großen Umweg machen, um nach Hause zu gehen, wenn ich am nächsten Tag wieder zum selben Ort zurückgehen wollte? Außerdem ist es viel aufregender, draußen zu schlafen. Es wäre pure Energieverschwendung gewesen, nach Hause zu gehen und wieder zurückzukommen!«

Der übersinnliche Kopfjäger

Nur wenige meiner Schüler haben das Glück, bei der Spurensuche Namen zu erfahren, doch ein Name kann den Unterschied zwischen Erfolg und Misserfolg ausmachen. Der nächste Bericht kommt von meinem talentierten Schüler Marcel Stoller, der in der Schweiz lebt und arbeitet. In diesem Fall leistete Marcel Detektivarbeit, um ein vermisstes Kätzchen aufzuspüren, und antwortete auf eine verzweifelte Suchanzeige in einer Zeitung.

Jeden Tag, bevor ich zur Arbeit gehe, besuche ich dasselbe Restaurant und setze mich an denselben Platz (der immer frei ist, wenn ich hereinkomme) und trinke eine Tasse Kaffee. Ein paar Wochen nach meinem ersten Workshop bei Amelia saß ich wieder einmal auf dem Stuhl – und wie Amelia mir geraten hatte, ignorierte ich das Fernsehen und las stattdessen Zeitung –, als ich plötzlich eine leise Stimme hörte.

Ich schaute mich um und sah einen Hund, der auf dem Schoß seines Frauchens saß. »Hallo. Ich heiße Nora und muss heute Nachmittag um drei zum Tierarzt. Sprich doch bitte mit meinem Frauchen und sage ihr, dass sie mir keine Schmerzmittel geben soll. Ich vertrage die Tabletten nicht. Sie machen mich krank!«

Ich bezahlte meinen Kaffee und stand auf, um an den Tisch der Frau zu gehen. Ich grüßte sie und sagte dann: »Was für ein schöner Hund.« Dann fing ich an, den Hund zu streicheln, und fragte: »Wie heißt er denn?« Die Frau sagte: »Nora. Ich muss sie heute Nachmittag zum Tierarzt bringen.« Ich sagte ihr, dass sie dem Hund besser keine Schmerztabletten geben sollte. Die Frau sah mich erstaunt an. »Gut, dass Sie mich daran erinnern!«, sagte sie. »Ich muss es dem Tierarzt sagen. Vor ein paar Jahren wäre Nora an den Schmerztabletten fast gestorben. Ihr Magen verträgt keine Tabletten.« Ich wechselte rasch das Thema, verabschiedete mich und verließ das Restaurant, bevor sie mir weitere Fragen stellen konnte.

Ein paar Wochen später sah ich Nora wieder. Diesmal humpelte sie auf drei Beinchen. Ich fragte ihr Frauchen, was mit ihr los sei. Sie sagte mir, der Tierarzt habe Noras Meniskus operiert, und sie könne für eine Weile nicht auf dem vierten Bein stehen. Ich sagte schweigend zu Nora, dass die Operation erfolgreich gewesen sei und dass sie bald wieder ohne Schmerzen laufen würde. Ich schickte Nora ein mentales Bild, in dem sie auf allen vier Beinen lief. Gleichzeitig redete ich mit der Frau über das Wetter und verabschiedete mich dann. Beim Gehen warf ich einen Blick zurück und sah, wie die Frau auf ihrem Fahrrad wegfuhr und Nora ihr auf allen vier Beinen folgte. Nora war zwar vorsichtig, doch sie humpelte tatsächlich auf allen vier Beinen! Ich rief: »Ja! Ja! Bravo!« Die Leute um mich herum sahen mich an, als wäre ich meschugge.

Es war in diesem Café, in dem mir zum ersten Mal klar wurde, was es bedeutet, Verbindung mit einem Tier aufzunehmen. Diese Erfahrung gab mir Selbstvertrauen, denn alles, was ich zu der Frau gesagt hatte, stellte sich als wahr heraus. Ich erzähle Ihnen zuerst diese Geschichte, damit Sie verstehen, warum ich in der nächsten Woche völlig sicher war, Dusty aufspüren zu können.
Am folgenden Mittwoch saß ich wieder in demselben Café und trank meinen Morgenkaffee. Plötzlich stellte sich dasselbe Gefühl ein wie an dem Tag, an dem ich mit Nora Verbindung aufgenommen hatte. Doch ich konnte kein Tier im Café sehen und wunderte mich. Dann verspürte ich ein unerklärliches Verlangen, die Zeitung aufzuschlagen. Mein Blick fiel auf eine kurze Anzeige ohne Foto. Darin stand: »Kater vermisst: DUSTY, 6 Monate alt, verschwand in Küssnacht, Schweiz.« Und darunter war eine Telefonnummer angegeben.
In diesem Augenblick kam das seltsame Gefühl zurück. Die Übertragung verlief so schnell, dass ich an nichts anderes mehr denken konnte. Ich holte mein Handy heraus und rief die Nummer an. Die Frau am anderen Ende der Leitung hieß Beatrice Stauffer und war wegen dem Verlust ihres sechs Monate alten Kätzchens in Tränen aufgelöst. Ich sagte ihr, dass ich als Tierkommunikator arbeite und ihr vielleicht helfen könnte, Dusty zu finden. Sie versprach, mir ein Bild von ihm zu schicken. Sobald ich die Fotos erhalten hatte, sah ich in die hellen Augen des winzigen grauweiß gestreiften Tigerkaters und begann mit der Arbeit.
»Was frisst du am liebsten?«, fragte ich Dusty. »Fisch«, hörte ich klar und deutlich.
»Wo schläfst du am liebsten?« Er antwortete: »In meinem Körbchen mit den vielen weichen Stofftieren.«
»Kannst du mir zeigen, wo du wohnst?«, fragte ich. »Ja«, erwiderte er und schickte mir ein mentales Bild seines Hauses.
»Warum bist du von zu Hause weggelaufen?« Er zeigte mir, wie er auf einen Spielplatz zulief.
»Kannst du nach Hause zurückgehen?«
»Nein«, antwortete er.
»Warum nicht?«
»Weil ich in ein Haus eingesperrt bin. Ich kann nicht raus.«
»Kannst du mir das Haus zeigen?«, bat ich. Er sagte: »Klar, aber nur von innen.«
»Geht es dir gut?« – »Ja, mir fehlt nichts. Es geht mir ganz gut.«

»Wirst du nach Hause zurückgehen, wenn du kannst?«, fragte ich ihn.
»Ja, natürlich«, sagte er. »Ich will nach Hause zurück und den Hund ärgern. Das macht Spaß.«
Nach dieser ersten Sitzung rief ich Frau Stauffer an und berichtete ihr, was Dusty mir mitgeteilt hatte. »Er lebt und ist nicht weit weg von Ihnen. Bitte drucken Sie Flyer und hängen Sie sie um den Spielplatz herum auf.«
»Hier ist kein Spielplatz«, sagte Frau Stauffer. Da Dusty mir den Weg zum Spielplatz gezeigt hatte, beschrieb ich ihn ihr. Sie stimmte zu, sich nach dem Spielplatz umzusehen, und rief mich zwei Tage später wieder an.
»Es ist erstaunlich!«, berichtete sie. »Ich habe den Spielplatz gefunden! Und er ist genau da, wo Sie gesagt haben!«
In der Zwischenzeit hatte ich weiter meine Spurensuche nach Dusty betrieben, und er hatte mir noch viele weitere Details gegeben, die ich mit ihr teilte:
»Als ich auf dem Spielplatz war, sah ich einen lustigen, interessanten kleinen Jungen, und so bin ich hinter ihm hergelaufen. Dann hob eine alte Frau mich auf und nahm mich mit. Wir sind ungefähr zehn oder fünfzehn Minuten gefahren. Dann sind wir durch eine Glastür in ein Gebäude gegangen und zwei oder drei Treppen hinaufgestiegen. Und jetzt bin ich hier gefangen. Die Frau zieht sich gern gelb an. Sie kann kaum laufen. Sie hat Schmerzen im Bein und geht ganz langsam.«
Dann hatte er mir viele Dinge in der Wohnung gezeigt. Ich hatte ihn gefragt, ob mit ihm alles in Ordnung sei. Er hatte geantwortet: »Ja, aber ich bin etwas niedergeschlagen.« Ich versprach ihm, dass wir alles in unserer Macht stehende tun würden, um ihn zu finden.
Frau Stauffer rief mich regelmäßig alle achtundvierzig Stunden an, um die Ergebnisse meiner Sitzungen zu erfahren. Sie tat alles, was ich ihr auftrug. Ich schickte sie zu vielen Häusern in ihrer Nachbarschaft und wies sie an, an Dutzenden von Haustüren zu klingeln.
Zwei Tage später rief sie mich wieder an: Sie hatte keinen Erfolg gehabt. Niemand hatte auf die Flyer reagiert, die sie aufgehängt hatte, und sie hatte alle Häuser in der Umgebung aufgesucht, doch niemand wusste etwas über Dusty.
»Ich bin mit den Nerven fertig! Wir müssen die Suche aufgeben«, sagte sie in Tränen.
Ich sagte ihr, ich sei sicher, wir würden Dusty finden. Ich wusste, dass er noch am Leben war, weil er mir so viele Einzelheiten gezeigt hatte.

Ich flehte sie an, noch einmal alle Tierärzte in der Nähe anzurufen. Und ich versicherte ihr, wieder Verbindung mit dem armen kleinen Kater aufzunehmen.

Am selben Abend sprach ich wieder mit Dusty. Es war die letzte Sitzung, in der er »normal« klang. Ich bat ihn, mir irgendetwas Neues zu zeigen, damit ich ihn finden könnte. Er zeigte mir alles, was er sah, doch es war nichts Neues dabei. Ich sagte ihm, dass es nicht ausreiche. Dann flehte er mich an: »Bitte hilf mir! Ich hab genug von dieser Frau. Ich will nach Hause. Es macht hier keinen Spaß. Es ist langweilig und traurig hier. Bitte hol mich hier raus!«

Daher riet ich ihm: »Dusty, ärgere die Frau, damit sie dich aussetzt, und nimm dann Verbindung mit mir auf. Draußen können wir dich viel leichter finden. Tu so, als seist du verrückt! Wenn sie dich aufhebt, beiße sie. Klettere die Vorhänge hinauf. Und wenn sie die Tür aufmacht, renn ganz schnell hinaus!«

Er sagte nur: »Also gut, ich versuche es.« Ich rief Frau Stauffer an und wies sie an, jeden Tag draußen nach Dusty zu suchen, da er bald wieder in Freiheit sein könnte.

Ein paar Tage später rief Frau Stauffer mich deprimiert und entmutigt zurück. Sie sagte: »Ich gebe endgültig auf! Vielen Dank für Ihre Mühe. Vielleicht begegnen wir uns einmal. Alles Gute und auf Wiedersehen!«

Ich war in Panik. Ich wollte die Katze nicht so einfach aufgeben. Am selben Abend sprach ich nach der Arbeit wieder mit Dusty und fragte ihn: »Bist du immer noch drinnen oder bist du jetzt draußen?«

»Das weiß ich nicht.«

»Wo steckst du?«

»Das weiß ich nicht.«

»Hmm, was ist passiert?«

»Weiß nicht.«

Ich fragte ihn alles, was mir einfiel, um herauszufinden, wo er sich befand – wovon er sich ernährte und über die Frau. Doch er antwortete immer nur »Ich weiß nicht«. Ich war verwirrt und schrecklich gefrustet. Schließlich hörte ich auf, ihn zu kontaktieren. Im Rückblick ist mir klar, dass ich vergessen hatte, ihn nach seinem körperlichen Zustand zu fragen!

Nach jener furchtbaren Nacht nahm ich mir fest vor, Frau Stauffer die Fotos von Dusty zurückzuschicken. Doch vier oder fünf Tage lang vergaß ich es, und Dusty ging mir nicht aus dem Sinn. Schließlich beschloss ich eines Abends, es noch ein letztes Mal zu versuchen. Und plötzlich hatte ich einen neuen Einfall! Ich wollte ihn fragen, was er hörte, wenn das Telefon klingelte. Er sagte: »Hallo. Ich bin so müde. Ich höre mehrmals am Tag den Namen ›Meyer‹, wenn das Telefon klingelt.«

So schnell ich konnte rief ich Frau Stauffer an und sagte ihr, dass sie sämtliche Meyers in ihrer Straße und den fünf Straßen der Umgebung anrufen sollte. Wenige Tage später rief sie mich völlig verzweifelt an. Sie sagte: »Ich habe in den letzten zwei Tagen mehr als zwanzig Meyers angerufen, aber die richtigen Meyers habe ich nicht gefunden.«

Sie wollte wieder aufgeben, doch ich flehte sie an, ein letztes Mal alle Tierärzte in der Umgebung anzurufen. Ich fühlte, dass Dusty ganz in ihrer Nähe war, und ich konnte ihn nicht aufgeben. Am nächsten Morgen rief sie mich wieder an und fing an zu weinen.

»Ich habe Dusty gefunden!«, sagte sie unter Tränen. »Er ist in einer Tierarztpraxis in der Nähe und hat ein gebrochenes Bein. Ich habe dem Tierarzt von den schrecklichen letzten Wochen erzählt, und auch ein bisschen über Sie – aber nicht zu viel, weil die Tierärzte nicht an Tierkommunikation glauben. Keiner hat mir meine Geschichte abgenommen, aber dann kam eine Assistentin des Tierarztes ins Zimmer und hörte, was ich sagte. Sie sagte ganz laut: ›Ich heiße Meyer!‹« Wie Frau Stauffer berichtete, war der Tierarzt drauf und dran gewesen, Dusty in ein Tierheim zu geben. Hätte sie noch einen Tag länger gewartet, hätte es zu spät sein können. Anscheinend hatte die alte Frau den Kater mit dem gebrochenen Bein abgegeben, und der Tierarzt hatte ihn behandelt und wusste nicht wohin mit dem Tier.

Nach dem glücklichen Ausgang nahm ich noch einmal mit Dusty Verbindung auf und dankte ihm für seine Hilfe. Ich fragte ihn auch, warum er mir nicht mehr über die Geschehnisse der letzten Tage verraten hatte, sonst hätte ich ihn schneller aufspüren können. Er sagte: »Erstens wurde ich für die Operation unter Narkose gesetzt und war völlig erschöpft. Und zweitens hast du mir nicht die richtigen Fragen gestellt. Wenn du in Zukunft mit einer Katze kommunizierst, musst du deine Fragen kurz halten. Menschen labern und labern, und am Ende haben sie nichts Wichtiges gesagt. Das nächste Mal, wenn du mit einem Tier sprichst, halte das Gespräch kurz, dann erfährst du alles, was du brauchst. Ich wünsche dir viel Glück für die Zukunft und dass du vielen Tieren auf der Erde helfen kannst.«

Wow! Dieser Kater war nicht älter als sechs Monate! Und er konnte sich so klar ausdrücken! Das hat mich sehr beeindruckt.

Wie mir im Nachhinein klar wurde, hatte Dusty nur »Ich weiß es nicht« sagen können, weil er für die Operation an seinem gebrochenen Bein narkotisiert worden war. Die Schmerzen in seinem Bein hatte ich nie gespürt, aber ich hatte auch nie eine Körperuntersuchung an ihm ausgeführt. Das war mein großer Fehler. Nach der Erfahrung mit Dusty schrieb ich auf einen großen Zettel, den ich in meinem Zimmer aufgehängt habe: »JEDES MAL, WENN DU MIT EINEM TIER VERBINDUNG AUFNIMMST, UNTERSUCHE ZUERST SEINEN KÖRPER! OHNE AUSNAHME!!«

Das Dach reparieren, während die Sonne noch scheint

Marcel steht mit seiner Erfahrung, mit einem Tier zu kommunizieren, das seine Verletzung nicht erwähnt, nicht allein da. Dasselbe ist auch mir schon passiert. Doch aus dem, was ich aus ihren Gesprächen heraushören kann, vermute ich, dass Dusty Marcel mitgeteilt hatte, dass es die Frau im gelben Kleid war, die ihn am Bein verletzt hat, und dass Marcel diese Information möglicherweise durcheinander gebracht hat. Vielleicht hat er »Schmerzen im Bein« gehört und geglaubt, diese Worte würden im Zusammenhang mit dem mentalen Bild der Frau stehen. Oder vielleicht war Dusty verwirrt. Vielleicht war sein Bein taub. Doch noch wahrscheinlicher ist, dass Dusty ein frecher kleiner Kater ist, der seine Verletzung nicht zugeben wollte. Er erinnert mich an meinen Kater Mr. Jones, der blutig und angeschlagen nach Hause kam und mir nur sagte: »Ach, verdammt, Süße, das hat nichts zu bedeuten! Zerbrich dir deswegen nicht dein hübsches Köpfchen!« Von allen Tieren tendieren Katzen am wenigsten dazu, über ihre Verletzungen und Probleme zu klagen. Wenn Sie also medizinische Erkenntnisse über eine Katze brauchen, müssen Sie manchmal wie eine Bulldogge dranbleiben.

Ausdauer ist alles. Um diese Techniken erfolgreich anzuwenden, braucht man Disziplin und Selbstvertrauen. Marcel hat uns bewiesen, dass Zähigkeit tausend Wunschträume wert ist. Ich bewundere seine Begabung, aber genauso bewundere ich seinen Mut. Er hat uns auch gezeigt, wie wichtig es ist zu lernen, die richtigen Fragen zu stellen.

Nun zu dem Wochenendausflug, den Blacky Esther beschrieben hat: Wir wollen versuchen, den Kurzurlaub aus ihrer Sicht zu sehen. Erstens stromern Katzen gern umher. Vor allem Kater. Wenn Ihr Kater das Wochenende über wegbleibt, hat er Ihnen seine Pläne zweifelsohne vorher mitgeteilt. Er könnte so etwas gesagt haben wie: »Weißt du was, Mama? Am anderen Ende der Straße ist eine echt coole Baustelle, die ich mir unbedingt näher ansehen will. Wahrscheinlich bleibe ich über Nacht weg, weil gleich nebenan eine heiße Mieze wohnt, die ich anbaggern muss. Außerdem ist in der Gegend auch ein fieser gelber Kater, der immer am Fenster sitzt und freche Sprüche klopft. Den Typ werde ich mir mal vorknöpfen. Mach dir keine Sorgen um mich; am Montag bin ich wieder da. Bleib wegen mir nicht wach.« Und wenn Sie eine Frau von heute sind, dann sind Sie wahrscheinlich zu sehr gestresst und abgelenkt, um ihn zu hören. Und wenn er dann verschwunden ist, geraten Sie in Panik.

Das beste Mittel, um dieses unnötige Leiden zu vermeiden, ist, jetzt schon Spurensuche zu üben! Versuchen Sie jedes Mal, wenn Sie Ihr Haus betreten, mental Ihre Katze zu orten. Oder nehmen Sie liebevoll Verbindung zu Ihrem Kater auf, noch bevor Sie nach Hause zurückkehren, und versuchen Sie, sich genau die Stelle vorzustellen, an der er sich gerade aufhält. Testen Sie täglich Ihre neu erworbene Fähigkeit. Wenn Sie drinnen sind und Ihre Katze ist draußen, versuchen Sie zu spüren, ob sie vor oder hinter dem Haus ist, und schauen Sie dann nach, um zu sehen, ob Sie mit Ihrer Vermutung richtig lagen. Es gab eine Zeit in meinem Leben, als meine große Liebe ein herrlicher Maine-Hauskater namens Mr. Jones mit grünen Augen war – ich habe ihn schon mal erwähnt. In den acht Jahren, die wir miteinander teilten, stand ich jeden Tag und ständig in telepathischer Verbindung mit ihm. Ich fragte ihn mental: »Wo bist du gerade?«, und dann erhielt ich ein Bild von ihm auf der Terrasse. Wenn ich dann hinaus auf die Terrasse ging, sonnte er sich dort gerade. Oder wenn er mir mitteilte, er sei hinten im Garten, fand ich ihn hinten im Garten. Ich gab ihm nie einen Grund, vor mir wegzulaufen, und er tat es auch nie. Es gab zwar ein paar schreckliche Augenblicke, in denen er mir wegen irgendeines Problems SOS funkte, während ich nicht zu Hause war, doch da unsere Kommunikation so reibungslos funktionierte, konnte ich immer Schlimmeres verhindern, indem ich auf die Warnungen meines kleinen Informanten hörte. Ich liebte und verehrte ihn abgöttisch, doch ich achtete darauf, ihm nie auf die Nerven zu gehen, und so ließ er mich acht ganze Jahre lang nicht aus den Augen. Meistens konnte er es nicht einmal ertragen, in einem anderen Zimmer zu sein. Es war wahre Liebe.

Wenn Sie Ihre Katze nicht irritieren (indem Sie sich laut, neurotisch oder gefühllos verhalten), wird sie kaum Grund dazu haben, eine große Entfernung zwischen sich und ihren Futternapf zu legen. Hunde laufen jedoch aus anderen Gründen von zu Hause weg. Wenn Ihr Schoßhund einen Tunnel unter Ihren Zaun gräbt und wie eine Rakete davonschießt, tut er dies meist, weil er in Ihrer Obhut nicht genug Auslauf erhält. Wenn Ihre Hündin in der Gegend umherstreunt, dann ist ihr – wie Chloe – der Garten einfach nicht groß genug. An einer Leine zu laufen macht keinen Spaß. Hunde müssen rennen (an Orten, die sich für Hunde eignen!). Wenn Sie nicht mit Ihrem Hund rennen können, können Sie vielleicht ein Nachbarkind finden, das Ihrem Hund den nötigen Auslauf bietet, während es Rollschuh läuft (das Kind, nicht der Hund).

Ein weiterer wichtiger Faktor, der für streunende Hunde gilt, ist Einsamkeit. Hunde sind unglaublich gesellige Tiere, die am liebsten in Rudeln leben. Sie laufen weg, um andere Hunde zu finden. Wenn Ihr Hund sich langweilt, und vor allem, wenn er andere Hunde in der Nachbarschaft bellen hört, kann man beinahe darauf wetten, dass er versuchen wird, unter dem Zaun durchzuschlüpfen und den Nachbarhund zu besuchen. Stellen Sie sich vor, Sie wären in einer Gefängniszelle und könnten dem Häftling in der Nachbarzelle zurufen, ohne ihn je zu Gesicht zu bekommen. Oder angenommen, es geht Ihnen zwar gut, aber Sie haben eine Freundin gefunden, mit der Sie nur telefonisch kommunizieren und die Sie nicht kennen lernen können. Würden Sie nicht auch versuchen, das zu ändern? Wenn wir solche Probleme erkennen, bevor sie auftreten, können wir uns viel späteres Leid ersparen.

Im nächsten Kapitel behandeln wir die Lösungen zahlreicher praktischer Probleme. Auch befassen wir uns mit einigen allgemeinen Fragen – nicht nur über intuitive Kommunikation, sondern auch über Tierverhalten im Allgemeinen, die Ihnen nützlich sein können, um genauere Einschätzungen vornehmen zu können.

7

Probleme mit Anmut lösen

Die größte Sünde gegen unsere Mitmenschen ist nicht Hass, sondern Gleichgültigkeit. Das ist das Wesen der Unmenschlichkeit.
George Bernard Shaw

Ich leitete gerade einen Workshop im idyllischen ländlichen Raum außerhalb von Hannover in Deutschland, als eine sehr kleine Lehrerin mir eine sehr große Lektion erteilte. Obwohl es mir Spaß machte, von so vielen wissbegierigen, strahlenden deutschen Schülern umgeben zu sein, litt ich noch unter den Folgen einer ernsten Bronchitis und war völlig erschöpft. Wenn ich mich abends auf mein Zimmer zurückzog, wollte ich mich nur noch ins Bett schleppen, ausgiebig husten und das Alleinsein genießen. Meine Beziehung zum Alleinsein war wie die Beziehung der meisten Frauen zu Schokolade: Ich konnte nicht genug davon kriegen.

Doch als ich am ersten Abend auf mein Zimmer ging, entdeckte ich, dass ich versehentlich mein Fenster offen gelassen hatte. Auch wenn ich ein Einzelzimmer gebucht hatte, stellte ich wenig erfreut fest, dass ich plötzlich eine Zimmergenossin hatte – und dazu noch eine sehr laute. Ich versuchte, sie aus dem Fenster zu scheuchen, doch sie wich mir immer wieder geschickt aus. Je irritierter ich wurde, desto lächerlicher wurden meine Versuche, sie loszuwerden, während ich sie in einem wilden Affentanz durch das ganze Zimmer jagte. Schließlich hockte sie sich auf die

Vorhangstange, um sich auszuruhen. Ich konnte ihr winziges Gesicht zwar nicht sehen, aber ich bin sicher, sie lachte mich aus.

Ich weiß nichts über die Stimmbänder eines Brummers, und noch nicht einmal, was seinen eingebauten Summer zum Summen bringt. Vielleicht ist das Summen der Fliegen dasselbe wie das Schnurren einer Katze, aber das hier war die Operndiva aller Fliegen – das heißt, eine Operndiva, die auf dem Rücksitz einer Harley mit den Hell's Angels über die Schnellstraße donnert. So etwas hatte ich noch nie gehört. Völlig entnervt stöpselte ich mir die Ohren zu und versuchte zu schlafen. Summ, summ, summ. Sie landete auf meinem Arm. Ich verscheuchte sie. Summ, summ. Noch lauter landete sie auf meinem Ohr. »Igitt!« Ich schlug nach ihr. »Hey Lady, ich sagte ›Summ, summ‹!« Sie ließ sich auf meiner Wange nieder und biss mich herzhaft. »Aauu!«, schrie ich und schlug auf die Luft ein. Irgendwann fiel ich in einen unruhigen Schlaf.

Als ich aufwachte, stand sie auf meiner Stirn und beugte sich wie ein Geier über meine Augenlider. »Guten Morgen! Summ, summ!«, sagte sie. »Hau ab!«, brüllte ich und schlug nach ihr. Ich rannte ans Fenster, riss es auf und flehte sie an zu verschwinden, doch stattdessen zog sie mein Kopfkissen vor. Da sie mich die ganze Nacht über gepiesackt hatte, wollte sie sich nach der Anstrengung nun wohl ein bisschen Schlaf gönnen. Ich schleuderte das Kopfkissen umher, doch sie trickste mich aus und landete immer wieder auf der Decke – wie ein Kleinkind, das auf dem Bett herumspringt. Sie hatte mich ins Herz geschlossen. Ich machte ihr Spaß.

Ich war nach Deutschland geflogen, um Tierkommunikation zu lehren. Die Techniken der nonverbalen Anweisungen, die auf große Tiere zutreffen, treffen auch auf Insekten zu. Und so war es besonders peinlich für mich, dass ich es nicht schaffte, das kleine Biest zur Räson zu bringen. Gerädert wankte ich aus meinem Zimmer, um den langen Unterrichtstag zu beginnen. Am Abend war sie immer noch in meinem Zimmer und immer noch voller Energie. Anscheinend hatte sie sich tagsüber ausgezeichnet ausgeruht. Mittlerweile kochte ich vor Wut und hasste sie. Ich jagte sie quer durch den Raum und drohte ihr, sie umzubringen, doch sie lachte nur. Als ich schließlich erschöpft ins Bett sank, führte sie einen adretten kleinen Balletttanz auf meinem Körper auf, biss mich kräftig in den Finger und schlief auf meiner Hand ein.

Am nächsten Morgen war sie da – oder vielleicht sollte ich sagen: waren wir da. Obwohl mein Zimmer in der Zwischenzeit zweimal sauber gemacht worden war, hatten auch die Putzfrauen meine Zimmergenossin nicht verscheuchen können. Doch Zeit heilt alle Wunden, und es hatte sich etwas geändert. Als ich an dem Abend nach einem langen Arbeitstag die Tür zu meinem Zimmer öffnete, war mein erster Gedanke: »Wo ist meine Fliege?« Ich suchte im ganzen Raum nach ihr, und als ich sie fröhlich auf der Duschkabine sitzen sah, atmete ich erleichtert auf. »Gott sei Dank geht es dir gut«, flüsterte ich. Dann dämmerte mir, dass ich sie in den achtundvierzig Stunden, die wir nun schon zusammen waren, noch nichts hatte essen sehen. Ich hatte zwar Lebensmittel auf dem Zimmer, doch die waren alle fest in Plastiktüten gewickelt.

»Du bist sicher am Verhungern«, sagte ich und schälte eine überreife Banane, die ich dann auf meinen Nachttisch legte. Manna war vom Himmel gefallen! Der Brummer flog schnurstracks auf die Banane zu und fiel hungrig darüber her.

»Wie dumm von mir«, sagte ich mir seufzend. Die natürliche Lebensspanne der armen Kleinen lag wahrscheinlich bei unter dreißig Tagen. Sie hatte gerade ein Zehntel ihres Lebens mit Hungern verbracht – und dabei schimpfe ich mich eine Tierfreundin! Wenn ein ausgesetzter Hund auf Ihrer Türmatte steht, würden Sie ihn doch auch füttern, oder? Aber eine Hausfliege? Nie im Leben! Warum eigentlich nicht? So schaute ich meiner Fliege zu, während sie sich verzückt an der Banane labte. Ich stellte ihr noch ein Glas Wasser und eine Handvoll Körner hin und sank in einen sanften Schlummer, während die Bremse friedlich neben meinem Kopf saß.

Um drei Uhr nachts wachte ich schlagartig auf. Jetlag ist der treuste Verehrer, den ich je hatte; er folgt mir überallhin. Als ich die Lampe auf dem Nachttisch anknipste, war mein erster Gedanke: »Wo ist meine Fliege?«

Sie hockte auf dem Lampenschirm und verdaute friedlich das Festmahl. In diesem Augenblick kam mir der nächste Geistesblitz. Mir fiel plötzlich ein, dass sie ganz allein in mein Zimmer eingesperrt war und schon drei Tage ihres kostbaren Lebens mit mir verbracht hatte – vielleicht auch schon viel länger hier war. Wie viele Tage hatte sie noch zu leben? Und fühlte sie sich etwa einsam? Vielleicht sehnte sie sich nach einem Freund?

Also ging ich ans Fenster und steckte den Kopf hinaus, um durch den Morgennebel in den Sternenhimmel zu blicken. Der deutsche Wald ist kühl und ätherisch, in der Luft liegt ein Zauber, und die Märchen unserer Kindheit bleiben in diesen Wäldern erhalten und steigen wie Gespenster in Nebelschwaden auf. Ich konzentrierte mich darauf, den Seelengefährten meines Brummers mental anzuziehen, doch in der nächtlichen Stille rührte sich nichts. Es war eine fliegenlose Nacht. Ich blieb ungefähr zehn Minuten am Fenster stehen, bis ich schließlich das Fenster wieder schließen wollte. Doch noch bevor ich es zugezogen hatte, schwirrte etwas vor meiner Nase herum. Es flog direkt auf den Lampenschirm zu und landete neben meiner Zimmergenossin. Ich ging hin, um es mir näher anzusehen.

Er war viel größer als sie und hatte eine merkwürdige Grünfärbung. Irgendetwas an ihm war plump und ungeschickt. Er war kein Brummer. Ich habe zwar keine Ahnung, was für eine Kreatur er war, aber wenn ich ein Insekt nicht benennen kann, nenne ich es einen »Brummelhummelsummel«. Der Brummelhummelsummel stellte sich mit angemessenem Abstand neben meine Fliege. Er verlagerte sein Gewicht von einem Beinchen auf das andere und wusste anscheinend nicht, was er zu der Dame sagen sollte. Es war zwar eindeutig, dass er auf ihre Banane stand, aber er versuchte, den Mut aufzubringen, sie darum zu bitten. Obwohl er höflich war, war er offensichtlich nicht ihr Typ. Nun musste meine kleine Freundin mit einem Typ zu Abend essen, der noch nicht einmal ihre Spezies war. Meine Gedanken wanderten ab und ich döste vor mich hin, während das ungleiche Paar auf meinem Nachttisch immer noch nervös versuchte, das peinliche Blind Date zu beenden. Völlig unerwartet verspürte ich den Drang aufzuspringen. Ich rannte ans Fenster und riss es auf. Einen Augenblick lang stand ich da und hatte keine Ahnung, was ich tat oder warum ich am Fenster stand. Schließlich segelte ein einzelner Fliegerich ins Zimmer. Er flog zielbewusst auf meine Zimmergenossin zu und stellte sich ganz nahe neben sie. Ich setzte meine Brille auf, um die jüngste Entwicklung der Dinge besser verfolgen zu können.

Er war etwas größer als sie, dunkler, stämmiger und hatte längere Beine. Er war nicht nur der größte, dunkelste und gut aussehendste männliche Brummer, der mir je über den Weg gelaufen war, sondern er wirkte sogar jünger als sie. »Los, reiß ihn auf, Schwester!«, keuchte ich aufgeregt. Sie hatte ihren Traumprinzen gefunden – und er war sogar ein junger Hengst! Er blieb treu an ihrer Seite auf dem Lampenschirm stehen und vergriff sich nicht an ihrer Banane. Er war eindeutig nicht hinter ihrer Mitgift her.

Wir alle schliefen ruhig in dieser Nacht, und niemand störte meinen Schlaf. Wie ich am nächsten Morgen feststellen konnte, waren die beiden kleinen Eindringlinge immer noch voneinander verzaubert, während der Brummelhummelsummel wie ein stolzer Onkel zuschaute. Jetzt hatte ich nicht einen Zimmergenossen – ich hatte drei.

Natürlich ist Ihnen klar, dass ich Vermutungen anstelle, um Ihnen eine nette Geschichte erzählen zu können. Ich kann nicht mit Sicherheit sagen, ob sie wirklich eine sie war oder er ein er. Vielleicht waren die Frischvereinten zwei Schwule. Oder vielleicht waren es Lesben. Alles was ich weiß ist, dass sie miteinander glücklich waren, und dass ich sehr stolz darauf war, sie zusammengebracht zu haben. Ich war zur Kupplerin von Vielbeinern geworden. Sie waren jetzt »meine« Fliegen, und so fütterte und versorgte ich sie, bis ich aus dem Zimmer auszog. Am Tag, an dem ich abreiste, flogen sie alle zusammen aus dem Fenster.

Ich habe ausführlich über Eigentum nachgedacht. Das Konzept »meins« oder »nicht meins« scheint für die Wiederherstellung oder Zerstörung unserer natürlichen Welt von zentraler Bedeutung zu sein. »Meins« bedeutet, dass das für sich beanspruchte Objekt der Liebe wert ist. »Nicht meins« sagt aus, dass jemand anderes dafür verantwortlich ist. Eines meiner Lieblingszitate stammt aus der Bhagavad Gita: »Solange ihr nicht lernt, jedes Kind auf der Welt so zu lieben, als wäre es euer eigenes, wird es auf der Welt immer Krieg geben.« Uns wurde beigebracht, Stücke der Welt um uns herum abzubrechen und unter dem Schirm unserer Liebe als »unser Eigentum« zu beschützen. Wir haben gelernt zu rationalisieren, der Rest der Welt sei unseres Schutzes nicht wert. Es kann viele Jahre dauern, das aus unseren Köpfen wieder herauszubekommen. Vielleicht war es für meine kleine Fliege Liebe auf den ersten Blick; ich war vom ersten Augenblick an »ihr« Mensch. Aber sie war nicht sofort »meine« Fliege. Sie brachte viel Zeit und Mühe ein, um mir das Lieben beizubringen.

Sie mögen die Geschichte über meine winzige Insektenfreundin für lächerlich oder unbedeutend halten, doch das ist sie nicht. Der meisterhafte Lehrer der Kirche der Religionswissenschaft, Emmet Fox, hat gesagt: »Das Ziel der metaphysischen Bewegung ist, die Übung der göttlichen

Präsenz zu lehren.« Doch wie können wir die göttliche Präsenz üben? Indem wir ihre schweigenden Zeugen sind. Indem wir da sitzen und zuschauen. Ich glaube, die göttliche Stimme wird in den einfachsten Augenblicken des Lebens am lautesten – wenn wir Gottes stimmlosen Geschöpfen still zusehen. Der göttliche Schöpfer war in diesem Brummer, in diesem Zimmer, in jener Nebelnacht, und als ich die göttliche Intelligenz bat, meiner Freundin einen Gefährten zu senden, antwortete das Universum ohne zu zögern. Fox lehrt uns weiterhin: »Wir üben die göttliche Präsenz, indem wir Gott überall sehen, in allen Dingen und in allen Völkern, auch wenn der Augenschein das Gegenteil zu sagen scheint. Wenn wir also den Augenschein des Bösen erblicken, blicken wir hindurch zur Wahrheit, die dahinter liegt.« Mein Hass der kleinen Fliege gegenüber ruinierte nicht nur meinen Aufenthalt, sondern auch ihr Leben. Solange ich sie als Störenfried betrachtete und verfluchte, sah ich sie als böse an. Die göttliche Intelligenz konnte durch mich nichts erreichen, solange ich damit beschäftigt war, eine Idiotin zu sein. Also war der erste Schritt in dem Prozess, das Göttliche in meiner Nemesis zu sehen und mich daher um ihr Wohlbefinden zu kümmern.

Brennende Fragen

Warum beginnt dieses Kapitel mit einer Geschichte über eine Bremse? Weil es überall, wohin ich auch gehe, zwei Themen gibt, wozu mir die Menschen mehr Fragen als über alles andere stellen: den Tod und Insekten. In späteren Kapiteln werden wir uns mit dem Wunder des himmlischen Aufstiegs und mit einem noch größeren geheimnisvollen Phänomen, der Reinkarnation, beschäftigen. Doch zuerst möchte ich mit Ihnen über Insekten sprechen, da ich versuchen will, ein paar Antworten auf die Fragen über Geschöpfe und Bewusstsein zu beantworten, über die Sie sich vielleicht den Kopf zerbrechen.

Insekten und Spinnen sind zweifellos die mysteriösesten Nachbarn auf unserem Planeten, und in vielerlei Hinsicht ähneln sie eher winzigen außerirdischen Wesen als Tieren. Dennoch reagieren sie auf Quantenfelder und telepathische Gedanken, selbst die der großen, plumpen Menschen. Die Erfolgsgeschichten aus aller Welt von Menschen, die mentale Verbindung zu Spinnen, Motten und Schmetterlingen aufgenommen haben – um nur ein paar Insekten zu nennen – sind zahlreich und wunderbar. Ich hatte schon viele persönliche Erfolge mit Spinnen und viele Misserfolge mit Ameisen (die einer meiner deutschen Freunde »die Polizei des Erdbodens« nennt). Während geflügelte Wesen fast immer telepathischen Anweisungen Folge leisten, um ihr eigenes Leben zu retten, tendieren Ameisen eher dazu zu sagen: »Hey Lady, fahre deine Antennen woanders aus! Ich habe einen Auftrag zu erledigen!«

Da wir so groß sind, ist es auch möglich, dass wir völlig außerhalb des Insektenparadigmas liegen und sie unsere Gegenwart nicht wirklich spüren. Größe ist etwas Seltsames. Wenn man bedenkt, wie oft wir Insekten übersehen, kann man sich leichter vorstellen, wie sie uns übersehen können. Natürlich können Insekten wie alle anderen Lebewesen denken und fühlen, und es ist schließlich nicht ihre Schuld, dass wir ängstlich vor ihnen zurückweichen, weil sie Flügel und zu viele Beine haben. Es ist auch nicht fair, dass wir ihre Intelligenz anzweifeln, während die soziale Struktur der Ameisen, Bienen und Termiten die menschliche Gesellschaft wie eine Horde von Panzerknackern aussehen lässt. Anscheinend kommunizieren Ameisen besser miteinander als Menschen. Können sie sprechen? Keine Ahnung. Es sieht ganz danach aus. Ich habe zwar gehört, dass chemische Stoffe, die Pheromone genannt werden, bei der Kommunikation der Insekten eine wichtige Rolle spielen, aber gibt es vielleicht auch noch etwas anderes?

Muss eine Ameise wirklich meine Wohnung verlassen und den weiten Weg zum Ameisenhügel zurücklegen, um ihre Freunde zu holen? Und was ist, wenn sie dies tatsächlich tut? Klopft sie dann ihrem Bruder auf die Schulter und flüstert: »Psst – Party in Amelias Wohnung! Sag der ganzen Verwandtschaft Bescheid.« Oder stellt sie sich bloß auf meinen Balkon und sendet in die Nachbarschaft aus: »Amelias Staubsauger ist kaputt! Kommt alle rein! Sie ist eine Schlampe, und unter ihrem Sofa gibt es genug Tortillachipkrümel, um uns alle wochenlang im Überfluss schwelgen zu lassen!«

Ich werde Ihnen eine Ameisengeschichte erzählen, und sie ist nicht besonders lustig. Meine Freundin Linda Sivertsen liebt Gottes Geschöpfe wie ihre eigenen Kinder. Eines Tages entdeckte sie Ameisen in ihrer Küche, und obwohl sie sie gewöhnlich friedlich bei sich leben ließ, erwartete sie an jenem Tag Gäste. Sie wollte kein Ameisengift verwenden, und so fing sie an, die Ameisen zusammenzukehren. Sie warf einen Blick auf die

Handschaufel und sah eine Ameise, die sich auf ihre Hinterbeine stellte und die beiden Vorderbeine über dem Kopf schwenkte. Die Ameise schaute Linda bei der Ausrottung ihrer Familie und Freunde zu und signalisierte ihr wie wild, als wollte sie sagen: »Oh, diese Menschheit! Hör mit dem Töten auf!« Lindas Herz ist so weich, dass sie schluchzend zusammenbrach und ihren Sohn Tosh in die Küche rief. Der neunjährige Tosh sah mit erstaunten Augen zu, während sie die heroische Ameise, die auf ihren Finger geklettert war, vorsichtig in den Garten beförderte. Die Ameise blieb auf ihren beiden Hinterbeinen stehen und schwenkte immer noch die Vorderbeine über dem Kopf, bis sie im Garten angelangt waren, wo Linda sie sanft ins Gras setzte.

Sie rief mich an und schrie mir diese unglaublichen Neuigkeiten ins Ohr. Wie sie sagte, habe die Ameise mindestens zehn Minuten lang mit den Vorderbeinen gestikuliert. Um die Sache noch schlimmer zu machen: Knapp zwei Wochen später passierte mir genau dasselbe. An einem heißen kalifornischen Sommerabend erwischte ich mich dabei, wie ich Ameisen tötete. In meiner eigenen Küche, auf meiner eigenen Spüle sprang eine Ameise auf und stellte sich wie ein klitzekleiner Mann auf die Hinterbeine. Sie winkte mir voller Panik zu, wie ein Flughafenarbeiter auf der Rollbahn, der versucht, mit der Flagge einen Jet zur Landung zu bringen. »Stopp das Massaker!«, schrie die Ameise. Auch ich hob sie auf, brach in Tränen aus und entschuldigte mich dafür, dass ich so bescheuert war. Dann bat ich eine meiner europäischen Schülerinnen, mit meinen Ameisen telepathischen Kontakt aufzunehmen. Sie mailte mir den Grund: »Amelia, sie suchen nur nach *Wasser!*«

Also herrscht in diesem Sommer Waffenstillstand. Ich habe aus einem flachen Plastikunterteller ein Schwimmbad für die Ameisen geschaffen und es direkt vor meine Haustür gestellt. Es hat sogar den Plastikstiel eines Eis-am-Stiels als Rutschbahn für die lieben Kleinen. Jeden Tag hinterlasse ich einen Löffel Honig oder ein paar Essenskrümel neben der Rutschbahn, damit sie am Pool einen Snack zu sich nehmen können. Sind sie in meine Wohnung eingedrungen, seit ich ihnen den Luxuspool mit Wasserrutsche zur Verfügung stelle? Natürlich nicht! Wäre ich schon vor Jahren auf die Idee gekommen, dann hätte ich viele, viele winzige Leben erhalten.

Zusammengefasst kann man sagen, dass Insekten wahrscheinlich telepathisch kommunizieren können, und dass sie vermutlich ständig versuchen, mit uns zu sprechen – und dass sie Menschen höchstwahrscheinlich für einen Haufen von Hirnamputierten halten. Wir schaffen es nicht einmal, miteinander klarzukommen – ganz zu schweigen davon, mit ihnen auszukommen.

In diesem Kapitel will ich Ihnen zeigen, wie man telepathische Anweisungen sendet, die sogar auf Insekten zutreffen, doch lassen Sie uns zuerst einige andere praktische Belange klären. Wir haben von der Spurensuche bis hin zur Körperuntersuchung alles behandelt. Nun wollen wir ein paar grundsätzlichere Dinge und Fragen angehen, die mir von den Menschen am häufigsten gestellt werden.

Verstehen Tiere die menschliche Sprache?

Zweifellos! Je sozialisierter das Tier ist, desto höher liegt die Wahrscheinlichkeit, dass es Worte aussendet. Sie werden eher Worte von kleinen Hunden empfangen, die von ihrem Herrchen oder Frauchen überallhin mitgenommen werden, oder von Katzen, die sehr auf Menschen bezogen sind, und von Papageien, die menschliche Gefährten haben, als von exotischen Tieren, Farmtieren und Fischen. Pudel, die ihre Menschenmutter in die Geschäfte und den Kosmetiksalon begleiten, sind oft in der Lage, Ihnen die Namen der Freundin ihres Frauchens zu nennen, mit der es gestern telefoniert hat, und welche Art von Musik es gern im Radio hört.

Musik wird von meinen Tierklienten immer erwähnt. Die meisten Tiere mögen klassische Musik oder Jazz – aber erinnern Sie sich noch daran, dass der Schäferhund Harry die Oldiemusik geliebt hat, die sein Herrchen immer im Auto spielte? Ich bin noch keinem Tier begegnet, das keine Musik mochte, doch alle haben ihre persönlichen Vorlieben. Die meisten Tiere *hassen* jedoch das dümmliche Menschengeschnatter, dem sie ausgesetzt werden, wenn ihre Besitzer eine Sendung im Radio einschalten, bevor sie weggehen, damit sie sich »nicht so einsam fühlen«. Während sich Hunde nur selten darüber beschweren, sind Stimmen im Radio oder Fernsehen eine *Qual* für Katzen. Katzen haben selbst in der Stille ihres Schlafs innere Kräfte, die wir uns kaum vorstellen können. Menschliche Stimmen stören sie in ihren Träumen.

Wenn Sie mit exotischen Tieren oder Farmtieren kommunizieren, müssen Sie sich eher auf Ihre Clairvoyance (übersinnliches Sehen) als auf

Ihre Clairaudience (übersinnliches Hören) verlassen. Pferde reagieren gewöhnlich eher auf Bilder als auf Worte, da sie auch auf diese Weise miteinander in der Herde zu kommunizieren scheinen, doch viele Pferde sind auch mit der menschlichen Sprache vertraut. Ich hatte mal ein Pferd als Klienten, das mir sein Kompliment über ein Lied, das seine Besitzerin ihm oft vorsang, an sie übermitteln wollte. Ich hörte, dass es von »weißen Engeln« und »Vögeln im Himmel« handelte. Das Pferd zeigte mir diese Bilder, nachdem es mir ein paar wunderschöne Noten ins Ohr geschickt hatte, auf die ein warmes Glücksgefühl in meiner Kehle folgte. Ich konnte durch seine eigenen Ohren hören, wie seine Reiterin auf seinem Rücken sang. Tatsächlich stellte sich heraus, dass sie Songs komponierte und ein Liebeslied für ihr Pferd geschrieben hatte, das von ein paar ihrer Freunde handelte, die verstorben waren – daher die »fliegenden Engel im Himmel«. Sie sang ihm dieses besondere Lied oft vor. Wie das Pferd bemerkte, war es ihre Inspiration, und sie bestätigte, dass sie ihre besten Lieder auf seinem Rücken komponierte. Kein Wunder.

Warum folgt mein Tier nicht, wenn es doch meine Gedanken hört?

Viele Verhaltensprobleme sind Hilfeschreie, und so müssen zuerst Krankheiten ausgeschlossen werden. Wenn keine Krankheitssymptome die Ursache sind, sind die häufigsten Ursachen für Verhaltensstörungen zu enge Räumlichkeiten, eine schlechte Beziehung zwischen den menschlichen Besitzern, schlechtes Futter und ganz einfach Einsamkeit. Immer wenn ein Klient mit Verhaltensproblemen zu mir kommt, stelle ich als zweite Frage: »Wie lange lassen Sie ihn allein zu Hause?« Viele Leute sperren einen Hund den ganzen Tag über ein und erwarten dann ein perfektes Benehmen von ihm, wenn sie abends nach Hause kommen. Ich bin sehr dafür, dass Tiere, die von Natur aus in Gruppen leben, (wenigstens!) zu zweit sein sollten. Es ist immer noch besser, ein keifendes altes Ehepaar zu Hause zu haben als gar kein Paar. Ich vergleiche es mit dem Film *Planet der Affen.* Wie würde es Ihnen gefallen, als einziger Mensch in einer Welt voller Menschenaffen zu leben? Auch ist es immer noch gesünder, Tierarten zu mischen, als Ihrem tierischen Freund gar keine Geselligkeit zu bieten. Ich habe schon einige Hunde kennen gelernt, die enge Freundschaften zu Katzen, Vögeln und sogar Schildkröten aufgebaut hatten.

Wenn ein Mensch von seinem Haustier bestraft wird – Bettnässen oder Anknabbern der Möbel –, hat der Mensch dies meistens verdient. Das Tier versucht, auf die einzige ihm bekannte Möglichkeit dem Menschen ein Signal zu geben. Ich bin noch nie einem Tier begegnet, das sich ohne sehr guten Grund fehl verhalten hat. Manchmal gehorchen Tiere uns nicht, wenn sie uns nicht vertrauen, weil sie den Eindruck haben, unser Verhalten sei unbeständig. Tiere sind Gewohnheitstiere, und sie brauchen unsere Beständigkeit. Oft bestrafen sie ihre Menscheneltern, wenn sie nicht in regelmäßigen Abständen gefüttert werden. Die Lektion lautet »Zuverlässige Routine«. Auch widerstrebt es ihnen, widersprüchliche Botschaften zu erhalten. Sprechen und »senden« Sie immer positive Botschaften. (Mehr darüber finden Sie im Abschnitt »Immer positive Aussagen verwenden« weiter hinten in diesem Kapitel.)

Benutzen Sie niemals den Namen Ihres Tieres als ein »Nein!« Der Name Ihres Tieres ist kein Schimpfwort für schlechtes Verhalten. Schreien Sie zum Beispiel nicht »Hasso!«, wenn Sie »Hör auf zu bellen!« meinen. Viele von uns haben schreckliche Kindheitserinnerungen an die Momente, in denen unsere Eltern unseren Namen brüllten, wenn sie in Wirklichkeit meinten: »Hör damit auf, sonst gibt es einen Klaps auf den Hintern!« In meiner eigenen Kindheit wurde mein Kosename so oft missbraucht, um »Hör auf damit!« zu bedeuten, dass ich ihn ändern musste, weil mir beim bloßen Gedanken daran schlecht wurde. Tun Sie das Ihrem Tier nicht an! »Nein!« bedeutet nein. »Hör auf!« bedeutet aufhören. »Still!« bedeutet still sein. Aber lassen Sie »Hasso«, »Candy« oder »Lucky« bedeuten »Ich verehre dich. Komm hol dir deine Liebeseinheiten.«

Vergessen Sie auch nicht, dass Sie keinen »Spiegel« reparieren können. Die große Mehrheit meiner Klienten hat Tiere, deren Verhaltensstörungen ihre eigenen widerspiegeln. Wenn das Problem Ihres Tieres Ihr eigenes Problem ist, dann können Sie das Verhalten des Tieres nur dann ändern, wenn Sie an Ihrem eigenen Problem arbeiten. Manchmal können sogar Gesundheitsstörungen merkwürdig ansteckend sein. Dieses Phänomen, das »reflexive Krankheit« genannt wird, ist so umstritten, dass es von den traditionellen Medizinern der Vereinigten Staaten noch nie angesprochen wurde, und ich maße mir nicht an zu behaupten, ich hätte eine Erklärung dafür. Unser neues Verständnis elektromagnetischer Felder und Quantenverstrickungen könnte das erste Modell sein, das uns dabei helfen kann zu vermuten, was hier wirklich vor sich geht.

Anscheinend sind es nicht nur Bakterien, die Krankheiten verbreiten. Und damit meine ich nicht die Untersuchungen, die ich getätigt habe, sondern nur meine fünfzehn Jahre persönlicher Erfahrung. Hunde mit Blutzucker- oder Leberproblemen haben oft einen Alkoholiker in der Familie. Tiere mit Krebs leben oft in einer menschlichen Familie, in deren Vorgeschichte Krebs vorkommt. Ich arbeitete einmal mit einem Golden Retriever, der sich plötzlich wie besessen am Kiefer kratzte, bis wir schließlich herausfanden, dass die Hündin für ihr Herrchen mitfühlte, dem die Weisheitszähne gezogen worden waren. Manchmal fressen Tiere nicht, während ihr Frauchen oder Herrchen eine Schlankheitskur durchmacht. Wenn also selbst diese körperlichen Umstände zwischen dem Tier und seinem Besitzer geteilt werden, dann wirkt sich auch unsere psychische Negativität mit Sicherheit auf unser Tier aus.

Ein menschliches Drama wirkt sich *immer* auf das Tier aus. Tiere klagen mir oft ihr Leid über die Streitigkeiten und Kämpfe, die um sie herum ausgetragen werden, und manchmal fühlen sie sich wie Kinder schuldig dafür. Unglücklicherweise ist ihr einziges Mittel, um ihr Leid und ihre Aggression auszudrücken, das der Verhaltensstörung. Wenn wir verstehen können, dass ein Mann, der den ganzen Tag über für einen cholerischen Chef arbeitet, abends zu Hause auf die Wand einprügeln will, ist es dann nicht auch leicht nachzuvollziehen, dass ein Hund, der einem zornigen Besitzer ausgesetzt ist, am Tischbein knabbern will? Auch unsere tierischen Freunde brauchen etwas, woran sie ihren Frust auslassen können. Wenn Ihr Haustier Ihnen absichtlich nicht folgt, dann müssen Sie fähig sein zu fragen: »Wie kann ich dir helfen? Worin kann ich *mich* bessern?«

Ich bin noch nie einem »schlechten« Hund begegnet. Es gibt wilde Hunde, geprügelte Hunde und missverstandene Hunde. Es gibt auch Hunde, von denen erwartet wird, dass sie sich wie kleine Menschen verhalten sollen. Aber es gibt keine schlechten Hunde. Es gibt kein Heilmittel gegen den tierischen Instinkt – und das ist auch gut so. Alle Geschöpfe stammen von wilden Tieren ab, und wir sollten sie so behandeln, als sei es ein Privileg, sie bei uns haben zu dürfen.

Sicherlich können die Instinkte unserer Tiere manchmal unbequem für uns sein. Doch dann sollten wir lernen, Kompromisse zu schließen.

Bieten Sie Ihrem Tier immer eine Alternative an und geben Sie ihm seine eigenen Sachen. Wenn Sie Ihrem Hund zum Beispiel Ihren Socken wegnehmen, geben Sie ihm sein eigenes Kauspielzeug. Geben Sie ihm etwas, woran er kauen kann, einen Platz, an dem er schlafen kann, eine Fahrt, auf die er mitkommen kann. Und wenn er sich beschwert, erfüllen Sie seine Wünsche.

Wissen Tiere, wie viel Uhr es ist?

Auf jeden Fall. Auch wenn die meisten Menschen es nicht glauben können – Tiere haben ein Zeitgefühl. Fragen Sie mich nicht, wie es funktioniert … ich nehme an, sie richten sich nach der Sonne oder einer inneren Uhr. Ich weiß nur, dass sie ein genaues Zeitgefühl haben, das viel besser als unser eigenes ist. Erinnern Sie sich daran, wie Mr. Jones aus dem Nichts auftauchte und genau um 16:57 Uhr seine kleine Schnauze an die Glastür drückte? Und Sie können mir glauben, dass ich einiges von ihm zu hören kriegte, wenn ich später als gewöhnlich nach Hause kam! Dann nervte er mich wie ein kontrollierender Daddy: »Wo warst du? Meine Fütterzeit ist längst vorbei! Warum hast du *mir nicht vorher gesagt,* dass du so spät wiederkommen würdest?« (Telepathie hat auch seine Nachteile, die sich spätestens dann bemerkbar machen, wenn Sie jemandem versehentlich auf den Schwanz treten und eine Stimme hören, die »Tollpatsch!« ruft.)

Im Land der Kojoten ist es wichtig, Ausgangsbeschränkungen zu setzen. Zögern Sie nicht, Ihrer Katze Bilder zu senden, die ihr zeigen, was ihr zustoßen wird, wenn eine Eule sie fängt oder sie von einem rasenden Auto erwischt wird. Diese Visionen sind lange nicht so schrecklich wie die Realität, und auch wenn es Ihnen vielleicht schwer fällt, sich diese Szenen vorzustellen, müssen Sie es dennoch tun. Solche Warnungen sind lebensnotwendig. Nur hier empfehle ich Ihnen, Bilder von dem zu schicken, was Sie nicht wollen. Ich verdopple sogar meine negativen Anweisungen mit positiven Bildern: Zuerst sende ich das Bild meiner Katze, die im sicheren Garten hockt und die vorbeifahrenden Autos beobachtet. Dann schicke ich ein Bild – verbunden mit Gefühlen –, wie meine Katze von einem Auto angefahren wird, gefolgt von einem zweiten positiven Bild. Das ist ein »übersinnliches Sandwich«, auf das ich gleich näher eingehen werde.

Wenn Sie planen, Ihr Tier zurückzulassen, teilen Sie ihm mit, wie lange Sie weg sein werden. Zählen Sie die Nächte oder Vollmonde. Ich sage meinen Tieren: »Ich werde für drei dunkle Nächte weg sein.« Glauben Sie mir – sie verstehen genau, was Sie sagen, und werden es Sie wissen lassen, indem sie in der Nacht vor Ihrer Abreise verschwinden, Sie ignorieren oder in Ihren Koffer pinkeln. (Das ist Rodneys Markenzeichen. Bei meiner Rückkehr von einer Tagung in Palm Springs packte ich meine ganze Wäsche auf einen Haufen. Rodney grub den Anzug aus, den ich während der Arbeit auf der Tagung getragen hatte und pieselte gezielt darauf! »Keines meiner Weibchen geht arbeiten!« Natürlich war es mir von nun an verboten, ohne ihn die Stadt zu verlassen. Seitdem nahm ich ihn immer mit.)

Sobald Sie wissen, dass Sie verreisen werden, sollten Sie es Ihren Tieren sofort mitteilen, damit sie nicht glauben, Sie würden sich heimlich aus dem Staub machen. Senden Sie keine mentalen Bilder der Trennung an sich, sondern nur Visionen einer freudigen Rückkehr aus. Und kehren Sie immer mit Mitbringseln zurück, denn für Ihre Tiere gilt einzig und allein das »Jagen« als akzeptable Entschuldigung dafür, dass Sie sie allein gelassen haben. Bringen Sie von Ihrer Jagd immer etwas mit nach Hause zurück und widmen Sie Ihren Tieren bei der Rückkehr viel Zeit und Aufmerksamkeit. Jedes Mal, wenn ich das Haus verlasse, sage ich Tante Flo, wohin ich gehe und wie lange ich ungefähr wegbleiben werde. Das hindert sie daran, allein aufzuwachen und in Panik zu geraten.

Und noch etwas über das Verreisen: Vielen Leuten läuft ihr Haustier während eines Umzugs weg. Aus irgendeinem unerklärlichen Grund sind die Tiere gewöhnlich davon überzeugt, ihre Menschen würden ohne sie umziehen. All meine tierischen Freunde geraten beim geringsten Anzeichen eines Umzugs aus der Fassung! Vergessen Sie nicht: Die Tiere sehen die Bilder in Ihrem Kopf, sogar die Bilder Ihrer Zukunftspläne. Wenn es irgendwie machbar ist, dann bringen Sie sie vor dem Umzug an den neuen Ort und zeigen Sie ihnen ihr neues Territorium. Lassen Sie Ihre Tiere an Ihren Plänen teilhaben, als wären sie aktiv daran beteiligt, statt nur Gepäckstücke zu sein. Bitten Sie sie um die Erlaubnis, umziehen zu dürfen, und diskutieren Sie Ihre Pläne mit ihnen aus. Geben Sie ihnen dann genügend Zeit, sich von ihren alten Freunden und der Nachbarschaft zu verabschieden. Respektieren Sie diesen Prozess. Setzen Sie sie am Umzugstag selbst nicht dem Stress aus, zusehen zu müssen, wie die großen Möbel aus dem Haus getragen werden. Das Chaos des Umzugstags ist für Tiere äußerst quälend. Bringen Sie die Tiere immer als Erstes an den neuen Ort. Lassen Sie sie in einem ruhigen Zimmer oder im Haus einer Freundin warten, bis der Staub sich gesetzt hat und ihr neues Umfeld steht.

Wissen Tiere, ob sie Männchen oder Weibchen sind?

Natürlich wissen sie das, aber gewöhnlich ist es ihnen egal. Zwei männliche Pferde können sich genauso eng anfreunden wie ein Hengst und eine Stute. Dasselbe gilt für beinahe alle Tierarten. Verzweifeln Sie deshalb nicht, wenn Sie das Geschlecht eines Tieres nicht schon allein an einem Foto erkennen. Vor allem, wenn sie kastriert sind, ist es nicht immer leicht. Auch ich irre mich oft im Geschlecht, insbesondere bei Hunden, Tigern, Bären und Elefanten.

Und hätte ich jedes Mal zehn Cent bekommen, wenn ich gefragt wurde, ob Tiere auch homosexuell sein können, wäre ich jetzt eine reiche Dame. Ja, Tiere können »schwul« sein, und Tiere können sich auch in ein gleichgeschlechtliches Tier verlieben, denn für sie kennt die Liebe keine Grenzen. Bitte beachten Sie: Tiere verlieben sich wirklich, und sie fühlen sich auch verheiratet. Gewähren Sie Ihren tierischen Freunden daher immer genügend Trauerzeit, wenn sie ein geliebtes Tier verloren haben. Manche Tiere erholen sich (wie wir) nie ganz davon.

Können Tiere Farben sehen?

Im Gegensatz zum allgemeinen Glauben: Ja. Manche Tierarten »sehen« Farben vielleicht nicht, aber irgendwie begreifen sie das Konzept Farben, auch wenn sie sie nicht auf die Weise wahrnehmen, die gegenwärtig von der Wissenschaft anerkannt wird. Laut der Wissenschaft reagiert die Netzhaut auf Licht, schwarz-weiß und Farben. Auch wenn ich es nicht erklären kann, beschreiben Tiere mir die ganze Farbskala. Tiere können andere Wellenlängen des sichtbaren Lichts aufgreifen oder irgendeine andere Form von übersinnlichem Sehen anwenden. Ich arbeitete vor Jahren mit einer kleinen Hündin in der Fernsehsendung *The Mo Show,* die mir das grün-lila Blumenmuster der Bettdecke ihres Herrchens beschrieb. Ein anderer Hund zeigte mir die grauen, himmelblauen und dunkelroten Farben eines Orientteppichs mit »kleinen Tieren« darauf.

Wie der Besitzer bestätigte, hatte sein verschmutzter blau-roter Orientteppich kleine Hirsche als Webmuster. Viele Kleidungsstücke sowie Hundespielzeug und Körbchen wurden mir in allen Einzelheiten und allen Farben des Regenbogens beschrieben. Bisher wurden mir schon rosa, rot, orange, grün, lila, gelb … überhaupt die gesamte Farbpalette genannt. Eine meiner Lieblingsmoderatgeber unter den Tieren war der Kater der Schauspielerin Leeza Gibbons. Als ich den großen, schwarzen Kater mit der weißen Brust kennen lernte, filmte ich gerade eine Episode der Fernsehsendung *Extra* in Leezas Vorgarten. Ihr Kater berichtete mir, wie sehr er ihr neues limonengrünes Minikleid mit der farblich passenden Handtasche bewunderte. Wie Leeza mir bestätigte, war sie in der Woche davor in einem neuen limonengrünen Kleid nach Hause gekommen und hatte ihn an jenem Abend länger als sonst gestreichelt. (Anscheinend gefiel ihm nicht nur das Kleid, sondern auch das, was sie darin getan hatte!)

Werden Tiere wiedergeboren?

Ich glaube schon. Kehren sie als verschiedene Tierarten zurück? Ich vermute es. Können Tiere Menschen sein und Menschen Tiere? Ich glaube, das ist möglich. Bin ich bereit, als eine der ganz wenigen übersinnlichen Menschen auf der Welt dazu zu stehen? Ja.

Wir werden dieses Thema in Kapitel 10 ausführlich behandeln. Für den Augenblick gehen wir nur davon aus, dass Tiere tatsächlich als eine andere Spezies wiedergeboren werden – mit einer Ausnahme: Katzen. Wer einmal eine Katze war, will doch nie mehr etwas anderes sein, oder?

Wenn Tiere wiedergeboren werden können, kehren dann unsere eigenen Tiere zu uns zurück?

Tiere gehen dahin, wo die Liebe ist. Die Lebensdauer der meisten Haustiere ist im Vergleich zu unserem eigenen Leben nur kurz, und sie kehren oft immer wieder zu den Menschen zurück, die sie lieben. Viele Hunde und Katzen haben mir von ihren früheren Leben mit demselben Menschen berichtet. Eine meiner Klientinnen hat einen Schnauzer, der mir erzählt hat, dass er »vorher« ein kleiner goldblonder Hund mit langem Fell war. Er beschrieb mir viele Einzelheiten aus ihrem gemeinsamen Leben, bevor er ein Schnauzer war: die älteren Brüder meiner Klientin, das Haus, in dem sie aufwuchs, und sogar, wie alt sie war, als er von einem Auto überfahren wurde. Unter Tränen bestätigte meine Klientin mir, dass sie als Kind einen kleinen goldblonden Yorkshireterrier gehabt hatte, der vor ihrem Elternhaus überfahren worden war. Noch erstaunlicher war die Tatsache, dass der Schnauzer bewusst im Jenseits »abgewartet hatte«, bis die Klientin erwachsen war und heiratete, damit er auch »wieder« mit seinem früheren *Herrchen* zusammen sein konnte. Seine Verbindung zu ihrem Mann stammte aus einem früheren Leben, das sie geteilt hatten! Und noch ein bemerkenswertes Beispiel: Vor kurzem teilte ein Hund mir mit, er hätte seinen »alten Tierarzt« lieber gemocht als den neuen. Er beschrieb den alten Tierarzt im Detail und nannte mir sogar dessen Nachnamen. Wie seine Besitzer mir sagten, hatte *dieser* Hund *diesen* Tierarzt aber nie zu Gesicht bekommen – ihr *früherer* Hund, der verstorben war, war immer von *dem alten* Tierarzt behandelt worden.

Wiedergeborene Tiere geben ihren menschlichen Eltern oft Hinweise auf ihre Identität, indem sie eine Verhaltensweise zeigen, in der das verstorbene Tier einzigartig war. Manchmal schaffen sie Codes, durch die ihre neuen/alten Besitzer sie wieder erkennen können. Ich sprach zum Beispiel einmal mit einem Kätzchen, das gerade verstorben war. Ihre Menschenmutter, eine Tierärztin, war untröstlich, bis die Katze ihr durch mich mitteilen ließ: »Sag Mama, ich werde das kleine schwarzweiße Kätzchen sein, das Augenbrauen ableckt. Und dass ich an beiden Pfoten eine Extrazehe haben werde.« Wie die Tierärztin bestätigte, hatte ihre Katze immer ihre Wimpern und Augenbrauen abgeleckt, und sie sich schon immer eine Katze mit sechs Zehen gewünscht. Ihre Katze wusste, was sie wollte, und auch, wie sie sich ihrer Menschenmama bei ihrer Wiederkehr auf die Erde als ein anderes Kätzchen offenbaren könnte. Wir können mit unseren Tieren auch verhandeln, wann sie zurückkehren und welche Gestalt sie annehmen werden. Ich werde Ihnen in Kapitel Zehn beibringen, wie man das macht.

Kann man mit verstorbenen Tieren kommunizieren?

Natürlich kann man das. Ich sehe und höre verstorbene Tiere genauso deutlich, wie ich lebendige Tiere sehe und höre. Oft merke ich nicht einmal einen Unterschied. Eine meiner Klienten schickte mir mal fünf Tierfotos. Die Sprecherin der Gruppe von Tieren war eine große, weiße Katze, die auf dem Fenstersims schlief. Sie beschrieb mir bis ins kleinste Detail alle Vorgänge im Haus. Erst als ich mit dem Besitzer telefonierte, fand ich heraus, dass die Katze schon zwei Jahre zuvor verstorben war.

Hier sind noch einige Fragen zu diesem Thema:

- *Wo halten sich die Tiere im Jenseits auf?* Unsere verstorbenen Verwandten kümmern sich gewöhnlich um unsere Tiere, bis sie zu uns zurückkehren oder wir uns ihnen anschließen.
- *Erinnern sie sich an uns und ihr Leben mit uns?* Ja. Sie verbringen in beiden Welten Zeit. Die verstorbenen Tiere schauen öfters bei ihren früheren Besitzern vorbei und verbringen viele glückliche Nächte im Bett ihrer geliebten Menschen. Ihre Engeltiere schlafen fast jede Nacht in Ihren Armen oder zu Ihren Füßen, während Sie einschlummern. Das ist auch die beste Zeit, um mit ihnen zu kommunizieren, und in Ihrem schläfrigen Zustand können Sie am ehesten einen Blick auf sie erhaschen oder eine warme, tröstende Präsenz in der Nähe Ihres Körpers spüren.
- *Können wir sie zurückholen*? Das ist den Tieren überlassen. Wenn ihr irdisches Leben schwer war oder sie lange krank waren, werden sie mehr Zeit in ihrem spirituellen Körper verbringen wollen. Manchmal brauchen sie auch Zeit, um sich nach einem traumatischen Tod zu entgiften. Vergessen Sie nicht: Im Jenseits sind die Tiere an einem Ort, an dem sie nie in Gefahr sind, niemals krank werden und keine Schmerzen haben. Es ist ein großes Opfer für sie, in unsere Welt zurückzukehren – egal wie sehr sie hier geliebt werden.

Welche Sprache spricht ein Tier aus einem anderen Land mit mir, wenn ich mit ihm kommuniziere?

Für die meisten Amerikaner, die nur Englisch verstehen, klingt dies vielleicht wie eine komische Frage, doch es ist ein weltweites Problem. Ich erhielt einmal eine E-Mail von einer jungen Frau, die mit ihrem Hund aus Spanien nach Japan gezogen war. Sie wollte wissen, ob sie von nun an spanisch oder japanisch mit ihrem Hund reden sollte. Können Tiere zweisprachig sein? Und sind die Animalogos in der Sprache des Tieres oder Ihrer eigenen, wenn Sie mit einem Tier aus einem anderen Land kommunizieren?

Meine deutsche Schülerin Esther ist zweisprachig und führt ausführliche Gespräche mit Tieren in englischer und deutscher Sprache. Ich selbst habe beim ersten Mal, als ich mit einer deutschen Katze kommunizierte, erlebt, dass die Wörter in meinem Kopf zwar englisch waren, doch die Namen der Menschen und Straßen waren natürlich deutsch. Wenn Sie also einen vermissten Hund in Norwegen suchen und kein Norwegisch verstehen, werden Sie die Namen der Menschen und Straßen nur schwer verstehen, doch die Übertragungen an sich werden von Ihrem Gehirn absorbiert und in Worte umgesetzt, die Sie verstehen können. Wörter sind nichts als Symbole für Menschen, Gegenstände und Ereignisse in der Außenwelt, da sie nur Beschreibungen einer fundamentaleren Realität sind.

Das zweisprachige Phänomen begegnete mir nur einmal, und zwar als ich im letzten Jahr in Deutschland unterrichtete. Ich spreche kein Deutsch und als ich eine mürrische alte Dackeldame auf die Bühne brachte, fragte ich sie nach der Farbe ihres Schlafplatzes. »Grün!«, hörte ich. »Grün? Bist du sicher, er ist grün?«, vergewisserte ich mich. »Wie meine Leine, Dummkopf!« Ich blickte hinunter und sah, dass ich die Hündin tatsächlich an einer grünen Leine hielt. Als ich sie fragte, wie ihr Freund aussehe, sagte sie »Schäferhund«. Ich fragte: »Dein Freund ist ein Schäferhund?! Aber du bist doch nicht größer als eine Kartoffel!« Sie schnappte arrogant: »Ich habe gesagt, er ist ein Schäferhund!« Ihr Frauchen bestätigte, dass die freche kleine Dackelhündin tatsächlich einen riesigen Schäferhund als Freund hatte. (Die Größe zählt wohl doch!)

Können Tiere lügen?

Auch hier lasse ich eine Schülerin diese Frage beantworten, da ihr Bericht Bände über die Intelligenz der Tiere spricht. Susan Schebler schreibt:

> Ich nahm im Juli an Ihrem Seminar teil und spreche seitdem mit Tieren – sogar mit einem Hund aus England. Als ein Arbeitskollege meines Mannes wissen wollte, ob seine Stute Ginger trächtig sei, untersuchte ich sie mit der Gestaltmethode. Als ich mich in ihr Gehirn hineinver-

setzte, stellte sie sich vor, wie sie mit wehender Mähne und Schweif durch die Berge rannte. Wow! Sie sagte mir, sie könne das nicht mehr tun, weil ihr Besitzer sie in einem anderen Stall untergebracht habe, von dem aus sie die Berge nicht mehr sehen könne. Sie habe das Gefühl, »herabgesetzt« worden zu sein. Als ich dies dem Besitzer erzählte, bestätigte er, dass Ginger seit kurzem in einem anderen Stall untergebracht war. Als er daraufhin ihren alten Stall aufsuchte, stellte er fest, dass man durch eine ungefähr einen Meter breite Lücke zwischen den Gebäuden auf die Berge sehen konnte. Glücklicherweise ist Ginger wieder in ihrem Stall mit Fernsicht, und wie der Besitzer meldet, wirkt sie wieder zufrieden. Übrigens war die Stute nicht trächtig, doch sie sagte, seit der Besitzer sie für trächtig hielt, würde er sie besser füttern. Also bat sie mich, es ihm nicht zu sagen. Diese Tiere muss man einfach lieb haben!

Das bedeutet wohl, dass es eine Lüge wert ist, wenn man dafür bessere Mahlzeiten vorgesetzt bekommt. Wie Sie sich vielleicht noch erinnern, hatte ich früher vier Katzen. Immer wenn ich sie fragte, wer den Streit angezettelt hatte, schrien alle: »Ich nicht! Sie war's!« Und einmal entdeckte ich ein totes Eichhörnchen in meinem Gymnastikraum. Als ich fragte, wer das Eichhörnchen erlegt habe, behaupteten alle vier Katzen: »Ich war's!« Mr. Jones vergewisserte mich immer, dass ihm nichts fehlen würde, auch wenn ihm etwas fehlte. Machokater tun das. Und wenn ich ihn fragte: »Fühlst du dich heute nicht wohl?«, antwortete er: »Zerbrich dir darüber nicht dein hübsches Köpfchen.« Tiere flunkern also tatsächlich. Deswegen ist es am ratsamsten, nicht nur auf ihre Animalogos zu hören, sondern sich auch die holografischen Daten in ihrem Inneren anzusehen. Wie bei den Menschen müssen wir auch bei den Tieren manchmal tiefer graben, um auf die Wahrheit zu stoßen.

Nun habe ich ein paar der Fragen beantwortet, die mir am häufigsten gestellt werden. Die Antworten über den Tod und die Reinkarnation sind ein Vorgeschmack dessen, worum es im letzten Kapitel geht. Lassen Sie uns nun näher anschauen, wie man Anweisungen aussendet.

Machen Sie immer positive Aussagen

Nehmen wir einmal an, Sie haben einen Hund, der zu aggressiv auf andere Hunde reagiert. Jedes Mal, wenn Sie im Park einem anderen Hund begegnen, jagt Ihr Hund ihm hinterher. Und Ihre Reaktion darauf ist Angst und Verärgerung. Sobald Sie einen fremden Hund sehen, erstarren Sie, schreien »Nein! Nicht!« und stellen sich genau das vor, was Sie *nicht* wollen – nämlich dass Ihr Hund den anderen Hund angreift.

So drückt man nicht »bei Fuß« aus.

Ihre Gedanken müssen immer zu Ihren Worten passen. Schicken Sie Ihrem Tier nur Gedanken darüber, was Sie wollen, und keine Gedanken darüber, was Sie *nicht* wollen. Phrasen wie »Tu das nicht«, »Das kannst du nicht«, »Das sollst du nicht«, »Das darfst du nicht« und Ähnliches sind negative Ausdrücke und sollten so weit wie möglich aus unserem Vokabular verschwinden. Wir sollten nur den positiven Teil der Aussage visualisieren. »Kein Beißen!« wird durch »Lass deine Zähne im Mund!« oder »Lass dein Maul zu!« zu einer positiven Aufforderung.

Die Wörter »nein« und »nicht« bedeuten »Lass das!«. Doch wenn man sie mit einem anderen Wort kombiniert, macht man automatisch ein negatives Konzept daraus. »Kein Bellen« oder »Kein Beißen« wird zu einem Befehl, genau das zu tun, was Sie nicht wollen. Wenn Sie den Gedanken »Nicht bellen!« aussenden, hört Ihr Hund »Bellen!«. Er versteht das »nicht« nicht. (Selbst einige Verhaltenspsychologen lehren, dass unser eigenes Unbewusstes das Wort »nein« nicht versteht. Wenn Sie sich sagen »Hab keine Angst!«, hört Ihre Seele »Hab Angst!«. Doch wenn Sie sich sagen »Hab Mut!«, reagiert Ihr Unbewusstes wie erwünscht.) Um die Sache noch schlimmer zu machen, schicken Sie vermutlich Bilder dessen, was Sie nicht wollen. Dies ist nur unsere natürliche Verhaltensweise als Menschen. Wir projizieren unsere eigenen Ängste in unsere Umwelt, und so agieren unser Tier und unsere Freunde dementsprechend. Wenn das geschieht, mögen Sie glauben, Sie hätten eine Vorahnung gehabt, dass etwas Schlechtes passieren würde, wie zum Beispiel: »Ich *wusste,* dass der Hund versuchen würde mich zu beißen«, aber in Wirklichkeit wurde nur Ihr Gedanke vom Hund aufgeschnappt und *ermutigte* ihn, genau das zu tun, was Sie nicht wollten. Aus diesem Grund haben wir das Gefühl, Hunde würden unsere Angst vor ihnen spüren.

Hier ist noch ein Beispiel: Stellen Sie sich vor, Sie würden Ihrer Katze die Anweisung »Zerkratze nicht das Sofa!« geben. Mit diesem negativen Befehl schicken Sie automatisch das Bild der Katze, die das Sofa zerkratzt. Sie erhält also die Aufforderung: »Zerkratze das Sofa!« In Ihrer Stimme schwingt Zorn mit, und so weiß Ihr Tier, dass Sie es ernst meinen. Es wartet, bis es Ihre ganze Aufmerksamkeit hat, greift dann das Sofa an und zerkratzt es eifrig, um Sie zufrieden zu stellen, während es sich wundert, warum zum Teufel es unbedingt das Sofa zerkratzen soll.

Wenn die Katze es stolz vor Ihrer Nase tut, um den Beweis zu liefern, dass sie Ihre Anweisung verstanden hat und gehorsam ausführt, schreien Sie sie an und scheuchen sie durch das ganze Haus. Dabei klatschen Sie in die Hände und brüllen: »Nein!« Dann kriegen Sie das Miststück schließlich in einer Ecke zu fassen und werfen sie aus der Wohnung. Ihre Katze landet mit einem dumpfen Schlag auf dem Boden. »Na, das ist aber mal ein netter Dank!«, denkt sie völlig verwirrt.

Natürlich hält Ihre Katze Sie für absolut bescheuert. Sie schließt daraus, dass Menschen eine Meute von Hohlköpfen sind. Schließlich muss sie irgendwo ihre Krallen schärfen, und Sie haben sie gerade dazu aufgefordert, das Sofa zu zerkratzen! Und als Dank haben Sie sie an die frische Luft befördert! Wenn Sie täglich in verschiedenen Angelegenheiten solche widersprüchlichen Informationen senden, gelangt Ihre Katze schließlich zu der Überzeugung, Ihnen nicht vertrauen zu können. Sie beschließt, Ihnen keine Beachtung mehr zu schenken und alles, was Sie sagen, zu ignorieren. Warum auch nicht! Wenn Ihre Katze das tut, was Sie doch wollen, explodieren Sie, schreien das arme Tier an und jagen es durch sämtliche Zimmer.

Es ist Ihrem Tier gegenüber nicht fair, wenn Sie einen mentalen Befehl mit einem Inhalt, den Sie nicht wollen, senden und es dann zu bestrafen, wenn es ihn ausführt. Vergessen Sie nicht, dass Ihr Tier auf alles reagiert, was Sie aussenden, sei es positiv oder negativ. Gewöhnen Sie sich an, einem Tier nur noch zu sagen, was Sie von ihm erwarten. Da wir uns alles, worüber wir nachdenken oder sprechen, gleichzeitig vorstellen, werden Sie sich automatisch die richtige Handlung mit der gewünschten Reaktion vorstellen. »Nicht springen!« wird so zu »Bleib unten!«. So fügen Sie die Vorstellung hinzu, wie Sie als Katze den Boden unter Ihren vier Pfoten festkrallen. Wenn Sie das Bild oder Gefühl dessen, was Sie wollen, senden, so verstärkt das Ihre Anweisung an das Tier.

Hier sind ein paar Beispiele, wie negative Befehle in positive Aussagen umgewandelt werden können:

»Nicht das Sofa zerkratzen!«, wird zu: »Nur deinen Kratzbaum kratzen!« (Stellen Sie sicher, dass Ihre Katzen auch einen haben.)

Statt »Nicht beißen!«, sagen Sie: »Lass dein Maul zu!«, oder: »Behalte deine Zähne für dich!«

»Nicht auf den Teppich pinkeln!«, lautet übersetzt: »Pinkel nur in dein Katzenklo!«, oder: »Nur draußen hinmachen!«

»Nicht springen!«, wird zu: »Alle vier Pfoten auf dem Boden lassen!« (Senden Sie gleichzeitig das Gefühl, in dem alle vier Pfoten mit dem Boden verbunden sind.)

»Kein Bellen!«, wird zu: »Bleib still!«

»Nage nicht an meinen Pantoffeln!«, wird im positiven Sinne zu: »Kau nur auf deinem eigenen Spielzeug herum!« (Natürlich unter der Voraussetzung, dass Ihr Tier eigenes Spielzeug hat.)

»Nicht auf dem Küchentisch liegen!«, wird zu: »Schlaf nur in deinem eigenen Körbchen!«

Wenden Sie Ihre Fantasie an, um negative Befehle ins Positive umzukehren und das Gegenteil der negativen Handlung zu schicken. Auch wenn die meisten Tiere das Wort »Nein« als isolierten Befehl verstehen, können sie es nicht in einem Satz oder einer Phrase erkennen. Für sie klingt »Nicht beißen!« wie »Beiß zu!«.

Nur positiv zu denken erfordert ein wenig mentales Umtrainieren. Haben Sie Geduld mit sich und seien Sie ganz ehrlich zu sich. Und es kann auch viel Zeit und Geduld kosten, um bei Ihren alten Tieren Fortschritte zu machen, da sie sich vielleicht längst an Ihre widersprüchlichen Botschaften gewöhnt haben. Wenn Sie einen Hund haben, müssen Sie Ihre Autorität einbringen und zu jedem Zeitpunkt gelassene, selbstbewusste Energie aussenden. Hunde mögen einen Leitwolf. Sie brauchen es sogar, von Ihnen geführt zu werden. Doch verzweifeln Sie bitte nicht, wenn Ihre Katze Sie ignoriert oder »Nein!« zu Ihnen sagt. Wenn wir unsere Tiere nicht wie Spielzeug oder Untergebene behandeln, sondern sie wie gleichberechtigte Partner der Beziehung behandeln und ihre Wünsche honorieren, werden sie auch viel eher unsere Wünsche honorieren, weil sie es gerne tun.

Eine Bilderserie senden: Das übersinnliche Sandwich

In meinem letzten Buch erfand ich den Begriff »übersinnliches Sandwich«, und da Menschen nun auf der ganzen Welt übersinnliche Sandwiches herstellen, werden wir diesen Begriff weiterhin verwenden. Das übersinnliche Sandwich ist ein äußerst effektiver Prozess in drei Schritten, in denen man das negative Bild zwischen den beiden positiven Bildern verschickt. Lassen Sie es mich anhand der Geschichte von der Katze Gidget, die sich immer wieder die Nähte ihrer Wunde aufriss, erklären:

Zuerst schickte ich ihr das Bild des Verhaltens, das ich mir von ihr wünschte: Von der Katze, die friedlich schläft und ihr Mäulchen so weit wie möglich von ihrem Bauch entfernt hielt.

Als Nächstes sendete ich ihr ein Bild des Verhaltens, das ich nicht wollte: Wie sie die Nähte mit den Zähnen herausriss und noch einen qualvollen Trip zum Tierarzt erdulden musste, um wieder genäht zu werden. Damit schickte ich auch das Wort »Nein!«.

Und schließlich übermittelte ich ihr eine Verstärkung des Verhaltens, das ich von ihr wollte: Ein Bild, in dem die Katze ihrer vernähten Wunde keine Beachtung schenkt und der Schnitt ungestört verheilt. Gidget nahm meine Vorschläge an und verheilte wunderbar, ohne an den Nähten zu knabbern.

Diese Methode wandte ich auch in der mentalen Verbindung zu Harry, dem aggressiven Schäferhund, an, den ich in Kapitel fünf erwähnt habe. Während der Hinfahrt zu seinem Haus kontaktierte ich ihn in Gedanken und schickte ihm das Bild, wie er friedlich und mit geschlossenem Maul zu meinen Füßen liegt. Als wir uns dann tatsächlich begegneten, gehorchte er mir, indem er seine Kiefer nicht aufmachte und sich auf den Rücken legte, um mir seinen Bauch zu zeigen.

Diese Art von Erfolg ist bei bellenden Hunden jedoch selten. Manche von ihnen müssen ihre Pflicht tun und hören nicht auf, einen Fremden anzubellen, egal wie sehr man versucht, sie zu beruhigen. Messen Sie Ihre Fortschritte also bitte nicht an Ihrer Kommunikation mit fremden Hunden. Hunde zum Schweigen zu bringen ist vielleicht das Schwierigste von allem.

Ein übersinnliches Sandwich zu verschicken erfordert, dass Sie damit anfangen, Ihre Ängste zu beobachten. Wenn Sie glauben, dass es ein Ding der Unmöglichkeit sein wird, Ihre Katze in die Transportbox zu kriegen, wird es das wahrscheinlich auch werden. Wenn Sie sicher sind, dass Ihr Hund die Pflegerin beißen wird, wenn sie ihn im Hundesalon badet, so wird er vermutlich genau das tun. Wenn Sie sicher sind, Ihr Pferd wird an einer bestimmten Stelle scheuen, wird es das wohl auch.

Wenn Sie vor einer gefürchteten Situation mit Ihrem Tier stehen, lassen Sie in Gedanken den gesamten Ablauf, wie Sie ihn sich wünschen, abrollen – und nur so, wie Sie ihn wollen. Ihre positive Fantasie wird das erwünschte Resultat herbeiführen. Und noch einmal: Seien Sie geduldig! Dieses Training braucht seine Zeit. Unsere Tiere sind so an unsere widersprüchlichen Botschaften gewöhnt, dass sie Zeit brauchen, um sich neu zu orientieren, wenn wir unsere Gedanken in die positive Richtung lenken.

Hier ist eine meiner Lieblingserfolgsstorys. Diejenigen unter Ihnen, die mein Buch *Tierisch gute Gespräche – Lerne mit Tieren zu sprechen, sie antworten dir* gelesen haben, kennen den berüchtigten Mr. Jones schon. Wie Sie wissen, bedeutete der große grauweiße Hauskater mit den smaragdgrünen Augen Sonne, Mond und Sterne für mich. Eines schönen Tages in Mr. Jones reiferem Alter schickte meine Tierärztin uns mit einem dieser kleinen Urinbehälter nach Hause – Sie wissen schon, diese blöden Becher mit Deckel, die im Schrank verstauben, nur um Sie daran zu erinnern, was für eine Niete Sie sind, weil Sie echt geglaubt haben, Sie könnten je eine Urinprobe aus Ihrer Katze herauspressen. Nun ja, Mr. Jones war kein unkomplizierter Kater. Zu gleichen Teilen aus Zuckerwatte und aus Stacheldraht gemacht, war er Clint Eastwood im Katzenfell. Er war eine große, gefährliche Killermaschine, die Art von Mann, der pinkeln geht, wenn *ihm* danach ist, nicht wenn *ich* es von ihm erwarte. Eines Morgens holte ich den Urinbecher aus dem Schrank. »Dr. Karen braucht eine Urinprobe«, erklärte ich. Er blickte zu mir auf und verdrehte die Augen. Er tat es wirklich, ich schwöre es. »Wenn du mir jetzt den Gefallen tust, brauche ich dich nicht zur Tierärztin zurückzubringen, damit sie es aus dir herauspresst.« (Das war mein Versuch eines übersinnlichen Sandwiches, doch wie Sie sehen können, hatte ich meine Bestechung/Drohung noch nicht mit einer zweiten süßen Bestechung gekrönt.) Als er nicht antwortete, sagte ich: »Okay … Du kriegst dafür eine

Portion Schwertfisch.« Telepathisch vernahm ich: »Du meine Güte, Amelia!«, doch laut sagte er bloß: »Gararrarra!« Mit einem empörten Schnauben sauste er auf sein Katzenklo. Er hockte sich in den Sand und hielt seine Männlichkeit hoch genug, damit ich ihm den Becher unterschieben konnte. Er pinkelte in den Becher, ich klatschte den Deckel drauf, und das war's auch schon. Er bekam seinen Fisch. Karen bekam ihren Urin. Ich bekam, was ich wollte, und alle waren glücklich.

Wenn ich ehrenamtlich in Tierheimen arbeite, versorge ich viele Miezekatzen medizinisch. Wenn die anderen freiwilligen Helfer sich umdrehen und sagen: »Die hier braucht ihr …«, dann sage ich: »Ich weiß, das habe ich schon erledigt.« Die Pille oder Pipette landet wie der Blitz im Maul und im Nu ist alles vorbei. So macht man das: Schicken Sie dem Tier den Gedanken »Entspanne dich und mach den Mund auf«, und setzen Sie sich dann gelassen und rasch in Bewegung. Sie haben keine Zeit für Ungeschicklichkeit oder Unsicherheit. Wenn Sie nervös sind, sollten Sie zuerst eine Zeit lang mit dem Tier telepathisch kommunizieren. Erklären Sie ihm alles, was Sie tun werden, damit es jede Ihrer Bewegungen vorausspüren kann. Und wenn Sie dann bereit sind zu handeln, machen Sie schnell. So verläuft die Versorgung stressfrei. Katzen können Tolpatsche nicht ausstehen.

Bieten Sie immer einen Ersatz

Sagen Sie bitte nicht zu Ihrem Hund: »Nein, das kannst du nicht haben!«, ohne ihm etwas anderes dafür anzubieten. Tiere klauen, kauen und zerreißen unsere Sachen, wenn sie keine eigenen Sachen haben. Geben Sie Ihrem Tier sein eigenes Eigentum. Das ist ganz, ganz wichtig. Tante Flo hat eine Sammlung von Kratzbäumen, Decken, Kissen, Bändern, Halstüchern, Schüsseln, Gläsern und Stofftieren. Das ist ihr Eigentum. Sie macht meine Sachen zwar nicht kaputt, aber wir teilen fast alles, einschließlich eines gelegentlichen Flohs. Wenn sie zum Tierarzt muss, lege ich ein Kissen und ein Sweatshirt mit meinem Geruch in die Tragebox. Sie schläft oft mit ihrer eigenen Bürste zwischen den Pfoten, umklammert sie und benützt sie als Kinnstütze, und sie hat auch Zugang zu ihrer Tragebox, die immer offen steht und mit Katzenminze besprenkelt ist. Diese beiden »Folterinstrumente« – Bürste und Box – sollten nicht nur herausgeholt werden, wenn Sie in den Kampf mit Ihrer Katze ziehen. Wenn Box und Bürste für Ihre Katze immer zur Verfügung stehen, wird sie eine andere Einstellung dazu haben.

Ihre Probleme werden sich verringern, wenn Sie guten Ersatz bieten. Falls Ihre Katze gern das Sofa zerkratzt, kaufen Sie ihr einen Kratzbaum, der in Farbe und Material an das Sofa erinnert.

Wenn Ihr Hund Ihre Sachen annagt, tut er das, weil er keine eigenen Sachen hat. Geben Sie ihm Spielsachen, auf denen er herumkauen kann, und sagen Sie ihm: »Das gehört dir. Der Schuh gehört mir. Das Kissen ist meins, aber der Gummiigel ist deiner.« Ich gab diesen Rat kürzlich in einer Radiosendung, und der Moderator hielt dagegen: »Aber wenn wir unserem Hund etwas zum Kauen geben, ist es innerhalb eines Tages zerkaut.« Ich entgegnete: »Na und? Dann geben Sie ihm jeden Tag etwas Neues zum Kauen. Schließlich ist er ein Hund!!« Hunde erleben ihre ganze Umwelt mit der Schnauze und dem Maul. So sind sie gebaut. Wir können sie nicht ändern. Aber wir können unser Verhalten ändern, um sie glücklicher zu machen, stimmt's? Kauknochen und getrocknete Schweinsohren sind ein leckerer und preiswerter Ersatz für unsere Lieblingspantoffeln.

Hier ist eine andere Sicht des Problems: Stellen wir uns vor, Sie töpfern gern, kochen gern und lesen gern Bücher wie dieses. Doch Sie sind die Sklavin eines fremden Wesens – eines gehässigen Waldschrats. Ihr Meister ist größer als Sie, versteht kein Wort von dem, was Sie sagen, und kontrolliert alles, was Sie tun. Wenn Ihrem Meister Ihre Art nicht gefällt, sagt er: »Igitt! Diese Person formt Skulpturen, die ich nicht verstehe, und backt übel schmeckende Kuchen, die ich nicht essen kann. Und außerdem liest sie Bücher über Tiere! Sie soll damit aufhören! Es ist widerlich!!« Dann nimmt er Ihnen den Ton, all Ihre Töpfe und Pfannen und diese Ausgabe des Buchs weg und wirft alles hinaus auf die Straße. Das wäre nicht sehr angenehm, nicht wahr?

Vermutlich würden Sie dazu übergehen, *seine* Sachen zu klauen, wenn er gerade wegschaut. Sein Widerstand, Ihre Wünsche und Bedürfnisse zu verstehen, würde Sie nur noch trotziger machen, und Sie würden zu heimlichen Taktiken greifen. Sie würden damit anfangen, seinen Garten umzugraben und aus der lehmigen Erde Skulpturen formen. Sie würden die Radkappen seines Autos abmontieren und sie als Pizzableche verwenden, und da Sie keine Bücher mehr zum Lesen hätten, würden Sie versuchen, an mich und all Ihre Freunde Briefe zu schreiben. Wenn Sie erwischt würden, würde er Sie dafür ausschimpfen, den Garten zerstört, sich an seinem Auto vergangen und sein Briefpapier, Umschläge und Briefmarken entwendet zu haben.

Wäre es nicht viel schöner, wenn Ihr Waldschrat-Meister zur Tür hinausgehen und Ihnen Ton, Pfannen und vielleicht auch ein paar Kochbücher kaufen würde und Ihnen erlauben würde, so oft Sie wollen, zu töpfern, zu lesen und zu kochen? Würden Sie dann nicht auch aufhören, seine Sachen zu klauen? Und seinen Garten umzugraben? Und wäre das nicht besser als ein Waldschrat, der versucht, Ihre Natur auszulöschen?

Ihr Hund muss kauen und Ihre Katze muss kratzen. Ihre Katze muss jagen. Ihr Hund zieht deshalb an der Leine, weil Sie nicht schnell genug rennen. So läuft das. Wir haben sie nicht entworfen; sie sind göttliche Entwürfe. Aber wir können Wege finden, um ihren Bedürfnissen gerecht zu werden.

Das Positive betonen

Hier sind zwei weitere Erfolgsgeschichten. Sie stammen von Jamie Greenebaum in Boston, die uns zeigt, wie gut man nichtverbale Anweisungen meistern kann.

Der Umzug aus dem Stall

Spätabends erhielt ich einen Anruf von der Eigentümerin der Farm, auf der ich mein geliebtes Pferd Jeepers untergestellt hatte. Wie sie mir mitteilte, mussten wir am nächsten Tag alle Pferde aus ihrem Stall verlegen – elf Pferde und sämtliches Zubehör! Ich hatte Angst, wie Jeepers auf den Umzug reagieren würde. Wenn der Stress und die Aufregung zu groß würden, könnte es sein, dass sie nicht freiwillig in den Anhänger ginge. Und vielleicht würden die anderen Pferde auch protestieren, wenn meine Stute Zicken machte. Ich hatte sie gerade in einem Stall neben ihrem Freund untergebracht und wusste nicht, ob das in der nächsten Unterkunft wieder möglich sein würde. Wie würde es ihr dann gehen?

Die Frau, deren Ställe wir gemietet hatten, war schwierig genug, doch vor kurzem war auch noch ihr über vierzigjähriger Sohn auf die Farm gezogen, gegen den wegen Kinderpornografie ermittelt wurde. Daraufhin hatte sich die Atmosphäre auf dem Hof über Nacht stark verschlechtert. Mein Mann nahm mir das Versprechen ab, mich nie allein auf der Farm aufzuhalten. Väter begannen, ihre jungen Töchter aus den Reitprogrammen zu nehmen; Pferde wurden von ihren Besitzern fortgebracht und Reitstunden gestrichen. Was einst ein idyllisches Reiterparadies gewesen war, ein Anwesen, an dem ich mich vom Alltagsstress erholen und alles außer meinem Pferd vergessen konnte, wurde zu einem Ort, an dem ich ständig über die Schulter schaute.

Mir war klar, dass alle Pferde die Anspannung spürten. Ihre Besitzer unterhielten sich spätabends oft darüber, was zu tun sei, wenn wir umziehen müssten. Diese Streitgespräche fanden auf dem Mittelgang des Stalls vor den Pferdeboxen statt. Würden wir alle unsere Pferde gemeinsam auf einem neuen Reiterhof unterbringen können?

Der Umzugstag würde total chaotisch werden. Ich nahm mental Verbindung zu Jeepers auf und sagte ihr, was sie erwartete; dann bat ich sie, alle Pferde im Stall zu informieren, dass wir umziehen würden und dass alle zusammen bleiben und sicher wären.

Als ich früh am nächsten Morgen am Stall ankam, waren die Pferde gerade mit ihrem Frühstück beschäftigt. Während ich den Gang entlangging, schickte ich ihnen den Gedanken, dass sie hier alle das letzte Mal waren. Als ich am anderen Ende des Stalls angelangt war, schaute ich in eine Box und sah Floyd, einen meiner Lieblinge, zufrieden Heu kauen. »Floyd«, sagte ich, »heute wird es eine Menge Aufregung und Chaos geben. Du sollst wissen, dass wir alle in einen neuen Stall umziehen. Die Herde bleibt zusammen.« Wieder schickte ich die Vision von allen Pferden zusammen im neuen Stall. Als ich seinen Namen sagte, hob Floyd den Kopf aus dem Heu und kam zu mir. Er hörte mir aufmerksam zu. Als Nächstes ging ich zu Lexus und gab ihr dieselbe Botschaft. So arbeitete ich mich durch den ganzen Stall; ich ging zu Merlin, Honey, Faith, Fizz, Christie, Gully, Jeepers, Timmy und schließlich zu Seekret. Jedes Pferd hob seinen Kopf und kam zu mir herüber. Alle hörten aufmerksam zu. Als ich schließlich fertig war, war es im Stall völlig still; nur das Kauen der Pferde war zu hören.

Später am Vormittag musste ich zu meinem Büro fahren, um wegen des Umzugs ein paar Unterlagen zu holen. Während ich zum Stall zurückfuhr, erinnerte ich mich daran, wie jedes Pferd seinen Kopf aus dem Frühstücksheu gehoben hatte. Normalerweise ignorierten sie mich und fraßen weiter. Doch diesmal hatte kein einziges Pferd das getan. Alle waren zu mir hergekommen und hatten jedes Wort angehört. Ich dachte an die Botschaft, die ich am Abend davor Jeepers gesendet hatte, und fragte mich, ob sie sie tatsächlich weitergegeben hatte, denn alle Pferde schienen schon zu wissen, wovon ich geredet hatte. Plötzlich wurde mein Gedankenfluss von einer sanften, reifen Stimme in meinem Kopf unterbrochen. »Ich hab es ihnen gesagt«, sagte sie.

Aufgrund all der Unterbrechungen ihrer normalen Routine und all der Menschen, die in den Stall liefen und sich Sorgen machten, ob sie ohne Schwierigkeiten das Gelände verlassen könnten, hatte ich immer noch Angst, die Pferde könnten die Nervosität um sie herum absorbieren. Als die Zeit gekommen war, die Pferde auf den Anhänger zu bringen, zweifelten viele Besitzer daran, ob sie leise verladen werden könnten.

Wir hatten einen Doppelanhänger, und das bedeutete sechs Fahrten. Die beiden Pferde, die am ehesten Zicken machen würden, wurden als erste aufgeladen. Sie gingen friedlich hinein und wieder hinaus in ihren neuen Stall! Alle Pferde konnten ohne Probleme rasch und leise verladen werden. Bald darauf kauten sie seelenruhig Heu in ihrem neuen Zuhause. Hinterher hörte ich meine Bekannten sagen: »Die Pferde sind ohne Ladeprobleme umgezogen, und alle haben sich gleich an ihre neue Umgebung gewöhnt! Anscheinend war es doch keine so große Angelegenheit für sie!«

Ich lächelte in mich hinein und dachte: »Das ist, weil ich es ihnen vorher gesagt habe!«

Wo ist das Kätzchen?

Bluenose und Firebelly, zwei sieben Wochen alte wilde siamesische Katzen ohne jegliche Manieren, wurden am 21. Dezember unsere jüngsten Familienmitglieder. Am ersten Weihnachtstag schenkte mir mein Mann Amelias Buch. Ich fing an, es zu lesen, und vertiefte mich gleich so in die Lektüre, dass ich für den Rest des Tages kein Wort mehr sagte.

Der erste Besuch der Kätzchen beim Tierarzt war ein absolutes Desaster gewesen – sie zischten, fauchten, kratzten und bissen. Bevor wir uns auf den Weg zum Tierarzt machten, spielten sie ihr unerzogenes Spielchen, das ich mittlerweile »Wo ist das Kätzchen?« nenne. Sie verschwanden in dem Augenblick, in dem ich sie in die Tragebox setzen wollte. Und so versuchte ich mich an Amelias Übung. Ich konzentrierte mich auf die kleinen Katzen und versuchte, ihnen Bilder zu

schicken, wie sie sich verhalten sollten, wenn ich sie zum Tierarzt bringen musste.
Zwei Wochen später stellte ich die Tragebox auf den Boden und öffnete die Klappe. Beide Katzen gingen schnurstracks hinein. Kein »Wo ist das Kätzchen?« mehr! Keine sich sträubenden Katzen, die in die Box gestopft werden mussten! Während der Fahrt saßen sie ruhig da, ohne sich in die hintersten Ecken zu ducken. Sie ließen sich von mir einzeln herausnehmen und erlaubten Dr. Terry, sie zu untersuchen, ohne sich an der Innenseite der Box festzukrallen und ohne den Tierarzt anzufauchen, zu kratzen oder zu beißen. Es war genau so, wie ich es mir vorgestellt hatte! Staunend stand ich daneben, während sie untersucht wurden – was für wohlerzogene Kätzchen! Was war nur geschehen? Hatte jemand meine Katzen vertauscht?!
Dann wurde mir klar, dass Amelia Recht gehabt hatte. Sie konnten mich wirklich hören!
Weniger als einen Monat später flog ich nach Memphis zu einem von Amelias Workshops. Ich weinte mich durch die geleiteten Imaginationsmeditationen – völlig überwältigt von meinen Gefühlen. In einer Kirche voller Frauen, die ihre Tiere liebten, und mit Amelia, die uns führte, spürte ich das Leben und die Liebe intensiver und war mehr im Einklang damit als je zuvor.
Als Amelia dem ersten Hund eine Frage stellte, tauchte in meinem Kopf »blau« als Antwort auf. Ich notierte sie. Konnte es wirklich so einfach sein? Ich ließ allen Widerstand beiseite, und die Gedanken, Wörter, Farben und Bilder strömten in mein Hirn. Und als Amelia sich an den menschlichen Halter des Tieres wandte, um die Antworten zu verifizieren, riss ich vor Staunen den Mund auf. Ich hielt den Atem an und rührte mich nicht – aus Angst, der Zauber würde dann wieder verschwinden.
Gleich nach dem Workshop kamen mir wieder Zweifel. Nicht über das, was ich dort erlebt hatte, sondern darüber, ob ich es auch allein könnte. Ich beschloss, mich selbst zu testen. Während ich in einem fremden Auto auf dunklen, unbekannten Straßen zurück zu meinem Hotel fuhr, sagte ich mir: »Also gut, schauen wir mal, ob ich mit den beiden Kätzchen reden kann.« Noch bevor ich den Gedanken zu Ende formuliert hatte, hörte ich Gelächter. Ein glockenhelles Lachen. Es war das unschuldige, übermütige Lachen von Kindern, das meinen Geist erfüllte und mein Herz überfließen ließ. Es war, als würde ich mitten in dem Gelächter stecken. Es war, als wäre ich das Lachen. Dann hörte ich:

»Wir sind hier! Wir spielen und haben Spaß miteinander!« Dann schickten meine kleinen Kater mir ein Bild von sich, in dem sie sich auf dem Boden wälzten und miteinander tollten. Ich fühlte mich mit meinen Jungs verbunden, voller Liebe und war Amelia sehr dankbar für dieses herrliche Gefühl. Mit Tränen überströmten Wangen verpasste ich meine Ausfahrt.

Als ich von Memphis nach Hause kam, konnte ich meine Kätzchen immer noch hören; ihre klaren, hohen Stimmen unterschieden sich deutlich voneinander. Sie reden nicht viel und benutzen ihre Sprache mit Bedacht.

Wenn ich weg von zu Hause bin, klinke ich mich immer wieder bei ihnen ein. Dann denke ich an jeden der beiden, schicke ihm meine Liebe und frage ihn, wie es ihm geht. Wie ich festgestellt habe, spricht Firebelly gern mit Betonung wie ein widerspenstiger Zweijähriger. Eines Tages hörte ich ihn sagen: »Er hat andere mitgebracht!« Zuerst erschrak ich und war verwirrt, doch dann fiel mir ein, dass mein Mann Rob einen Freund und dessen Sohn nach Hause eingeladen hatte, um die Kätzchen zu begutachten. Firebelly hat mir auch schon mitgeteilt: »Sie ist DAAAA!«, und meinte damit unsere Katzensitterin Jenn. Und einmal, als Rob ein Blatt Papier zerknüllte, um es zu werfen, doch dann abgelenkt wurde, weil er mit mir redete, unterbrach Firebelly ihn und rief: »Wirf es endlich!« Immer wenn ich in Gedanken bin, unterbricht er mich und ich muss lachen.

Bluenoses Stimme ist sanfter und er hat eine ganz andere Natur. Einmal wollten Rob und ich für fünf Tage wegfahren und die Katzen zu Hause lassen. Es war das erste Mal, dass wir länger als eine Nacht verreisen würden. Ich verbrachte Stunden damit, die Tage und Nächte mit ihnen zu zählen, die wir weg sein würden, ihnen ein glückliches Wiedersehen zu zeigen und ihnen zu sagen, dass Jenn in der Zeit in unserem Haus wohnen würde. Sie wirkten ruhig, während ich ein nervöses Wrack war. Als ich schließlich zur Tür hinausging, warf ich einen letzten Blick zurück und sah, wie Bluenose auf mich zutrottete. »Uns wird nichts passieren«, sagte er mit sanfter Stimme. Diese Worte trieben mir die Tränen in die Augen und nahmen mir eine Riesenlast vom Herzen.

Die blitzschnelle Verbindung

Eine der häufigsten Fragen, die mir über Hunde gestellt werden, lautet: »Wovor hat er Angst?« Wir wollen dies mit einer kurzen Übung klären. Sie üben, sofort und effektiv Resogenese herzustellen, und versuchen sich an einem übersinnlichen Sandwich. Hier ist die Turbo-Version – sobald Sie langsam trainiert haben, können Sie den sechsten Gang einlegen und durch die folgenden Schritte fliegen:

- Lassen Sie Ihre Gedanken zur Ruhe kommen.
- Richten Sie Ihre volle Aufmerksamkeit auf Ihr Herz.
- Senden Sie die Lumensilta aus. Sehen Sie eine silberne Brücke aus Licht, die aus Ihrem Herzen fließt, um sich mit dem Körper des Hundes zu verbinden. Die Quanteninformationen fließen über diese Brücke aus Licht hin und her. Liebe, Freude, Angst sind alles Frequenzen, wie Klangwellen, die Daten tragen. Ihre Lumensilta wird die Hologramme erleuchten, die Sie sehen wollen.
- Beginnen Sie mit der Frage: »Was magst du am meisten? Was macht dich glücklich?«
- Konzentrieren Sie sich auf Ihren Körper und lauschen Sie hinein.
- Bleiben Sie gelassen und geduldig. Benutzen Sie Ihren Körper als Instrument. Was sehen Sie? Was fühlen Sie? Was hören Sie? Was schmecken Sie? Und – die wichtigste Sinneswahrnehmung für einen Hund – was riechen Sie?
- Schicken Sie ihm den Gedanken: »Ich werde ewig hier warten, bis du es mir sagst. Ich verurteile dich nicht, und deine Gefühle sind bei mir sicher.«
- Fangen Sie mit den positiven Fragen (Liebesfrequenzen) an. Sagen Sie dem Hund: »Ich habe dich lieb, ich habe dich lieb, ich habe dich lieb«, und stellen Sie dann nur Fragen, die Freude hervorrufen, zum Beispiel wen der Hund liebt, was er gerne frisst, welche Aktivitäten ihm Spaß machen.

- Sobald Sie erreicht haben, dass die Liebe ungehindert zwischen Ihnen und dem Tier hin und her fließt, schicken Sie die Frequenz der Angst.
- Tun Sie nun so, als wären Sie in seinem Körper und würden mit seinen Augen sehen. Um sich selbst als Welpen zu sehen, stellen Sie sich vor, Sie wären jung, verletzlich und verängstigt.
- Wenn Sie in die Vergangenheit des Hundes blicken, tun Sie so, als könnten Sie so viele Monate oder Jahre zurückdrehen, wie Sie wollen. Sie sind jetzt in dem Alter, in dem sich das Trauma ereignet hat.
- Was sehen Sie? Was macht Ihnen Angst? Was hören Sie? Was spüren Sie unter Ihren Pfoten? Warum fühlen Sie sich so hilflos? Wonach sehnen Sie sich? Was würde Ihnen das Gefühl der Sicherheit geben? Wo wollen Sie sein? Wovor haben Sie Angst?

Beginnen Sie das Gespräch nie mit negativen Gedanken. Überfluten Sie das Tier immer mit Liebe und Freude, bevor Sie behutsam zu dem Angstthema übergehen. Vergessen Sie nicht: Die Geschwindigkeit und die Qualität dieser Gedanken unterscheiden sich von Ihrem normalen Denkprozess. Sie erhalten schneller Bilder zurück, als Sie sie produzieren. Eine hereinkommende Übermittlung unterbricht den Rhythmus Ihres Gedankenprozesses, da sie wie ein Blitz eintrifft; sie fühlt sich an, als käme sie aus der linken Ecke. Wenn Sie darüber staunen oder den Gedanken für zu »merkwürdig« oder komisch finden, um etwas zu sein, was Sie sich ausgedacht haben könnten, dann kommt der Gedanke auch nicht von Ihnen. Sie haben ihn gehört.

Leider können Sie Ihren Erfolg nur an Bestätigungen der Richtigkeit messen. Deshalb frage ich zuerst nach grundsätzlichen Dingen, bevor ich abstrakte Fragen stelle. Fangen Sie mit verifizierbaren Details an:

- Lieblingsfutter
- Lieblingsaktivität
- Lieblingsmensch
- Lieblingsspielzeug

Wenn Sie dann zur Angst übergehen, hören Sie einfach zu. Chronische Ängste sind fast immer ein Ergebnis des posttraumatischen Stresssyndroms. Zusätzliche Traumata lösen das alte Leid wieder aus und erinnern das Tier an die schmerzhaften früheren Erlebnisse. Gewitter sind ein häufiger Angstauslöser für Hunde. Doch wenn Sie etwas völlig Bizarres und Unerwartetes erhalten, dann wissen Sie, dass Sie sich wirklich auf den Hund eingestellt haben. Ich hatte mal eine Hündin in meinem Workshop, die ungewöhnlich große Angst vor Gewittern hatte und bei dem Krach von Silvesterknallern in wilde Panik geriet. Als die Gruppe sich in ihre Vergangenheit versetzte, sahen alle Teilnehmer Bilder, wie sie gezwungen worden war, als Jagdhund zu arbeiten, obwohl ihr das überhaupt nicht lag. Ihr Halter bestätigte es. Ihr früherer Besitzer war ein Jäger gewesen, der sie die erlegten Enten holen ließ. Nun versetzte sie jedes Geräusch, das wie ein Gewehrschuss klang, in wilde Panik.

In einem anderen Workshop war unsere Gastdozentin eine Katze, die große Angst vor dem Alleinsein hatte, was für eine Katze ein seltsames Dilemma ist. Als wir uns auf sie einstellten, sahen wir ihre traurige Vergangenheit. Als kleines Kätzchen war sie allein zurückgelassen worden, um zu sterben. Wir alle hatten den Eindruck, dass sie das einzige Kätzchen des Wurfs war, das überlebt hatte, und dass ihre Mutter eines Tages spurlos für immer verschwunden war. Als ich mentale Verbindung mit ihr aufnahm, konnte ich sehen, dass ihre Mutter von einem Auto überfahren worden war. Ihre Halterin konnte dies zwar nicht bestätigen, doch sie sagte, sie hätte nur das eine wilde Kätzchen einsam und verlassen aufgefunden.

Wenn Sie sich die eingehenden Informationen von einem Menschen bestätigen lassen können, dann wissen Sie, dass sie eindeutig richtig sind. Und selbst wenn Sie die erhaltenen Informationen nicht überprüfen können, hilft Ihr neues Verständnis für das Tier Ihrem tierischen Freund vielleicht, seine Angst zu überwinden, weil Sie ihn nun mit mehr Einfühlsamkeit sehen.

Wenn Sie die Vorgeschichte eines Tieres nicht herausbekommen können, ist eine Methode zur Messung Ihres Erfolgs, Ihre Informationen mit denen einer anderen übersinnlichen Person zu vergleichen. Das vollkommene Beispiel hierfür ist eine wundervolle Geschichte, die sich vor kurzem in einem Workshop in Deutschland ereignet hat. Wieder einmal war es der begnadete Spurensucher Marcel aus der Schweiz, von dem dieser Bericht stammt.

Ich ließ die Gruppe zuerst einen Hund fragen, woher er kam. Ich hörte nur die Worte »Aus dem Süden«, doch die meisten Teilnehmer hörten »Spanien«. Als wir den Hund über seine Welpenzeit befragten, sah Marcel ihn in den Zelten eines Wanderzirkus in Spanien hausen. Als ich mich auf den Hund einstellte, sah auch ich die Zelte und hörte die Worte: »Ich habe mit Clowns zusammengelebt.« Später stellte sich heraus, dass der Hund auf einer der Kanarischen Inseln geboren und dann nach Spanien gekommen war, doch die Clowns waren keine Clowns! Lassen Sie sich die Geschichte von Marcel erzählen:

Der »Zirkushund«

Die Gruppe und ich fragten den Hund, wo er gelebt hatte, bevor seine neue Familie ihn nach Deutschland gebracht hatte. Er sagte mir, er sei ein Straßenköter in einem sehr heißen Land gewesen, das er für Spanien hielt. Danach hörte ich keine Worte mehr, sondern begann, Bilder zu sehen. Er zeigte mir einen großen Platz mit vielen Menschen und einem großen weißen Zelt mit zahlreichen Fahnen. In der Nähe des Zelts sah ich überall Leute, die rot gekleidet waren. Dann hörte ich die Stimme des Hundes in meinem Kopf, die mir sagte, dass dieser Ort ein Zirkus mit vielen rot gekleideten Clowns sei. Während der nächsten Pause des Workshops kam das Frauchen des Hundes zu mir und zeigte mir ein echtes Foto des Zelts und der »Clowns«. Es waren keine Clowns, sondern buddhistische Mönche! Ich sagte in Gedanken zu den Mönchen: »Entschuldigen Sie! Aber es war der Hund, der Sie als Clowns bezeichnet hat, nicht ich! Mich trifft keine Schuld!« Wir mussten alle herzhaft darüber lachen.

Das nächste Kapitel handelt von Tieren als Heilern, und welcher Segen ihre enormen Heilkräfte für die Menschen in ihrem Leben war. Des Weiteren untersuche ich, wie wir Tiere durch Energie heilen können und lernen, unsere eigene Negativität, die ihre Probleme mit verursachen kann, für uns zu behalten.

8

Absicht und Heilung

Niemand hat eine Erklärung dafür, wie das Bewusstsein einem hilft, den kleinen Finger zu bewegen, wenn man es will, ganz zu schweigen davon, wie es aus der Ferne eingreifen kann, um Heilung herbeizuführen. Die Geheimnisse liegen viel tiefer, als wir wahrhaben wollen.
Dr. Larry Dossey

Es gibt zahllose Geschichten über Tiere, die Seelen und sogar Körper ihrer Menschen geheilt haben. Meine engsten Begegnungen mit tierischen Heilern fanden alle mit meinen eigenen Katzen statt. Ich verletzte mich einmal am Knie und spürte mitten in der Nacht ein warmes, angenehmes Vibrieren in dem schmerzenden Knie. Mein Kater Rodney, der noch nie auf meinen Knien geschlafen hatte, hatte sich in dieser Nacht direkt auf mein pochendes Knie gelegt. Woher wusste er von der Verletzung? Hier fanden zwei Vorgänge parallel statt, die noch mehr verraten als nur das, was seine telepathische Wahrnehmung andeutet. Ja, er wusste, dass ich Schmerzen hatte, doch mehr als das – er wollte mich auch trösten und wusste, dass seine warme, weiche, pelzige Gegenwart den Schmerz lindern würde. Diese großzügige Fürsorge ist ein Luxus, den wir Menschen einander nur selten gewähren.

Eine meiner Lieblingspersonen in Los Angeles ist eine Obdachlose namens Stephanie, die immer vor dem chinesischen Restaurant sitzt, das ich oft besuche. Die Fußgänger bleiben nicht stehen, um Stephanie zu trösten. Sie stolpern einfach an ihr vorbei. Der Impuls, einander zu helfen, ist in vielen Menschen erfolgreich unterdrückt worden. Doch meine Katzen spüren nicht nur meinen Schmerz oder meine Not, sondern haben auch Selbstvertrauen zu wissen, dass sie mein Leid durch ein Küsschen oder eine Berührung der Pfote verschwinden lassen können.

Einer der schönsten Augenblicke mit Tante Flo, an die ich mich erinnern kann, ereignete sich in einer Nacht vor drei Jahren, nur wenige Tage nachdem ich sie nach Hause mitgebracht hatte. Sie war immer noch nervös und ließ sich nicht gerne anfassen. Ich konnte sie nicht aufheben, und sie wollte auch nicht mit mir schmusen. Doch eines Nachts wachte ich plötzlich mit schlimmen Halsschmerzen auf. Ich rührte mich nicht, rief auch nichts und schaltete auch nicht die Nachttischlampe ein. Ich lag nur da und starrte hinaus in die Dunkelheit, spürte den brennenden Schmerz und dachte: »O je, ich habe ein Problem.« Plötzlich bebte das Bett, als eine neun Pfund schwere »Krankenschwester« auf der Matratze landete und meinen Körper hinauflief. Dann spürte ich, wie sich eine weiche Pfote ausstreckte und meinen Hals berührte. Flo hielt die Pfote mehrere Minuten lang an meinen Hals, während ich in ihr winziges Gesicht blickte. Ihre smaragdgrünen Augen blickten mir so gebannt in die Augen, als würde sie zaubern. Sie berührte keine andere Stelle meines Körpers, sondern ließ ihre kleine weiße Pfote wie angewurzelt auf meiner schmerzenden Kehle. Der Schmerz ließ rasch nach, und sie lief weg. Das war der Augenblick, in dem mir klar wurde, dass meine neue Zimmergefährtin ein ganz besonderes Wesen war, und dass mir eine große Ehre zuteil wurde, mein Leben mit ihr teilen zu dürfen. Flo hatte nicht nur von meinen Schmerzen gewusst, sondern auch, dass sie etwas dagegen tun konnte, und sie hatte sich die Mühe gemacht, es zu tun. Das ist weitaus mehr, als je ein Mensch für Stephanie getan hat. Tiere geizen nicht mit ihrer Liebe. Sie rationalisieren nicht, welche Menschen ihrer Liebe wert sind und welche nicht. Sie hängen sogar an Menschen, von denen sie misshandelt werden. Ich vermute, sie verstehen auf irgendeiner anderen Ebene, dass man ein eisiges Herz nur mit warmer, geduldiger Liebe zum Schmelzen bringen kann.

Ich hatte einmal einen ganz besonderen Arzt. Er heißt Dr. Shen und lebt in Atlanta, Georgia. Sein Frauchen Leslie Connell, eine medizinische Masseurin, musste die Geschichte für ihn aufschreiben, da Dr. Shen ein Shih Tzu ist.

Dr. Shen

Schon bevor ich Shen das erste Mal sah, hatte ich seine Gegenwart und Heilkraft gespürt. An dem Tag, an dem ich ihn adoptierte, nahm ich ihn gleich mit in die Praxis. Er ging hinein, als sei er schon oft dort gewesen.

Vom ersten Tag an hat er ein deutliches Phänomen gezeigt, wenn ich mit Patienten arbeite. Sobald die Massagestunde anfängt, legt Shen sich hin, unabhängig davon, wie viel Energie er soeben noch hatte. Er legt sich hin und schläft sofort ein, als wüsste er, dass es Zeit für die Arbeit ist. Sehr oft während der Massage, wenn ich an einem Körperteil arbeite, der verknotet, schmerzhaft oder blockiert ist, fängt Shen an, im Schlaf zu winseln.

Häufig eskaliert dies in anderen Tönen und Zucken und hört erst dann auf, wenn seine Energie frei geworden ist. Er bellt oder winselt nur selten im Wachzustand, deshalb scheint seine Stimme wichtig zu sein. Als mir dies das erste Mal an Shen auffiel, hielt ich es bloß für einen Traum, da ich weiß, dass Hunde so etwas im Schlaf öfters tun. Doch seine Unruhe scheint genau zu dem Zeitpunkt aufzutreten, an dem ich an der Auflösung des Knotens oder der Verkrampfung im Körper des jeweiligen Patienten arbeite. Viele von ihnen sagen: »Er träumt wohl!« Dann entgegne ich, dass er vielleicht gerade einen Albtraum hat – ihren! Auf jeden Fall habe ich den starken Eindruck, als würde Shen ganz aktiv an dem Auflösungsprozess der Muskelverspannung mitwirken.

Amelia als meine Patientin konnte mir diese Erfahrung mit Shen bestätigen, und daher überlasse ich es ihr, ihre Wahrnehmung als »Expertin« zu kommentieren. Auch muss ich sagen, dass es nicht an jeder verspannten Stelle jedes Patienten passiert. Es bleibt ein Rätsel, wie und warum Shen mir bei der Arbeit hilft – ich weiß noch nicht einmal, ob er Kontrolle darüber hat. Doch ich habe immer das Gefühl, als wüsste er, was er tut, und als könnte er auf diese Weise mitwirken, ohne unerwünschte Energien »aufzusaugen«.

Hier ist mein eigener Bericht über dieses Erlebnis: Der kleine Hund wirkte wie jeder andere kleine Hund; er begrüßte mich geschäftstüchtig an der Tür und führte mich in den Massageraum. Doch sobald Leslie mich anwies, mich auf die Liege zu legen, legte Dr. Shen sich rasch auf den Boden direkt unter der Liege und schlief ein. Ich hatte schon immer Probleme mit meiner rechten Hüfte. Als Leslie meinen restlichen Körper massierte, fühlte es sich sehr angenehm an, und so beschlossen wir gemeinsam, auch an den unteren Teil meines Rückens und meine rechte Hüfte heranzugehen. Während Leslie begann, meine Problemzonen zu massieren, bekam ich so starke Schmerzen, dass mir die Tränen kamen. Plötzlich legte Dr. Shen ein merkwürdiges Verhalten an den Tag. Er fing an, jämmerlich zu jaulen, und ich konnte sehen, wie er um sich schlug, obwohl er fest schlief. Als Leslie sich zu meinen Füßen hinunterarbeitete, hörte Dr. Shen auf zu heulen. Als sie die Hände wieder an meine rechte Hüfte legte, fing er erneut an zu winseln. Mein Nacken – er blieb still. Zurück zu meiner Hüfte – er winselte. Und dabei wachte er nicht einen Augenblick lang auf. Wir machten noch ein paar Entspannungsübungen, und als alles vorbei war, wachte Dr. Shen auf, als sei nichts gewesen.

Ich fragte Leslie: »Ist Ihnen klar, dass Ihr Hund ein ... äh ... ein Heiler ist?« Dann erklärte ich ihr, dass er meinen Schmerz in seinem Körper aufgenommen hatte, ihn dort gereinigt hatte und mir somit geholfen hatte, meine Last zu tragen. Wie Leslie mir gestand, hatte sie so etwas schon immer vermutet, jedoch noch nie eine Bestätigung dafür erhalten. Bis heute hängt Dr. Shens Bild an meinem Kühlschrank, und da bleibt es auch.

Was bedeutet »Heilen« überhaupt?

Während meiner religiösen Ausbildung studierte ich die Schriften des Dr. Ernest Holmes, des Gründers der Kirche der Religionswissenschaft, deren Philosophie auf positivem Denken beruht. Als praktische Anwender der Religionswissenschaft wird uns beigebracht, füreinander zu beten und uns gegenseitig an die »Wahrheit« unseres Wesens und unsere eigene Kontrolle in jeder Situation zu erinnern. Die »Wahrheit« ist, dass wir Gott als Individuum sind und keine hilflosen Opfer in einem Meer der zufälligen Schicksalsschläge. Gott arbeitet in uns, als uns, durch uns, wenn wir an unserem Ziel arbeiten und liebevoll unseren Weg gehen. In seinem Anleitungsbuch *Die Vollkommenheitslehre* beschreibt Dr. Holmes: »Lasst uns die Vorstellung von Liebe und Mitgefühl erwägen. Wir können nicht über etwas reden, was wir nicht kennen. Vergesst nicht: Wir sprechen und fühlen – etwas, was lebendig ist – in einer Weise, die der Verstand bewusst erschaffen hat. Aber haben wir genug Liebe, um damit jedes Gefühl von Angst abzudecken? Haben wir genug Liebe, um all den Hass in unserem Patienten auszulöschen und sämtliche Gefühle, nicht gewollt, gebraucht oder geliebt zu werden, zu kompensieren? Es gibt zwar genug Liebe, um all das abzudecken, aber haben wir genug, um die Gefühle eines anderen abzudecken? Wenn nicht, dann können wir ihn auch nicht heilen.«

Nur wenn wir aus unserer absolut höchsten Kraftquelle heraus operieren, die es anderen Wesen ermöglicht, sich mit unserer stabileren Frequenz zu »verbinden«, haben wir genug Liebe, um die Mangelgefühle anderer auszugleichen. Einige Heilformen könnten das Produkt einer Qualität in der Quantenphysik sein, die »Kohärenz« genannt wird und die ich in Kapitel 5 beschrieben habe. Die perfekte Beschreibung, wie Kohärenz funktioniert, wird durch die Mechanik einer Klanggabel dargestellt. In seinem Buch *Das Erwachen der neuen Erde* erklärt Gregg Braden Kohärenz mit Finesse:

> Wenn zwei elektronische Module nebeneinander gesetzt werden, wobei eines von ihnen schneller vibriert als das andere, geschieht etwas Interessantes. Das Modul mit der niedrigeren Frequenz tendiert dazu, sich durch Resonanz der höheren Frequenz anzupassen. Dieser Vorgang ist mit dem des menschlichen Energiesystems identisch, das als ein Modul der zusammengesetzten Frequenzen angesehen werden kann, die individuelle Zellen- und Organkomplexe wiedergeben. Wenn dieses Modul – unser Komplex Verstand-Geist-Körper – in die Felder eines anderen Moduls versetzt wird, zeigt es die Tendenz, sich in Resonanz mit der höheren Vibration zu bringen. Im menschlichen Energiesystem nimmt dieser Prozess jedoch noch eine zusätzliche Komponente an: die Bereitschaft des Bewusstseins, das über den Körper regiert, sich dem neuen Vibrationsumfang anzupassen.

Was um alles in der Welt heißt das? Die Frequenz des göttlichsten Ausdrucks universaler Intelligenz in all ihrer ruhigen, schönen und friedlichen Würde ist nicht nur messbar, sondern sogar ansteckend. Andere Leute werden buchstäblich verändert und transformiert, wenn sie einer höheren Frequenz ausgesetzt werden; sie verwurzelt die Menschen mit einer glücklicheren Lebensqualität und führt sie in die Mitte ihrer eigenen Seele zurück, jedoch auf einer höheren Stufe, als sie sie vorher verlassen haben.

Einfacher gesagt: Ihr Tier könnte eine höhere Vibration haben als Sie. Wenn Sie es zulassen, von ihm hinaufgezogen zu werden, so kann Ihr Hund Sie aufmuntern, und Ihre Katze kann Sie so weit beruhigen, wie Sie bereit sind, zu heilen und sich mit ihrer Energie zu verbinden. Kann Ihr Tier Sie so völlig verändern, dass Sie frei von Ihrem Krebsgeschwür, Ihrer Depression oder chronischen Krankheit sein werden, oder Ihre Wut, Ihren Frust und Ihre Schuld loslassen können? Kann es Sie in den Augenblick der Gegenwart verführen, in dem seine Freude so mächtig ist, dass sie jedes Leiden überwältigt? Sind Sie bereit, sich von Ihren Tieren zeigen zu lassen, wie man die Vergangenheit völlig loslässt? Können Sie einfach nur im Hier und Jetzt sein, mit jemandem, der Sie wirklich liebt, auch wenn er vier Pfoten oder Hufe hat? Ja! Kann Ihr Tier dieselbe Art der Heilung von Ihnen erhalten? Ja!

Kohärenz ist die Wurzel aller Heilung. Und zum Heilen brauchen Sie drei Dinge:

1. Die Freiheit von der Vergangenheit und Ihrer eigenen beschränkten Glaubensweisen. Dies befreit Sie von der Ursache Ihres jetzigen Dilemmas.
2. Unabhängigkeit von den Plänen anderer für Sie und das kollektive Glaubensmuster, damit Sie – vielleicht zum allerersten Mal – lernen können, eigenständig zu denken und zu fühlen.
3. Eine neue Richtung, so dass Ihr Leben sich vorwärts bewegen kann, sobald Ihr Ziel und Ihre Passion sich nicht widersprechen, sondern ein und dasselbe sind.

Auf unsere Untersuchungen der Tierkommunikation bezogen ist »Kohärenz« das Wort, mit dem wir eine Kettenreaktion des spirituellen Fortschritts beschreiben, den verzauberten Moment, in dem sich eine kranke Vibration an eine gesunde Vibration »anhängt« und sich selbst in Einklang bringt. Gehen wir mal davon aus, nicht Sie sind es, die geheilt werden muss, sondern eines Ihrer Tiere. Wie heilen wir andere?

Der Bestsellerautor und spirituelle Lehrer Wayne Dyer lehrt uns, dass sämtliche Energie genau ausgerichtet ist. Das bedeutet, dass alle Energie wie die Noten auf einem Klavier in niedrigeren bis höheren Frequenzen gemessen wird. Das Verb »inspirieren« bedeutet »in den Geist einbringen«. Wenn Sie inspiriert sind, werden schlafende Kräfte, Fähigkeiten und Begabungen geweckt und Sie entdecken, dass Sie größer sind, als Sie gedacht hätten. Dies hebt Ihre Vibrationsrate und inspiriert alle Lebewesen um Sie herum – Zweibeiner wie Vierbeiner – dazu, auch ihre Energielevel zu erhöhen. Ihre Gefühle sind Ihr Kompass, Ihr Gott gegebenes inneres Leitsystem. Und auf diesem neuen spannenden Aufbruch hin zur Quelle unserer Kraft hält uns unser alltäglicher Bewusstseinszustand davon ab, »Magier« zu werden (die aus der magischen Quelle leben).

Wayne ist der Auffassung, wenn wir ein glücklicheres und reichhaltigeres Leben genießen wollen, müssen wir »die Frage ›Wie kann ich dienen?‹ zu unserem Leitmotiv machen. Sie können Dinge verschwinden lassen, Sie können Dinge auftauchen lassen, Sie können Dinge manifestieren – allein durch die Frequenz, in der Sie vibrieren.« Sobald wir fragen »Wie kann ich dienen?«, lassen wir eine universale Energiezufuhr in unseren Körper und unseren Geist, die durch die Reinheit unseres Vorhabens noch verstärkt wird. Kann der gute Wille allein Tiere heilen? Nun, ich möchte Ihnen ein Ereignis berichten, in dem der gute Wille das Leben einer Frau und eines Pferdes verändert hat. Doch lassen Sie mich zuerst den Star der Geschichte vorstellen.

Von Zeit zu Zeit habe ich eine Teilnehmerin oder einen Teilnehmer, die so gut sind, dass sie mir schon beinahe Angst machen. Eine meiner haarsträubendsten Starschülerinnen, die ich je trainiert habe, heißt Yvette Knight, und es ist nur noch eine Frage der Zeit, bevor die englischen Medien auf diese Feuer sprühende übersinnlich Begabte aufmerksam werden. Yvette wohnt auf der schönen Insel Man, und wir lernten uns dort bei einem meiner Workshops am Brightlife Institut kennen.

Mitten im Workshop beschloss ich, meine Teilnehmer zu verblüffen, doch stattdessen war ich es, die überrascht wurde. Ich fragte sie: »Ich denke gerade an einen Mann in Los Angeles. Wie heißt er?« Die Zuhörer machten ein paar zögernde Vorschläge und riefen den Namen meines Ex-Manns und meiner Ex-Partner. Als sie schließlich alle fertig waren, wandte ich mich an Yvette und nagelte sie fest. »Wie heißt er, Yvette?«, forderte ich. Ich kann immer erkennen, wenn jemand »eingestellt« ist. Dann bekommen sie einen wilden Blick und starren mich so intensiv an, dass ich das Gefühl habe, sie würden gleich in Flammen aufgehen.

»Jeffrey!«, kreischte sie. »Er heißt Jeffrey!« Ich verlor vor Überraschung fast das Gleichgewicht, doch ich wollte sie weiter testen. »Das stimmt, Yvette, er heißt Jeffrey. Und wie sieht er aus?« – »Er ist eins achtzig groß, hat braune Haare, grüne Augen und ist muskulös. Wow – er ist echt sexy, heißblütig, hat den schwarzen Karategürtel ...« – »Stimmt genau.« Wie Sie sich sicher vorstellen können, war der Rest der Gruppe ziemlich eingeschüchtert.

Natürlich holte ich Yvette am Abend auf mein Zimmer, um zu sehen, was sie wusste, und um sie zu überreden, mir meine Zukunft mit Jeffrey vorauszusagen, so wie alle anderen es mit mir machen. Sie nannte mir ungefähr ein Dutzend Details, die sie nie hätte erraten können, und sagte mir ein hässliches Ende der Beziehung zu Jeffrey voraus. Sie ging sogar so weit, mir genau zu beschreiben, was schief laufen würde und warum. Als ich nach Hause zurückkehrte und alles genauso eintrat, wie sie es mir vorausgesagt hatte, hätte ich mich ohne ihre Voraussage elender gefühlt. Statt zu weinen, lächelte ich heimlich in mich hinein. Ich hatte soeben eine unglaublich talentierte Übersinnliche trainiert. Es gibt genug andere Jeffreys auf der Welt, aber es gibt nur eine Yvette Knight. Hier ist ihre Geschichte.

Das Pferd, das weinte

Michelangelo ist ein wunderschöner kastanienbrauner Wallach mit hoher, majestätischer Gestalt und einem weißen Stern auf der Stirn. Er glänzt in der Sonne wie ein neuer Kupferpfennig. Er war auf einem Feld untergebracht, an dem ich oft vorbeikam, und ich kannte seinen Besitzer. Ich versuchte, ihm Heilung zu senden, da er einsam und verzweifelt war und sich nicht verstanden fühlte. Beim Reiten war er gefährlich und unberechenbar, und das war der einzige Grund dafür, dass er links liegen gelassen wurde und sein Besitzer keinen Bezug zu ihm fand.

Eines Tages stand ich auf dem Feld und musste plötzlich weinen. Ich spürte eine überwältigende Trauer, die von Michelangelo ausging. Obwohl mir manchmal anscheinend grundlos die Tränen kommen, war an diesem besonderen Nachmittag irgendetwas anders. Ich begann, Dinge zu fühlen und zu hören, die ich nicht verstand. Meine unerklärliche Reaktion auf den Wallach war das Zeichen, das ich brauchte, um mich für Amelias Workshop in Brightlife einzutragen.

Am Abend, nachdem ich intuitiv den Namen »Jeffrey« hörte, passierte Folgendes. Es war der letzte Abend des Workshops, und ich saß gerade an einem langen Tisch und aß mit Amelia und der Gruppe zu Abend, als ein großes Hundehalsband neben meinem Teller landete. »Der Hund, dem das gehört hat, ist gestorben. Schauen Sie mal, was Sie damit anfangen können!«, sagte eine andere Teilnehmerin schnippisch über die Schulter, während sie wieder an ihren Platz zurückging. Auch wenn das Halsband beinahe in meinem Essen gelandet wäre, blieb ich höflich und gelassen, was eigentlich nicht meine Art ist. Ich sagte ihr, ich würde es nach dem Essen versuchen.

Am Ende der Mahlzeit wurde die Besitzerin des verstorbenen Hundes wütend auf mich, weil ich noch zwei Portionen Pudding verspeiste. Dann stellte ich mich auf das Hundehalsband und den schönen Hund ein, der es zu Lebzeiten getragen hatte. Der Hund beharrte darauf, dass ich sagte: »Montana! Ich besuche Montana!« Ich wunderte mich zwar, weshalb der Hund den US-Bundesstaat Montana besuchen wollte, doch ich sagte der Frau, dass ihr Hund unbedingt Montana besuchen will. Dann fragte ich sie warum. Sie sah mich mit großen Augen an und antwortete unter Tränen: »Oh Gott – Montana ist meine Tochter!«

Nach dem Workshop

Beim ersten Mal nach meiner Rückkehr, an dem ich mit Michelangelo arbeitete, tat ich alles, was Amelia mir beigebracht hatte. Ich arbeitete heimlich an ihm im Auftrag eines Menschen, dem er leidtat. Während ich mitten auf dem Feld stand und der Wind mich fast umblies, konzentrierte ich mich eine Weile lang auf das Pferd und schickte ihm Liebe und weißes Licht. Zu meinem Staunen hörte er auf zu fressen und kam vom anderen Ende des Felds zu mir herüber. Es machte mich etwas nervös, als das große Pferd geradewegs auf mich zukam. Er blieb ungefähr zehn Meter vor mir stehen und schaute mich an, als wollte er sagen: »Also gut, hier bin ich! Was willst du von mir?«

Ich ging zu ihm und streichelte ihn vorsichtig. Ich wusste, dass wir miteinander in Verbindung standen, als er seinen riesigen Kopf gegen meinen lehnte. Ich fragte ihn, warum er so unglücklich sei. Er antwortete, er habe einen schlimmen Sturz hinter sich und habe seine frühere Reiterin verletzt. Danach sei er nie mehr geritten und bald darauf verkauft worden. Seine körperlichen Schmerzen – eine Verletzung in der Wirbelsäule, die durch den Sturz verursacht wurde – waren nichts im Vergleich zu seinen seelischen Schmerzen; er vermisste seine Reiterin,

eine junge Frau namens Karen. Während ich mit ihm sprach, hielt ich die Augen geschlossen, und so merkte ich nicht, was um mich herum geschah. Als ich die Augen wieder aufmachte, war ich ziemlich geschockt. Ich war plötzlich von allen anderen Pferden auf dem Feld umgeben! Sie hatten einen Kreis um uns gebildet. Die Situation war nicht ungefährlich. Doch alle Pferde standen ganz ruhig da, ohne zu wiehern oder nach einander zu schnappen. Ich fühlte mich zwar etwas nervös, doch gleichzeitig sicher. Ich versprach Michelangelo, wiederzukommen und weiterhin mit ihm zu reden.
Am nächsten Tag ging ich zu ihm, um an ihm zu arbeiten. Die Sonne war angenehm warm und es war windstill, doch er war so traurig, dass es mir schwer fiel, mich zu konzentrieren. Als ich zu ihm aufsah, rollte eine große Träne ihm die Wange hinunter und tropfte auf meine Hand. Ich schaute nach, ob er vielleicht Staub in den Augen hatte oder ob die Sonne ihn reizte, doch das war nicht der Fall. Dann quollen weitere Tränen aus seinen Augen. Mir wurde klar, dass das Pferd tatsächlich weinte (ich mittlerweile auch). Wir standen eine Weile still da, während er den großen Kopf an mich schmiegte. Ich tröstete ihn und sagte ihm, es würde ihm bald besser gehen. Mental ließ er mich wissen, dass es eine Erleichterung für ihn war, verstanden zu werden und seine Last mit mir zu teilen. Er wusste zwar, dass ich seine Situation nicht ändern konnte, doch er begann sich besser zu fühlen, und ich spürte, wie sein großer Körper sich langsam entspannte. Als ich von ihm wegging, begann er Gras zu fressen und wirkte ruhiger.
Später am Tag machte ich mit meinem Vater und meinem Bruder Jon einen Spaziergang hinauf zu dem Feld. Als die Pferde uns sahen, begann die ganze Horde, auf das Gatter zuzugaloppieren. Ich glaube, Dad und Jon bekamen Angst, doch die Pferde blieben vor dem Gatter stehen. Michelangelo steckte seinen Kopf über das Tor und blies mir mehrmals sanft ins Gesicht. Da wusste ich, dass es ihm schon viel besser ging. Ich würde mir zwar nie anmaßen zu glauben, ich hätte seine Trauer geheilt, aber er dankte mir für das Zuhören und meine Liebe.

Ich finde, Yvette ist zu bescheiden, wenn sie behauptet, ihre Therapiestunde hätte Michelangelo nicht entschieden aufgemuntert. Doch selbst wenn ihre Heilung Ihnen nur milde vorkommt, so habe ich oft genug genau dieselben Erfahrungen gemacht: Ein kopfscheues Pferd, das sonst niemanden an sich heranlässt, vergräbt seine Schnauze in meiner Brust und weint. Und ich hatte schon viele bissige Hunde oder wilde Katzen, die mir auf den Schoß geklettert sind – als erstem Menschen, dem sie sich näherten – und in meinen Armen ein langes Mittagsschläfchen gehalten haben.

Keine weiteren äußeren Zeichen der Heilung werden sichtbar, außer dass ich ihnen erlaube, mir ihre Geschichten zu erzählen und ihren Schmerz zum Ausdruck zu bringen, ohne von mir eine Beurteilung oder Anweisungen zu erhalten. Diese Tiere brauchen es einfach nur, angehört zu werden, und sobald sie ihr Leid geäußert haben, verändert sich ihr Verhalten auf magische Weise, bevor man mit den Augen zwinkern kann. Die Pferde springen wieder, die Hunde greifen nicht mehr an, und die wilden Katzen lassen sich einfangen und zum Tierarzt bringen. Eine Tiertherapeutin ist nichts anderes als eine Therapeutin für Menschen, außer dass Tiere oftmals schneller darauf ansprechen und heilen.

Hier ist noch ein Bericht von einer Teilnehmerin desselben Workshops; wieder geht es um Tierkommunikation als Mittel zur Heilung der Psyche.

Geschichten von Hunden und Fischen

Ich heiße Elaine Downs und lebe in Lancashire, England. Als ich von Amelias Workshop auf der Insel Man zurückkehrte, begann ich, an einem Bild des Hundes meiner Hundetrainerin zu arbeiten. Das Ergebnis war erstaunlich und etwas traurig. Der Hund meiner Hundetrainerin war trächtig, während ich an dem Workshop teilnahm. Als ich nach Hause zurückkam, bat meine Trainerin mich, mit ihrer Hündin zu reden und ihr zu sagen, sie solle während der Geburt ruhig und gelassen bleiben, da sie beim letzten Werfen sehr nervös gewesen sei. Als ich mentale Verbindung mit der Hündin aufnahm, teilte sie mir mit, ihr Lieblingsfutter sei gehackte Leber. Ich spürte ein überwältigendes Gefühl von Sanftheit und schelmischer Verspieltheit. Ihre Besitzerin bestätigte auch diese Charakterzüge. Ich muss zugeben, dass ich ziemlich überrascht war, da mir bewusst nichts über ihre Hündin bekannt war.

Der traurige Teil der Geschichte ist, dass ich die Hündin während einer Meditation wieder mental kontaktierte und sie mir mitteilte, dass ihre Welpen alle kurz nach der Geburt sterben würden. Sie sagte, es sei okay, da es so vorherbestimmt sei. Leider ist genau dies eingetroffen. (Ich hatte gehofft, mich zu irren.) Ich habe seitdem wieder mit ihr Verbindung aufgenommen und sie kämpft sehr mit ihrer Trauer. Sie hat mir

gesagt, dass niemand weiß, wie sie sich fühlt, und ich erhielt ein überwältigendes Gefühl der Trauer. Doch da sie es mir gesagt hat, weiß ich, wie sie sich fühlt, und bete, dass ich ihr ein wenig helfen konnte, indem ich ihre Vertraute wurde.
Doch nun eine lustige Geschichte zur Aufmunterung. Ich befand mich in einem Gartencenter, in dem ein Aquarium stand, und so beschloss ich, mit den Fischen zu sprechen. Ich näherte mich dem Wassertank, der voller Fische war, und begann, Gedanken an sie auszusenden. Ein Fisch schwamm direkt auf mich zu, verharrte an der Glaswand und starrte mich an, während die anderen Fische weiter umherschwammen. Ich fragte ihn, woher er komme, und er sagte mir »Afrika«. Dann fragte ich ihn, ob er in Gefangenschaft geboren worden sei, woraufhin er empört antwortete: »Klar bin ich das, du Dummkopf! Glaubst du vielleicht, ich bin hierher geschwommen?!« Damit war wohl alles gesagt, nicht wahr? Ich dankte ihm für seine Aufmerksamkeit und entfernte mich hastig.

Ich habe Elaines Hundegeschichte aus zwei Gründen ausgewählt. Erstens haben Tiere die geheimnisvolle Fähigkeit, die Zukunft vorauszusagen, während Menschen das nicht können. Und zweitens bin ich noch nie einer schwangeren Frau begegnet, die mir vorausgesagt hätte, ihr Baby würde sterben. Doch ich habe schon viele, viele trächtige Tiere kennen gelernt, die mir die Anzahl ihrer Babys im Wurf vorausgesagt haben oder die auch schon mal voraussagen konnten, ob eines ihrer Jungen es nicht schaffen würde. Tiere sind viel mehr im Einklang mit ihrem Körper und daher auch mit ihren ungeborenen Babys als wir Menschen es sind.

Wie man ein trauriges Tier tröstet

Kürzlich sprach ich mit meiner Freundin Linda Sivertsen (der Ameisenkönigin aus Kapitel sieben) über ihre Hündin Adobe, einer prachtvollen Schäferhündin, die aus keinem ersichtlichen Grund niedergeschlagen wirkte. Wie Adobe mir sagte, wünsche sie sich Welpen, doch da sie kastriert sei, könne dieser Wunsch nun nie mehr in Erfüllung gehen. Um ihr einen möglichen Babyersatz zu besorgen, bat ich Adobe, mir das zu zeigen, was sie auf der ganzen Welt am liebsten mochte. Sie zeigte mir das Bild einer ländlichen Landschaft, auf der viele Häschen umherhoppelten. Wie Linda bestätigte, hatte Adobe in ihrer früheren Gegend in New Mexiko viele wilde Kaninchen gejagt. So wie mit dem Bild der Welpen schickte Adobe mir eine riesige Welle des Schmerzes und der Sehnsucht in Verbindung mit den Hasen.

»Sie vermisst ihre Hasen. Und sie wünscht sich Welpen«, informierte ich Linda. Was konnte man da tun? Sofort kam mir eine Idee. »Linda«, sagte ich, »geh in ein Spielzeuggeschäft und kaufe Adobe fünf oder sechs dunkle ›Welpen‹ in Form von Stoffhasen, und versuche, ein paar zu finden, deren Farbe Adobes Fell so gut wie möglich ähneln.« Linda protestierte, dass Adobe noch nie Interesse an Spielzeug gezeigt hatte und sich immer geweigert hatte, mit Stofftieren zu spielen. Ich bat sie, es wenigstens zu versuchen. Tatsächlich – als Linda mit den vielen »Welpen« zurückkam, war Adobe entzückt. Jeden Abend sammelt sie sie mit dem Maul ein, legt sie sorgsam in ihren Hundekorb und schläft auf ihnen, so als würde sie die Welpen säugen und beschützen.

Als ein kleiner Jack-Russell-Terrier namens Tinker, sie war meine »Assistentin« auf der Insel Man, einen Wurf von vier Welpen verlor, versuchten wir es wieder mit derselben Lösung. Zwei Welpen waren zwar lebend geboren worden, doch einer von ihnen starb plötzlich. Der letzte überlebte eine Weile, bis auch dieses kostbare Baby zu den Engeln überging. Die arme Tinker war völlig verzweifelt. Ihre Menschenmama Jane holte Tinker auf meinen Rat hin einen Wurf »Welpen«. Jane gab der Hündin drei winzige Stoffbären – einen schwarz-weißen und zwei braunweiße, was den Farben ihrer echten Welpen entsprach. Wie Jane berichtete, sei Tinkers Gesichtsausdruck, als sie der Hündin ihre »Welpen« überreichte, das Wunderbarste, was sie je gesehen habe. Tinker beschnupperte die »Welpen« und vergrub sie unter sich. Natürlich konnten die Stoffwelpen ihre echten Kinder nicht ersetzen, aber der Blick des Verstehens und der Dankbarkeit in Tinkers Augen – der Blick, der bestätigte, dass Tinker wusste, dass ihre menschliche Gefährtin sie auf ihre eigene plumpe Art zu trösten versuchte – war den Gang zum Spielzeugladen allemal wert. Und er brachte ihre Beziehung auf ein neues Level der Liebe und des Vertrauens.

Dann erhielt ich einen Anruf von einer Hörerin in einer Radiosendung, deren fünfjähriges Kind gerade gestorben war. Ihre Tochter hatte Epilepsie gehabt, und in der Sterbenacht hatte ihr Hund Charlie, der trainiert war, Krampfanfälle rechtzeitig zu erkennen, die Mutter voller Panik ins Zimmer geholt. Nun wollte die Mutter wissen, wie sie Charlie helfen konnte. Sie sagte, Charlie sei, als er das Kind tot im Bett aufgefunden habe, mit Tränen in den Augen aus dem Zimmer gerannt – mit echten Tränen wie bei dem Pferd Michelangelo. Seitdem weigere er sich, das Zimmer der Tochter zu betreten, und sei in eine schwere Depression verfallen.

In Fällen wie diesen, wenn Ihr Freund, ob Mensch oder Tier, einen großen Verlust erlitten hat, gibt es nichts zu tun, außer sich klar zu machen, dass die Zeit alle Wunden heilt. Wir können unseren Freunden Liebe einflößen. Wir können sie umarmen und festhalten. Wir können beten, dass Gott ihren Schmerz durch inneren Frieden ersetzt, und wir können ihren Trauerprozess akzeptieren, solange er dauert. Nach einem Zeitraum von ein paar Monaten sollten Sie Ihrem Tier jedoch einen neuen tierischen Kameraden besorgen. Ein neuer Freund oder eine neue Gefährtin ist eine wunderbare Methode, die traurigen Erinnerungen zurückzulassen.

Kaltblütige Liebhaber

Doch nun zu Elaines frechem Fisch.

Ich hielt über hundert Radiointerviews hier in den Vereinigten Staaten, die mir einen neuen Einblick in die Einstellung der Menschen zu den Kaltblütern vermittelt haben. Eine schockierend große Anzahl von Radiomoderatoren wollte wissen, ob Fische, Reptilien und Insekten Gedanken und Gefühle haben. Einem Moderator erzählte ich, dass ich in einem meiner Workshops in Deutschland von einer gigantischen Tarantel assistiert worden war, die viel größer als eine Maus war. Ich fragte ihn und die Zuhörer, welche Unterschiede es bei näherer Betrachtung zwischen der Maus und der Tarantel gibt. Hauptsächlich die Größe und ein paar (na ja, vielleicht eine ganze Menge) Unterschiede im Design.

Nur weil ein Tier ein Kaltblüter ist oder im Meer lebt, bedeutet das noch lange nicht, dass es nicht telepathisch kommunizieren könnte. Wie Elaine uns gezeigt hat, konnte sie nicht nur mit einem Fisch sprechen, sondern wurde von ihm auch noch belehrt. Ich werfe dieses Thema deshalb auf, weil die meisten Fische, die ich in Aquarien sehe, äußerst unglücklich sind – genauso wie Vögel in Käfigen. Ein erinnerungswürdiger Anrufer bei einer der Radiosendungen war ein mürrischer Mann, der einen einzigen japanischen Fisch in einem Wasserglas hielt. Jeden Abend, wenn der Mann von der Arbeit nach Hause kam, schwamm der Fisch an die Oberfläche und ließ sich von dem Mann streicheln. Jeden Abend streichelte der Mann mehrere Minuten lang seinen Fisch. Jedes Lebewesen kann denken und fühlen, und wir alle reagieren auf bedingungslose Liebe.

Ein sanftes Tätscheln auf den Kopf kann nie schaden, selbst dann nicht, wenn du ein Fisch bist.

Der Weg zu einem Wunder

Nun geht es um ein Heilen der anderen Art – kein psychisches Heilen, sondern eine richtige körperliche Metamorphose. Diese dramatische Erfolgsgeschichte wurde mir von Ronda Holst geschenkt, die mittlerweile Tierkommunikation in der Tierarztpraxis in Nordkalifornien eingeführt hat, in der sie arbeitet.

> Eine unserer Klientinnen brachte ihre neun Monate alte Katze in unsere tierärztliche Praxis. Misha war eine kleine cremefarbene Katze mit lila Ohrenspitzen und einem herzförmigen Gesichtchen. Die Katze war eine absolute Schönheit, doch ihre Hinterbeine waren gelähmt. Als wir anfingen sie zu untersuchen, blickten ihre strahlend blauen Augen mich flehend an und zerrten an meinem Herzen. Unser Tierarzt Dr. Neal sagte, die Lähmung würde durch eine Blutstauung verursacht, die die Blutzirkulation zu ihren Hinterbeinen blockierte. Wie Dr. Neil ausführte, wird gewöhnlich versucht, den Blutstau medizinisch aufzulösen. Wenn der Arzt die Katze lange genug am Leben erhalten kann, kann der Blutfluss teilweise wiederhergestellt werden und dann hat sie vielleicht eine Überlebenschance. Im genannten Fall bot er an zu operieren, doch die Klientin konnte sich keine Operation leisten.
>
> Sie nahm die kleine Misha wieder mit nach Hause und brachte sie ein paar Wochen später zurück. Mittlerweile waren alle vier Beine der Katze gelähmt. Sie konnte nur noch den Kopf bewegen. Dr. Neal gab ihr nur noch zwei Wochen zu leben. Sie fraß zwar noch ein bisschen, doch sie hatte keinen Stuhlgang mehr. Zwei Wochen später brachte die Klientin sie wieder zu uns, um sie einschläfern zu lassen. Da sich Mis-

has Zustand nicht verbessert hatte, wollte sie sie nicht länger leiden lassen.

Ich hielt die kleine Misha weinend fest. Als sie damit anfing, ihr Gesicht an meinem zu reiben, sahen wir sie an und stimmten überein, dass sie noch nicht zum Sterben bereit war. Wie ich herausfand, vermisste sie einen kleinen Menschenjungen, der früher in ihrem Haus gewohnt hatte. Und sie sagte mir, sie habe ihren Lebenssinn noch nicht erfüllt – ihrer Besitzerin beizubringen, dass auch sie heilen und mit Tieren mitfühlen kann. Misha wies mich an, auf meine Fähigkeiten zu vertrauen.

Ich wendete auch meine Theta-Heiltechniken bei ihr an, d. h. ich stellte mir vor, wie mein Geist aus meinem Körper stieg und sich mit unserem göttlichen Schöpfer verband, den ich fragte, was ich tun sollte. Wenn ich diese Technik anwende, warte ich schweigend und lausche. Innerhalb von Sekunden wird mir »gezeigt«, was zu tun ist. Ich sehe die Heilung zwar vor meinem geistigen Auge, doch sie setzt sich auf viele verschiedene Weisen um.

Bei der kleinen Misha sah ich, wie der Blutstau aufbrach und sich in Gottes Licht auflöste. Ich visualisierte, wie ein herrliches warmes goldenes Licht in den Körper der Katze drang und ihre Beine heilte. Dann wies ich ihr Unbewusstes an, die neue Energie anzunehmen und die Richtungen zu weisen. Nachdem ich eine Heilung vor meinem geistigen Auge gesehen habe, lasse ich los, weil ich dann weiß, dass sie vollbracht ist. Mishas Besitzerin erklärte sich bereit, sie mit nach Hause zu nehmen und zu sehen, ob ihr Zustand sich bessern würde. Ich arbeitete mehrere Male täglich aus der Ferne an Misha und stellte mir vor, wie all ihre Venen und Arterien einwandfrei funktionierten und das Blut frei fließen konnte.

Ganz langsam zeigte das prachtvolle Kätzchen Zeichen der Besserung: ein Zucken des Schwanzes, ein Strecken der Pfote ... Ich schickte ihr den Gedanken, ihren Teil zu leisten, um sich selbst bei der Heilung zu unterstützen, und sie war dazu bereit. Sie war schon stark abgemagert, und daher sagte ich ihr, sie müsste fressen, selbst wenn ihr nicht danach war. Sie hörte auf mich und fing wieder an zu fressen! In den darauf folgenden Tagen kam ihr zierlicher Körper immer mehr in Bewegung. Innerhalb von vier Wochen fing sie wieder an zu laufen. Sie stolperte zwar noch auf wackeligen Beinchen, doch sie lief wieder! Das letzte Mal, als ich sie sah, hatte sie ihre muskulöse Statur wiedergewonnen und sah prächtig aus. Wie ihre Besitzerin berichtete, kletterte Misha sogar wieder auf Bäume!

Erst fühlen – dann denken

Ronda machte keine allgemeingültige Feststellung, dass diese Katze leben wollte und heilen konnte. Manche Tiere können oder wollen nicht mehr heilen. Und dann ist es nicht unsere Aufgabe, unser Ego einzuschalten und zu versuchen, Tiere als Geiseln auf der Erde festzuhalten, die bereit sind, ihren kaputten Körper zurückzulassen. Es ist unsere Aufgabe, weise genug zu sein, um den Unterschied zu erkennen. Dazu brauchen wir bestimmte Mittel.

Wenn wir Logik anwenden, wo Instinkt angebracht wäre – oder umgekehrt –, hemmen wir uns selbst. Die meisten Herausforderungen des Lebens sind vielschichtig und benötigen beides, doch die meisten von uns befinden sich in einer Schieflage. Die meisten Menschen packen ihre Intuition auf ihrer Reise durchs Leben auf den Rücksitz oder in den Kofferraum, von wo aus sie klopft und ruft, um herausgelassen zu werden. Lassen Sie Ihre Intuition (die rechte Hirnhälfte) zuerst arbeiten, und bringen Sie erst danach Ihren kritischen Verstand (die linke Hirnhälfte) ein, um die Informationen zu messen und zu ordnen. Sie müssen diese beiden Hirnhälften nicht gegeneinander ausspielen. Sie dürfen sich ruhig auf einen Drink treffen.

Eine verwandte Idee stammt von meinem Kunstlehrer, dem hochgeschätzten Karl Gnass. Ob Sie es glauben oder nicht, all diese Konzepte eignen sich hervorragend für die Tierkommunikation. Karl lehrt seine Studenten, erst durch Synthese zu verbinden und später zu analysieren. In der westlichen Zivilisation wird uns eingeimpft, unseren Verstand zu benutzen und wie einen König zu verehren. Daher fällt es uns sehr schwer, mit der Gewohnheit zu brechen, nur auf die äußere Form zu achten. Aber so erkennen wir nicht, was wirklich da ist. Wir sehen nur das, was wir gelernt haben zu sehen. Beschränken Sie sich nicht auf die Oberfläche. Lernen Sie, auf verschiedene Weisen zu »sehen« – nicht mit den Augen, sondern mit den Gefühlen. Spüren Sie das Tier von innen, und lassen Sie sich dann von Ihrer Courage leiten. Zuerst kommt der Impuls, dann kommen die Beweise.

Das Sehen ist nichts weiter als eine visuelle Analyse, eine Methode, um komplexes Material zu sortieren. Doch es ist nur eine Art von Stenografie. Das Sehen wird der Sprache nicht gänzlich gerecht. Keines unserer abstrakten Gefühle hat zum Beispiel Objekte, die es darstellen können. Deswegen ist es auch so schwierig für uns, uns darauf zu einigen, was Liebe ist oder was gute Eltern bedeuten, oder was es bedeutet, von »Gottes Willen« angeleitet zu werden, oder wie man feststellt, ob ein Tier bereit ist zu sterben. All diese Dinge sind subjektiv, und genauso subjektiv sind die Vermutungen, die wir über das Glück des Tieres anstellen.

Die Wahrheit des Krankheitszustands eines Tieres schwimmt möglicherweise nicht an der Oberfläche. Die Wirklichkeit befindet sich oft hinter Vorhang und Bühne. Und der Körper des Tieres ist nur das Kostüm, das es trägt. Nehmen wir zum Beispiel an, ich lerne Ihren Hund kennen, und Sie sagen »Er ist ein Beagle«. Da Sie einen Beagle sehen, versuchen Sie, auch mich dazu zu bringen, einen Beagle zu sehen. »Sehen Sie? Er ist ein Beagle«, beharren Sie womöglich. Doch ich sehe keinen Beagle. Ich sehe noch nicht einmal einen Hund. Ich betrachte Ihren »Hund« und sehe eine Matrix aus gefrorenem Licht, ein Energiefeld, das von komplexen Beziehungen und Dynamiken zusammengehalten wird. Dadurch kann ich in den Körper eines Tieres blicken, weil meine Perspektive womöglich eine ganz andere ist als Ihre. Ich möchte Sie umtrainieren, damit Sie nicht die äußere Form, sondern den Inhalt sehen, unabhängig davon, ob er angenehm ist oder nicht. Urteilen Sie nicht über das, was Sie darin vorfinden, und legen Sie Ihre Vorurteile bei jedem neuen Tier beiseite. Lassen Sie es uns wagen, dorthin zu gehen, wohin noch kein Mensch gegangen ist: in Ihr eigenes Herz und Ihren eigenen Körper.

Lernen Sie, Ihre eigenen Gefühle zu fühlen. Die Antworten auf Ihre Fragen kommen aus Ihrem Inneren. Ihr Körper hat eine ganz eigene Intelligenz – die nicht im Kopf oder Hirn zu finden ist. Ihr eigener Körper gibt Ihnen die Hinweise; erst danach kann Ihr Hirn mit einem Putzteam einmarschieren und alles sauber aufräumen. Wir greifen auf unseren »logischen Verstand« zurück, wenn wir nicht den Mut, die Geduld oder die Disziplin haben, uns wirklich mit dem Tier zu verbinden und seinen Schmerz zu spüren. Wäre Ronda zu faul oder feige gewesen, so wäre die kleine Misha jetzt tot, statt mit vier gesunden Beinen auf Bäume zu klettern.

Dies soll nicht heißen, Heilen hätte nichts mit dem Verstand zu tun. Das tut es. Auch wenn Rondas Theta-Heilmethode für den Laien wie Magie aussehen mag, darf man nicht vergessen, dass ein guter Heiler ein volles Spektrum an übersinnlichen Kräften besitzt, die so gut integriert sind, dass sie spontan aussehen. Heilung aus der Ferne ist keine »Begabung«. Die Kunst, jemanden ohne Berührung zu heilen, stammt aus einer Reihe gut geförderter Fähigkeiten, die so rasch zusammenwirken, dass sie mühelos scheinen. Zur Erstellung einer Diagnose und zur Behandlung wendeten Ronda und Dr. Neal die Weisheiten der traditionellen westlichen Medizin genauso an wie Tierkommunikation und Fernheilung.

Wenn Sie auf ein krankes Tier treffen, dann tun Sie alles in Ihrer Macht, um seinen Gesundheitszustand zu untersuchen. Nur so können Sie alle tatsächlichen Informationen, die Ihr logischer Verstand aufdecken kann, mit einbeziehen. Ich will nicht, dass Ihnen nur zwei oder drei Fähigkeiten zur Verfügung stehen, egal ob sie Ihnen bisher immer den gewünschten Erfolg gebracht haben oder nicht. Wenn ich mit einem kranken Tier arbeite, verlasse ich mich nicht nur auf meine Kommunikations- und Fernheilgabe. Ich will außerdem jedes Heilkraut, jedes Vitamin, jedes Medikament, jede Art von Nahrung und jede mögliche Physiotherapie und Operation kennen, die dem Zustand des Tieres helfen könnten. Dann frage ich das Tier, welchen Mitteln es selbst den Vorzug gibt.

Spirituelles Wachstum geht mit der Fähigkeit einher, sich neue Kenntnisse anzueignen, egal wie unbequem sie sind, um das Werkzeug zu schaffen, das man für die neue Richtung braucht. Die alten Werkzeuge könnten Sie zu dem hinunterziehen, was innerhalb Ihrer eigenen Grenzen bequem ist, doch echtes Wachstum erreichen wir nur, indem wir andere heilen und herausgefordert werden, neue Methoden zu erforschen. Sie können nicht wachsen, indem Sie auf dem Sofa im Wohnzimmer sitzen und »weißes Licht« an alle aussenden. Sie müssen sich schon auf die Sache einlassen.

Sich absichtlich den Blitz zunutze machen

Wir können unsere Umwelt beeinflussen, Heilungen und nonverbale Informationen durch einen grundsätzlichen Quantenprozess erreichen, der »Intentionalität« oder Absicht genannt wird. Stellen Sie sich Absicht als ein Verlangen vor, das durch intensive Konzentration verstärkt wird. Angetrieben durch das Wissen, dass Ihre Intentionen liebevoll und rechtens sind, können Sie sich diese Energie mit erstaunlicher Kraft zunutze machen.

Intentionalität ist der neue Ausdruck für den Motor, der das alte Konzept der Psychokinese (der Fähigkeit, Gegenstände zu bewegen, ohne sie zu berühren) antreibt. Die meisten Untersuchungen über die Macht des Gebets und Psychokinese wurden vom Institute of Noetic Science gefördert, das von unserem Liebling Dr. Edgar Mitchell gegründet wurde. Ärzte wie Deepak Chopra haben an diesen Experimenten teilgenommen. Einer der anderen Pioniere dieser Revolution der Verbindung zwischen Verstand, Körper und Seele ist der unabhängige Dr. Larry Dossey, der Militärchirurg in Vietnam war und später ein Krankenhaus in Texas leitete. Dr. Dossey hat in den letzten fünfundzwanzig Jahren untersucht, welche Rollen Glaube, Religion, Gebet und Einstellung im Heilungsprozess kranker Menschen spielen können. In einer Vielzahl von Studien favorisieren die Ergebnisse eindeutig die kontroverse Vorstellung, dass Gebet, eine positive Einstellung, kreative Imagination und ein starker Glaube an den göttlichen Schöpfer Patienten schneller genesen lassen. Darüber hinaus zeigen die Untersuchungen sogar, dass operierte Patienten, die beten oder für die gebetet wird, weniger Gefahr laufen, einen Kreislaufschock zu erleiden oder nach der Operation Komplikationen aufzuweisen. Einige Studien haben gezeigt, dass Beten sogar die Menge des Blutverlusts reduzieren kann.

Dr. Bernie Siegel beschreibt ähnliche medizinische Untersuchungen, in denen die Gesundheit von Tierbesitzern mit der von Patienten, die keine tierischen Kameraden haben, verglichen wird. Es ist bekannt, dass die Gegenwart von Tieren den Blutdruck im Menschen verringert, todkranke Patienten dazu motiviert, sich wieder zu erholen und das Krankenhaus zu verlassen, damit sie zu ihren pelzigen Lieben nach Hause zurückkehren können, und sogar die Lebenserwartung alter Menschen verlängert. Liebe und Fürsorge zu geben und zu empfangen – wenn auch von einem kleinen Geschöpf mit Barthaaren, dessen salzige Zunge wie verrückt Ihr Gesicht abschleckt – ist ein starker Antrieb, um glücklich weiterzuleben, vor allem, wenn man in einem Altersheim wohnt.

Ein atemberaubender Fall handelte von einer Frau in einem Altersheim, die nicht mehr sprechen konnte und scheinbar auch nicht mehr leben wollte ... bis man ihr einen Hund anbrachte. Die nonverbale Patientin begann wieder zu sprechen, und das aus gutem Grund. Wie sie verriet, hatte sie in ihrer Jugend genau diese exotische Hunderasse gezüchtet. Die Gegenwart des Hundes entzündete eine Flamme in ihrer Seele, die niemand sonst zum Brennen bringen konnte.

Was für ein Zynismus ist es doch, dass unsere amerikanischen Tierheime jedes Jahr Millionen an Hunden und Katzen töten, die Gemüter erfreuen und sogar Leben retten könnten – in den Altersheimen, Waisenhäusern, Kinderkrankenhäusern, Gefängnissen und Bürogebäuden auf der ganzen Welt. Können Sie sich die veränderte Büroatmosphäre vorstellen, wenn jede Sekretärin an ihrem engen Schreibtisch der Erde eine Katze auf dem Schoß und einen Hund zu ihren Füßen hätte? Was für eine herrliche Welt wäre das für die Zweibeiner und die Vierbeiner! Wir können diese Situation ändern, indem wir die Absicht haben, sie zu ändern, und uns dann an die Arbeit machen, die diese neue Wirklichkeit umsetzt. Ja, am Ende bedarf es nichts als harter Arbeit, aber zuerst müssen wir mit zuversichtlicher positiver Absicht beginnen.

Den Motor ankurbeln

Einige der faszinierendsten Universitätsstudien über paranormale Phänomene wurden von einem der sehr nüchternen Wissenschaftler durchgeführt. Robert G. Jahn war Professor der Weltraumforschung und Ehrendirektor der School of Engineering and Applied Science an der Universität Princeton. Als früherer Berater für die NASA und das US-Verteidigungsministerium war seine große Passion der Weltraum-Antrieb, und er verfasste das Lehrbuch *Physics of Electric Propulsion.* Im Jahr 1979 sprach die Studentin Brenda Dunne den genialen Wissenschaftler, der alles Metaphysische mit großer Skepsis betrachtete, wegen eines kleinen Experiments an. Das obskure Projekt wurde sehr berühmt – und damit auch das Princeton Engineering Anomalies Research Lab (Technisches Labor für Untersuchungen von Anomalien).

In einer Serie von Experimenten verwendeten sie ein Gerät, das Zufallsgenerator (REG) genannt wird, um zu prüfen, ob Menschen allein durch ihre Willenskraft das Verhalten des Geräts verändern können. Das untersuchte Phänomen war Psychokinese, eine Fähigkeit, die ich aus dem

Ärmel schüttele. Der Zufallsgenerator war so konzipiert, dass er eine Reihe binärer Zahlen wie 1, 2, 1, 1, 1, 2, 1, 2, 2, 1, 2, 2 produzierte. Stellen Sie sich eine automatische Münzenwerfmaschine vor. Wie Sie vielleicht wissen, erhalten Sie Kopf oder Zahl fast 1:1, wenn Sie eine vollkommen gleichmäßig gewichtete Münze tausend Mal werfen. Ähnlich gleichgewichtig waren die Zahlen, die der Zufallsgenerator produzierte.

Das Ziel des Experiments war, Freiwillige vor das Gerät zu setzen und es eine ungewöhnlich große Anzahl von Köpfen oder Zahlen produzieren zu lassen. Das Ergebnis von Tausenden von Versuchen war, dass die Leute nicht nur in der Lage waren, das Gerät auf eine Art zu beeinflussen, die zuvor als mathematisch unmöglich gegolten hatte, sondern dass bestimmte Personen die einzigartige Fähigkeit besaßen, das Gerät allein durch ihre Willenskraft zu verhexen und seine Funktionen zu sabotieren.

Manchmal erreichte eine Testperson zwar das Gegenteil von dem, was sie angestrebt hatte – doch in einem so starken Ausmaß, dass es höchst unwahrscheinlich war, dass der Vorfall »reiner Zufall« war. Unabhängig davon, ob diese Wirkung durch den »Gremlin-Effekt« erreicht wurde – der frustrierenden Fähigkeit, technische Geräte gegen den eigenen Willen arbeiten zu lassen (die die Schreiberin auch im Überfluss beherrscht) – oder durch die positiven Kräfte der Psychokinese, die es einer Person ermöglichen würde, eine Maschine nichtlokal zu beeinflussen, brachten Jahns und Dunnes Forschungsergebnisse die Wissenschaft zum Staunen. Unser Wille kann und tut unsere Umwelt beeinflussen. Wenn er Wirkung auf tote Maschinen ausüben kann – dann stellen Sie sich die Wirkung vor, die er auf lebendige Tiere haben kann!

Als die freiwilligen Testpersonen des PEAR-Labors das Gerät ohne Berührung beeinflussen konnten, wendeten sie ihr Bewusstsein in seinem »Wellenaspekt« an. Man könnte sagen, sie sendeten eine Welle der Intentionalität aus, und die Energie beeinflusste das Gerät. Oder – um noch einen Schritt weiterzugehen – ihr Bewusstsein könnte mit dem Generator zu einem großen Energiefeld verschmolzen sein.

Das ist genau das, was ich mit Tieren mache. Ich sende nicht nur eine Energiewelle aus und berühre sie damit. Nein, ich vergrößere mein Energiefeld, um sie mit einzuschließen. Doch um diese Erweiterung erfolgreich zu machen, müssen wir uns mächtig anstrengen und unseren Geist in Bewegung, in Wellen versetzen.

Michael Talbot schreibt in *Das holographische Universum:* »Da alle bekannten physischen Prozesse eine Wellen-Teilchen-Dualität besitzen, ist es nicht unangemessen, davon auszugehen, dass das Bewusstsein die gleiche Dualität hat. Als Teilchen würde man das Bewusstsein wohl in unserem Kopf ansiedeln, doch in seinem Wellenaspekt könnte das Bewusstsein wie alle Wellenphänomene Effekte in der Ferne bewirken. Es wird angenommen, dass die Psychokinese eines dieser fernen Einflüsse ist.«

Die richtigen Fragen sind schon die halbe Miete

Nehmen wir an, man kann diese Energielichtstrahlen von Ihrem Herzen und Dritten Auge nach außen in die Umwelt aussenden. Woher wissen wir dann, wann und zu welchen Zwecken wir diese Fähigkeit anwenden sollen?

Hier hilft es, eine Vielfalt an Informationen vom menschlichen Halter des Tieres und dann auch vom Tier selbst vorliegen zu haben. Wenn Sie ein Problem lösen wollen, erhalten Sie oft zu viele Daten. Es ist daher wichtig, sich auf einen Punkt zu konzentrieren. Sie müssen sich der inneren Gefühle des Tieres bewusst werden, nicht der Symptome seines Verhaltens oder seiner Krankheit. Erinnern Sie sich noch an den Kater, der Bettwäsche zerbissen hat? Seine Menschen fragten mich, warum er gerne Bettwäsche fraß. Doch sein Verhalten hatte nichts mit seinen Gefühlen für *Wäsche* zu tun, sondern mit seinem Bedürfnis nach Sicherheit und seinen Gefühlen für *sie.*

Ich war in den letzten Jahren oft zu Gast in Leeza Gibbons' Talkshows. In einer ihrer Sendungen hatte der Hund, mit dem ich kommunizierte, sämtliche Fußmatten im Haus geklaut und vor der Haustür aufgestapelt. Darauf schlief er nun und bewachte sie stur. Seine Menscheneltern wollten von mir natürlich wissen, warum er Fußmatten bevorzugte. Ich musste sein bizarres Verhalten durchschauen, um seine wahren Gefühle herauszufinden. Zuerst spürte ich eine Welle der Angst, dann Leid, dann eine tiefe Liebe für seine jungen Besitzer. Als nächstes spürte ich Wut und ein verzweifeltes Verlangen, sie bei sich im Haus zu behalten. Diese Emotionen waren die Meilensteine, die mich zur Deutung seines

Anliegens führten: Er glaubte, wenn er alle Fußmatten ihm Haus einsammelte und sich darauf legte, könnten seine Menschen nicht mehr durch die Eingangstür das Haus verlassen und ihn ganz allein zurücklassen. Sein Verhalten hatte also nichts mit Fußmatten zu tun – sondern es ging um Einsamkeit und Verlassenheit.

Die Betttücher, die Fußmatten oder andere Gegenstände haben nichts mit der Ursache für das tierische Fehlverhalten zu tun. Wir sehen uns nicht nur an, wie Tiere ihre Bedürfnisse zum Ausdruck bringen. Wir wollen tiefer schauen. Und wenn wir ihre Körper untersuchen, sehen wir nicht nur die äußeren Formen. Das ist die banale äußere Ordnung. Stattdessen wollen wir hineinsehen, um den drei sichtbaren Dimensionen eine vierte hinzuzufügen, mit der wir den Inhalt und die Bedeutung unter der körperlichen Welt wahrnehmen.

Immer wenn ich in einer Talkshow mit dem großen Ganzen herausplatze, wirkt es auf die Zuschauer wie Zauberei. Aber ich wende nur mein Werkzeug an, um eine Landkarte zu zeichnen, die mich zur Wahrheit führt. Auch Ihnen steht ein ganzer Werkzeugkasten voller Techniken zur Verfügung. Und wenn ein Werkzeug nicht funktioniert, dann tut es ein anderes.

Wie man seine Wahrnehmungsgabe tanzen lässt

Wenn Sie eine Reihe von Fragen stellen und eine Vielzahl von intuitiven Volltreffern erzielen, stellt sich ein Rhythmus ein, wie diese Elemente zusammenpassen. Es ist wie ein Tanz oder eine Musikpassage. Sie können ein Bild erhalten oder auch ein Gefühl der Angst, eine Welle des Schmerzes, ein Wort oder eine Flut von Glücksgefühlen. Möglicherweise wiederholt sich der Prozess in Ihnen auch auf vielfältige Art. Wenn Sie den Tanz lange genug aushalten können, um sein Muster zu spüren, werden Sie feststellen, dass Ihre Intuition eine ganz eigene Choreografie hat. Lernen Sie, Ihren eigenen Tanz zu tanzen. Man braucht Mut, Disziplin und Energie, um auf der Bühne zu bleiben. Es ist viel leichter, sich in Selbstzweifel zurückzuziehen. Wir Menschen tendieren dazu, in unsere stärkste Eigenschaft auszuweichen und unsere schwächeren Attribute zu unterdrücken, um in der Sicherheit unserer Schutzzone zu verharren. Doch investieren Sie stattdessen Ihre Zeit und Energie in Selbstvertrauen.

Ein Gedanke, der von der Intuition abgetrennt ist, bringt uns nicht weiter. Ein Gefühl ist das Werkzeug, das uns hilft, uns mit mehr Fokus und Perspektive zu engagieren. Gefühle zeichnen die Schatzkarte, die Sie zu den gesuchten Antworten führt. Das wahre Anliegen des Tieres sehen Sie vermutlich nicht auf Anhieb und können es sich auch nicht ausdenken. Wie gesagt: Wenn die Antworten Sie überraschen, könnte das der Wegweiser sein, der in die richtige Richtung führt. Jeder seltsam klingende Volltreffer ist eine erreichte Etappe auf Ihrer Reise.

Teile der Geschichte, die das Tier mitteilt, können durchaus widersprüchlich klingen. Die Juwelen, die am Ende der Schatzsuche winken, verbergen sich in genau diesen Widersprüchen. In Kapitel 6 informierte Chloe/Lowie mich: »Ja, in meinem Garten ist ein Pool«, aber dann sagte sie: »Nein, ich lebe nicht in dem Garten mit dem Pool«. Sie wollte mir damit sagen, dass sie durch ein Loch im Zaun ausbüxen konnte und sich daher nicht im Garten aufhielt. Häufig verstecken Tiere genauso wie Menschen peinliche Details, die sie aus Angst vor Strafe nicht zugeben wollen. Auch Stolz spielt eine Rolle, zum Beispiel als Dusty Marcel das gebrochene Bein verschwieg und versuchte, seine Verletzung auf die alte Frau im gelben Kleid zu übertragen. Doch die Belohnung der Offenbarungen sind Heilung und Glück. Die Tiere haben keine Möglichkeit, sich mit Ihnen zu verständigen, außer, Sie hören geduldig zu. Die Geduld beschränkt sich nicht nur darauf, die Puzzleteile ihrer Informationen zusammenzusetzen, sondern auch, Ihrem eigenen Prozess zu vertrauen.

Den Frust kultivieren

Diese Arbeit erfordert Zeit und Übung und kann sehr frustrierend sein. Vielleicht ärgern Sie sich irgendwann über sich selbst und verspüren den Impuls, dieses Buch in den nächsten Fluss zu werfen. Vielleicht wird Sie die Ebbe und Flut Ihrer Fähigkeiten verunsichern und Sie werden sich sagen: »Es ist zu schwer. Es tut weh. Gibt es ein wirksames Schmerzmittel dagegen?« In unserer Konsumwelt der Leichtigkeit und Schnelligkeit gewöhnen wir uns zu sehr daran, alles auf dem Silbertablett serviert zu bekommen. Wir sind daran gewöhnt, alles, was wir wollen, kaufen zu können, mit nach Hause zu nehmen und zu erwarten, dass es auch funktioniert. Aber das hier ist etwas anderes. Das kann man nicht kaufen. Sie müssen schon darum kämpfen, aber der Lohn ist unendlich groß. Wenn Sie ein Gefühl für diese neue Geometrie entwickelt haben, dann legen Sie es nicht in den Schrank, wo es verstaubt. Entwickeln Sie es weiter. Lassen Sie immer wieder etwas Spontanes zu. Sie werden mit der Zeit daran wachsen, und Ihr Rhythmus wird sich ändern. Haben Sie die Geduld, zuzulassen, dass Dinge immer wieder schwierig werden. Nur durch Anstrengung lernen wir Neues hinzu.

Ohne die Schwere zu fühlen, würden Sie auch nicht das herrliche Hochgefühl spüren, das sich einstellt, wenn Ihr Bewusstsein das Fliegen lernt. Ohne den Schmerz der Isolation, des verschlossenen Herzens und des geschlossenen Dritten Auges würden Sie auch nicht die Euphorie spüren, wenn Sie zum ersten Mal Verbindung mit einem Tier aufnehmen. Erinnern Sie sich an Marcel im Café, der wahrscheinlich gefrustet und auf mich schimpfend in seinem Alltag steckte, als er plötzlich hörte: »Hallo. Ich bin Nora und ich muss um drei zum Tierarzt.« Als er auf den Boden schaut, wird ihm klar, dass er die Stimme eines Hundes gehört hat! Das ist es, was ich Ihnen allen wünsche. Aber ich wünsche es mir noch mehr für alle Vierbeiner dieser Welt.

Der nächste Bericht handelt von einem hinreißenden Hund namens Reagan. Diese Geschichte stammt von Lisbeth A. Tanz, einer meiner Workshop-Koordinatorinnen und Schülerinnen. Sie lebt und arbeitet in Saint Louis.

Reagan, die australische Schäferhündin

Als Reagan in mein Leben kam, war sie ein winziges Bündel aus weiß-schwarz-braun-grauem Fell. Doch das Schönste an ihr waren ihre Augen. Sie waren graublau und schauten einem direkt in die Seele. Bei unserer ersten Begegnung entdeckte sie mich, rannte wie eine Wilde aus ihrem Garten zu mir herüber und schrie: »Ich bin im falschen Haus, ich bin im falschen Haus!!! Ich will mit dir zusammenleben!«

Es erübrigt sich wohl zu erwähnen, dass sich die Stimmung zwischen den Nachbarn und mir trübte, weil Reagan auf mich hörte, jedes Mal herüberkam, wenn ich in unserem Garten war, und an meiner Küchentür auf mich wartete, wenn unser Garagentor offen war. Schließlich sprach ich offen mit ihr und erklärte ihr, dass sie lernen musste, mit ihrer Situation klarzukommen, und dass sie nicht bei mir leben konnte. Sie war so niedergeschlagen, dass sie mir nach diesem Gespräch eine ganze Weile aus dem Weg ging. Doch dann begann sie wieder damit, auf meiner Terrasse und an meiner Küchentür aufzutauchen. Schließlich nahm ich es hin, dass sie sich als Teil unserer Familie betrachtete – auch wenn sie nebenan schlief und fraß. Auch hatte ich das unruhige und unerklärliche Gefühl, als würden wir Reagan schon bald verlieren.

Sie wurde nur zwei Jahre alt und schied aus dem Leben, kurz nachdem bei ihr Leukämie festgestellt wurde. Ein paar Wochen vor der Diagnose bemerkte ich, dass sie mich aus ihrer gewöhnlichen Ecke in ihrem Garten beobachtete. Doch diesmal kam sie nicht näher. Aus dem Blauen heraus fragte ich sie: »Bist du krank?« Ihre Antwort kam rasch und streng: »Ja, aber verrate es niemandem!« Daraufhin wandte sie mir den Rücken zu und wollte nichts mehr sagen. Ihren Besitzern schien zu entgehen, dass ihre Bewegungen langsamer wurden, ihr wunderschönes Fell stumpf und matt aussah, sie keuchte und immer magerer wurde.

Ich wusste zwar nicht, was ihr fehlte, doch mir war klar, dass sie bald sterben würde. Jeden Tag ließ ihre Kraft ein bisschen mehr nach, bis ihre Besitzer es schließlich auch merkten. Ich hielt zwar mein Versprechen, niemandem etwas zu sagen, doch ich habe es schon öfters bereut. Die Leukämie breitete sich rasch aus und es gab kein Heilmittel dagegen. Als mein Nachbar es mir gesagt hatte, fragte ich Reagan, wie krank sie tatsächlich war. Ihre Antwort schockte mich. »Nur noch ein paar Tage«, sagte sie.

Ich setzte mich ins Gras, streichelte ihr einst so seidiges Fell und fragte, ob sie die Kraft hätte, uns noch ein letztes Mal auf der Terrasse zu besuchen, um sich von meiner Hundefamilie Katie, Bogart und Miko zu verabschieden. »Sag mir Bescheid, wenn du kommst.« Als ich kurz darauf in meinem Büro saß, kam ihre Nachricht durch: »Ich bin da.« Ich rannte die Treppe hinunter und sah sie wie früher an unserem Tor warten. Zuerst sprangen Katie und Bogart freudig erregt auf sie zu. Doch dann wurden sie plötzlich sehr zurückhaltend. Sie verhielten sich Reagan gegenüber sehr vorsichtig und respektvoll – und versuchten nicht, sie wie sonst zum Spielen zu animieren. Die Hunde beschnüffelten sich und berührten sich mit den Schnauzen, und dann legte sich Reagan hin. Katie und Bogart zogen sich an das andere Ende der Terrasse zurück und ließen uns in Ruhe.

Während Reagan auf meinem Schoß lag, war ihre Liebe und Dankbarkeit fast greifbar. Sie war so sehr mit uns verbunden. Wir waren ihr Ruhehafen im Sturm ihres Zuhauses. Sie legte den Kopf in meinen Schoß und ließ mich wissen, dass sie spüre, ihr Leben sei vollbracht. Sie bat mich, ihren Menschen mitzuteilen, dass sie bereit sei zu gehen. Und ich sollte John, einem ihrer Halter, wissen lassen, dass sie ihn lieb habe und ihm dafür danke, dass er versucht habe, ihr ein gutes Zuhause zu bieten. Dann entspannte sie sich seufzend. Sie atmete zwar schwer, doch für den Augenblick war sie glücklich und zufrieden.

Nach einer Weile gingen wir zu ihrem Haus zurück, und ich richtete ihre Botschaft an John aus. Falls er mich für verrückt hielt, sagte er es jedenfalls nicht. Er war so bestürzt, »sein Mädel« zu verlieren, dass er anfing zu weinen. Spontan schenkte ich ihm eine Ausrüstung, mit der man die Pfotenabdrücke seiner Lieblinge in Gips verewigen kann. Ich hatte es ein paar Tage zuvor für meine eigenen Hunde gekauft. »Machen Sie den Abdruck heute Abend! Warten Sie nicht damit!«, drängte ich ihn. Glücklicherweise tat er es, und so haben die Nachbarn jetzt wenigstens diese Erinnerung an Reagan. Sie starb nur zwei Tage nach meinem letzten Gespräch mit ihr, doch ich weiß, dass sie jetzt ihre Freiheit und ihren Frieden gefunden hat. Sie hat uns seitdem schon ein paar Mal besucht – einmal tauchte sie sogar auf dem Hügel hinter unseren Häusern auf, wo sie früher so gerne im Schatten gelegen hatte. Es war zwar nur für einen kurzen Moment, doch ich konnte ihr herrliches seidenes Fell und ihre strahlenden graublauen Augen erkennen – Augen, die einem selbst im Tod noch direkt in die Seele schauen.

Wie man eine Diagnose erstellt

Lisbeth musste eine schwere Entscheidung treffen. Wie ich es getan hätte, entschied sie sich dafür, das Vertrauen des Tieres nicht zu enttäuschen. Es zählte nur, was Reagan selbst wollte. Liz hatte den Mut, ihren Wunsch zu befolgen. Im Gegensatz zu der kleinen Misha hatte Reagan beschlossen, zu den Engeln zu gehen. Es ist nicht unsere Aufgabe, Heilung an Tiere auszusenden, die nicht geheilt werden wollen.

Wie ich schon sagte, ist es unsere Aufgabe, die Klugheit zu entwickeln, um den Unterschied erkennen zu können. Jeder Fall ist einzigartig. Sie müssen Ihren »inneren Kompass« ganz fein einstellen, um die richtige Entscheidung zu treffen.

Hier sind vier Schlüsselfragen, die Sie sich beim Versuch, ein Gesundheits- oder Verhaltensproblem zu lösen, immer stellen sollten:

1. Ist dieses Verhalten typisch für diese Tierart?
2. Ist das Problem in dieser Rasse weit verbreitet?
3. Ist es ein spezifisches Problem des Individuums?
4. Ist es ein situationsspezifisches Problem?

Wenn unser Klient zum Beispiel ein reinrassiger Hund namens Barney ist, der ein menschliches Kind angegriffen hat, würde ich die Situation unter Einbezug der vier obigen Fragen wie folgt angehen. Bitte beachten Sie, dass mein Fokus erst breit ist und dann immer enger wird:

1. Tierart: Ist dieses Verhalten bei Hunden allgemein normal oder unnormal? Vielleicht hat sich das Kind dem Hund von hinten genähert, was in allen Hunden eine Reaktion auslöst, da sie nicht sehen können, was von hinten kommt. Nachdem ich festgestellt habe, dass es nichts mit der Tierart zu tun hat, schaue ich mir die Rasse an.
2. Rasse: Könnte der Hund aufgrund von Überzüchtung zu nervös sein? Ist diese bestimmte Rasse für Kinder nicht sonderlich geeignet? Wenn die Rasse nichts Besonderes aufweist, was dieses Verhalten hervorgerufen haben könnte, überprüfe ich das Tier selbst.
3. Individuum: Als Nächstes untersuche ich Barneys Persönlichkeit, seine Vorgeschichte und seine Krankheiten. Sagen wir mal, Barney hat einen ganz lieben Charakter. Er hat bisher noch nie ein Kind gebissen und hat in den sechs Jahren mit seiner Familie ausschließlich gutmütiges Verhalten gezeigt. Da sein Charakter immer gutmütig und sanft war, passt dieses neue Verhalten nicht zu seiner gutartigen Persönlichkeit. Daraus kann ich schließen, dass er einen guten Grund hatte, seinen Zorn auf eine so deutliche Weise zu zeigen.

Ich schaue mir auch sein Futter an und stelle es auf rohes Fleisch und echte Kalbsknochen um, was jeden noch so aggressiven Hund besänftigt, und füge Vitamine und Mineralien für seine Nerven hinzu. Doch um sicherzugehen, dass ich sein Verhalten richtig diagnostiziert habe, untersuche ich auch den Zusammenhang.

4. Situation: Als nächstes schaue ich mir die Situation an. Ist Barney auf das Kind eifersüchtig? Ist das Kind in sein Territorium eingedrungen? Hat das Kind den Hund auf eine Weise geschlagen oder gezerrt, die den Hund wütend gemacht hat? Oder haben die Umstände vielleicht gar nichts mit dem Kind zu tun? Vielleicht sieht der Hund nicht gut, oder das Verhalten seiner Menschen provoziert ihn, und der Angriff gegen das Kind ist ein Weg, um seine Frustration loszuwerden und ihre Aufmerksamkeit zu erringen.

Die Punkte 1, 2 und 3 haben nichts mit Übersinnlichkeit zu tun. Diese Checkliste ist reine Logik, die Sie bei jedem Tier, dem Sie helfen wollen, anwenden können, um die Punkte zu eliminieren. Doch für Punkt 4 brauchen Sie Ihre Intuition, um Ihnen bei der Integrierung der verschiedenen Informationsteile zu helfen, die Sie beim Durchgehen der Checkliste erhalten. Und Sie sollten auch Barney in emotionalen und visuellen Bildern für sich selbst sprechen lassen. Seine Familie sieht nur das Problem. »Das tut er«, sagen sie voller Horror und Entsetzen. Es wird Ihre ganze Kraft in Anspruch nehmen, sich von der Erwartungshaltung seiner Menschen loszulösen und dem Tier urteilsfrei zuzuhören.

Um das Problem eines Tieres intelligent zu begreifen und einzuschätzen, müssen Sie eine Menge intuitiver Informationen erhalten. Erlauben Sie Ihrem Gehirn, eine Flut von Eindrücken aufzunehmen, ohne sie zu analysieren. Ich persönlich schreibe viele Seiten Notizen, die nur ein Bewusstseinsfluss sind; erst danach gehe ich alles mit meinem kritischen Verstand durch und fange an, mit Fragen das Problem zu lösen. Wenn Sie nicht viele Eindrücke empfangen, so haben Sie Geduld. Ihre Fähigkeit ist vielleicht noch nicht perfektioniert, weil Sie sie noch nie bewusst angewandt haben. Das kommt mit der Übung.

Die Checkliste ist zwar eines der Werkzeuge, die Sie brauchen werden, doch die wahren Offenbarungen werden durch die tatsächliche Kommunikation mit den Tieren kommen. So sagte zum Beispiel die Logik, dass die kleine Misha sofort eingeschläfert werden sollte. Die Krankheit war für die Tierart, die Rasse und das Individuum nicht typisch. Sie war situationsspezifisch. Diese bestimmte Katze wollte nicht sterben, und aus irgendeinem Grund (genauso wie bei meiner gelähmten Patientin Chloe) wusste das Tier, dass es die Kraft hatte, wieder gesund zu werden. Ich möchte nicht propagieren, dass alle gelähmten Tiere am Leben erhalten werden sollten. In tausend anderen Fällen wäre es menschlicher gewesen, die kleine Misha einzuschläfern. Doch in dieser bestimmten Situation wäre das die falsche Entscheidung gewesen.

Wenn Sie unter Druck stehen, brauchen Sie ein gewisses mentales Auswahlverfahren. Durch zu viele Meinungen entsteht die totale Verwirrung. Wenn jemand mit einem dicken Stapel medizinischer Unterlagen und den unterschiedlichen Diagnosen eines halben Dutzends von Tierärzten zu mir kommt, hemmen mich diese vielen Informationen nur. Ich möchte keine anderen menschlichen Meinungen hören, bevor ich eine Diagnose erstellt habe. Das Tier soll für sich selbst sprechen. Gehen Sie blind hinein und nehmen Sie die intuitiven Daten unvoreingenommen auf – dann werden Sie lernen, gewisse Werkzeuge und Methoden zu verbessern.

Wenn Sie Unebenheiten ausgleichen und die neue Straße immer wieder befahren, wird sie zu einer gut entwickelten Bahn in Ihrem Gehirn. Dann haben Sie eine winzige Autobahn für Ihre Neuronensender gebaut. Das braucht Zeit. Zuerst ist diese übersinnliche Arbeit schwierig und frustrierend. Doch wenn Ihre Erfolge anfangen sich zu häufen und Ihr Selbstvertrauen wächst, werden Sie sich daran gewöhnen, etwas zu riskieren. Unterbrechen Sie den Prozess nicht, um zu fragen: »Wie macht man so was?« Fangen Sie an und machen Sie weiter und weiter. Erst dann sollten Sie sich diese Frage stellen.

Irgendwann werden Sie merken, dass Sie die Fähigkeit erworben haben. Ob es bei einer kranken Katze ist, bei der Ihre Intuition sagt: »Meine Katze will noch nicht sterben. Meine Katze will nicht zum Tierarzt«, oder das Gegenteil der Fall ist und Ihre Intuition Ihnen immer wieder sagt: »Mein Tier leidet. Es braucht Hilfe« – Sie werden feststellen, dass die Beständigkeit der Botschaft der Schlüssel zum Ganzen ist. Manche versteckten Informationen werden später erneut auftauchen, und wenn Sie immer wieder beim selben Tier denselben intuitiven »Kick« verspüren, dann wissen Sie, dass Sie die Wahrheit fühlen.

Osmosekrankheiten

In all den Jahren, in denen ich mit kranken Tieren gesprochen habe, machte ich so regelmäßig zwei Entdeckungen, dass ich glaube, beide könnten in der nicht allzu fernen Zukunft anerkannte Heilmethoden werden.

Während der Arbeit mit kranken Tieren beobachtete ich ein schockierendes Phänomen: Auch das Gegenteil der positiven Kohärenz trifft zu. Wir können ebenso gut unsere Negativität und Disharmonie zum Schaden unserer Tiere auf sie übertragen. Ich habe gesehen, wie Menschen in einem Ausmaß Krankheiten mit ihren Tieren teilten, das schon als parasitär zu bezeichnen ist. In unserer Zeit der modernen Medizin erkennen nur wenige die Anzeichen der psychosomatischen Übertragung von Krankheiten, doch ich bin diesem Phänomen schon Hunderte von Malen begegnet. Wenn ein Tier eine Leber- oder Blutzuckerstörung hat, fand ich oft einen menschlichen Diabetiker oder Alkoholiker in der Familie. Wenn ein Tier Krebs hat, gibt es nur allzu oft eine Vorgeschichte ähnlicher Krebsarten in der Familie seines Menschen. Wenn ein Tier Essstörungen aufweist, findet sich häufig eine Menschenmutter, die Diät macht oder unter Bulimie leidet.

Ich habe gesehen, wie Menschen und Tiere sich unerklärliche Symptome ihrer Blutkörperchen teilten, und ich habe selbst schon Darmstörungen und Arthritis mit meinen Katzen geteilt. Die Krankheiten des Tieres lassen sich nicht immer zur menschlichen Krankheit zurückverfolgen, und daher sollen Sie sich auch nicht für die Krankheiten Ihrer Tiere verantwortlich fühlen. Doch ich habe schon so viele Fälle erlebt, die ich »Osmosekrankheiten« nenne, und ebenso von Tausenden von anderen Fällen auf der ganzen Welt gehört, dass ich dieses Thema für erwähnenswert halte.

Mein erster Fall von Osmosekrankheit war die Golden-Retriever-Hündin aus Kapitel sieben, die sich am Kiefer blutig kratzte. Wie sie mir mitteilte, hatte ihr Herrchen gerade die unteren linken Backenzähne gezogen bekommen – an derselben Stelle der Wange, die seine Hündin kratzte. Ich staunte, als er mir bestätigte, dass ihm gerade seine Weisheitszähne gezogen worden waren und es bei diesem einen Zahn links unten Komplikationen gegeben hatte. Die Hündin spürte den Schmerz ihres Herrchens so stark, dass sie sich blutig kratzte.

Weil unsere Tiere mit uns zusammenleben und für unsere Energiefelder und Gedankenmuster empfänglich sind, entwickeln sie oft dieselben Krankheiten wie ihre menschlichen Halter, selbst wenn diese Krankheiten nicht als ansteckend gelten. Möglicherweise sind die Symptome und sogar die Krankheiten auf eine andere Weise ansteckend.

Der tragischste Fall von Osmosekrankheit war für mich zugleich der einprägsamste Fall. Vor Jahren hielt ich eine Sitzung mit einer Frau, die neun Hunde durch Krebs verloren hatte. Bei näherer Befragung fand ich heraus, dass die Frau auch ihre Mutter, ihren Vater und fast all ihre Familienangehörigen durch Krebs verloren hatte. Was machte diese Frau zu einem Magneten für Krebs, obwohl sie selbst keinen hatte ... oder noch nicht? Ich gebe nicht vor, es zu verstehen, doch ich fühle mich verpflichtet, dieses mysteriöse Phänomen anzusprechen, weil ich es schon zu oft erlebt habe. Ich habe das Gefühl, wir Menschen sind mit Emotionen, Verhaltensweisen und Glaubensmustern angefüllte Energiebehälter – und wenn der Behälter voll ist, läuft unser emotionaler Überfluss in unsere Tiere über. Wenn Menschen Behälter sind, dann sind ihre Tiere Schwämme, die unseren Überfluss aufsaugen und widerspiegeln. Häufig sind die von ihnen aufgesogenen emotionalen Traumata ein Teil unserer selbst, mit dem wir uns nicht beschäftigen wollen oder dessen wir uns gar nicht bewusst sind. Wenn das auf die Tiere zutrifft, ist die Bedeutung für uns Menschen erstaunlich.

Was immer wir unbeabsichtigt auf unsere Haustiere projizieren, projizieren wir mit Sicherheit auch auf unsere menschlichen Familienangehörigen. Dr. Mitchell würde das Phänomen so erklären, dass Menschen und Tiere in eine Quantenverschränkung verstrickt sind – eine energetische Einheit, die von miteinander verbundenen Wesen geteilt wird. (In Kapitel 4 finden Sie mehr über das Thema.) Verwandt damit ist die »Familienkonstellation«. In Deutschland werden die Auswirkungen von Familienkonstellationen – bei denen ein Familienmitglied ein anderes fördert, indem es eine bestimmte Rolle in einem bestimmten Muster einnimmt – derzeit umfangreich erforscht. Diese Studien wurden nun auch auf Haustiere erstreckt, um zu sehen, ob unsere Verhaltensmuster sich auf unsere Tiere übertragen. Meines Erachtens könnte die wissenschaftliche Revolution der Zukunft die Entdeckung sein, dass Krankheiten nicht nur auf Bakterien und Viren zurückzuführen sind. Bakterien sind immer und überall vorhanden, doch ich glaube, wir werden nur dann krank, wenn unser Immunsystem angegriffen ist. Meiner Meinung nach hängt unsere Anfälligkeit für Krankheiten von Stressfaktoren und negativen Glaubensmustern ab, die im Hirn schlummern, oder von unbewältigtem Leid, das wir ständig im Herzen mit uns tragen. Manchmal können wir nur dann unsere Tiere heilen, wenn wir uns selbst heilen.

Wie man für sein Tier betet

Lassen Sie uns diese Gedanken nun umsetzen und sehen, wie Ihr Tier darauf reagiert. Heilung aus der Ferne ist leichter, als Sie glauben, und auch wenn Sie es noch nie versucht haben, können Sie Ihr »Chi«, die Lebenskraft in Ihrem Körper, dazu bringen, die Leiden und Schmerzen Ihres Tieres sanft zu lindern. Manche Tiere kann man sanft massieren, während man die heilende Energie aus seinen eigenen Handflächen strömen lässt. Wenn das Tier ernsthaft verletzt ist, können Sie auch einfach nur Ihre Hand darüber halten, ohne seinen Körper zu berühren. Manche Menschen stellen sich farbiges Licht vor, das aus ihren Händen fließt, wobei die Farbe, die das jeweilige Tier braucht, sich Ihnen intuitiv offenbart. Doch egal, um welches Problem es sich auch handelt – Sie können bei Weiß, Gold oder Hellblau nichts falsch machen. Die folgende Meditation ist zwar darauf ausgerichtet, das Tier nicht zu berühren, doch wenn Sie es sanft streicheln möchten, dann lassen Sie sich von Ihrem Geist führen. Halten Sie die Hand ungefähr 15 cm über Ihrem Tier und sprechen Sie mit mir die folgende Wahrheit:

Ich glaube daran, dass es nur eine Macht im Universum gibt, und dass diese Macht Gott ist. Diese Macht hat jeden Menschen, jeden Baum, jedes Gewässer, jeden Tiger, jede Rose und jeden Stern erschaffen. Ich weiß, dass diese Macht auch den Körper meines Tieres erschaffen hat – jedes Molekül, jede Zelle, jedes Atom – und diese Macht weiß, wie sie den Körper meines Tieres mit ihrer unendlichen Intelligenz am Leben erhält. Ich greife tief hinunter in den stillsten und heiligsten Raum meiner Seele, wo ich mich ganz leicht mit dieser Macht, der Quelle all meiner Kräfte, vereine. Gott arbeitet in mir durch mich in allem, was ich denke, sage und tue. Ich weiß, dass Gott den Körper meines Tieres so erschaffen hat, dass er sich selbst heilen kann und ich nur beiseite treten muss, um es

Gottes herrlichstem und vollkommenstem Entwurf zu ermöglichen, sich wieder in Einklang mit sich selbst zu bringen. Der Körper meines Tieres ist ein selbstheilender Ausdruck Gottes, und seine körperliche Form sucht ständig nach dem Gleichgewicht. Ich vertraue drauf, dass die göttliche Schöpfung, die mein geliebtes Tier erschaffen hat, die Gesundheit meines Tieres zu erhalten weiß.

Mein Tier befindet sich nun bei vollkommener, strahlender, dynamischer, energetischer Gesundheit. Ich lasse die Vergangenheit und alle Erinnerungen, die uns nicht mehr helfen, los, während ich mich voller Frieden auf diesen göttlichen Augenblick konzentriere. Ich lebe jetzt völlig in diesem heiligen Augenblick, in dem ich nur die Freude, die Kraft, die Flexibilität und die Energie spüre, die von Gott in den Körper meines Tieres fließt. Ich verstehe, dass der Körper meines tierischen Freunds ein Gefäß ist, das freudig seinen himmlischen Zweck erfüllt und es mit Leichtigkeit und Freiheit durch sein Leben trägt. Ich begebe mich in neue Abenteuer mit meinem Tier in dem Wissen, dass meine Vorfreude auf unsere gemeinsame Zukunft ansteckend wirkt. Ich bin dankbar für die neue, strahlende Gesundheit meines Tieres. Ich bin dankbar dafür, dass sein Körper wieder sein Gleichgewicht erlangt hat. Ich bedanke mich für die Genesung meines geliebten Tieres und sende diese Gedanken dem göttlichen Geist in dem Wissen, dass Gottes großes Werk gut ist und diese Wünsche auch andere Tiere und Menschen auf der ganzen Welt segnen werden. So sei es.

9

Öffnet das Himmelstor

Ihr werdet Stärke aus allen gebrochenen Stellen gewinnen.
Dr. Bernie Siegel

»Habe ich es richtig gemacht?«

Vor ein paar Jahren nahm ich an einer Rede meines Freunds Alan Cohen teil. Wir planten, im nächsten Sommer gemeinsam einen Workshop auf Maui, wo er geboren wurde, zu leiten. Kurz vor seiner Pause holte er mich auf die Bühne, um mich dem Publikum vorzustellen.

Er sagte: »Das ist Amelia, eine der begabtesten Tierkommunikatorinnen der Welt und Autorin eines nationalen Bestsellers ...« Ich winkte fröhlich ins Publikum und dachte im Stillen: »Alan, du trägst aber dick auf.« Als er weitersprach, wurden mir die Knie weich. »... und deswegen wird Amelia während der Pause all Ihre Fragen beantworten.«

Ich lächelte mit zusammengepressten Zähnen und blickte in Hunderte von erwartungsvollen Augenpaaren. Einige Zuschauer kamen schon strahlend auf mich zu. »Verflucht«, dachte ich. »Von wegen Pause!«

Ich war als Zuschauerin und nicht als Gastexpertin gekommen und hatte gehofft, mich unerkannt in der Menge entspannen zu können. Als ich versuchte, mich durch die Tür zu schleichen und der langen Warteschlange vor den Toiletten anzuschließen, wurde ich von einem Dutzend aufgeregter Teilnehmer aufgehalten. Ich bemühte mich zwar, all ihre Fragen kurz und bündig zu beantworten, doch ich wurde sofort in ihre Geschichten hineingezogen. Eine blonde Frau hatte mit Polizeihunden zu tun, eine lebhafte Rothaarige musste mir unbedingt von der Phobie ihres Hundes erzählen, und eine pensionierte Schullehrerin hatte gerade ihre Katze verloren und fing mit ihrer Trauerarbeit erst an. Ihre Augen füllten sich mit Tränen, während sie zerknitterte Fotos einer herrlichen siamesischen Katze aus der Handtasche holte. Ich versuchte, die wachsende Menge dazu zu bewegen, ihre Berichte kurz zu halten, während ich sehnsüchtige Blicke auf die wachsende Schlange vor dem Klo warf. Doch wie immer trugen alle einen Damm in sich, der nur darauf wartete zu brechen. Jeder von ihnen hatte nur wenige Menschen in seinem Leben, die seine aufgestaute Leidenschaft verstehen konnten. Ihr Leid, ihre Freude und ihr nur selten geteilter Humor ergossen sich in Wortströmen. »Endlich«, schienen ihre Augen zu sagen, »endlich jemand, der mich *versteht.*«

Auch wenn ihre herzzerreißenden Berichte mich berührten, versuchte ich, sie in Richtung Tür zu lotsen, da sich auch in mir ein Damm angestaut hatte. Als ich mich endlich losreißen konnte und auf die Toilettentür zueilte, berührte eine dicke Frau mit seelenvollen braunen Augen mich am Arm. Irgendetwas in der zaghaften Berührung zwang mich stehen zu bleiben.

»Entschuldigen Sie, es tut mir so leid, Sie belästigen zu müssen«, begann sie. »Aber ich habe nur eine kurze Frage.« Ich holte tief Luft und bereitete mich darauf vor, mir ihre Frage anzuhören.

»Wissen Sie, ich habe sechs Labrador-Welpen«, sagte sie unsicher. »Ihre Mutter ist gestorben. Und ich ... äh ... sie sind jetzt acht Wochen alt ...«

Mein Gesicht muss meine Ungeduld verraten haben, da sie sich stotternd beeilte, mir ihr Problem vorzutragen, um ja nicht die kostbare Zeit der »berühmten« Autorin zu überstrapazieren, doch je mehr sie sich beeilte, desto mehr verhaspelte sie sich.

»Sehen Sie ... ich habe ... äh ... sechs Welpen ... und ich ... na ja ...«

»Tut mir leid, aber ich kann keine Tiere mehr aufnehmen«, sagte ich rasch. »Und ich kenne auch niemanden, der einen Labradorwelpen sucht.« Jeder, der weiß, dass mein Beruf mit Tieren zu tun hat, scheint mich für eine Sammelstelle für sämtliche geretteten Tiere dieser Welt zu halten.

»Nein, Sie haben mich missverstanden. Ich kann für jeden Welpen ein Zuhause finden«, sagte sie noch nervöser. »Das ist nicht das Problem.« Mittlerweile stolperte sie über ihre Worte und wurde sichtbar frustriert. »Wissen Sie, einer von ihnen war krank und ich ... äh ... nährte ihn mit der Flasche. Die Mutter ist kurz nach der Geburt gestorben, und einer von ihnen kränkelte, egal was ich auch versucht habe ...«

Ich erinnerte mich an den Rat der berühmten Übersinnlichen Dr. Judith Orloff, was ich tun sollte, wenn es zu viel für mich wurde: »Verweisen Sie die Fälle an andere! Wenn es nicht anders geht, müssen Sie neue Klienten an andere Experten verweisen!«

Ich unterbrach die Frau und sagte: »Ich kenne jemanden in Memphis, dessen Nummer ich Ihnen geben kann. Sie leitet eine Rettungsstation für Neufundländer. Auch wenn sie nicht mit Labradors arbeitet, weiß sie mehr als alle anderen über neugeborene Welpen.«

»Nein, das meine ich nicht. Es geht ihnen allen jetzt gut«, sagte die Frau mit erröteten Wangen. Mittlerweile hätte ich sie am liebsten geschüttelt und angeschrien: »Also, wenn Sie kein Zuhause für die Hunde *suchen* und sie auch nicht krank sind – was um alles auf der Welt wollen Sie dann?«

»Wissen Sie ... äh ...«, kämpfte sie tapfer. »Ich hielt den kranken Welpen auf dem Arm und fütterte ihn. Ich war die ganze Nacht auf gewesen. Ich hatte alles Mögliche getan. Ich hatte ihn vier Tage lang mit der Flasche aufgezogen und war total erschöpft. Es war eindeutig, dass der Kleine ... dass er es nicht schaffen würde. Na ja ... und dann ist er in meinen Armen gestorben. Ich will nur wissen: Hab ich es richtig gemacht?«

»Ob Sie es richtig gemacht haben?«, fragte ich verwirrt.

»Ja. Ich meine, ich habe ihn so gehalten und gestreichelt.« Sie hielt sich die Hand über die Schulter und machte mir vor, wie sie seinen winzigen Körper sanft gestreichelt hatte. »So hab ich ihn gestreichelt ... bis er gestorben ist. Ich wusste einfach nicht, was ich sonst tun sollte. Deswegen habe ich ihn so an meine Schulter gehalten. Hab ich es richtig gemacht?«, fragte sie mich flüsternd.

Als ich sie spontan umarmte, wiegte und streichelte sie immer noch den unsichtbaren Welpen. Meine Augen wurden feucht, während sie mich hastig und steif umarmte. Ich erhalte viele solcher nervösen Umarmungen, sicher mehrere Tausend im Jahr. Wenn man einen völlig fremden Menschen umarmt, dem man gerade sein intimstes Geheimnis anvertraut hat – ein so kostbares Geheimnis, das man mit niemandem sonst teilt aus Angst, ausgelacht zu werden –, entsteht eine tiefe Verbundenheit. Zuerst sehen mich diese fremden Menschen voller Ehrfurcht und mit Tränen in den Augen an, die zu fragen scheinen: »Ist mein Geheimnis bei Ihnen sicher, Amelia?« Dann folgt ein Augenblick, der so zart ist, dass er sich nicht beschreiben lässt – ein Moment, in dem sie wissen, dass ich weiß, und ich weiß, dass *sie wissen,* dass ich weiß. In diesem Augenblick fühlen unsere Herzen sich ohne Worte verbunden, und in jener warmen Welle des Schmerzes, die wie Salzwasser über ein frisch aufgeschürftes Knie spült, teilen wir dieselbe Erkenntnis des Unausgesprochenen: Es gibt keinen Ort, an den man diesen Schmerz tragen kann. Es gibt keinen Ort, an dem man die Auskunft erhält, die man braucht. Und es gibt niemanden, an den man sich wenden kann, wenn man fragen muss: »Habe ich es richtig gemacht?«

»Ja«, sagte ich, während ich mich von ihr löste, die Hände fest auf ihre Schultern legte und mich dafür schämte, eine solche Zicke gewesen zu sein. »Ja. Sie haben es richtig gemacht! Man streichelt und liebt sie einfach und spricht mit ihnen, bis sie ihren letzten Atemzug machen.« Angst und Unsicherheit wichen aus ihrem Gesicht, und sie sagte: »Genau das habe ich getan, weil ich nicht wusste, was ich sonst tun sollte.«

»Sie haben es *richtig* gemacht«, versicherte ich ihr. »Sie haben es *genau richtig* gemacht!« Ich konnte das Mitgefühl in ihren Augen sehen, und ich hatte ihre sanfte Herzenswärme in der Umarmung gespürt. Ich wusste, wenn ich ein sterbender Welpe wäre, wären die Arme dieser Frau ein außerordentlich tröstender Ort für mich. Als sie in meine feuchten Augen sah, wusste sie, dass ich das wusste. Eine Träne rollte ihr die gerötete Wange hinunter, doch es war nun eine Träne der Erleichterung.

Wenn unsere geliebten Mitmenschen sterben, können wir uns an unsere Pfarrer, Priester und Rabbiner wenden. Doch an wen können wir uns wenden, wenn unsere geliebten Tierkameraden sterben? Schließlich gibt es keine Priester für Welpen.

Schweigen ist nicht immer Gold

Wir alle hatten schon kleine Tiere, die in unserer Gegenwart in den Himmel gegangen sind. Oft haben wir uns auf die Zunge gebissen, diesen Erinnerungen den Rücken gekehrt und gehofft, unser erzwungenes Vergessen würde den Schmerz besiegen. Woher stammt eigentlich diese Abgrenzung?

Um die Antwort zu finden, müssen wir nicht lange suchen. Welches Kind auf diesem Planeten hat nicht schon mal gesagt: »Aber Mama, das Vogelbaby ist aus dem Nest gefallen!« Die einfühlsameren Eltern gestatten ihren Kindern, das Vogelbaby ins Haus zu holen, wo es unter fürsorglichen Kinderaugen in einer Schuhschachtel sterben kann. Weniger verständnisvolle Eltern sagen: »Da kann man nichts machen. Wir haben keine Zeit für so was! Los, komm schon!«, oder: »Die Natur ist grausam. Es ist doch nur ein Vogel.«

Vielleicht haben unsere Eltern, Geschwister und Schulkameraden sich jahrelang darum bemüht, eine Schutzschicht um unser Herz zu errichten, doch diese vermeintliche Stärke rüttelt nicht an der Wahrheit. Wir alle haben Augenblicke, in denen der Panzer einen Riss erhält. Ein Welpe, der entgegen allen Hoffnungen um drei Uhr morgens starb, hat den Panzer dieser fremden Frau in tausend Stücke zersprengt. Wenn unsere Rüstung im Feuer der Gefühle schmilzt, spüren wir Trauer und Verlust, weil dieses kleine tierische Wesen wichtig war. Dieses warme kleine Leben war von Bedeutung, auch wenn seine Seele in einem Körper mit Pfoten oder Barthaaren, Schuppen oder Flügeln steckte. Der Verlust ist real, und der Schmerz ist real, und diese wunderbaren Wesen verdienen im Augenblick ihres heiligen Übergangs unsere Ehrfurcht.

Wenn diese Wahrheit honoriert wird, können wir unseren Panzer im Feuer der Hingabe zum Schmelzen bringen und eine Alchemie erreichen, in der der Stahl in unserem Herzen in Gold verwandelt wird. Das ist die Metamorphose, die es uns erlaubt, die Gedanken anderer Lebewesen zu hören und ihre Gefühle zu fühlen, weil wir zuerst tapfer genug waren, unsere eigenen Gefühle wahrzunehmen. Um Resogenese herzustellen, müssen wir den Mut haben, absolut präsent, gelassen und bereit zu sein, um herauszufinden, was unsere Freunde wirklich fühlen.

Diese Angstfreiheit entsteht durch eine Umstrukturierung der Glaubensmuster. Einige dieser Muster sind so alt, dass wir sie ohne Hinterfragen als die Wahrheit ansehen. Die Liebe zu kleinen Wesen ist eine universale Erfahrung, die alle Kinder teilen, und die Zerstörung dieser Liebe ist eine Verletzung, die alle Menschen teilen. Wir müssen also mit einem Glaubensmuster aufräumen, das unsere Fähigkeit hemmt, uns mit anderen Lebewesen zu verbinden. Dieser »Virus« könnte die stärkste Blockade sein, die unsere Fähigkeit beeinträchtigt, Resogenese herzustellen. Lassen Sie uns das Programm neu schreiben.

Das Rezept steht auf der Schachtel

Eine relativ fortgeschrittene Methode, um Resogenese herzustellen, ist, sich klar zu machen, dass man längst eins ist mit dem Tier – Teile eines großen Puzzles. Ein winziges, individuelles Puzzlestück muss sich nicht anstrengen, um sich mit einem anderen winzigen Puzzleteil zu verbinden. Wenn man das Gesamtbild betrachtet, wird man größer und schließt das Tier als Teil von einem selbst in einem erweiterten Bewusstsein mit ein. Wenn wir alle aus Leben, Natur und Liebe bestehen, dann ist die ganze Schöpfung Teil von uns. Erweitern Sie Ihr Bewusstsein – und bevor Sie es merken, wissen Sie mehr, als Sie dachten!

Wenn Sie das göttliche Bewusstsein auch nur für eine Minute meistern, wird Ihnen klar, dass Sie nicht allein sind. Wenn wir uns vergegenwärtigen können, dass Gott in einem erweiterten Bewusstsein überall ist, dann können auch wir überall sein. Wenn Gott alles weiß und wir nur göttliche Verkörperungen sind, dann haben wir in unser spirituelles Programm die Fähigkeit eingebaut, viel mehr zu wissen, als wir zu wissen glauben.

Unsere heutige Physikstunde befasst sich mit dem Physiker Dr. David Bohm, einem Professor der meisten unserer Meisterlehrer. Unmittelbar nach dem zweiten Weltkrieg lehrte er ein paar Jahre lang an der Universität Princeton und war ein Kollege Einsteins. Dösen Sie jetzt bitte nicht ein, denn das hier wird Sie vom Hocker reißen! Die Geschichte fängt damit an, dass die heiße neue Theorie unter den Eierköpfen von einem superschlauen Typ namens Niels Bohr stammte, der das Prinzip der Komplementarität entwickelt hat. Laut seiner Theorie könnten Dinge mehrere widersprüchliche Eigenschaften besitzen. So kann zum Beispiel Licht gleichzeitig eine Welle und ein Teilchenfluss sein. Bohm reichte die orthodoxe Lehre der Quantentheorie nicht mehr, und so begann er, seine eigene Lehre zu erschaffen. Während dieses Prozesses führte er einige berühmte Fachsimpeleien mit Einstein.

Bohm entwickelte als Erstes eine Theorie, deren Vorhersagen mit denen der nichtlokalen Quantentheorie übereinstimmten. Er ging auch davon aus, dass es unterhalb der Quantenwelt eine noch tiefere Realität gibt, ein bis dahin unentdeckter Subquantenlevel. Bohm nannte sein neues Feld das »Quantenpotenzial« und stellte die Theorie auf, dass es wie die Schwerkraft sämtlichen Raum durchdringt. Doch anders als bei Schwerkraftfeldern und Magnetfeldern nimmt sein Einfluss bei Entfernung nicht ab.

Stellen Sie sich das mal vor: »Der Einfluss nimmt bei Entfernung nicht ab!« Das bedeutet, dass Sie, wenn Sie eine vermisste Katze in Russland suchen möchten, durch das Null-Punkt-Energiefeld (NP-Feld) surfen können und sie genauso leicht finden können, als wäre sie in der Nachbarstraße. Dieses intergalaktische U-Bahn-System hat keinerlei Bezug zu Zeit. Sie denken etwas, ein Tier denkt etwas, und Bingo. Zwischen Ihnen beiden vergeht keine Zeit – kein Austausch von Zeit –, denn in diesem Meer aus Quantenpotenzial bleiben Sie mit dem Tier verbunden, selbst wenn es in den Himmel gegangen ist. Wenn Sie Ihr Bewusstsein auf den NP-Level ausweiten, sind Sie nicht länger Sie. An diesem Punkt werden Sie zur gesamten Schöpfung, zur ganzen göttlichen Intelligenz, und die ganze Welt, wie Sie sie kennen, ist in Ihrem Geist enthalten – auch das geheimnisvolle Land hinter dem Regenbogen.

Zurück zu unseren Eierköpfen: Michael Talbot hilft uns in *Das holographische Universum* ein paar neue Ideen zu knacken: »Die klassische Wissenschaft hat den Zustand eines Systems als Ganzes immer nur als das Ergebnis der Interaktion seiner Teile angesehen. Das Quantenpotenzial stellt diese Betrachtungsweise jedoch auf den Kopf und deutet an, dass das Verhalten der Teile in Wirklichkeit vom Ganzen organisiert wird. Dies führte nicht nur Bohrs Annahme, dass subatomare Teilchen keine unabhängigen ›Dinger‹, sondern Teile eines untrennbaren Systems sind, einen Schritt weiter, sondern suggeriert sogar, dass die Ganzheit auf irgendeine Weise die primärere Wirklichkeit ist.«

Das Verhalten der Teile wird vom Ganzen organisiert! Was bedeutet das? Die Natur hat einen Verstand, und sie wünscht unseren Erfolg. Das bedeutet, Gott drückt Ihnen den Daumen! Sie können dieses neue Erfolgsrezept anwenden, um Ihr Leben und Ihren Bezug zu Tieren wirklich zu verändern. Lebewesen sind nicht nur ein Haufen unpassender Zutaten, die in Gottes Küche herumliegen. Es gibt ein System, wie wir alle untereinander in Bezug stehen, um die universale Harmonie herzustellen – und das Rezept steht auf der Schachtel!

Die Vorstellung des Quantenpotenzials erklärt auch, wie Elektronen in Plasma (und anderen besonderen Zuständen wie Supraleitfähigkeit) sich wie ein verbundenes Ganzes verhalten können. Wie Bohm ausführt, sind solche »Elektronen nicht zufällig verteilt, da durch die Wirkung des Quantenpotenzials das ganze System eine koordinierte Bewegung erfährt, die eher einer Ballettaufführung als einem Haufen unorganisierter Leute entspricht.« Auch beschreibt er, dass »diese Quantenganzheit der Handlung mehr der organisierten Funktionseinheit der Teile eines Lebewesens ähnelt als der Einheit, die durch die Zusammensetzung von Teilen einer Maschine entsteht.«

Lassen Sie uns dieser Theorie drei neue Ideen entnehmen. Als Erstes die »Supraleitfähigkeit«. Tolles Wort. Klasse Konzept. Es bedeutet, dass Sie und Ihr Tier einen Tanz aufführen können, bei dem Energie ohne Widerstand fließt. Sie sind nicht zwei alte kaputte Autos, die mit abmontierten Kennzeichen nebeneinander auf einem Parkplatz stehen – Sie sind eine durchorganisierte Einheit. Wir funktionieren auf dieser Welt in einer koordinierten und synchronisierten Aufführung im Sinne des Ganzen, im Einklang miteinander und ohne elektrischen Widerstand, geleitet vom göttlichen Dirigenten des Orchesters, auch wenn wir uns gewöhnlich unserer Verbindung zueinander nicht bewusst sind. Als Zellen im göttlichen Körper sind wir genauso geordnet wie die Zellen in unserem eigenen Körper. Sie und Ihr Tier sind die beiden Enden einer Klingelleitung oder die beiden Flügelspitzen eines Flugzeugs. Wenn ein Ende sich bewegt, muss sich das andere auch bewegen, da Sie beide Teil desselben Systems sind. Unsere Wahrnehmung baut die Brücke, über die die Informationen fließen können.

Für unsere zweite neue Idee wollen wir uns den Hindus zuwenden. Sie nennen die innere Ebene der Realität »Brahman«, die formlose Geburtsstätte aller Formen der sichtbaren Realität. Alles entspringt in einem endlosen Strom aus dem Brahman und kehrt dorthin zurück. Wie Bohm sagt, kann die innere Ordnung auch »Geist« genannt werden. Ähnliches sagen die Hindus: Brahman ist eine Grundebene der Realität, die aus reinem Bewusstsein besteht.

Drittens wollen wir durch das NP-Feld surfen und untertauchen. Auch die australischen Aborigines glaubten, dass die wahre Quelle des Geists in der transzendentalen Realität der Traumzeit liegt. Dieser Bewusstseinszustand konnte von ihren Medizinmännern in Trance erreicht werden und bot ein Fenster zur Ewigkeit, in der alle Stammesmitglieder und Lebewesen in himmlischer Harmonie gedanklich miteinander kommunizieren. Den meisten westlichen Menschen ist nicht klar, dass so eine Verbindung möglich ist, da sie glauben, ihr Bewusstsein sei in ihren Körpern verankert. Doch australische Schamanen kennen auch mehrere transzendentale Bewusstseinszustände und können daher mit den subtileren Ebenen der Realität Verbindung aufnehmen.

Ich möchte, dass Sie in der Geografie dieser subtilen Bereiche versiert werden. Wer weiß – Sie könnten der Reiseleiter zukünftiger Generationen werden. Die westliche Kultur entwertet die mystischen Reiche, indem sie die Wirklichkeit streng im Materiellen ansiedelt, und hat dabei die Tiere an den Teufel verkauft. Ich möchte, dass Sie dieses Unrecht korrigieren. Ich schaffe es nicht allein. Ich brauche Ihre Hilfe. Menschen und Tiere überall auf der Welt brauchen Ihre Hilfe. Die nächste Geschichte illustriert diese Vorstellungen und zeigt, wie ich einen Blick auf die Ebene des Brahman werfen konnte, auf der alles Bewusstsein sichtbar wird.

Wenn der Blitz einschlägt

Während eines Workshops in einer Tierarztpraxis in Nordkalifornien bat ich die Teilnehmer, Bilder ihrer Tiere auszutauschen. Dann setzten sich die Schüler paarweise zusammen, um ihre Intuition zu trainieren und zu lernen, wie sie nichtlokal mit dem Tier des jeweiligen Partners sprechen könnten. Während die Gruppe schweigend arbeitete, ging ich umher und beobachtete, wie sie sich konzentrierten. Eine Frau fing an zu zittern. Ihr liefen die Tränen über die Wangen und sie war dabei, die Fassung zu verlieren. Dies geschieht öfters in meinen Workshops, weil viele der Teilnehmer Fotos von ihren geliebten verstorbenen Tieren mitbringen und die Arbeit hochemotional werden kann. Doch in dieser Ecke herrschte eine solche Intensität, dass ich hinging. Anscheinend hatte die Frau, die mit dem Foto arbeitete, eine starke Verbindung zu dem Tier aufgenommen und war sehr begabt, denn nur ein authentischer telepathischer Kontakt kann so viel Schmerzen verursachen. Am fragenden Blick ihrer Partnerin – in deren Augen auch Tränen standen – konnte ich erkennen, dass die Sache den beiden über den Kopf wuchs. Ich warf einen Blick über ihre Schultern auf das Tierbild, das eine solche Tränenflut ausgelöst hatte.

»Oh, verdammt«, sagte ich, als mir die Knie weich wurden. Das Foto verriet stärkere Qualen und Reue in den Augen eines Pferdes, als ich jemals gesehen hatte.

»Was zum Teufel ist passiert?«, fragte ich stumm das Pferd. Im selben Augenblick wusste ich, dass sein Reiter getötet worden war. Sofort trat ich auf die Bremse und zog mich zurück, um nicht schreiend in sein Hologramm gesogen zu werden. Ich sah die Freundin des Pferdes an. Sie wusste, dass ich es wusste.

»Oh Gott, das tut mir so leid«, sagte ich und versuchte, den Klumpen im Hals herunterzuschlucken, um nicht vor der ganzen Gruppe die Kontrolle zu verlieren. In der Pause kam Sue, die Besitzerin des Fotos, langsam auf mich zu.

»Ich habe zwar gehört, dass Sie keine Privatsitzungen geben«, flüsterte sie, »aber meine Nichte ...« Ich drehte mich zu ihr um und sah hinter ihr die Vision eines Teens mit langen, blonden Locken und strahlenden Augen. »... wurde auf dem Rücken dieses Pferdes getötet«, fuhr sie fort, »und ich muss einfach wissen ...«

Ich sah, wie die junge Frau heftig den Kopf schüttelte. Dann sah ich plötzlich ihr Herz in ihrem Körper pumpen. Wie die Nahaufnahme einer Kamera richtete sich mein Blick auf eine Herzklappe, die sich nicht richtig schloss. Sie hatte eine verzerrte Form und funktionierte nicht einwandfrei.

»Es war ein Geburtsfehler. Ich hatte einen Herzinfarkt. Sagen Sie ihr bitte, dass es nicht die Schuld meines Pferdes ist«, flehte die schöne Verstorbene mich an. Die Schnelligkeit und Klarheit dieser Vision nahm mir den Atem. Ich musste mich am Schreibtisch festhalten, um nicht das Gleichgewicht zu verlieren.

»Hatte Ihre Nichte lange, lockige blonde Haare?«, fragte ich Sue. Sie nickte. »Jennifer war erst neunzehn und hatte langes blondes Haar, das ihr bis zur Taille reichte.«

Plötzlich war ich in Jennifers Körper und durchlebte ihren himmlischen Aufstieg. Ich spürte, wie mir eine Schockwelle von der Brust das Rückgrat hinunterlief. Ich konnte das warme Gewicht des Pferdes zwischen meinen Schenkeln spüren, während mein Körper schlaff wurde. Ich spürte, wie mein Geist hinunter in den Körper der starken, schnellen Stute schlüpfte, die verzweifelt versuchte, mich in Sicherheit zu bringen. Dann wurde ich plötzlich in die Höhe gezogen. Es fühlte sich so herrlich an, dass ich nicht mehr auf die Erde zurückwollte. Ich änderte die Position und fand mich im Körper des Pferdes wieder. Das Pferd machte keinen einzigen Fehltritt. Es versuchte geschickt, den schlaffen Körper auf seinem Rücken im Gleichgewicht zu halten.

»Ich habe versucht, sie so schnell ich konnte nach Hause zurückzubringen!«, hörte ich das Pferd sagen. Ich spürte den Horror der Stute, als sie merkte, was geschehen war, und spürte ihre Schuldgefühle, weil sie das Mädchen nicht hatte retten können. Dann wurde ich von dem Gefühl eines gebrochenen Herzens und der Frustration, den Menschen nicht klar machen zu können, was passiert war, fast zerrissen. Ich spürte den Druck der Anschuldigungen, die sich gegen das unschuldige Pferd richteten.

»Bitte helfen Sie uns«, flehte Jennifer.

»Hören Sie, ich werde ausnahmsweise eine Privatsitzung halten. Gott hat uns aus einem Grund zusammengebracht«, sagte ich leise zu Sue. »Ihre Nichte will ihrer Familie mitteilen, dass sie einen Herzinfarkt hatte und dass ihr Pferd keine Schuld an ihrem Tod hat.«

Ich bat Sue, mir Fotos und eine Liste von Fragen nach Hause zu mailen. Als wir die tragischen Umstände in der darauf folgenden Woche telefonisch besprachen, bestätigte Sue viele der Einzelheiten, die ich von der Stute Onyx erhalten hatte. Wie Jennifer mir erzählt hatte, habe Onyx versucht, ihr Leben zu retten und habe nichts mit ihrem Tod zu tun. Sue bestätigte, dass Jennifers Körper keine Knochenbrüche oder sonstigen Anzeichen aufwies, die auf einen Abwurf hindeuten würden. Onyx hatte mir gesagt, dass sie versucht hatte, Menschen zu finden, die Jennifer helfen könnten. Wie Sue bestätigte, war Onyx tatsächlich alleine nach Hause gerannt und hatte unterwegs an einer Farm angehalten und versucht, die

Aufmerksamkeit der Bewohner auf sich zu lenken. Jennifer ließ mich wissen, dass ihr kleiner Bruder Pferde noch nie gemocht hatte und Onyx für den Tod seiner Schwester verantwortlich machte. Seiner Meinung nach war es die »doofe Besessenheit mit Pferden«, die zum Tod seiner älteren Schwester geführt hatte. Jennifer bat mich, ihrem kleinen Bruder zu helfen, dem Pferd zu vergeben und zu verstehen, dass sie den Herzinfarkt sowieso erlitten hätte.

Sue fragte mich auch, ob Jennifer »gewusst« hatte, dass ihre Zeit gekommen war. Wie Jennifer mir mitteilte, hatte sie sich auf einer tieferen Ebene schon zum Übergang entschieden. Sie hatte die Wahl zwischen einem Autounfall, bei dem auch andere gefährdet worden wären, oder einem Herzinfarkt in der Öffentlichkeit, der andere traumatisiert hätte, und so beschloss sie, an ihrem Lieblingsort zu sterben – auf dem Rücken ihres Pferdes. Sie wollte von niemandem zurückgehalten werden, schon gar nicht von ihrer Mutter. Jennifer schickte mir die Vision, wie sie auf ihrem Pferd glücklich von der Erde hinauf in die Sterne galoppierte.

Wie Sue bestätigte, habe Jennifer in der Woche vor ihrem Tod seltsame Äußerungen gemacht und zum Beispiel allen gesagt, wie sehr sie sie lieb habe. Auch habe sie wichtige Angelegenheiten zu Ende gebracht. Ich habe schon oft gehört, dass Menschen vor ihrem Unfall plötzlich alle möglichen Dinge erledigten, als wüssten sie unbewusst, dass sie bald diese Erde verlassen würden. Sue bekräftigte, dass Jennifers Mutter mit dem Tod ihrer Tochter nicht fertig werde, und dass Onyx Jennifers größte Liebe war. Sie sei seit ihrer Geburt verrückt nach Pferden gewesen.

Auch erzählte mir Sue, sie habe nach unserer Begegnung im Workshop Jennifers ärztliche Unterlagen überprüft und dabei einen angeborenen Herzklappenfehler des Mädchens entdeckt. Diese Bestätigung half der Familie, Onyx zu vergeben und zu verstehen, dass das Pferd keine Schuld an Jennifers tragischem Tod trug. In ihren Gesprächen mit mir nannte Jennifer die Namen ihrer Mutter Carol und ihres kleinen Bruders Sean, und bat mich, ihre beste Freundin Allison von ihr zu grüßen. Doch sie wiederholte auch immer wieder einen Namen, den Sue nicht identifizieren konnte: »Danny«. Gleichzeitig zeigte das verstorbene Mädchen mir einen jungen Mann, der so ein guter Freund von ihr war, dass ich ihn zuerst mit Sean verwechselte. Ich erhielt den Namen »Danny« im Zusammenhang mit dem Bild ihres kleinen Bruders. Sue konnte keinen

Freund namens Danny ausfindig machen, und so blieb dieser Name bis zur folgenden Woche ein Rätsel.

Dann rief Sue mich an, um mir mitzuteilen, dass sie zuerst unser Gespräch Jennifers trauernder Mutter wiedergegeben hatte und ihre Botschaft, »dem Pferd zu vergeben«, an Sean weitergeleitet hatte. Danach ging Sue an Jennifers Grab, um selbst mit ihr zu sprechen. Da bemerkte sie zum ersten Mal, dass das Grab neben dem ihrer Nichte einem jungen Mann gehörte, der vor nicht allzu langer Zeit verstorben war. Als Sue mir den Namen auf dem Grabstein nannte, wurde ihre Stimme vor Aufregung brüchig. Der Name auf dem Grabstein war Danny. Sie starben ungefähr im selben Alter. Anscheinend hatte Jennifer sich im Himmel mit Danny angefreundet. Ein paar Wochen später erhielt ich sogar noch weitere Bestätigungen, als Sue mir berichtete, dass sie Dannys Familie angerufen hatte. Sie erzählten ihr, dass Danny ein knappes Jahr vor Jennys Tod auf demselben Grundstück gestorben war. Er hatte eine Kette von Weihnachtskerzen an einem Dach aufgehängt und war von der Leiter gefallen. Zwei junge Menschen, die auf unerwartete und tragische Weise ums Leben kamen, schlossen im Himmel Freundschaft.

Himmlische Hologramme

Als ich mit dem Pferd und dem toten Mädchen in Nordkalifornien Kontakt aufnahm, lokalisierte ich zuerst die Signaturfrequenz der Stute und dann Jennifers. Durch meine Absicht (Willenskraft) glich ich meinen eigenen Vibrationslevel an, um mit beiden in Resogenese treten zu können – zuerst mit dem Pferd und dann mit der jungen Frau.

Das Gefühl ist in gewisser Weise ähnlich, wie wenn man einen tollen Film sieht. Sofort verliert man sich darin, vergisst die eigene Identität, und wenn der Film spannend genug ist, vergisst man vielleicht sogar die Zeit. Während man sich mit den Hauptfiguren identifiziert und sich in den Bann der Geschichte ziehen lässt, lacht, weint und fühlt man mit ihnen. Man erlebt ihr Drama, als wäre es das eigene Leben.

Wie wir schon behandelt haben, glaube ich, dass die holografischen Informationen eines jeden irdischen Wesens in einem riesigen kosmischen Warenhaus (dem NP-Feld) aufbewahrt werden. Obwohl viele Wissenschaftler meinen Vorstellungen über das Leben nach dem Tod widersprechen würden, stimmen zahlreiche Physiker mit mir überein, dass die Erinnerungen der Tiere in diesem kosmischen Warenhaus der Hologramme lagern. Die Bilder, die ich als Tiere und Seelen wahrnehme, könnten elektromagnetische Felder sein oder vielleicht sogar noch subtilere Strukturen wie Echos von Feldern, für die unsere moderne Wissenschaft keine Begriffe kennt.

Ich bin überzeugt, dass die Seelen der Tiere individuell den Tod überleben und auch danach intakt bleiben, und dass sie durch Wiedergeburt immer wieder in unser Leben zurückkehren können. Dies ist jedoch eine rein subjektive Meinung, die auf Gefühlen und nicht auf Logik basiert. Im nächsten Kapitel werden wir diese Vorstellung gründlich untersuchen.

Pfotenabdrücke auf dem Regenbogen

Ich möchte ein Gespräch mit Ihnen teilen, das ich mit einem Engel geführt habe. Es war eine kleine karamellfarbene Katze namens Lillie. Von dem Augenblick an, als ich ein Bild von ihr sah und den tiefen Verlust ihres Menschen spürte, fühlte ich, wie ein Frachtzug quer über mein Herz raste. Lillie war gerade in den Himmel gegangen, als ihre Menschenmutter Ronda Holst, die Ihnen schon im letzten Kapitel begegnet ist, mir ein Foto von ihr schickte.

Als ich das Bild mit dem kleinen goldenen Ball aus Fell sah, der zwischen zwei Ästen in einem Baumwipfel hindurchlugte, fing ich an zu weinen und konnte nicht mehr aufhören. Während ich mit Lillie Resonanz herstellte, wurde ich von einer Flut von Wahrnehmungen überschüttet, wie ich es noch nie erlebt hatte. Zuerst sah ich das frische Grab meines eigenen Katers Mr. Jones unter seinem Apfelbäumchen, so als würde ich über dem umgegrabenen Boden durch die Lüfte segeln. Ich wusste genau, was das zu bedeuten hatte. Es war die Art der Seele, mir zu zeigen, dass Ronda gerade die Liebe ihres Lebens verloren hatte.

Dann hörte ich Musik. Es war das Lied von Don Henley, in dem er singt: »Ich lerne jetzt, ohne dich zu leben, aber manchmal vermisse ich dich. Je mehr ich weiß, desto weniger verstehe ich ... Ich versuche zwar, der Sache auf den Grund zu gehen, doch das Fleisch ist schwach und die Asche wird zerstreut, aber ich glaube, es geht um Vergebung, Vergebung ...« Die Serenade erklang glasklar in meinem Kopf, und die Betonung auf

»Vergebung« war unglaublich stark. Als ich ein sinkendes Gefühl der Reue spürte, wusste ich, dass etwas Schreckliches geschehen war und dass jemand, der noch auf der Erde lebte, die Schuld daran hatte.

Als ich mir das Hologramm von Lillies Tod anschaute, verspürte ich einen harten Schlag im Nacken, der mich fast vom Stuhl riss. Dann vernahm ich einen unvergesslichen, rätselhaften Satz. Lillie zeigte mir immer wieder ein Gemälde und schickte dazu die Worte: »Farbe! Bunt! Sag ihr, sie soll *die Schönheit einströmen lassen, um eine Brücke zwischen den Welten zu bauen.«* Auch diese Botschaft kam mit einem deutlichen visuellen Filmclip. Ich sah eine Szene aus einem meiner Lieblingsfilme, *Hinter dem Horizont,* in dem Robin Williams auf tragische Weise ums Leben kommt und seine untröstliche Frau zurücklässt. Sie ist Malerin. Er versucht, aus dem Jenseits mit ihr zu sprechen, doch ihre Trauer ist so groß, dass sie ihn nicht hören kann. Und so überschreitet er in einem Kraftakt der Intentionalität Dimensionen und schafft es, das Gemälde in ihrem Haus »weinen« zu lassen. Ganz ähnlich zeigte Lillie mir einen Regenbogen aus Farben, der sich über Zeit und Raum erstreckte, um unsere Welt zu berühren und buchstäblich eine »Brücke« zum Himmel zu bauen. Diese Vision der Farben kam mir mit einer solchen Klarheit und Heftigkeit, dass ich davon ausging, Lillie wollte Ronda zum Malen bewegen. Doch Rondas Antwort verwirrte mich total. Die Bedeutung der Vision ließ mein Herz stillstehen. Doch das soll Ronda Ihnen selbst erzählen.

Lillie: Weinen der Erde, Lächeln des Himmels

Ich muss meine Geschichte unbedingt niederschreiben, weil ich eine echte Tragödie durchmache und nach Antworten suche. Als ich heute zur Arbeit fuhr, erlebte ich eine wahre Offenbarung, die mir den Atem raubte. Ich weiß, wenn ich meine Geschichte aufschreibe, kann ich damit anderen Menschen helfen, die ihre eigene Tragödie durchleben.
Meine kranken kleinen Kätzchen waren ungefähr vier Wochen alt, als sie zu mir kamen. Jemand hatte sie in der Tierklinik, in der ich arbeite, ausgesetzt. Ich hatte ein paar Monate vorher meine alte Katze Sam verloren, und mein Mann und ich hatten beschlossen: »Keine Katzen mehr!« Als ich die Kätzchen nach Hause brachte, versicherte ich ihm also, sie nur gesund pflegen zu wollen, damit ich ein gutes Zuhause für sie finden könnte.

Das hässlichste und kränkste unter den drei Kätzchen war eine sehr schmächtige, cremefarbene weibliche Katze ohne Schwanz. Sie hatte kaum Fell und ihr kleiner Bauch war völlig nackt. Es dauerte nicht lange, bevor ich ihr die meiste Aufmerksamkeit widmete.

Ich hatte die Katzen noch nicht getauft, da ihre neuen Besitzer ihnen Namen geben sollten. Im Laufe der Zeit fing ich an, darüber nachzudenken, welche der Kätzchen ich als erstes anbieten sollte, doch es fiel mir immer schwerer, mich dazu durchzuringen. Dann fielen mir lauter Namen ein. Als ich die letzte Katze taufte, war mir klar, dass alle drei ein Zuhause bei mir gefunden hatten – Charlie, Shy Boy und Lillie. Ich nannte sie Lillie (»Lilie«), denn sie war das hässliche Entchen, das sich in einen schönen Schwan verwandelte. Jeden Tag wurde sie hübscher. Ihr Fell verdichtete sich und ihre kleinen Augen wurden klar. Alle drei Katzen wuchsen mir ans Herz, doch Lillie eroberte es.

In den ersten Monaten nahm ich die Kätzchen mit zur Arbeit. Unsere Klienten freuten sich schon alle auf die Kätzchen, doch Lillie war der Liebling aller. Sie setzte sich oft auf den Schoß von irgendjemandem, so als wollte sie ihn trösten. Und noch erstaunlicher war, dass sie die Katzen tröstete und zu beruhigen versuchte, als wollte sie sagen: »Hier bist du in Sicherheit. Wir helfen dir.«

Jetzt kommt der traurige Teil. Eine unserer Stammkundinnen, Janet, kam mit einer Rottweilerhündin, die sie vor ein paar Monaten gerettet hatte, in die Praxis. Janet und ich standen am Pult und unterhielten uns, während ihre Tochter den Hund herumführte. Ich achtete nicht weiter darauf. Schließlich kamen dauernd Hunde in die Tierklinik. Der Rottweiler kam hinter das Pult an den Stuhl, auf dem Lillie gerade schlief. Sie fauchte die Hündin an, und das reichte schon. Bevor einer von uns die Hündin davon abhalten konnte, hatte sie Lillie im Maul.

Es war wie ein Albtraum – als wäre die Zeit stehen geblieben. Ich weiß noch, dass der Rottweiler Lillie wie eine Stoffpuppe schüttelte. Janet schrie die Hündin an, die Katze loszulassen. Ich versuchte, das Maul der Hündin aufzumachen, um Lillie zu befreien, aber Hunde haben tatsächlich unglaublich kräftige Kiefer. Ich weiß noch, dass ich schrie: »Sie bringt Lillie um! Bitte nicht! Nicht meine Lil!« Dann ließ der Hund Lillie los und ich griff nach ihr. Ich hielt mein kostbares kleines Katzenmädchen in den Armen, aber sie fauchte. Janet brachte ihren Hund hastig aus der Tierklinik. Ich untersuchte Lillie: Sie hatte zwar keine sichtbaren Verletzungen, doch wie mir klar war, konnten der Schock und innere Blutungen tödlich sein.

Plötzlich veränderte sich ihr Atmen. Sie fing an zu keuchen. Ich musste sie sofort in die Notaufnahme bringen! Ich raste mit Lillie zur Tür hinaus und hörte Janet rufen: »Mach dir keine Sorgen! Ich schließe hier ab und kümmere mich um Lillies Tierarztrechnungen!« Ich fuhr so schnell zur Notaufnahme, dass mein Herz laut hämmerte. Ich versprach Gott, alles zu tun, wenn er sie nur retten würde. Nach einer scheinbaren Ewigkeit erreichte ich schließlich die Tierklinik und rannte in die Notaufnahme. Die Ärzte untersuchten sie, gaben ihr Schmerzmittel, machten Röntgenaufnahmen und hängten sie an den Tropf. Lillie wirkte stabilisiert, doch sie konnte die Klinik nicht verlassen, und so musste ich sie die Nacht über dort lassen. Angst zu haben, ohne etwas dagegen tun zu können, lähmt den ganzen Körper. Die Vorstellung, sie könnte sterben und ich würde ihr süßes Gesichtchen nie wieder sehen und ihren Atem nie wieder riechen, dröhnte wie eine Lokomotive in meinem Kopf.

Am nächsten Tag sagten die Tierärzte der Notaufnahme, Lillie sei stabil genug, um nach Hause gebracht zu werden. Ich traf mich mit Janet in der Klinik, und sie bezahlte die Rechnung. Wir warteten auf Lillie, wie zwei frisch gebackene Eltern sich auf ihr Baby freuen. Als sie die Katze herausbrachten, war ich so glücklich, sie wieder in die Arme schließen zu dürfen. Sie war zwar sehr still, doch sie wirkte wieder ganz normal, nur ruhebedürftig. Ich brachte sie nach Hause, und alles schien gut zu sein.

Doch mitten in der Nacht spürte ich, dass etwas nicht in Ordnung war. Als ich nach ihr sah, veränderte sich ihr Zustand ganz schnell vor meinen Augen. Sie fing an zu keuchen und stöhnte vor Schmerzen. Ihr Zahnfleisch wurde blass. »Oh Gott, ich muss sie zurück in die Klinik bringen«, schrie ich. Mein Mann und ich zogen uns rasch an und fuhren mit Lillie los.

Schon auf der Fahrt wusste ich, dass ich sie verlieren würde. Sie keuchte nach Luft und gab lange, heulende Laute von sich. Ihr kleiner Körper hatte Krämpfe und ihre Beine waren im Todeskampf verkrüppelt. Kurz bevor wir das Krankenhaus erreicht hatten, nahm Lillie ihren letzten Atemzug. Sie war von mir gegangen. Mein Engel Lillie war nun ein echter Engel.

Als wir die Klinik wieder verließen und ich ihren kleinen Körper zum Auto trug, spürte ich, wie sich eine Explosion der Gefühle in mir aufstaute. Als ich mit Lillie auf dem Schoß im Auto saß und mein Mann die Tür zumachte, fing ich an zu heulen. Irgendwo ganz tief in meinem

Inneren regte sich ein abgrundtiefer Schmerz und stieg in meiner Kehle hoch. Während mein Mann nach Hause fuhr, schaukelte ich auf meinem Sitz hin und her und spürte den ganzen rauen Schmerz des Verlusts.

Ich fing an, Lillies Kopf und ihre Pfote zu rubbeln, die zwar noch warm war, die sie mir aber nicht wie sonst hinstreckte. Zuhause legte ich sie hin und küsste ihr Gesicht. Für den Bruchteil einer Sekunde war mir, als würde sie schnurren. Vielleicht hörte ich sie deshalb, weil sie glücklich war, von den Schmerzen befreit und in ihrem neuen Engelskörper zu sein. Ich nahm Abschied von ihr und bedeckte sie mit einem Handtuch. Dann ging ich ins Schlafzimmer und fühlte mich genauso leblos wie ihr toter Körper. Ich wusste, dass die restlichen Stunden bis zum Morgengrauen sehr lang werden würden, und ich wusste auch, dass es sehr lange dauern würde, bis ich über diesen Verlust hinwegkommen würde. Ich wagte sogar zu hoffen, selbst nicht mehr aufzuwachen.

Die ganze Nacht über fragte ich mich immer wieder: »Warum? Warum Lillie? Warum habe ich den Hund nicht besser im Auge behalten? Warum habe ich nicht schneller nach Lillie greifen können? Warum konnte ich sie nicht aus dem Maul des Hundes befreien? Warum konnte der Tierarzt ihr nicht helfen? Wenn ich sie bloß rechtzeitig ins Krankenhaus hätte bringen können, dann hätten sie ...« Ich betete andauernd zu Gott, mir eine Antwort zu geben – nur eine kleine Antwort –, egal was, irgendwas, um den Schmerz zu lindern.

Am nächsten Tag ging ich wieder zur Arbeit. Mir war klar, dass es ein harter Tag werden würde, an dem mich jeder fragen würde: »Wo ist Lillie?« Was konnte ich sagen, ohne weinen zu müssen? Janet wartete mehrere Tage ab, bevor sie sich wieder in der Tierklinik blicken ließ. Als sie kam, umarmten wir uns und weinten. Wir hatten beide etwas verloren. Doch als ich sie ansah, merkte ich, dass sich etwas Neues entwickelte: eine Freundschaft. Statt Wut und Ablehnung empfand ich Liebe und Mitgefühl.

Janet und ich fingen an, Zeit miteinander zu verbringen, und ich entdeckte, dass sie eine begabte Malerin ist. Ich fragte sie, ob sie Lillies Porträt malen würde, und sie antwortete, es sei ihr eine Ehre, Lillie zu malen. Ich suchte mein Lieblingsbild von Lillie heraus, und nur wenige Tage später war das Porträt fertig. Als Janet mir das Gemälde brachte, musste ich weinen. Lillie war so wunderschön! Janet hatte sie perfekt eingefangen. Ich glaube zutiefst, dass der Kreis der Liebe sich damit

geschlossen hat. Meine Lillie war durch die Liebe meiner neuen Freundin Janet zu mir zurückgekehrt.
Einige Wochen zuvor hatte ich Amelias Buch bestellt und beiseite gelegt. Am Morgen nach Lillies Tod stolperte ich regelrecht darüber. Ich las es an einem Tag durch. Dann schickte ich Amelia ein Fragenpaket und mehrere Bilder von Lillie.
Als ich Amelia anrief, beschrieb sie den heftigen Stoß, den sie in Lillies Nacken in ihren letzten Minuten spürte, und da wusste ich, dass sie mit der richtigen Katze Verbindung aufgenommen hatte. Amelia sagte, Lillie sei übergegangen, um mit einer anderen Katze zusammen zu sein. Dieser Kater sei ihr Seelengefährte und Lillie sei nun glücklich. Wie Amelia weiter ausführte, wolle Lillie zwar zurück auf die Erde kommen, doch sie würde mit ihrem »Mann« zurückkehren, und dass ich beide aufnehmen soll, wenn sie wiedergeboren werden. Lillie erzählte Amelia auch von meiner Mutter, meiner Schwester und meinem Mann und nannte alle beim Namen. Auch sprach Amelia über Lillies Bruder Charlie, als würde sie ihn persönlich kennen.
Doch jetzt kommt der erstaunlichste Teil der Sitzung: Lillie versuchte immer wieder, Amelia etwas über ein Gemälde und Farben zu sagen. Amelia sagte, anscheinend wolle Lillie, dass ich male, denn sie zeigte ihr immer wieder ein Gemälde. Ich lachte, weil ich nicht malen kann! Doch Lillie blieb beharrlich. Sie sagte zu Amelia: »Sag ihr, sie soll die Schönheit einströmen lassen, um eine Brücke zwischen den beiden Welten zu bauen.« Als ich Janets Gemälde erwähnte, setzte Amelia die Puzzleteile zusammen. Ich staunte. Lillie wusste von ihrem Porträt! Und als Amelia sagte, sie würde immer wieder die Wörter eines Lieds über »Vergebung« hören, wurde mir klar, dass Lillie damit Janet und deren Hund meinte. Sie wollte, dass Janet und ich Freunde werden – ohne Schuldzuweisungen oder Wut.
Nach der Sitzung war ich zwar erschöpft, doch zum ersten Mal seit Monaten konnte ich schlafen. Amelia hatte mir auch gesagt, dass Lillie gerne neben meinem Kopf schläft, und so tröstete mich in dieser Nacht das Wissen, dass sie immer noch auf meinem Kopfkissen schlief.
Die Tage darauf waren erstaunlich. Ich begann, neue Kräfte und einen Lebenssinn zu spüren. Ich fragte mich immer wieder, ob Lillie mir mit dieser harten Lektion etwas mitteilen wollte. Wenn Lillie meine Lehrerin war, was sollte ich dann von ihr lernen? Ich spürte, dass sie aus dem Jenseits versuchte, mich dazu zu bringen, etwas Neues auszuprobieren, doch ich hatte keine Ahnung, was das sein sollte. Ich versuchte, in mich

hineinzuhören. Ich erkundigte mich bei meiner Freundin Sherry nach Meditation – und bei dieser einen Frage klärte sich urplötzlich der Nebel in meinem Gehirn auf. Plötzlich konnte ich Lillies Botschaft an mich verstehen. Ich begann, von überall her Informationen zu erhalten. Ich fing an, jede Woche Trainingsunterricht in Meditation und Heilen zu nehmen und nahm auch an mehreren Workshops teil, die Amelia leitete. Neue Menschen kamen mit neuen Techniken in mein Leben. Alles, was ich tun musste, war darum zu bitten, und das Universum eröffnete sich mir. Es war zwar schon immer vorhanden gewesen, doch eine wunderschöne Katze musste mir erst noch den Weg dorthin weisen. Lillies größtes Geschenk kam durch ihren Tod. Nur eine so große Tragödie konnte mich dazu bringen, mir meiner selbst klar zu werden. Und das ist Lillies Lehre: Die Möglichkeiten des Lebens sind endlos, und aus Tragödien können Wunder entstehen. Liebe kann heilen – sogar aus dem Jenseits.

Wenn ich die Techniken der Tierkommunikation und die Heilmethoden, die ich an der Tierklinik gelernt habe, anwende, reagieren die Tiere wirklich darauf! Vor kurzem hatten wir einen älteren Kater, der sich sehr gegen die Behandlung sträubte. Wir mussten seiner Schlagader Blut entnehmen und die Blutprobe zur Untersuchung ins Labor einschicken. Telepathisch erklärte ich ihm, was wir tun müssten und warum, und bat ihn zu kooperieren. Er erklärte sich dazu bereit. Sofort wurde er ruhiger und ließ sich die Nadel in den Hals stecken. Doch als der Tierarzt die Nadel wieder herauszog, hatte er zu wenig Blut entnehmen können. Er tauschte die Nadel aus und versuchte, sie wieder in die Halsschlagader des Katers zu stecken, doch der Kater zuckte und hielt nicht still. Ich erhielt seine Beschwerde: »Du hast nichts von zwei Einstichen gesagt!« Er hatte mich buchstäblich beim Wort genommen. Seitdem bin ich vorsichtig mit dem, was ich bei der Tierkommunikation sage!

Heilung statt Erstarrung

Lillies Tod hätte Ronda dazu bringen können, eine Anzahl negativer Schlüsse zu ziehen. Sie hätte schlussfolgern können, dass Gott sie bestraft habe, dass man Hunden nicht über den Weg trauen könne, dass Tiere in ihrer Obhut nicht sicher seien oder sie nie mehr so lieben könne. Sie hätte sich in ihre Wut zurückziehen und Janet für Lillies Tod verantwortlich machen können. Sie hätte ein Opfer ihres Leids werden können und Herz, Intuition und innere Entwicklung noch weiter blockieren können.

Doch sie tat nichts dergleichen. Stattdessen wandelte sie den Schmerz in Liebe um, und diese Alchemie brachte sie in höhere spirituelle Sphären. Sie nutzte den Schmerz, um ihr Bewusstsein zu erweitern, statt sich zu verschließen und sich hinter den Wänden ihres mentalen Panzers zu verschanzen, um sich vor künftigem Leid zu schützen.

Wenn wir uns die Macht zugestehen, unsere eigene Heilung zu bewirken, können wir uns umprogrammieren. Man hat immer eine Wahl. Wenn Sie sich wie einen Computer betrachten, und die Vorstellungen über sich selbst und Ihr Leben als Programme ansehen, die in der Vergangenheit zusammengetragen wurden, dann sind die schmerzhaften und negativen holografischen Erinnerungen Virusprogramme, die Sie in Ihr eigenes System eingebaut haben – entweder durch die Aufnahme der Negativität anderer oder durch die Überzeugung Ihrer eigenen Grenzen, die auf früheren Misserfolgen beruht. Wenn Sie nicht glauben, dass Sie »tote« Tiere wahrnehmen können, könnte eine große Überraschung auf Sie warten. Doch bevor wir Ihre neue übersinnliche Software installieren, müssen wir Ihren authentischen Geist aufrufen, um zu sehen, welche psychischen Programme in Ihnen aktiv sind und eine neue Auswahl treffen.

Gruß aus dem Jenseits

Lorraine Kenyon, meine Workshop-Veranstalterin in Schottland, lehrt nicht nur Tierkommunikation, sondern führt auch Workshops zur spirituellen Reinigung durch. Diese Workshops helfen ihren Schülern, ihre emotionalen Blockaden loszuwerden, bevor sie versuchen, sich auf ihre Tiere einzustellen. Lorraine hat eine tolle Erfolgsgeschichte über ein Gespräch mit einer Katze, die aus dem Himmel zu Hause anrief.

> Ich wurde von Sams Besitzerin Lynn gebeten, mit ihm zu kommunizieren, da er krank war und zu wenig fraß und trank. Als ich Sams Bild sah, wusste ich sofort, dass er etwas Besonderes war. Der kleine Sam war ein herrlicher Kater. Mir fiel auf Anhieb seine selbstbewusste Haltung auf, und eine Aura großer Weisheit, die ihn umgab. Sein wunderschönes Fell war bis zu seinen weißen Socken ein zartes Rotblond. In seinen grünen Augen lag Wärme, und sein Mäulchen lächelte beinahe.

Ich nahm Verbindung mit Sam auf, und er gab mir einige Informationen, die er wichtig für seine Menschenmama hielt. Da ich spürte, dass er noch mehr zu sagen hatte, dankte ich ihm für die Informationen und sagte, wir würden ein anderes Mal wieder miteinander kommunizieren. Ein paar Tage später, ich war gerade in der Küche, hörte ich Sam plötzlich sagen: »Ruf meine Menschenmama an, sie braucht deine Hilfe!« Ich antwortete lächelnd: »Okay, Sam, ich nehme nachher Verbindung mit dir auf, im Augenblick bin ich beschäftigt.«
»Nein«, hörte ich ihn sagen. »Du musst sie gleich anrufen! Sie braucht dich wirklich!« Diese Aufforderung kam so stark herüber, dass ich sie nicht ignorieren konnte. Also ging ich nach oben und rief Lynn an. Sobald sie meine Stimme hörte, brach sie in Tränen aus. Sam war an diesem Morgen gestorben.
»Lynn, ich versichere Ihnen, dass er Sie nicht verlassen hat. Im Gegenteil – er kommuniziert laut und deutlich aus dem Jenseits.« Dann wurde ich mit Informationen überflutet, mit denen Lynn sehr viel anfangen konnte. Sam sagte mir, dass sie etwas Blaues und Korallefarbenes um den Hals trage. Wie sich herausstellte, war es eine Halskette, die sie sich umlegte, wenn sie sich wohl fühlte. Er wollte, dass sie die Halskette öfters tragen solle. Auch sagte er mir, dass sie sich kürzlich die Haare habe schneiden lassen und wie schön sie sei. Er hatte sie so lieb. Dann bat er mich, eine meiner Freundinnen anzurufen und mir den Titel eines Buchs sagen zu lassen, das Lynn lesen sollte. Ich gab diese Botschaft an Lynn weiter und versprach ihr, sie später wieder anzurufen und ihr den Buchtitel zu nennen.
Als ich dann ans Telefon ging, um meine Freundin Nadia wegen des Buches anzurufen, erschien Sam wieder in meinem Sinn. Wie er mir verriet, hatte Nadia Halsschmerzen. »Ihre linke Halsseite ist entzündet und geschwollen«, sagte er. Ich rief Nadia an und ließ mir den Buchtitel geben, dann fragte ich sie: »Tut dir der Hals weh?«
»Ja, woher weißt du das?«
»Er ist auf der linken Seite entzündet.«
»Ja, ich weiß«, gab sie zurück. Da sie selbst übersinnlich ist, überraschte es sie nicht, als ich ihr sagte, Sam hätte es mir verraten.
Ein paar Tage später rief Nadia an und bat mich, ihr etwas Heilung zu schicken, da sie starke Nierenschmerzen habe und vier Tage Urlaub auf Teneriffa machen wolle. Sie wollte die Reise nicht verschieben, weil sie und ihre Schwester jedes Jahr zweimal dorthin flogen und die Katzen auf der Insel fütterten.

»Ich will unbedingt hin; die Katzen warten sicher schon auf uns«, sagte sie. Ich versprach ihr, Heilung zu schicken, und plötzlich sagte Sam laut und deutlich zu mir: »Ich werde mithelfen. Sag ihr, sie kann ruhig hinfliegen; sie wird keine Probleme haben.«

Nadia berichtete mir in der darauf folgenden Woche, sie habe einen herrlichen Kurzurlaub genossen und die Katzen füttern können. Eine von ihnen sei ganz zutraulich gewesen, und sie habe das Gefühl, als sei sie etwas ganz Besonderes gewesen. Als sie die Katze beschrieb, erkannte ich sie als Sams Bote.

Einige Wochen nach Sams Tod hatte ich das Vergnügen, Lynn persönlich kennen zu lernen, da sie einen meiner Kurse besuchte. Sie trug die blaurote Kette und war so schön, wie Sam sie beschrieben hatte. Er war in dem Kurs anwesend und schickte Lynn seine Liebe und Unterstützung. Er bat mich sogar, ihr eine besondere Käsesorte mitzubringen. Als ich ihr den Käse gab, strahlte sie über das ganze Gesicht. Es war eine Käsesorte, die sie gern gegessen hatte, als sie vor vielen Jahren in Amerika gelebt hatte, und der Käse erinnerte sie an glückliche Tage.

Es ist erst ein paar Monate her, seit Sam hinübergegangen ist, und Lynn vermisst ihn schrecklich. Aber sie weiß, er ist bei ihr. Er lässt es sie nicht vergessen, genauso wie er mich immer wissen lässt, wenn sie von ihm hören muss. Dann rufe ich sie an. Er ist eifrig darauf bedacht, Lynn auf ihrem spirituellen Weg zu begleiten, und macht sie immer noch glücklich.

Meditation: Besuch aus dem Himmel

Das Folgende ist eine Übung, die Ihnen hilft, einen kleinen psychischen Frühjahrsputz Ihrer Seele zu veranstalten, der es Ihnen ermöglichen könnte, eine bessere Verbindung zu Ihren geliebten Verstorbenen – den Zweibeinern und den Vierbeinern – aufzunehmen. Versuchen Sie es und lassen Sie sich von Ihren Emotionen wegtragen; lassen Sie die Tränen ruhig fließen. Ihre Gefühlsblockaden aufzulösen ist vielleicht das einzige Mittel, um zu lernen, hinauf in den Himmel zu schauen. Vergegenwärtigen Sie sich, dass nichts wirklich jemals stirbt. Alles ist da – man muss nur darum bitten. Das Leben bleibt immer Leben. Und die Liebe bleibt immer Liebe.

Entspannen Sie sich und atmen Sie bewusst. Spüren Sie den stetigen Rhythmus, während Ihre zuverlässige Lunge Ihren Körper mit erquickendem Atem anfüllt. Es ist der Atem, der unseren Körper mit Leben füllt, mit pulsierender Kraft, während eine Galaxie aus Sternen sich in einem himmlischen Firmament aus fleißigen, selbstheilenden Zellen und tanzenden Elektronen in unserem Körper dreht.

Konzentrieren Sie sich auf Ihre Wirbelsäule. Spüren Sie die weichen Kissen zwischen jedem einzelnen Wirbel. Fühlen Sie den Lebensfluss in Ihrem Rückgrat, während die Flüssigkeit in dieser Lichtsäule auf und ab strömt. Dies bringt Sie in Ihre Mitte zurück – an den neutralen Ort, an dem Sie tief in Ihrem Körper verwurzelt sind und wo Sie sich im Gleichgewicht, in Kontrolle und in Frieden fühlen. Wir gehen jetzt gemeinsam auf eine Reise, ein entspannendes Abenteuer, bei dem Sie Heilung finden und Ihr schweres Herz erleichtern können.

Sie befinden sich an einem einsamen Strand um Mitternacht. Spüren Sie, wie Ihre nackten Füße im seidigen Sand versinken, der von dem milchigen Mondschein beleuchtet wird. Sie sehen eine Gondel, die über das stille Meer auf Sie zuschaukelt. Ihr silberner Bug erhebt sich majestätisch über der Nebeldecke auf der Wasseroberfläche. Dieses Boot wird Sie zu einer fernen Insel bringen, auf der Sie Heilung finden. Sie spüren Ihr Herz vor Aufregung höher schlagen, als Sie in die Gondel steigen und es sich auf dem Boden des Boots bequem machen. Wie von Zauberhand geführt treibt es vom Ufer weg. Es wird von seinem eigenen inneren Leitsystem gesteuert. Sie müssen gar nichts tun. Sie können sich zurücklehnen und in die Sterne schauen, während das Boot im Mondschein über das Wasser gleitet. Sie genießen die Bootsfahrt. Die Gondel schaukelt im Rhythmus Ihres Atems friedlich auf den Wellen auf und ab.

Schließlich erreicht das Boot das Ufer einer fernen Insel, die noch kein Mensch je betreten hat. Sie steigen aus dem Boot und gehen über den Sand in den Dschungel. Hier entdecken Sie eine Höhle. Sie ducken sich erwartungsvoll und betreten den Gang, denn Sie wissen, dass Sie hier Heilung und großes Glück finden werden. Der Boden des Gangs neigt sich, und so steigen Sie immer weiter in die Erde hinunter. Die Wände der Höhle leuchten in einem unterirdischen Licht, und die Decke wird von hunderttausenden strahlenden bunten Edelsteinen erhellt. Während Sie tiefer in die Höhle gehen, steigt Ihre Neugier und Erwartung immer mehr. Sie können es kaum erwarten zu sehen, welche Schönheit sich Ihnen hinter jeder Biegung offenbart.

Endlich erweitert sich der Gang in eine breite, luftige Höhle. Ihr Atem ist leicht, und Sie schauen sich um. Die Wände und die hohe Decke sind mit Gold, Rubinen, Smaragden, Amethysten und Diamanten bestückt. Während Sie hinaufblicken und nicht aufpassen, wo Sie hintreten, fallen Sie in einen Abgrund und spüren ein angenehmes Gefühl des Fallens. Sie fallen immer tiefer und tiefer in die Mitte der Erde. Sie ergeben sich und lassen sich fallen. Welch herrliches Gefühl. Sie lachen und stoßen einen Jauchzer aus, während Sie von der Vergangenheit in die Zukunft fallen und die ganze Ihnen bekannte Welt hinter sich lassen.

Mit einem sanften Plumps landen Sie auf einem weichen Sandhügel. Sie spüren, wie jemand die Hand ausstreckt und Ihnen auf die Beine hilft. Sie blicken in das Gesicht einer gütigen alten Frau und ergreifen dankbar ihre Hand. Sie sehen, wie sie über Ihre nicht sehr elegante Ankunft lächelt. Ihre Augen zwinkern humorvoll. Auch Sie lächeln; Sie müssen über sich lachen und sind erleichtert, die Frau gefunden zu haben. Sie sagt Ihnen, dass sie sich sehr freut, Sie zu sehen und dankbar ist, dass Sie »vorbeischauen«. Sie umarmen die Frau herzlich, und in ihren Armen merken Sie, dass es Ihre älteste Freundin ist.

Sie führt Sie noch einen Gang entlang in ihr eigenes Heim und erklärt Ihnen, dass sie Hekate heißt und Großmutter Natur ist – die Seele der Erde. Alle Tiere auf der Erde sind ihre Schöpfung. Sie schauen in ihre alten, weisen Augen und sehen ihren Schmerz. Ihre Schöpfung ist in Gefahr. Fragen Sie sie: »Wie kann ich dir helfen, göttliche Großmutter? Was kann ich tun, um deine Welt zu heilen und deine Tiere vor Leid zu schützen?«

Halten Sie nun einen Moment inne und hören Sie ihre Worte. Bitten Sie dann die Göttin Hekate, Ihnen Ihre Bürden abzunehmen und Ihnen zu helfen, alle emotionale Belastung loszuwerden, die Ihre optimalen Kräfte hemmt. Hekate bittet Sie, ihr Ihren Schmerz zu zeigen. Plötzlich halten Sie das Gewicht Ihres Leids in den Händen. Ihre emotionale Last ist aus Ihrem Körper gewichen und hat vor Ihnen Form angenommen. Sie kann sich als braunen, klebrigen Schlamm oder als hässliche Gegenstände manifestieren. Sie kann sogar die Gestalt gefährlicher Tiere annehmen. Hekate bittet Sie nun, ihr zu sagen, was die Form verkörpert. Halten Sie sie mit ausgestreckten Armen weg vom Körper, um sich von allem zu trennen, was Ihnen wehtut. Beschreiben Sie das Leid, die Wut, den Schmerz, die Erschöpfung oder die Grenzen, die Sie so lange mit sich herumgetragen haben. Jetzt können Sie Ihre tragische Vergangenheit als etwas Getrenntes sehen. Sie können all Ihre schmerzhaften Erinnerungen ganz real in den Händen halten. Großmutter Hekate fragt Sie, ob Sie bereit sind, sie loszuwerden.

Wenn Sie das Leid, das Sie durch den Tod eines geliebten Wesens oder Dinge der Vergangenheit, die Ihr Selbstbewusstsein gehemmt haben, nun in den Händen halten, kann es eine Weile dauern, bevor Sie diese Entscheidung treffen können. Wenn Sie dazu bereit sind, dann lassen Sie Hekate wissen, dass Sie Ihr Leid aufgeben und heilen wollen. Nun führt die alte Frau Sie in eine zweite Höhle mit einer riesengroßen Spalte im Boden. Als Sie über den Felsenrand blicken, sehen Sie geschmolzene Lava, die tief unten rot und gold glitzert. Sie glüht wie ein Feuervulkan. Hekate fordert Sie auf, Ihre Bürden hinunter in die Spalte zu werfen, wo die Negativität verbrannt und in einen reinen Geist zurückverwandelt wird. Holen Sie tief Atem und werfen Sie Ihre Bürden mit aller Kraft in die Öffnung.

Nun führt Hekate Sie in das Wohnzimmer ihres gemütlichen Heims. Dort sprudelt ein Wasserfall in ein großes rundes Becken. Sie waten in das warme, heilsame Wasser hinein. Dann schwimmen Sie zum Wasserfall und lassen sich das erfrischende Wasser auf den Kopf prasseln. Während das heilende Wasser auf Ihren Körper fällt, reinigt es Sie von jedem letzten Rest an Schmerz und Leid.

Wenn Sie fertig sind, steigen Sie aus dem Becken und fühlen sich wieder wie ein Kind. Sie sind jung, frisch und frei. Am Beckenrand liegt ein weicher, dicker Bademantel, in den Sie sich einwickeln. Sagen Sie Hekate, dass Sie mit ihren Tieren sprechen wollen. Sagen Sie ihr, dass Sie die Seelen der Verstorbenen sehen wollen, um die auf der Erde Zurückgebliebenen besser trösten zu können. Bitten Sie sie, den Schleier zu lüften.

Sie reicht Ihnen einen großen goldenen Kelch angefüllt mit dem Nektar der Göttin. Es ist der Zaubertrank, der klare Visionen schenkt. Sie sagt Ihnen, dass der Trank Ihre übersinnlichen Kräfte stärkt und Ihnen hilft, Seelen zu sehen. Wie sie Ihnen erklärt, wollte sie, dass die Menschen all ihre Schöpfungen hüten und ehren. Wenn Sie von dem Kelch trinken, wird Ihnen die übersinnliche Gabe verliehen – die Fähigkeit, die Seelen der Menschen und Tiere zu sehen, die ins Jenseits übergegangen sind. Doch als Gegenleistung müssen Sie versprechen, Ihr Leben in ihren

Dienst zu stellen und die Gabe weise zu nutzen, um die Heilung zwischen der Menschheit und dem Tierreich zu fördern. Sagen Sie ihr, wie sehr Sie sie und den von ihr erschaffenen Planeten bewundern. Versprechen Sie Hekate, ihren Tieren zu helfen.

Trinken Sie nun den Zaubertrank. Spüren Sie die Kraft, die durch Ihren ganzen Körper bis hinunter in die Zehen pulsiert. Sie sind erfrischt. Sie sind erneuert. Diese Flüssigkeit heilt alle Wunden. Sie lindert alle Schmerzen. Sie löscht jede Narbe aus. Geben Sie der Göttin den Kelch zurück und versprechen Sie ihr, sie oft zu besuchen und alle Weisheiten von ihr zu lernen, die sie Ihnen bieten kann. Sie sagt, sie habe noch ein Geschenk für Sie.

Plötzlich sehen Sie jemanden, den Sie lieben, auf Sie zulaufen – jemanden, den Sie schon lange nicht mehr gesehen haben. Es ist das geliebte Tier, das Sie so vermisst haben. Berühren Sie es und schauen Sie ihm in die Augen. Verstehen Sie, dass es real da ist – keine Illusion Ihres Geistes, sondern ein realer Bewusstseinszustand, in dem Sie es wirklich sehen. Sagen Sie dem Tier, wie sehr Sie es lieben, wie dankbar Sie ihm für die gemeinsame Zeit sind und wie glücklich, es wieder zu sehen. Fragen Sie, wo es gewesen ist und mit wem es jetzt zusammen ist und wie sich sein Leben im Himmel anfühlt. Herzen Sie Ihr geliebtes Tier so lange Sie wollen und machen Sie sich klar, dass es den Tod nicht wirklich gibt. Die Liebe überwindet alle Zeit und allen Raum. Sagen Sie ihm, dass Sie bald wiederkommen und nun wissen, dass es lebendig, gesund und glücklich ist und nur in einer anderen Dimension lebt. Da Sie nun wissen, dass Ihr Tier in der liebevollen Obhut der Göttin ist, ist Ihnen leichter ums Herz. Ihr Tier rennt zu ihr zurück, und mit einem warmen Kuss nimmt sie es auf die Arme. Sie wissen nun, dass es bei ihr glücklich und wohlbehütet ist.

Wenn Sie bereit sind, für heute Abschied zu nehmen, klatscht Hekate in die Hände. Unvermittelt befinden Sie sich wieder über der Erde auf dem Sandstrand. Steigen Sie in das Boot und treten Sie die Rückreise an. Sie fühlen sich jetzt jünger. Sie sind erleichtert, endlich von den emotionalen Blockaden befreit zu sein. Nun können Sie klar sehen. Ihr Kopf ist erfüllt von aufregenden neuen Plänen, wie Sie der Erde dienen und den Tieren helfen können. Sie suchen nach dem Schmerz, den Sie immer mit sich herumgetragen haben, aber Sie finden ihn nicht mehr. Er ist weg.

10

Wiedergeburt

Ti Shazi Jenjo – Ein Wink des Himmels
Etwas Unbekanntes tut etwas Unbekanntes.
Sir Arthur Eddington
(über die Heisenbergsche Unschärferelation)

Von zweien, die Zucchini liebten

Vor einigen Jahren wurde ich in eine Villa in Beverly Hills beordert, um mit zwei kleinen Tieren namens Corey und Daphne zu sprechen. Das Gespräch wurde unvergesslich für mich. Ihr Mensch Pam machte sich große Sorgen, weil beide Tiere merkwürdiges Verhalten zeigten. Daphne fraß nichts mehr, und Corey ließ sich nicht mehr hochnehmen und rannte vor Pam weg, als hätte sie Angst vor ihr.

Pam hatte mir im Voraus Fotos geschickt, und so stellte ich mich vor meinem Besuch auf die beiden Tiere ein. Als ich Daphne nach ihrem Lieblingsfutter fragte, sagte sie »Zucchini«. So packte ich eine Tüte mit fünf kleinen Leckereien, die Daphne schmecken könnten. Ich tat eine Kirsche, eine Weintraube, einen Butterkeks, ein Stück Käse und eine große Scheibe frische Zucchini hinein. Als ich ankam und Pam von Daphnes Bitte um Zucchini erzählte, widersprach sie und meinte, Daphne habe noch nie Zucchini gehabt und könne nicht wissen, was das ist. Sie habe in ihrem ganzen Leben noch kein Stück Zucchini gefressen.

Nachdem ich mich kurz mit Pam unterhalten hatte und den Tieren vorgestellt worden war, leerte ich die Tüte auf dem Couchtisch aus und setzte Daphne neben die Beute. Sie arbeitete sich durch die Leckereien. Sie schob die Kirsche beiseite, schmiss den Keks in die Luft, ließ den Käse angewidert links liegen und suchte sich die Zucchinischeibe heraus. Sie hatte schon seit Tagen nichts mehr gefressen, doch nun verschlang sie auf der Stelle das Meiste des großen Zucchinistücks, nahm den Rest ins Maul und rannte schnurstracks ins Schlafzimmer. Ich bekam sie zu fassen, bevor sie unter dem Bett verschwinden konnte, und setzte sie auf die Couch, um mich mit beiden kranken Mädels ausgiebig auszutauschen.

Corey rannte nicht vor mir weg, so wie sie es bei Pam tat. Ich durfte sie hochheben, und sie kuschelte sich zufrieden in meine Hände. Ich war begeistert. Solche Tiere hatte ich noch nie gestreichelt, und nun lächelte eins von ihnen mich mit glänzenden, intelligenten Knopfaugen an. Daphne kroch neben ihre Schwester auf die Couch, und nun starrten mich beide kleine Wesen so erwartungsvoll an, als hätten sie sich auf den Schoß des Weihnachtsmanns gesetzt. Wie Corey mich informierte, arbeitete ihr Menschenvater beruflich am Computer und lachte oft vor dem Monitor. Pam holte ihren Freund ins Zimmer. Er war Programmierer und entwarf witzige Videospiele. Aufgeregt setzte er sich auf einen Stuhl, um seine beiden kleinen Mädels »reden« zu hören. Corey sagte, die »runden blauen Perlen« seien das einzige Futter, das sie aufmuntern könnte. Sogleich rannte Pam in die Küche und holte eine Tüte Frühstückszerealien aus dem Schrank. Wie sie bestätigte, war es das Einzige, was Corey während ihrer Trauerzeit fraß.

Wie Corey mir sagte, trauerte sie um ihre dunkelhäutige Gefährtin, die an einer schlimmen Krankheit gestorben war. Daphne schickte mir den Namen »Terry/Teresa«. Pam bestätigte, dass Coreys dunkelhäutige Schwester Tessie vor kurzem gestorben war. »Pam hat meine Schwester getötet«, sagte Corey. Pam erklärte, dass Tessie eingeschläfert werden musste. Das war also der Grund für die Angst des Tieres vor seiner Besitzerin. Dann eröffnete Pam mir die schreckliche Neuigkeit, dass Tessie mit einer tödlichen Krankheit geboren war, die Mycoplasma hieß, und dass Corey sie auch in sich trug.

»Sag mir, dass ich nicht daran sterben werde«, flehte das kleine Wesen zitternd in meiner Hand. Das konnte ich nicht, doch ich konnte ihr sagen, dass ihr Leben einen Sinn habe, dass sie heiß geliebt werde und sie wieder Lebensfreude finden würde, wenn sie stark genug sei, ihr Leid zu überwinden. Corey trauerte so um ihre Schwester, dass sie sich die letzten fünf Monate nicht mehr hatte anfassen lassen. Doch nach unserem Gespräch schlief sie auf meiner Brust ein. Sie saß anderthalb Stunden lang auf meiner Handfläche und schnarchte niedlich, während ich warme Energie in ihren kleinen Körper schickte. Während sie schlief, kommunizierte ich telepathisch mit ihr.

Corey erzählte mir, dass Tessies Geist nun mit Pams Großmutter Suzie im Jenseits zusammen ist. Pam rannte aus dem Zimmer und kehrte mit einem Bild ihrer Großmutter Suzie zurück, die im Vorjahr verstorben war. Mit Tränen überströmtem Gesicht sagte Pam, dies sei unmöglich.

»Tessie kann nicht mit Großmutter zusammen sein! Großmutter konnte die beiden nicht ausstehen! Sie hatte immer Angst vor ihnen. Sie ekelte sich vor ihnen!«

»Jetzt nicht mehr!«, gab ich lächelnd zurück. »Anscheinend hat Tessie sie im Himmel geändert! Sie hat eine Rattenfreundin aus Ihrer Großmutter gemacht!«

Corey und Daphne sind nämlich Ratten.

Es war eine der klarsten und deutlichsten Kommunikationen, die ich je mit einem Tier gehabt habe. Was kann das bedeuten? Ist es möglich, dass alle Tiere, ob groß oder klein – ob Elefanten, Pferde, Katzen, Hunde, Papageien, Gorillas oder gar Ratten – wie wir denken und fühlen? Sie lieben, sie lachen, sie hoffen, sie träumen, sie fürchten und sie trauern. Daphnes Leben ist nicht weniger bedeutend, nur weil sie eine Ratte ist. Coreys Trauer ist nicht weniger schmerzhaft als Ihre eigene.

Selbst diese winzigen und unterprivilegierten Tiere sind ausdrucksfähige, emotionale, zärtliche Lebewesen mit komplizierten Gedankengängen und liebevollen Beziehungen. Und was sagt das über jede einzelne Ratte, die in Versuchslabors auf der ganzen Welt verletzt und verstümmelt wird? Ich weiß zwar nicht, was Ihnen das sagt, aber ich verrate Ihnen, was ich davon halte. Gott schaut nicht von oben zu. Gott schlägt in den bebenden Herzen aller leidenden Tiere in allen Käfigen, während sie verzweifelt versuchen, die Herzen der Menschen zu öffnen, damit wir mit dem ungeheuren Massenleiden Schluss machen.

Diese Tiere sterben so lange, bis ein Wissenschaftler eines schönen Tages sagt: »Oh Gott, ich tu ja jemandem weh! Ich sollte damit aufhören.« Wäre das nicht herrlich? Wer weiß, warum die Menschen das Bedürfnis nach einer Hackordnung haben und entscheiden, dass hilflose, kleine Tiere nicht leiden? Sind Sie einer dieser Menschen, die Ratten, Spinnen oder Schlangen nicht mögen? Vielleicht sollten Sie in sich hineinschauen. Was in Ihnen ist des Mitgefühls nicht wert? Der Aufmerksamkeit? Der Zeit? Der stillen, sanften Akzeptanz? Hiermit fangen wir an.

Und hier ist, *warum* wir anfangen: Das Erstaunliche an der Geschichte ist nicht, dass ich mit einer Ratte reden konnte. Pam fragte mich, ob Daphne schon mal in einem früheren Leben »bei ihr« gewesen sei. Daphne schickte mir das Bild eines kleinen schwarzweißen Welpen, der Pams große Liebe gewesen war. Wie Pam mir atemlos und schluchzend sagte, hatte sie schon die ganze Zeit das Gefühl gehabt, dass Daphne der Hund war. Kurz nachdem ihr lebhafter kleiner Hund gestorben war, hatte Pam sich Daphne zugelegt. Und die Krönung des Ganzen war, dass ihr früherer *Hund* Zucchini geliebt hatte! Der kleine Frechdachs hatte bei jeder Cocktailparty die Zucchini von den Gemüseplatten geklaut. Dann war er damit ins Schlafzimmer gerannt und hatte sie unter dem Bett verschlungen! Daphne hatte mir also nicht nur ihr Lieblingsfutter von heute, sondern auch von früher gezeigt. Obwohl sie nun eine Ratte war, hatte sich ihr Geschmack nicht geändert. Könnte das ein Beispiel der Quantenerinnerung sein?

Ich lerne Tausende von Leuten kennen, die nicht den geringsten Zweifel daran haben, dass ihr neues Tier ihr altes Tier in einem anderen Körper ist. Da es für die Wiedergeburt von Tieren noch keinen Begriff gibt, nenne ich das Phänomen Ti Shazi Jenjo. Das ist Zulu und bedeutet »ein Wink des Himmels«. Sehen Sie mit dem Herzen, nicht mit dem Verstand. Die reine Liebe öffnet alle Türen. Und lassen Sie mich diese Frage stellen: Wenn Sie wüssten, dass Ihr Hund oder Pferd als Ratte oder Schlange zurückkehren würden – würde das Ihre Ansicht über Ratten und Schlangen verändern? Wenn wir uns daran erinnern, dass wir nur eine Spezies von vier Arten von Menschenaffen und von Tausenden von Säugetieren und von Hunderttausenden von Wirbeltieren und von Millionen von Tieren sind, so hilft uns das, unser Gefühl der Getrenntheit zu überwinden.

Das Eine ist nicht das Andere

Mittlerweile können Sie sich vermutlich denken, dass ich es wage, dem allgemeinen Glauben zu widersprechen, Tiere hätten eine »kollektive Seele«, die nach ihrem Tod irgendwie in den kosmischen Mischmasch eingeht, wobei ihre individuelle Persönlichkeit verloren geht. Dafür habe ich schon mit viel zu vielen verstorbenen Tieren kommuniziert, die mir lange nach ihrem Tod sehr individuelle Fakten über ihr Leben und ihre Besitzer mitteilten: Namen, Daten, Todesursachen, Wohnortwechsel und Dinge aus dem Alltag der zurückgebliebenen Menschen. Oft nennen sie mir die Namen der verstorbenen Menschen, die unsere Tiere für uns im Himmel behüten, und diese Seelen sind immer verstorbene Familienangehörige (meistens Großmütter). Gewöhnlich sprechen dann auch die menschlichen Seelen mit mir.

Da die Leben der meisten Tiere so viel kürzer sind als unser eigenes, können wir mehr als einmal im Leben mit demselben Tier zusammen sein. Dieselben Seelen können immer wieder zu uns zurückkehren. Es gibt eine Art kosmischen Superkleber im Universum, der unsere Freundschaften zu ihnen für alle Zeiten versiegelt: die Liebe. Nur eine Macht ist so stark, dass sie Zeit und Raum besiegt: die Liebe.

Die Lumensilta, die Sie mit Ihrem Tier bilden, schafft ein Band zwischen Ihnen, das Sie durch einen silbernen Lichtfaden miteinander verbindet. Wie Nadel und Zwirn sich beim Nähen im Stoff abwechselnd von oben nach unten bewegen, so verlassen die Seelen immer wieder die materielle Welt und kehren in einem Auf und Ab zurück. Wenn Sie im Augenblick mit dem Tod eines Ihrer herrlichen Tiere umgehen müssen, dann möchte ich, dass Sie laut sagen: »Ich überlasse all meine früheren Fehler einem Meer der Liebe, das größer ist als ich. Ich werde ruhig schlafen und glücklich aufwachen. Ich bin sicher in dem Wissen, dass das Gute siegt.« Sie müssen nur dafür beten, dass Ihr Tier zu Ihnen zurückkommt. Dann verfestigt sich Ihre Absicht im universalen Geist. Sie schließen also nicht nur mit dem Tier einen Pakt, sondern es sind drei Wesen daran beteiligt: Sie, Ihr Tier und die universale Intelligenz. Doch wie können wir erwarten, dass ein grenzenloser Geist sich um unsere kleinen Angelegenheiten kümmert? Weil die göttliche Führung immer denen zur Verfügung steht, die sich trauen darum zu bitten.

Wenn Sie mit dem Verlust eines Tieres konfrontiert werden, dann seien Sie unbekümmert, friedlich und optimistisch. Sie können mit Ihrem Tier besprechen, wie und wann es sterben will und ob es die Hilfe eines Tierarztes braucht oder nicht. Ich weiß, wie schwer es ist, das innere Gleichgewicht zu bewahren, wenn man von Gefühlen überwältigt wird, doch in dieser Zeit braucht Ihr Tier Sie mehr als je zuvor. Sie können Zeichen vereinbaren, den Hund zum Beispiel bitten, seinen Kopf auf ein bestimmtes Kissen zu legen, wenn er Abschied nehmen will, oder laut zu bellen, wenn er die Hilfe eines Tierarztes braucht. Wenn Ihr Tier um vier Uhr morgens starke Panikattacken bekommt, ist das gewöhnlich ein Zeichen, dass der Himmel nah ist (es sei denn, das Tier ist zuckerkrank; dann bedeutet es nur, dass es nicht genug Insulin für die Nacht hat). Ich bat einmal eine Stute, sich hinzulegen und nicht mehr aufzustehen, wenn sie zum Sterben bereit sei. Sie hatte Krebs im Endstadium und hatte seit Monaten auf drei Beinen gestanden. Am nächsten Tag weigerte sich die Stute aufzustehen. Wir können unsere Tiere bitten, uns Zeichen zu geben, ob sie eingeschläfert werden müssen oder lieber von allein gehen wollen, und wir können uns auf die Zeichen verständigen. Wenn die Tiere zu uns zurückkehren wollen – mit dem Willen Gottes –, können wir mit ihnen aushandeln, wann, wo und in welcher Gestalt sie wiederkommen werden.

Ja, ich glaube, der Himmel wimmelt von Tieren, und Ihre Tiere werden mit den anderen Tieren und den Menschen, die sie lieben, wieder vereint. Es gibt im Paradies auch Dimensionen, die riesigen kosmischen Tierschutzgebieten gleichen und in denen es keine Menschen gibt. Dort können die Seelen der Elefanten und Leoparden ungestört leben.

Ihre geliebten Vierbeiner und Sie werden das Leben auf Erden viele Male gemeinsam genießen, und die Berichte darüber, die ich aus der ganzen Welt erhalte, sind zahllos. Hier ist meine Lieblingsgeschichte über das Ti Shazi Jenjo. Dieser erstaunliche Bericht wurde von Laurie Anderson aufgeschrieben, nachdem sie mich ein paar Mal aufgesucht hatte. Falls Sie eine Packung Papiertaschentücher im Haus haben, sollten Sie sie jetzt bereitlegen – doch falls Ihnen dabei die Tränen kommen, werden es Freudentränen sein.

»Wir sehen uns im Garten Eden«

An einem Aprilmorgen vor fast zehn Jahren machte mein Freund Larry mir das größte Geschenk meines Lebens. Es kam in einer Sektkiste und miaute laut. Ich machte die Kiste auf und blickte in die Augen des entzückendsten Kätzchens, das ich jemals gesehen hatte. Ich wusste auf den ersten Blick, dass dies kein gewöhnlicher Kater war. Er war ein Geschenk des Himmels. Ich nannte ihn Seth.

Damals war ich Tanzlehrerin, und mein neues Studio für Tanz und Gymnastik war gerade fertig gestellt worden. Das Studio lief sehr gut, und ich nahm Seth jeden Tag mit zur Arbeit, wo er auf dem Schoß der Empfangsdame saß und von allen Kindern gestreichelt und abgeküsst wurde, wenn sie zum Unterricht kamen. Unser erstes gemeinsames Jahr war idyllisch, und ich verliebte mich unsterblich in den kleinen Engelskater mit den sieben Zehen.

Doch dann änderte sich mein ganzes Leben schlagartig. Ich hatte einen schrecklichen Autounfall, und mein bisheriges Leben geriet völlig aus dem Gleichgewicht. Innerhalb von drei Monaten musste das Studio geschlossen werden. Mein Stolz hatte mich davon abgehalten, den anderen zu sagen, wie stark meine inneren Verletzungen waren und wie viel Schmerzen ich hatte. In meinem Hirn hatte sich durch den Zusammenstoß ein Blutgerinnsel gebildet und ich musste Medikamente zur Blutverdünnung nehmen. Durch eine experimentelle Maßnahme, mit der mein Hörvermögen wiederhergestellt werden sollte, platzte mein Trommelfell. Mein Ohr entzündete sich und ich bekam Fieber. Nun fing ich an, aus dem rechten Ohr zu bluten. Ich teilte meine Qual niemandem mit und driftete täglich tiefer in die Dunkelheit und die Schmerzen. Das Studio war ein wichtiger Teil meines Lebens gewesen, und jetzt war es damit vorbei. Ich konnte mir nicht vorstellen, je wieder zu tanzen oder glücklich zu sein. Eine Heilung schien ausgeschlossen. Beinahe über Nacht waren meine Schüler weg, meine Rücklagen verschwunden und ich hatte bei allen Leuten Schulden. Als Krönung des Ganzen wurde ich auch noch von meinem Freund verlassen. Es schien das Beste zu sein, einfach aufzugeben.

Die ärztlichen Behandlungen zeigten keine Wirkung, und ich fing an, langsam zu verbluten. Eine schwere Depression überkam mich, und ich löste mich von allen Bekannten, schloss meine Tür zu und steckte das Telefon aus. Da ich mich ungeliebt und von allen verlassen fühlte, hatte ich beschlossen, zu Hause in meinem Bett zu sterben.

Der himmlische Schöpfer benutzt, was er hat, und alles, was ich hatte, war mein kleiner Kater Seth. Und Seth war nicht bereit, mich sterben zu lassen. In jener Nacht schlang er seinen Körper um meinen Kopf und leckte mir das Blut ab, das mir aus dem Ohr floss. Immer wieder war ich drauf und dran, das Bewusstsein zu verlieren, doch Seth holte mich jedes Mal wieder ins Leben zurück. Er schnurrte so laut, dass allein das Geräusch mich wach hielt. Jeder Augenblick war so schmerzhaft, dass er wie Jahre wirkte. Ich wollte so gern sterben, um von diesen Qualen befreit zu werden, doch ich wusste, dass es niemanden gab, der Seth gut versorgen würde. Wer würde ihn lieb haben, wenn ich starb und ihn ganz allein zurückließ?

Auf irgendeine Weise »redete« er mit mir und befahl mir, mich ins Auto zu setzen und ins Krankenhaus zu fahren. Und irgendwie tat ich das auch. Ich nahm ihn auf den Arm, wickelte meinen Kopf in eine Decke und schaffte es bis zu meinem Auto. Ich endete in der Notaufnahme, wo ich tatsächlich auf der Liege sechs Minuten lang klinisch tot war. In der Zwischenzeit war Seth in mein Auto eingesperrt, und niemand wusste davon.

Ich erinnere mich noch daran, dass ich eine Flut der reinen Energie spürte, als mein Geist den Körper verließ. »Ich« schwebte hinauf an die Decke über dem Operationstisch und fühlte mich ganz frei und leicht. Der Schmerz war weg und ich war von grenzenloser Liebe erfüllt. Ich wurde wie von einem Magnet in die Höhe gezogen und konnte plötzlich die Gedanken aller Menschen um mich herum sehen. Ich bekam das starke Verlangen, eine Antwort auf alle Fragen über mein Leben zu finden. Genauso schnell war ich plötzlich von einem Bewusstsein und Verstand erfüllt, die schon alle Antworten enthielten. So friedlich und ruhig hatte ich mich noch nie gefühlt! Ich hatte keinen Zweifel daran, in der Gegenwart meines Schöpfers zu sein.

Ich ließ es zu, von einer Art Wirbelsturm oder Tornado in die Höhe gezogen zu werden. Dann war ich in einem Tunnel und merkte, dass ich mit einer Geschwindigkeit schwebte, die auf der Erde unermesslich wäre. Ich spürte, dass mein Körper heilte und sich in seinen ursprünglichen vollkommenen Zustand zurückverwandelte. Ich bestand aus reiner Liebe. Dann sah ich in der Ferne ein Licht und wollte darauf zufliegen. Das Verlangen war stärker als alles, was ich im Leben jemals gespürt hatte.

Als ich in das Licht eintrat, erkannte ich zwei Gestalten. Eine davon war meine Großmutter Becky, die andere war mein Pferd Bonfire.

Beide waren schon gestorben. Von ihnen ging eine Explosion der Freude und Liebe aus. Ich wusste, dass ich wieder zu Hause war, und es fühlte sich unglaublich schön an! Ich spürte die Liebe und Gegenwart unseres Heilands Jesus Christus im Licht. Er blieb bei mir, während wir mein irdisches Leben wie einen Film betrachteten. Er war holografisch, und ich konnte jeden Augenblick noch einmal sehen, fühlen, hören und erleben. Diese Erfahrung ging so tief, dass es auf der Erde keine Worte dafür gibt.

Jesus wiegte mich sanft in den Armen und erklärte, dass mein Tod zu früh und nicht Gottes, sondern meine eigene Entscheidung war. Die Zeit war noch nicht reif dafür. Er sagte, dass der Todeszeitpunkt aller Menschen von Gott bestimmt wird und nur dann eintritt, wenn der richtige Moment gekommen ist. Mir wurde auch gezeigt, dass jeder Mensch und jedes Tier einem einzigartigen und wunderbaren Zweck in der Gesamtvorsehung der Schöpfung dient. In diesem Augenblick kehrte die Erinnerung an meinen individuellen Lebensplan zurück. Man könnte sagen, dass mir meine ganzen Möglichkeiten enthüllt wurden.

Doch dann wurde ich von großer Trauer ergriffen! Als man mir sagte, dass ich zurück auf die Erde gehen würde, bettelte ich auf meine typische Art, doch bitte bleiben zu dürfen. Mir war klar, dass die Rückkehr zur Erde nach diesem Erlebnis der Gegenwart meines Schöpfers das Schwierigste werden würde, was ich je getan hatte.

Aber plötzlich sah ich Seth in meinem Auto in der Tiefgarage des Krankenhauses schlafen. Keiner wusste, dass er in meinem Auto war, und so würde auch niemand kommen und ihn retten! Dann erhielt ich die Vision seines irdischen Lebenszwecks. Er war in Gestalt einer Katze gekommen, um mich am Leben zu erhalten, und er konnte durch mich eine Botschaft der Liebe an alle übermitteln, die offen dafür waren. Die Tiere sind hier auf Erden, um uns durch ihre bedingungslose Liebe die Erleuchtung zu schenken. Für den Bruchteil einer Sekunde sah ich seinen wahren Geist: Eine uralte Seele und ein Heiler in höheren Reichen. Ich wurde von Dankbarkeit über seine irdische Existenz und sein Opfer ergriffen. In diesem Augenblick wurde mir klar, dass er sterben würde, wenn ich nicht auf die Erde zurückkehrte. Ich musste zurückgehen und die Kraft finden, meine Arbeit auf der Erde zu vollenden.

Nachdem ich von meinem Erlebnis mit dem nahen Tod nach Hause zurückgekehrt war, übernahm Seth weiterhin die Rolle meines Schutzengels. Er begleitete mich überallhin und wich nie länger als ein paar Minuten von meiner Seite. Wir schliefen zusammen, aßen miteinander und fuhren gemeinsam zu einer Reihe von Krankenhäusern und Arztpraxen. Die nächsten drei Jahre waren sehr schmerzhaft für mich, da mein Immunsystem immer schwächer wurde. Dies verursachte viele verschiedene Krankheiten und Entzündungen in meinem Körper. Mein rechtes Ohr schmerzte immer noch sehr und das führte zu fieberhaften Infektionen. Seth machte es sich weiterhin zur Aufgabe, mir eine unglaubliche Quelle der Liebe und heilenden Energie zu sein. Er wurde psychosomatisch und bekam dieselben Symptome der jeweiligen Entzündung oder Krankheit, unter der ich gerade litt. Als mein Ohr schmerzte, heiß wurde und eiterte, entzündete sich auch Seths Ohr, während er seine Energien in meinen kranken Körper und mein geschwächtes Immunsystem übertrug.

Ich merkte immer mehr, dass wir Gedanken und Bewusstsein teilten. Eines Tages lagen wir miteinander im Bett, und Seth lag auf dem Kopfkissen um meinen Kopf geringelt. Ich hatte starke Schuldgefühle, als ich an meine Riesenschulden dachte. Ich fragte mich, wie ich all die Rechnungen jemals bezahlen und gesund genug werden sollte, um wieder arbeiten zu können. In diesen schweren Zeiten liebte Seth mich bedingungslos, und allein sein Anblick milderte meine Ängste.

Ich brauchte drei ganze Jahre, um wirklich den Entschluss zu fassen, zu heilen und weiterzuleben. Ich kann ehrlich sagen, dass ich heute nicht mehr da wäre, wenn Seth nicht in mein Leben gekommen und mich einfach nur geliebt hätte. Seine Liebe war wie ein helles, strahlendes Licht, das jeden Winkel meines Lebens erhellte. Er weigerte sich beharrlich, mich Schmerzen oder Einsamkeit spüren zu lassen. Es war fast unmöglich, in seiner Gegenwart depressiv zu sein. Seine Persönlichkeit war so verschmust und lebhaft, dass es immer schwieriger für mich wurde, traurigen Gedanken nachzuhängen oder Selbstmitleid zu hegen.

Ich stellte fest, dass ich regelmäßig telepathisch mit Seth kommunizierte. Er half mir, die einfachen Dinge im Leben zu erkennen und dafür dankbar zu sein. Wir begannen, gemeinsam die Sonnenuntergänge zu genießen, die Vögel in der Luft, das frische grüne Gras, die vorbeiziehenden Wolken ... und einfach dankbar zu sein, dass die Sonne schien. Indem Seth seine Liebe mit mir teilte, brachte er mich dazu, die Liebe unseres Schöpfers in mir selbst zu spüren. Ich fing an zu begreifen, dass ich einen Energiefluss von Gott freigelegt hatte, indem ich mein Leben und mich selbst lieben gelernt hatte.

Als der kleine Seth starb, war ich am Boden zerstört. Ich musste lernen zu akzeptieren, warum er die Erde verlassen durfte, während ich noch da war. Seit meiner Erfahrung mit dem Tod im Jahr 1994 war ich immer ein bisschen neidisch, wenn ich hörte, dass jemand gestorben sei. Ich freute mich zwar für die Seele, die hinübergegangen war, doch dann flehte ich Gott an, mir zu sagen, wann auch ich wieder »nach Hause« kommen dürfte. Ich wusste jetzt, dass ich ohne Seth weiterleben musste und dass er mich nie wirklich verlassen hatte. Ich sprach jeden Tag mit ihm – vor allem nachts im Bett. Ich spürte seine sanfte Gegenwart und Weisheit im Zimmer, wenn mein Herz mit ihm sprach. Oft sah ich beim Einschlafen sein süßes Gesicht über mir schweben. Doch der Schmerz war immer noch da. Ich wollte ohne ihn nicht leben.

Eines Tages nahm ich in einem kleinen Laden eine Zeitschrift über Seminare und Trainingsangebote mit. Als ich sie durchblätterte, fiel mein Blick auf eine Anzeige. Der Workshop nannte sich: »Wie man mit Tieren spricht und Antworten erhält«. Da mir klar war, dass ich das schon seit Jahren tat, meldete ich mich für das Seminar an.

Im Oktober nahm ich zum ersten Mal an Amelias Workshop in San Diego teil. Während ich ihr zuhörte, hatte ich das Gefühl, eine Seelenverwandte wiederzufinden, die ich schon immer gekannt hatte. Ich musste früher gehen, um rechtzeitig zur Arbeit zu kommen, und daher ging ich mit Seths Bild zu ihr nach vorne. Sie machte mir die überraschendste Mitteilung meines Lebens. Sie sagte, dass dieser Kater mich so liebt, dass er im Frühjahr zurückkehren würde! Ich wusste, dass sie mentale Verbindung zu ihm aufgenommen hatte, denn sie erwähnte seine sieben Zehen an den Pfoten, obwohl seine Pfoten auf dem Foto nicht zu sehen waren! Sie sagte mir auch, dass er eine uralte Seele und ein Heiler in der spirituellen Welt ist – genau das, was mir während meiner Todeserfahrung gesagt worden war. Wie sie berichtete, würde er am 1. oder 2. März wiedergeboren werden, dass er mir aber im Augenblick mehr im Jenseits helfen konnte, als er mir in Katzengestalt hätte helfen können. Sie informierte mich, dass er bei seiner Rückkehr wieder grauweiß sein und fast genau wie früher aussehen würde, und ich ihn sofort erkennen würde.

Dann wurde ich von einem unbeschreiblichen Gefühl der Liebe überwältigt. Amelia hatte mir in zwei Minuten mehr mitgeteilt, als ich je zu hoffen gewagt hätte. Ich schwebte im siebten Himmel bei dem Gedanken, Seth in nur wenigen kurzen Monaten wiederzuhaben. Urplötzlich war das Leben auf der Erde wieder herrlich und ich voller Freude! In den nächsten zwei Monaten war ich so glücklich über die baldige

Rückkehr meines Freundes, dass ich es allen erzählte und anfing, täglich mit Vögeln und den Tieren anderer Leute telepathisch zu kommunizieren.

Im Dezember meldete ich mich wieder für einen von Amelia geführten Workshop an, und als er vorbei war, ging ich wieder zu ihr nach vorne und zeigte ihr Seths Bild. Mir war zwar klar, dass sie sich nicht mehr an mich erinnern würde, doch ich wollte einfach noch einmal Seth durch sie hören. Wieder gab sie mir fast wörtlich die gleiche Nachricht. Der einzige Unterschied war, dass sie diesmal sagte, Seth würde am 1. oder 2. März im »Garten Eden« geboren. Ich zerbrach mir den Kopf, was das bedeuten konnte, und freute mich wieder darauf, meinen geliebten Seth in nur drei Monaten zurückzuhaben.

Als der prophezeite Geburtstermin näher rückte, fing ich an, mich in der Nachbarschaft nach tragenden Katzen umzusehen. Ich pendelte nach Baja, Mexiko, und so hatte ich ein großes Gebiet zu durchforsten. Ich wollte die Kätzchen unbedingt gleich nach der Geburt finden, und so vergaß ich darüber, dass Seth zu mir kommen würde und ich mich nicht auf die Suche nach ihm machen musste. Am Abend vor dem 1. März war ich in San Diego, und so wusste ich in meinem Herzen, dass die Geburt kurz bevorstand.

In der darauf folgenden Woche rief meine Freundin Rita aus Mexiko an. Sie hatte eine wilde Katze und deren neugeborene Babys gefunden und sie mit nach Hause genommen. Die Kätzchen waren am 1. März geboren. Ich fürchtete mich davor zu hoffen, dass dies die richtigen Kätzchen sein könnten. War Seth wirklich wiedergekommen und jetzt in Ritas Haus?

Und dann dämmerte es mir. Rita wohnte in einem großen, schönen botanischen Garten in Mexiko, der den Namen Evas Garten trug! Wow!

Schrecklich aufgeregt fuhr ich nach Mexiko, um mir die wunderschöne Mutterkatze Gata und ihre neugeborenen Kätzchen anzusehen. Als ich in die Kiste mit den fünf prächtigen Katzenbabys schaute und Seths strahlendes neues Gesichtchen sah, war ich vor Freude überwältigt. Er sah fast genauso aus wie früher – nur war mein schöner Kater als Katzenmädchen wiedergekommen! Sie war erst drei Tage alt, und ihr Gesicht war so süß wie eine Rosenknospe. Als ich die zarte kleine Engelskatze hochhob, erkannten wir einander auf Anhieb. Mein Herz sang, als ich mich beim ganzen Universum für dieses kostbare Geschenk bedankte.

Am ersten Abend, nachdem ich meine kleine Ophelia auf dem Arm gehalten hatte, schwebte ich wie auf Wolken. Es dauerte nur wenige Stunden, bevor ich Rita anrief und sie bat, Mama Gata und alle fünf Katzenbabys zu mir nach Hause holen zu dürfen. Seth war zwar nur sechs Monate weg gewesen, aber ich hatte ihn so vermisst, dass ich keinen weiteren Augenblick von ihm getrennt sein wollte. Mir wurde klar, dass ein Teil des Geschenks seiner Rückkehr zu mir das Vergnügen sein würde, alle Kätzchen fast von Geburt an aufziehen zu dürfen.

Am nächsten Tag lieferte Rita Gata und ihre Katzenfamilie in meinem Haus in San Diego ab. Jetzt habe ich nicht nur ein Geschenk des Himmels. Ich habe eine ganze Engelsfamilie, und wir haben unseren eigenen Garten Eden geschaffen.

Und siehe da – ich mache alles neu

Wenn Sie nicht katholisch oder christlich sind, sollte die Tatsache, dass Laurie Jesus zu sehen bekam, Sie nicht verunsichern. Welcher Religion Sie auch immer angehören – wenn Sie sterben, werden Sie von der Gottheit empfangen, die Sie als höchste ansehen. Ich bringe die Gottheiten anderer Kulturen nur deswegen ein, weil viele von uns nur begrenzt an die Götter unserer Kindheit glauben. Wenn wir zum Beispiel um etwas gebetet und es nicht bekommen haben, könnte unser Vertrauen an die Archetypen, an die wir glauben sollten, gebrochen sein. Doch im kollektiven Unbewussten, das Jehova, Moses, Mohammed, Jesus Christus, Buddha und dem Großen Geist zugeschrieben wird, steckt eine unglaubliche Kraft. Ich persönlich arbeite mit Ganesha, Sekhmet, Quan Yin, Isis und allen Erzengeln. Es ist egal, wie Sie Ihren Gott rufen. Aber rufen Sie ihn.

Es könnte hilfreich sein, sich das physikalisch vorzustellen. Um unsere Beziehung zu dem Göttlichen zu erneuern, müssen wir oft wieder von vorne anfangen. Wir haben die Fähigkeit, neue Nervenbahnen im Gehirn zu legen, die sein Potenzial stark erhöhen. Ich nenne diesen Vorgang »Superstrahlen« – die Fähigkeit des Gehirns, ein so starker Energieerzeuger zu werden, dass er Ihre Absichten in die Außenwelt übertragen kann. Zuerst müssen wir jedoch das Gefühl der Erneuerung herstellen. In diesem reinen, ursprünglichen Bewusstseinszustand können wir alles entsorgen, das in der Vergangenheit nicht hilfreich war, und uns zu einem definitiven, aktiven Neubeginn verpflichten. In der christlichen Theologie wird dies »wiedergeboren« genannt. In diesem Zustand können wir unter anderem neue oder erneuerte Bilder des Göttlichen finden.

In unserer christlich-jüdischen Gesellschaft wird nichts bitterer vermisst als das Bild der göttlichen Mutter. Auch wenn das Christentum eine Jungfrau Maria verehrt, wurden die Kräfte der Heilung, Schöpfung und des Allwissens ihrem Sohn zugesprochen, statt der Mutter ihres Sohns, die ihn schließlich zur Welt gebracht hat. Ältere Kulturen spannen den Wagen nicht vor das Pferd, sondern verehren die göttliche Mutter selbst. Und es ist nur logisch und von Geschichtsbüchern bestätigt, dass viele dieser Kulturen die friedlichsten Gesellschaften der Erde hervorgebracht haben, in denen auch Tiere als Gefühlswesen respektiert wurden.

In ihrem sehr lebendigen Buch *Jambalaya,* einer reichhaltigen Anthologie über afrikanische Mythologie, stellt Luisah Teish die Göttin Yimayou – eine afrikanische Venus – vor.

Als ich meinen geliebten Kater Mr. Jones verlor, ertrank ich in einer tiefen Trauer, für die es keine Worte gab. Mr. Jones war mein Hafen und meine Festung gegen die Angriffe dieser Welt gewesen. Während ich in der Finsternis nach Rettung suchte, klammerte ich mich wie immer an ein Buch. Ich entdeckte die weisen Worte, an denen ich mich festhalten konnte. Ich habe diesen Ausschnitt aus Luisah Teishs Buch abgeschrieben, und er klebt bis heute auf meinem Schreibtisch, wo ich ihn täglich lesen kann. Teish schreibt über die afrikanische Mutter Gottes, die Schöpferin des Ozeans:

Es gibt keinen Berg an Schwierigkeiten,
den Yimayou nicht abtragen kann,
keine Krankheit des Herzens, die sie nicht wegspülen kann,
keine Wüste der Verzweiflung,
die sie nicht mit Hoffnung überfluten kann.

Wenn wir daran glauben – ich meine im tiefsten Inneren unseres Wesens wirklich daran glauben –, dann können wir dem Leben und dem Tod vertrauen. Wir haben die angeborene Fähigkeit, uns selbst zu heilen. Wir haben diese Fähigkeit allein durch die Tatsache geerbt, dass wir in diese Welt hineingeboren wurden, deren Ordnung Gott geschaffen hat. Dies bedeutet, dass wir und sämtliche Vorgänge – einschließlich des Todes – ein Teil von Yimayous göttlichem Plan sind. Der Makrokosmos (das Universum) ist ein lebendiger Organismus, der sich selbst organisiert und Erweiterung sucht. Deshalb sind wir alle Zellen in Gottes Körper und haben Seelen, die ständig nach ihrem Gleichgewicht streben. Heilung und Wachstum sind unsere wahre Natur. Wenn wir all die kranken Muster auslöschen, die wir im Laufe des Lebens angesammelt haben, werden wir feststellen, dass der innerste Kern unseres Wesens ein strahlendes Reich der Liebe ist, das sich nur danach sehnt, diese Liebe mit anderen Lebewesen zu teilen. Sein Ausdruck fördert die freudige und aufregende Evolution unseres Universums.

Liebe vergeht nicht

Lassen Sie uns einen Blick darauf werfen, was ich tat, als ich das Foto von Seth, dem Kater mit den sieben Zehen, sah. Wie Ihnen längst bewusst ist, leben und atmen Sie in einem Universum aus Schwerkräften. Sie sind zwar nicht diese Kräfte, aber Sie nutzen sie. Es gibt auf dieser Welt auch noch andere Kräfte. Man könnte sie göttliche oder Quantenkräfte nennen. Alles, was wir mit Sicherheit wissen, ist, dass unsere Wissenschaft diese Kräfte noch nicht aufgedeckt, gemessen, dokumentiert und benannt hat, doch das bedeutet sicher nicht, dass es sie nicht gibt. Es ist noch nicht lange her, dass die ganze europäische Welt glaubte, die Erde sei eine Scheibe und wenn man von ihrer Kante hinunterfiele, würde man von Seeungeheuern gefressen. Doch selbst der stärkste Glaube an eine Erdscheibe hat die runde Erde nicht platt gemacht. Wie die Schwerkraft nutze ich auch die anderen Kräfte der Natur. Wenn man ein Tier bittet, zurück auf die Erde zu kommen, arbeitet man mit dem Dirigenten des göttlichen Orchesters zusammen. Ich glaube, diese Prinzipien fallen unter die Kategorien der Intentionalität und Kohärenz.

Als ich Seths hübsches Gesichtchen auf dem Bild betrachtete, sagte ich nicht »die Zukunft voraus«. Es war stattdessen eine blitzschnelle Verhandlung mit ihm, in der ich ihn fragte, wie viel Zeit er im Jenseits noch bräuchte, bevor er zurückkäme, wie sein Körper bei seiner Wiedergeburt aussehen sollte und wo er gerne gefunden werden würde. Wenn ich diese Art von Mitteilungen weitergebe, klingt es wie eine Zukunftsprognose, doch in Wirklichkeit ist es etwas völlig anderes. In diesem Falle fragte ich Seth: »Wie viel Zeit brauchst du noch?«, und er nannte mir die Anzahl der Monate. Daher fragte ich: »Wie wär's mit dem ersten März?« Er sagte: »Gut.« Ich fragte: »Wie möchtest du dann aussehen?« Und er antwortete: »So wie vorher. So mag sie mich, und ich mag meine Extrazehen.« Ich fragte: »Wo möchtest du gefunden werden?« Er erwiderte: »Im Garten Eden.« Ich fragte: »Wie wird sie dich finden?« Woraufhin er mir schickte: »Sag ihr, dass ich sie finden werde. Ich werde meinen Weg zu ihr zurück finden.« So funktioniert das. Ich frage das Tier: »Versprichst du es mir? Es ist also abgemacht?«, und wenn es ja sagt, ist die Abmachung in Stein gemeißelt.

Es hat leider auch Fälle gegeben, bei denen in letzter Minute Komplikationen aufgetreten sind, und das wiederkehrende Tier abgetrieben wurde oder in der Gebärmutter starb. Doch wenn der erste Versuch nicht klappt, kommen die Tiere einfach wieder, sobald sie können.

Vergessen Sie nicht, dass ich nicht die Einzige bin, die diese Art der Kommunikation beherrscht. Hier ist der Bericht einer meiner Schülerinnen über ihren ersten großen Durchbruch im Gespräch mit Tieren im Jenseits. Er soll Ihnen helfen zu verstehen, dass Sie es auch lernen können. Kathryn lebt in London und arbeitet als Heilerin. Sie zeigt uns, dass ihre Verbindung zu einem einzigartigen Hund nicht durch seinen Tod unterbrochen wurde.

Sammy im Himmel und auf Erden

Eine Freundin schenkte mir Amelias Buch, das mich umwarf. Ich dachte: »Wie gern würde ich an einem ihrer Workshops teilnehmen«, doch dann verwarf ich den Gedanken als unmöglichen Traum, da sie in den Vereinigten Staaten lebt. Als dieselbe Freundin mir ein paar Monate später in einer E-Mail mitteilte, dass Amelia nach England komme, um auf der Insel Man einen Workshop abzuhalten, wurde ich ganz aufgeregt. Wir meldeten uns beide auf der Stelle an. Ich baue gerade meine Praxis als spirituelle Heilerin für tierische und menschliche Klienten auf, und so wollte ich mit Amelia zusammenarbeiten, um neben dem Heilen auch mit Tieren kommunizieren zu können.

Vor dem Workshop übte ich ein bisschen nach Anleitung in ihrem Buch. Ich schien Erfolg zu haben und Informationen zu erhalten, die sich bestätigen ließen, was ich kaum glauben konnte. Doch mein neues

Selbstvertrauen verschwand rasch wieder und ich war überzeugt, mich geirrt zu haben und es das nächste Mal nicht wieder hinzukriegen. Ich hatte Angst, mich in ihrem Workshop lächerlich zu machen.
Ich fand heraus, das ich es doch konnte, aber dass außerordentlich starke Konzentration und Disziplin notwendig waren, um die Verbindung zu einem Tier zu halten und anhaltend wertvolle Informationen zu bekommen. Die Qualität der Daten, die ich empfing, war unterschiedlich. So merkte ich, dass ich weiterhin üben musste. Wie ich auch feststellte, erfordert meine Fähigkeit der Tierkommunikation die Bereitschaft, das Risiko einzugehen, mich lächerlich zu machen. Ich muss an das glauben, was ich von dem Tier erhalte, selbst wenn es verrückt klingt. Tatsache ist, je verrückter es klingt, desto eher ist es wahr. Die folgende Geschichte ereignete sich ein paar Monate nach dem ersten Workshop auf der Insel Man.
Louise hatte ein Problem, und eine gemeinsame Freundin glaubte, ich könnte ihr helfen. Ihr alter Hund Sammy war sehr krank, doch sie war nicht sicher, ob er schon bereit war zu gehen. Da ihre Beziehung sehr stark war, fragte sie sich, ob sie ihn womöglich zurückhalte und er nur ihr zuliebe weiterlebe und ihretwegen schreckliche Schmerzen ertrage. Louise wollte alle Möglichkeiten der Kommunikation mit Sammy ausschöpfen, um herauszufinden, wie sie ihrem Hund in dieser schweren Zeit am besten helfen könne.
Ich war Louise noch nie begegnet, hatte kein Bild von ihr gesehen und wusste nichts über sie, ihr Zuhause oder ihren Hintergrund. Ich bat sie, mir ein Foto von Sammy zu schicken und mir nichts zu sagen, außer grundsätzlichen Informationen über die gegenwärtige Situation, und mir eine Liste von Fragen zu schicken, die sie an Sammy hatte. Wir hatten also nur einmal miteinander telefoniert, bevor ich zum ersten Mal mit Sammy Verbindung aufnahm.
Nachdem ich Sammy um Erlaubnis gebeten hatte, mit ihm zu sprechen, fing ich wie immer damit an, ihm Fragen über Futter, Schlafplatz und Lieblingspersonen zu stellen – eben Dinge, die sich neutral verifizieren lassen.
Ich sprach dreimal mit Sammy: Zwei Gespräche fanden innerhalb von drei Tagen und kurz vor seinem Tod statt; das dritte Gespräch war einige Zeit nach seinem Tod. Jedes Mal schickte ich Louise meine Notizen und sie schickte mir ihre Reaktionen darauf. Der Bericht meiner Gespräche mit Sammy wird unten wiedergegeben.

Vermutlich hatte ich mir eine Anfrage nach Tierkommunikation gewünscht, die für alle Beteiligten besonders wichtig sein würde – und hatte gleichzeitig ein bisschen Angst davor. Da es zu diesem Zeitpunkt für Louise so wichtig war, mit Sammy zu sprechen, brauchte ich unbedingt brauchbares Feedback und hatte den großen Wunsch und die riesige Verantwortung, meine Aufgabe beiden zuliebe gut zu machen. So war ich unsicher und aufgeregt. Glücklicherweise hatte ich nicht viel Zeit, allzu nervös zu werden, da ich am selben Tag die Fotos herunterladen, mit Sammy kommunizieren und Rückmeldung an Louise erstatten musste. Sie mailte mir mehrere Bilder eines herrlichen Hundes mit drahtigem Fell und einem Gesicht voller Leben und Charakter. Ich atmete tief ein, versetzte mich in einen ruhigen und konzentrierten Zustand und blickte in seine Augen, während ich ihn um Erlaubnis für ein Gespräch bat. Sofort fühlte ich eine unglaubliche Nähe zu ihm – als hätten wir uns einander völlig geöffnet und als gäbe es keine trennenden Grenzen zwischen uns. Die sanfte Verbindung war auf der Stelle da und ich spürte sofort seine überwältigende Müdigkeit.

Das erste Gespräch mit Sammy

Ich gebe die Gespräche mit Sammy und Louise in Dialogform wieder: Ich bin »K«, Louise ist »L« und Sammys Bilder und Worte sind »S«:

K: Sammy, kannst du mir Louise zeigen?

S: Das Bild einer Frau von mittlerer Größe mit halblangem braunem Haar, die dicke Socken und eine Jogginghose oder dunkelblaue Hose trägt.

L: Ich habe eine schwarze Hose aus weichem Material, die man leicht mit einer Jogginghose verwechseln kann, und dunkelblaue Leggings, die wie beschrieben aussehen können.

K: Was frisst du gern?

S: Das Bild eines gehäuften Tellers, der wie Spaghetti Bolognese aussieht – mit weißen bandnudelartigen Stücken in einer braunen Soße.

L: Nachdem ich gestern mit Ihnen telefonierte, habe ich Sammy einen Teller voller Hackfleisch und geriebenem Käse vorgesetzt und ihn dazu Reis oder Spaghetti wählen lassen. Er hat die Spaghetti ausgesucht! Danke für den Tipp! Es hatte ihm nicht mehr geschmeckt und er hatte kaum mehr was gefressen. Nachdem ich ihn tagelang von Hand gefüttert habe, war es herrlich, ihn von sich aus fressen zu sehen.

K: Wo schläfst du?

S: Das Bild eines flachen Körbchens mit einer dunklen Decke am Fußende eines Bettrahmens aus Holz.

L: Ich glaube, dort hat er früher geschlafen, als er noch auf die Möbel springen konnte. Sein Futonbettchen steht jetzt vor dem Fußende meines Betts, und er lehnt den Kopf an den Holzrahmen. Auf dem Hundebett liegt eine dunkle Jeansdecke. Ich habe sein Bett vor ungefähr zwei Jahren auf den Boden gestellt.

K: Wer sind deine Lieblingspersonen? Ich meine natürlich, außer Louise!

S: Sammy schickte mir die beiden Namen Louise und Tom sowie das Bild einer schlanken, großen, männlichen Person mit dunklem Haar und dunkler Kleidung, dessen Alter ich schwer einschätzen konnte. Vom Boden aus wirkte er groß.

L: Geoff ist mein Ex-Freund und Sams Herrchen; die dunkle Kleidung und schlanke Figur klingt nach ihm. Tom ist sein vierzehnjähriger Sohn. Sammy freut sich immer besonders, wenn Tom uns besucht.

K: Wo schläfst du gern?

S: Das Bild, wie Sammy mit dem Kopf auf den Pfoten an einem sehr warmen Ort neben einem Kamin oder Ofen liegt. Ich sehe auch einen alten Wollpullover oder ein anderes gestricktes Teil, das er sehr gerne mochte.

L: Er hat sich immer vor die Heizkörper gelegt. Das Strickteil könnte ein hellgrüner Wollpullover sein, den ich früher hatte. Ich habe ihn manchmal neben Sammy gelegt, wenn ich wegging und ihm sagen wollte, dass ich bald wieder zurück sein würde.

K: Wie bist du zu Louise gekommen?

S: Das Bild von Sammy als jungem, aber schon ausgewachsenem Hund. Er wirkt und fühlt sich ängstlich und verloren und steckt in einem Gittergehege. Er schaut mich ängstlich an. Dann rennt und springt er voller Freude und Energie umher.

L: Als wir Sammy das erste Mal sahen, sagte man uns, dass er im Garten seiner früheren Besitzer angekettet war und geschlagen wurde. Als er zu uns kam, war er zwar sehr lieb, zutraulich und verspielt, doch auch extrem nervös. Er wich immer zurück, wenn man in seine Nähe kam. Die Angst verlor er nach einem halben Jahr.

K: Sammy, kannst du mir zeigen, wo du Schmerzen hast?

S: Ich fühlte mich in seinen Körper hinein und spürte Schmerzen an der Wirbelsäule und Steifheit in den Beinen. Sein Zahnfleisch und die oberen rechten Backenzähne taten auch weh und waren entzündet, so wie die linke Seite seiner Schnauze. Sein Körper fühlte sich generell schmerzhaft an.

L: Der Schmerz auf der rechten Seite wird von einem Tumor verursacht, der in den letzten Wochen schneller gewachsen zu sein scheint. Sie haben auch die linke Seite seiner Schnauze erwähnt; dort hat er geblutet. Der Tierarzt hielt es für einen Tumor oder eine bakterielle Entzündung; er hatte über ein Jahr lang Beschwerden, die recht stabil blieben.

Die Tierärzte des Royal Veterinary College sind zwar hervorragend, doch sie wollten unbedingt weitere Testoperationen und Ähnliches an ihm vornehmen, was wir ihm nicht zumuten konnten. Im Rückblick weiß ich, dass meine Entscheidung richtig war. Was Sie von Sammy an Details erhalten haben, ist wirklich erstaunlich. Er ist zwar ein alter Hund und daher kann man davon ausgehen, dass es ihn hier und dort zwackt, aber es überrascht mich sehr, dass Sie sogar die korrekten Körperstellen und richtigen Seiten herausgefunden haben.

K: Sammy, willst du noch weiter kommunizieren?

S: »Louise wird immer bei mir sein.« Er beantwortete meine letzte Frage zwar nicht direkt, aber seine Antworten waren klar. Er zeigte mir, wie er draußen im Freien umhersprang, und es kam mir vor, als wollte er mir zeigen, wie er sich darauf freute, das wieder tun zu können. Dann sah ich, wie er in ein helles, weißes Licht getaucht wurde. Er wirkte ruhig und wach in dem Licht. Ich dankte ihm und beendete das Gespräch.

L: Das Ganze berührt mich sehr.

Nach meinem Gespräch mit Sammy holte ich tief Luft, rief Louise an und erzählte ihr alle Einzelheiten, die ich erhalten hatte. Ich hoffte inbrünstig, dass die Details über sie, ihre Wohnung und die anderen nachweisbaren Dinge nicht völlig daneben lagen. Denn wenn ich mich darin geirrt hätte, warum sollte sie dann noch irgendwas anderes glauben? Nachdem ich den Hörer aufgelegt hatte, setzte ich mich still hin und verdaute die Tatsache, dass ich fast alles völlig richtig empfangen hatte. Anstatt irgendetwas zurückzuhalten, was ich als unwahrscheinlich angesehen hatte, hatte ich alles riskiert und nach Menschen, die Sammy liebte, und anderen Einzelheiten gefragt – und mir war nicht der Kopf abgerissen worden! Tom war der richtige Name, und anscheinend hatte ich Geoff tatsächlich durch Sammys Augen gesehen! Es fühlte sich völlig unglaublich und gleichzeitig hundert Prozent wahr an. Ich freute mich wahnsinnig und war zugleich völlig durcheinander. Dies schien die endgültige Bestätigung zu sein, dass ich mit Tieren kommunizieren kann. Ich hatte keine andere Erklärung für die Details, die ich von Sammy erhalten hatte. Obwohl es unglaublich schien, musste ich es glauben.

Ich sann darüber nach, wie natürlich und intim die Kommunikation mit Sammy gewesen war. Ich hatte mich an einen anderen, sehr stillen und sensiblen Ort versetzt gefühlt. Es überraschte mich, mit welcher Lichtgeschwindigkeit die Gedanken, Gefühle und Antworten von ihm eingegangen waren – schneller als sich mein rationaler Verstand in Bewegung setzen konnte. So schnell hätte ich meine eigenen Fragen nicht beantworten können. Ein weiteres Zeichen dafür, dass die Antworten wirklich von ihm kamen, war die Tatsache, dass ich sie schon fertig erhielt – als ganze Bilder statt als Antworten, die von meinem Verstand geformt waren.

Doch das Feedback von Sammy war so unglaublich leise und wie geflüstert, dass ich mich unheimlich konzentrieren musste, um es nicht zu verpassen. Die Gefühle und Bilder schwebten wie Federn vorbei; ich musste mich sehr konzentrieren, um sie zu erkennen und einzufangen. Doch sobald ich sie als solche erkannt hatte, waren die visuellen Bilder klar und deutlich und blieben mir noch lange in Erinnerung. Keines war mir schon irgendwie vertraut; sie beruhten also nicht auf meinen eigenen Erfahrungen. Und ich konnte sogar intuitiv fühlen, an welchen Körperstellen Sammy Schmerzen hatte.

Das zweite Gespräch mit Sammy

Ein paar Tage später nahm ich wieder mit Sammy Verbindung auf, und Louise mailte mir ihre Reaktionen wenige Tage danach – am Tag nach Sammys Tod. Ich habe diese beiden Gespräche (mit ihm und mit ihr) hier kombiniert, um zu zeigen, was Sammy sagte und wie Louise es bestätigte und darauf reagierte. Sie und Geoff waren bis zuletzt bei ihm gewesen.

K: Wie geht es dir?

S: »Müde.«

K: Was konntest du fressen?

S: Das Gefühl von etwas Weichem und Leichtem in seinem Maul.

K: Möchtest du hinübergehen?

S: »Louise wird immer bei mir sein.«

K: Kannst du Louise ein Zeichen geben, wenn du gehen willst? Sie muss es von dir selber erfahren.

S: Sammy schickte mir das Gefühl, wie er mich abschleckte und/oder seinen Kopf unter meinen Arm steckte, als mögliche Zeichen.

L: Ungefähr eine Stunde, bevor Sie am Mittwochabend angerufen haben, steckte er seinen Kopf tief unter meinen Arm. Selbst da empfand ich das schon als etwas ungewöhnlich. Gestern schleckte er mich zärtlich ab. Geoff wurde ein paar Mal von ihm abgeschleckt.

K: Hast du Angst?

S: »Nein, es ist Zeit für mich, zu gehen.«

K: Was soll ich Louise von dir ausrichten?

S: Ich erhielt eine Welle der Liebe und des Verständnisses von ihm.

K: Hat die Heilenergie geholfen? (Ich hatte ihm mehrmals heilende Energie über sein Foto geschickt.)

S: Mir kam der Gedanke, dass die Heilenergie ihn friedlicher werden ließ.

L: Ungefähr zu der Zeit, an der Sie ihm die Heilenergie geschickt haben müssen, stellte ich eine Veränderung an ihm fest. Es war fast, als wäre er in einen ganz tiefen, entspannten Schlaf gefallen. Er war völlig still.

K: Bist du bereit zu gehen?

S: »Sag Louise, dass ich über grüne Felder laufe.« Das Bild eines Wasserfalls und wie Sammy davor umhertollt.

L: Dieses Bild werde ich nie mehr vergessen. Nach seinem Tod wurden diese Worte unser Mantra, das uns sehr geholfen hat. Wir haben uns immer wieder gesagt, wie viel Spaß er jetzt hat.

K: Was möchtest du jetzt?

S: Der Gedanke kam, dass er bei mattem Licht und leiser Musik kuscheln will.

L: Und das ist genau das, was wir getan haben: Nach einer CD von Johnny Cash fielen wir in einen ganz friedlichen Schlaf. Madonnas CD *Ray of Light* tat ihr Übriges.

K: Welche Mitteilung soll ich Louise von dir geben?

S: »Du hast mir mein Leben geschenkt.« Dann kam mir wieder das Bild, wie Sammy in weißes Licht getaucht wird – diesmal war es mehr wie unter einem starken Scheinwerfer. Um ihn herum streckten sich viele Arme nach ihm aus und nahmen ihn in Empfang.

K: Louise, ich wollte Ihnen das rasch übermitteln. Hoffentlich tröstet es Sie und macht Sie nicht noch trauriger als Sie schon sind.

L: Es ist wunderbar, das zu lesen. Ich bin so gerührt über die Tiefe seiner Gefühle. Die Tränen, die es auslöst, sind zwar traurig, aber auch glücklich.

Nach dieser zweiten intuitiven Kommunikation mit Sammy musste ich weinen. Ich fühlte mich sehr privilegiert, weil mir so wichtige Botschaften anvertraut worden waren. Ich spürte Louises Schmerz bei der Vorstellung, ihn zu verlieren, und Sammys Schmerz, weil er Louise und die anderen geliebten Menschen verlassen musste. Doch ich war auch berührt von seiner Vision, wohin er gehen würde, seiner aufgeregten Freude und dem liebevollen Empfang, der ihn anscheinend erwartete. »Sag Louise, dass ich über grüne Felder laufe« ist der genaue Wortlaut, den ich hörte, und er ist so spezifisch. Ich hätte es nie in diesen Worten ausgedrückt – diese Worte kamen eindeutig nicht von mir. Als spirituelle Heilerin, die mit der Energie des göttlichen Geists arbeitet, bin ich völlig überzeugt, dass unsere Seelen unseren körperlichen Tod überleben, und Sammys Vision dessen, was ihn erwartete, war eine wunderschöne Bestätigung dafür.

Es war daher für mich nur natürlich, mich ein paar Wochen nach seinem körperlichen Tod zu fragen, ob es sich anders anfühlen würde, ihn im Jenseits zu kontaktieren, und was er mir zu erzählen hätte. Und so versuchten wir es.

Mit seiner Seele zu sprechen, fühlte sich nicht anders an – außer dass er sich gut und voller Energie fühlte. Wieder riskierte ich alles und bat Sammy um verifizierbare Nachweise dafür, dass er immer noch bei Louise war – und wieder staunte ich über das, was ich von ihm erhielt.

Einige Tage später: Das Gespräch mit Sammy im Himmel

Ich wusste, dass Louise in ihrem Ferienhaus in Schweden war, dort aber Zugang zu ihren E-Mails hatte, und so nahm ich Verbindung zu Sammy auf und mailte ihr, was er mir sendete. Zuerst versuchte ich, ein paar Tage nach seinem Übergang Kontakt zu Sammy aufzunehmen. Ich erhielt eine Menge Energie von seinem Foto. Dann sah ich ein Bild, wie er versuchte, mich oder jemand anderen dazu zu bringen, herzukommen und mit ihm zu spielen. Er kam zu mir und rannte wieder weg, den Blick immer noch auf mich gerichtet, um mich dazu zu bewegen, ihm zu folgen. Er war sehr verspielt und eifrig. Ein paar Tage später nahm ich wieder intuitive Verbindung zu ihm auf und wieder spürte ich viel Energie, die von seinem Foto ausstrahlte.

K: Was soll ich Louise ausrichten?

S: »Fürchte dich nicht mir zu folgen.« Wieder war er voller Energie und Kraft. Dann sah ich, wie er das tat, was manche Hunde tun: Er hielt etwas im Maul und schüttelte es (mit dem Kopf nach unten), so dass sein ganzes Hinterteil heftig hin und her wackelte. Er war völlig darin vertieft, doch ich konnte nicht erkennen, was er im Maul hatte.

L: Das war wahrscheinlich wieder mal ein Stöckchen oder ein Weinkorken.

K: Sammy, bist du bei Louise?

S: »Ja.«

K: Kannst du mir einen Beweis dafür liefern, dass du bei Louise bist? Mir vielleicht etwas zeigen, was sie vor kurzem gemacht hat?

S: Sofort sah ich einen Holzsteg oder eine Promenade und hatte das Gefühl, an einem See oder Meer zu sein; das Wasser war ruhig und es war ein stiller Sonnentag. Es gab dort Holzhütten und nur wenige Menschen. Ich hörte das Wasser leise gegen das Ufer schwappen. Auf den Holzbrettern hallten Schritte. Es herrschte eine sehr idyllische Atmosphäre.

L: Auf der Nachbarinsel ist ein großes altes Fischerdorf. Vor ein paar Tagen hatten wir einen sehr warmen Nachmittag, und so trafen wir uns dort mit ein paar Freunden, die auf einer einsamen Insel in der Nähe angelegt haben. Wir nahmen ein paar Drinks und gingen dann den großen Hafen entlang zum Boot eines Freundes. Die gesamte Promenade besteht aus Holzbrettern und liegt über dem Wasser.

S: Sammy schickte eine herrliche, stille Szene mit sehr wenigen Menschen.

L: Es gibt zwar mehrere Bars und Restaurants in dem Dorf, und für Schweden ist es ziemlich lebhaft. Doch die Schweden sind weitaus stiller und ruhiger als die Engländer, und deswegen empfinde ich es im Vergleich zu London als extrem ruhig und still. Es kommt darauf an, wie man es sieht.

S: Sammy schickte das Gefühl, mit einer anderen Frau oder einem Mädchen mit blondem oder hellem Haar zusammen zu sein.

L: Wir waren mit zwei Männern zusammen; einer von ihnen hat schulterlange, lockige hellblonde Haare.

K: Ich hatte das Gefühl, als würde Sammy mir einen Ort senden, an dem Sie vor kurzem waren – einen Ort, den Sie (und er) sehr gern haben. Wie ich weiß, sind Sie zwar gerade in Schweden, aber dieser Ort war woanders und eindeutig am Wasser. Dann erhielt ich eine etwas andere Szene, in der Sie in einem Boot auf dem Wasser fahren, so schnell, dass der Wind in Ihr Gesicht weht, und dazu das Gefühl, es sehr zu genießen.

L: Die Bekannten nahmen uns mit auf ihr Boot, mit dem sie auf der einsamen Insel angelegt haben. Wir verbrachten den Abend auf der Insel (die im Grunde ein sehr großer Felsen im Archipel ist) und grillten dort. Nach dem Abendessen saßen wir still und glücklich beieinander und betrachteten den Sonnenuntergang. Ich musste viel an Sammy denken und stellte mir vor, dass er bei mir sei und es genauso genießt wie ich. Am Ende des Abends brachte einer der Männer uns im Motorboot zurück. Wir fuhren sehr schnell und der Wind wehte uns ins Gesicht.

K: Ich schicke Ihnen viel Liebe. Hoffentlich hilft das Ganze Ihnen ein bisschen über die Trauer hinweg.

L: Das tut es wirklich. Es hat mich wieder überrascht, wie akkurat die Details waren und was Sie alles von Sammy erhalten haben. Es tröstet mich wieder sehr.

Natürlich befürchte ich immer noch, nur eine Menge Unsinn weiterzugeben, und vermutlich werde ich diese Angst nie ganz loswerden. Doch ich habe gelernt, mutig genug zu sein, tief Atem zu holen und alles weiterzuleiten, was ich empfange. Wie ich festgestellt habe, stellen sich immer die Kleinigkeiten, die ich beinahe unterschlagen hätte, für den Klienten als wichtigste Nachweise heraus. Und genau das sind die Details, die sie an den Rest meiner Mitteilungen glauben lassen. Meine größte zukünftige Herausforderung ist also, mich so zu trainieren, dass ich die eifrige Lektorin, die in mein Bewusstsein eingebaut ist, ignoriere.

Wie es sich anfühlt, Informationen von Tieren zu erhalten

Im Folgenden beschreibt Kathryn, was sie während der Sitzung empfindet:

Ich stelle mich so auf das Tier auf dem Bild ein, wie wenn ich jemandem aus der Ferne Heilung schicke. Ich konzentriere mich völlig darauf, bitte es um Erlaubnis, Verbindung aufnehmen zu dürfen, und halte meine Hand über das Bild. Dann warte ich darauf, dass sich die Energie unter meiner Hand bewegt. Das kann in Form von Wärme, Kribbeln oder Pulsieren oder einer Kombination davon sein. Wenn ich eine Verbindung zwischen meiner Hand und dem Bild spüre, ziehe ich die Hand zurück, schaue intensiv in die Augen des Tieres, stelle mich vor und bitte das Tier um Erlaubnis, mit ihm sprechen zu dürfen. Wenn der Kontakt hergestellt ist, nehme ich oft eine plötzliche Welle der

Energie oder des Gefühls im ganzen Körper wahr, oder ich spüre eine subtile physische oder emotionale Veränderung in mir.

Ich bitte den Besitzer des Tieres immer, mir eine Liste ganz spezifischer Fragen zu geben, mit denen ich ein Gespräch aufbauen kann. Nur ganz selten höre ich die Stimme des Tieres (wie Amelia mir versichert hat, geschieht das mit der Zeit öfters). Manchmal »höre« ich die Gedanken meiner eigenen Katzen; das passiert gewöhnlich, wenn ich gerade mit etwas anderem beschäftigt bin und nicht versuche, mich auf sie einzustellen. Einmal »erhielt« ich ganz deutlich den Satz »Du liebst sie mehr als mich« von einer meiner Katzen, die gerade auf meinem Schoß lag, als eine der anderen ins Zimmer kam und ich sie begrüßte. Es war nicht leicht, der Katze auf meinem Schoß spontan zu erklären, dass das nicht wahr ist, ohne das Wort »nicht« zu verwenden. (Wie Amelia lehrt, hören Tiere »Spring auf den Tisch«, wenn man ihnen sagt: »Spring nicht auf den Tisch«, da sie das »nicht« nicht verstehen können. Stattdessen sollte man versuchen zu sagen: »Bleib auf dem Stuhl oder dem Boden.« Gewöhnlich füge ich noch ein »bitte« hinzu, denn es schadet nichts, höflich zu sein! Dasselbe gilt übrigens auch für die Kommunikation mit Menschen; man kann sich immer leichter verständlich machen, wenn man in positiven Worten das beschreibt, was man will.) Bei einer anderen Gelegenheit näherte sich eine meiner fünf Katzen dem offenen Kamin, während ich den Satz empfing: »Ach, ich glaube, ich steige mal da hinauf.« Die fragliche Katze verschwindet gern im Schornstein, was uns beim ersten Mal fast einen Herzinfarkt beschert hätte, doch sie kommt nicht weit und taucht immer ziemlich schnell wieder auf.

Die andere Art, wie ich Informationen erhalte, ist über visuelle Bilder. Dieser Vorgang wird Remote Viewing genannt. Manchmal sehe ich das Tier mit vielen Details in seiner eigenen Umgebung. Das bestätigt, dass ich tatsächlich mit dem Tier kommuniziere und ist besonders zuverlässig, wenn ich nichts über die Besitzer oder das Zuhause des Tieres weiß, weil es fast unmöglich ist, mein eigenes Wissen von den eingehenden Informationen zu unterscheiden. Manchmal scheine ich auch durch die Augen des Tieres zu blicken. Diese Bilder kommen meistens aus einem Blickwinkel am Boden und können größer als unsere Realität wirken (zum Beispiel als ein Kater in einem Schuppen gefangen war und ein kleines Mädchen sah – in seinen Augen wirkte das Kind riesig). Sehr selten erhalte ich einen intensiven Geruch oder spüre, wie köstlich etwas schmeckt.

Während des kommunikativen Vorgangs mache ich mir detaillierte Notizen, die ich hinterher abschreibe und dem Menschen des Tieres schicke. Gewöhnlich schicke ich sie, bevor ich anrufe, doch in einer Notsituation (wie in Sammys Fall) rufe ich gleich an und schicke die Notizen später als E-Mail nach. Dann bitte ich den Menschen, mir als Nachweis für den Austausch seine Reaktionen zu mailen.

»Siehst du, was ich sehe?«

Im nächsten Bericht geht es nicht um Reinkarnation. Es geht darum, wohin Tiere »zwischen« ihren irdischen Leben gehen. Dies war eine Überraschung für mich, und ich vermute, es wird auch Sie erstaunen.

In der Nacht des Heiligabends im Jahr 2003 weinte ich mich in den Schlaf und kämpfte stundenlang mit Albträumen. Immer wieder empfing ich »imaginäre« Krämpfe von meiner kleinen Katze Florabelle, die friedlich neben meinem Kopf auf ihrem Kissen schlief. Natürlich war die olle Flo cool und wachte noch nicht einmal auf, während ich mich herumquälte. Die Krämpfe schienen endlos zu sein. Ich betete so lange, bis ich wieder einschlief, doch dann begannen sie erneut: ich hörte nicht auf zu zittern. Es gab keinen Grund zum Weinen. Mir war nichts Schlimmes zugestoßen. Der Tränenstrom und die nächtlichen Panikstunden wurden durch kein Ereignis in der Außenwelt verursacht ... zumindest noch nicht. Diejenigen unter Ihnen, die den Film *Minority Report* kennen, wissen, dass es nicht immer lustig ist, »hellsehen« zu können. Ich bin wie eine Spinne auf dem Netz, das mit der ganzen Schöpfung verbunden ist, und wenn das Netz bebt – selbst auf der anderen Seite der Erde –, spüre ich oft die Vibrationen, noch bevor das Desaster eintritt.

Es war schon meine zweite Höllennacht. Schon in der Nacht davor war ich von Terror und Trauer geschüttelt worden. In meinem äußeren Leben machte ich gerade einen angenehmen Urlaub, und so gab es keine Erklärung für meine große Trauer. Das Geheimnis lüftete sich am ersten Weihnachtstag. Ich sehe nie fern und hatte daher das Erdbeben im Iran noch nicht mitbekommen, bei dem über zwanzigtausend Menschen starben und weitere hunderttausend verletzt oder vermisst wurden. Nachdem ich diese schreckliche Nachricht schließlich gehört hatte, erhielt ich weitere traurige Neuigkeiten von meiner lieben Freundin Beth aus Memphis, die mir per E-Mail mitteilte, dass Little Girl,

einer ihrer geliebten Hunde, am Heiligabend nach einer Reihe von Krämpfen unerwartet gestorben war. Auch das erklärte meine mysteriösen nächtlichen Krämpfe.
Little Girl war eine Neufundländerhündin, die fast fünfzig Kilo gewogen hatte. Sie war eine echte Freundin für mich gewesen, und so war die Nachricht über ihren Tod äußerst traurig für mich. Ihr Tod war für Beth sogar der zweite Verlust innerhalb von wenigen Monaten, da sie kurz zuvor die Liebe ihres Lebens, eine prachtvolle Bernhardinerhündin namens Amelia Talullah verloren hatte, die in die ewigen Jagdgründe eingegangen war. Nun musste Beth schon wieder einen quälenden Verlust verkraften.
Am zweiten Weihnachtstag setzte ich mich an meinen Computer und schloss die Augen. Ich stellte mich auf Little Girl ein, um herauszufinden, wo sie war. Ich sah sie mit ihrer besten Freundin Amelia T. glücklich wiedervereint. Da ich weiß, dass Seelen im Jenseits »Aufgaben« haben, fragte ich Little Girl, was sie gerade mache.
»Graben«, sagte sie.
»Graben?«
»Ja«, sagte sie und rannte weg, um wieder an ihre Arbeit zu gehen. Dann kam Amelia T. zu mir hergerannt und blieb gerade lang genug, damit ich kurz ihr hübsches sommersprossiges Gesicht tätscheln konnte. »Ich habe leider keine Zeit, mit dir zu sprechen«, sendete sie mir. »Was tust du denn so Wichtiges?«, fragte ich. »Ich grabe«, antwortete sie. »Und ich helfe den Kindern beim Übergang.« Dann rannte sie zurück auf ihren Posten.
Plötzlich kam ein Golden Retriever mit rotgoldenem Fell angerannt.
»Sag Vickie, dass ich auch hier bin«, trug er mir auf und eilte davon.
Danach tauchte ein lebhafter großer brauner Hund auf. »Grüße Linda von mir und sag ihr, dass ich auch hier grabe!«
»Woher kennst du sie?«, fragte ich.
»Aus New Mexico. Sag ihr, dass ich sie immer noch lieb habe. Tut mir leid, aber ich muss gehen«, rief der Hund und rannte weg.
Gleich darauf kam eine schwarzweiße Hündin, die zwar viel kleiner, aber nicht weniger selbstbewusst als ihre Kameraden war. »Ich bin auch hier!«, sagte sie.
»Wie hieß deine Menschenmama?«, fragte ich.
»Connie«, antwortete sie. »Sag ihr Hallo von mir. Richte ihr Grüße von ihrem Beagle aus.« Die kleine Hündin sprach mit einer solchen Autorität, dass sie wie die Kommandeurin der Truppe klang.

»Bist du sicher, ein Beagle zu sein?«, fragte ich zweifelnd.

Befolgen Sie meinen Rat, liebe Leser, denn ich befolge ihn nicht! Obwohl ich meine Schüler immer wieder ermahne, die erhaltenen Informationen nicht anzuzweifeln und ihrer Intuition zu vertrauen, stritt ich mich nun selber mit einem Hund herum – mit einem toten Hund!

Die Hündin bellte verächtlich. Ich wartete darauf, dass sie als Nächstes mit den Pfoten aufstampfen und schreien würde: »Welchen Teil des Satzes ›Ich bin ein Beagle‹ kapierst du nicht?!« Doch stattdessen bemühte sie sich, höflich zu bleiben.

»Sag Connie einfach, dass ihr Beagle hier ist!!«, sagte sie genervt.

»Was machst du?«, fragte ich sie.

»Graben«, antwortete sie.

»Wo zum Teufel bin ich?«, fragte ich mich, während ich auf die fünf Hunde schaute, die nebeneinander im Boden wühlten. Ich trat in Gedanken ein paar Schritte zurück, um einen Panoramablick zu erhalten, und sah immer mehr Engelhunde, die leidenschaftlich in der Erde gruben. Dann erblickte ich, was vor diesem endlosen Hundetrupp lag. Erstaunt »flog« ich in die Höhe, um einen besseren Blick darauf werfen zu können.

Ich erschrak zutiefst.

Wir waren im Iran. Die Hunde schwebten hinter Tausenden von verzweifelten Männern in der Luft, die blut- und tränenverschmiert und so erschöpft waren, dass sie sich kaum mehr auf den Beinen halten konnten. Sie bearbeiteten Berge aus Schutt mit Schaufeln, Hacken und den nackten Händen. Über der Schulter eines jeden Mannes schwebte ein Engelhund, der ihm ins Ohr flüsterte.

»Grab weiter!«, drängten die Hunde. »Grab weiter! Gib nicht auf! Grab weiter!« Ihre Pfoten ruderten fieberhaft in der Luft.

Ich sah, wie ein Mann ein Kind aus dem Schutt holte und feststellte, dass das Kind tot war. Der Hund über seiner Schulter war Little Girl. Sie schaufelte mit den Pfoten goldenes Licht in den am Boden zerstörten Mann. Schluchzend brachen seine Knie ein, während er den toten Körper des Kindes in den Armen hielt. Dann sah ich den Geist des Mädchens: Es war verstört und desorientiert, bis Amelia T. ihm zu Hilfe kam und es sicher ins Licht führte.

Ich schaute auf das Bataillon aus Engelhunden. Ganz plötzlich sah ich, was mir bis dahin entgangen war, als sei noch ein Schleier von meinen Augen gefallen. Die Männer waren durch Tunnel aus goldenem Licht mit ihren spirituellen Führern verbunden, während die Hunde ihnen

Energie zuführten und sie mit Mut, Lebenskraft und Hoffnung erfüllten. Als ich höher flog, um das Gebiet zu überblicken, sah ich, wie sich eine Armee aus Männern und Hundeseelen in jede Richtung ausbreitete. Es war die unglaublichste Vision, die sich in meinem ganzen Leben jemals vor mir auftat. Der Horror dort unten war unbeschreiblich. Doch das Ausmaß der Zerstörung, die Größe der Tragödie, das Meer des Leids wurde durch die Schönheit der göttlichen Kavallerie ausgeglichen. Der Himmel hatte seine Tore geöffnet und sein »Sonderkommando« hinunter zur Erde geschickt – ein Bataillon aus zeitlosen und unermüdlichen Hunden, jeder von ihnen tapfer und guten Mutes. Keine menschlichen Engel hätten diese Tragödie besser meistern können. Ich hatte nicht gewusst, dass Tiere so etwas tun. Ich hatte nicht gewusst, dass Gott so etwas tut. Ich war völlig sprachlos.

Dann brachte ich mich in die irdische Welt zurück, wischte mir die heißen Tränen ab und schrieb die Botschaften der Hunde an ihre früheren Menschen. Ich hatte das starke Gefühl, dass Little Girl gerade rechtzeitig hinübergegangen war, um in dieser Situation helfen zu können.

Bei den anderen Hunden, die mir Mitteilungen an ihre geliebten Frauchen Connie, Vickie und Linda aufgetragen hatten, war ich nicht sicher, wer sie waren. Vickie Schroeder und Connie Zimet sind zwei meiner besten Workshop-Mitarbeiterinnen, doch ich wusste nichts über die beiden Hunde, die Grüße an sie ausgerichtet hatten. Connie ist auch eine meiner besten Freundinnen, doch den Beagle hatte sie noch nie erwähnt (deswegen hatte ich dem kleinwüchsigen Spieß auch nicht glauben können). Und auch mit Linda Sivertsen bin ich sehr gut befreundet, doch ich wusste nichts über eine Hündin, die früher in New Mexico bei ihr gelebt hatte.

Wie Vickie mir zurückmailte, handelte es sich bei dem Golden Retriever um Morgan Xanthe, eine ihrer ersten Golden-Retriever-Hündinnen, die ein strahlend rotblondes Fell gehabt hatte. Vickie hatte Morgan aufgenommen, als die Hündin aufgrund einer Scheidung ihr Zuhause verloren hatte. Vickie schrieb: »Sie war unsere große Liebe. Ich kann mir gut vorstellen, dass ihre Liebe jede Existenz überdauert.«

Beth schickte mir eine E-Mail und sagte darin, dass Little Girl viele Jahre lang begeistert den Garten aufgewühlt hatte. Und wie ich wusste, war Amelia Tallulah in ihrem irdischen Leben ein Therapiehund gewesen; daher erstaunte es nicht, dass sie nun Kindern beim Übergang in die spirituelle Welt half.

Als Linda anrief, erzählte ich ihr, dass der braune Hund wie eine Mischung aus ihren beiden jetzigen Hunden Adobe und Digger ausgesehen hatte. Linda sagte, Sixdance sei Adobes Schwester gewesen und habe tatsächlich früher bei ihr in New Mexico gelebt. Wie sie hinzufügte, sei Sixdance »eine echte Wühlmaus« gewesen!

Doch als ich Connies Antwort erhielt, brach ich in Tränen aus. Ihre E-Mail war die größte Überraschung von allen. Connie hatte viele glückliche Jahre mit einer frechen kleinen Beagle-Hündin namens Katie verbracht, die trotz ihrer bescheidenen Größe Autorität ausgestrahlt hatte. Connie schrieb, dass sie zuerst gedacht habe, ich hätte mich geirrt. In ihrer Erinnerung war Katie braunweiß, nicht schwarzweiß, doch als sie die Fotos von Katie herausholte, sah sie, dass ihr kleines früheres Snoopy-Modell tatsächlich eher schwarz als braun gewesen war. Lachend und weinend rief ich Connie an, und sie bestätigte, dass auch Katie sehr gern in der Erde gewühlt hatte.

Tiere sind nicht das, was sie zu sein scheinen. Unsere Welt ist nicht das, was sie zu sein scheint. Im Universum gibt es Trost, Ordnung und Würde. Tiere sind ein viel größeres Wunder, als wir uns jemals träumen lassen könnten. Genauso steht es mit Ihrer Welt ... und mit Ihnen! Niemand weiß, wo Mozarts Sonate im großen C war, bevor er sie komponiert hat, oder wo David sich versteckt hatte, bevor Michelangelo ihn aus einem Marmorbrocken befreite. Arbeiten Künstler ganz allein? Oder sind sie von Engeln umgeben, die mehr zu bieten haben als nur ihre Flügel? Vielleicht hat ihre Muse Barthaare oder Hufe, zottelige Schwänze oder scharfe Krallen mit Fellwuscheln zwischen den Zehen. Arbeitet einer von uns überhaupt allein?

Vielleicht sitzt ein Engel auch auf Ihren Schultern und spornt Sie zum Schreiben an, oder zum Malen, Singen, Tanzen, dem Entwurf einer Webseite, dem Besuch eines Patienten, der Kittung einer Beziehung oder einfach nur, den Papierkram auf Ihrem Schreibtisch »durchzuwühlen«. Schließen Sie die Augen und sagen Sie jemandem »Hallo«, der Sie immer noch liebt – einem spirituellen Schatz, der nur seinen Körper auf der Erde zurückgelassen hat, aber nicht seine Seele.

Machen Sie sich bereit

Wir gehen auf eine Reise. Wer nur die äußeren Umrisse der Lebewesen sieht, interessiert sich nicht für das Innenleben oder das Leben nach dem Tod. Wenn Sie im Buch bis hierher gekommen sind, haben Sie bewiesen, dass Sie nicht zu diesen Leuten gehören. Wir wollen nun den herrlichsten Tanz der Natur angehen – die Fähigkeit, uns zwischen den Welten zu bewegen.

Holen Sie das Bild eines Tieres, das in den Himmel gegangen ist, und legen Sie das Bild auf Ihren Schoß. Unser Bestreben ist herauszufinden, welche psychischen Programme Sie geöffnet haben, sie zu schließen und dann das Programm des Tieres herunterzuladen, mit dem Sie in Verbindung treten möchten.

Unser Ziel ist, Ihren Verstand vollständig auszuschalten, das Programm Ihrer Lebenserfahrungen auf der Erde (die äußere Ordnung) zu schließen, und in eine raumlose, zeitlose Leere der Freude zu verschmelzen (die innere Ordnung). Sobald Sie sich von Ihrer eigenen Identität – der äußeren Ordnung – gelöst haben und Ihr Bewusstsein zur inneren Ordnung erweitert haben, lernen Sie, wie man sich durch den Raum der Träume bewegt, sich dann mit dem Tier in Gleichklang bringt und noch verbundener mit ihm wird.

Wie unser Held, der Astronaut, es ausdrückt, »impliziert die Dualität der Wellenteilchen, dass Quanten Charakteristiken von Wellen und Teilchen haben; das bedeutet, dass ein ›Paket‹ aus Energie eine begrenzte Menge an Energie besitzt und mit einer bestimmten Frequenz assoziiert wird. Wir wissen, dass ein Quantenhologramm aus Gruppen solcher Pakete, verschiedenen Frequenzen und verschiedenen Phasenbeziehungen besteht.« Dies gibt jedem Quantenhologramm einen einzigartigen Charakter. Deshalb bitte ich Sie, eine Frequenz auszusenden, die die Quantenhologramme Ihres Tieres erreicht, wo immer in Zeit und Raum es sich auch befindet. Sie werden nicht länger ein Teilchen, sondern eine Welle sein. Auf diese Weise werden Sie sich mit Ihrem Tier auf dem Bild verbinden und auf diesem Energiebogen Resogenese herstellen.

Sie werden Ihren ganz eigenen Stil der Kommunikation mit Tieren und Klienten entwickeln; er hängt davon ab, welche Techniken Sie bevorzugen, was Ihnen liegt und was Sie selbständig erforschen. Ihr persönlicher Stil hängt von dem ab, was Ihnen gefällt. Seien Sie präzise bei dem, was Sie erreichen wollen; dann werden Ihre Ergebnisse detaillierter und bemerkenswert. Erstellen Sie vorher eine Liste von Fragen, die Ihnen Richtung geben. Schweben Sie nicht spontan und frei in den leeren Raum.

Die folgende Meditation ist ein Geschenk meiner südafrikanischen Schülerin Wynter Worsthorne. Hiermit können wir üben, uns auf Tiere einzustellen, die »in die ewigen Jagdgründe« eingegangen sind, und sie sogar fragen, ob und wann sie zurückkommen wollen.

Die Reise ins Licht

Während ich Menschen beim Umgang mit dem Tod ihrer geliebten Tierkameraden half, verspürte ich das Bedürfnis, diese Meditation aufzuschreiben. Was die meisten dieser Fälle gemeinsam haben, ist das Schuldgefühl, das die Menschen mit sich herumtragen – auch wenn sie meistens nichts falsch gemacht haben. In dieser Meditation können Sie Ihrem Tier an einem sicheren und wunderschönen Ort wieder begegnen und selbst sehen, wo die Seele des geliebten Tieres ihre Zeit verbringt. Sie können an einem Ort, an dem es keine Schuld gibt, mit ihm sprechen und Botschaften von ihm erhalten.

Setzen Sie sich bequem hin und schließen Sie die Augen. Bringen Sie Ihre Gedanken zur Ruhe. Versetzen Sie sich langsam an den Ort, an dem Sie Ihrem spirituellen Führer begegnen. Treten Sie in das Licht ... spüren Sie den Frieden und den Schutz, der Ihnen hier gewährt wird. Rufen Sie Ihren spirituellen Führer herbei, damit er Sie auf dieser Reise begleitet.

Sehen Sie, wie Ihr spiritueller Führer auf Sie zukommt, und danken Sie ihm dafür, dass er Sie begleitet. Bitten Sie ihn, Sie an den besonderen Ort zu geleiten. Lassen Sie ihn vorausgehen ... lassen Sie sich von ihm führen. Sie folgen ihm nun durch einen dichten Wald; es ist ein stiller und friedlicher Ort, ein Ort der verzauberten Möglichkeiten. Der Boden ist weich unter Ihren Füßen. Die Luft ist warm und reich an den Gerüchen des Waldes. Vielleicht gesellen sich fremde Tiere zu Ihnen, um Ihnen ihre Liebe und Wärme zu geben.

In der Ferne sehen Sie das wunderschönste Licht durch die Bäume schimmern. Als Sie sich auf das Licht zu bewegen, lichtet sich der Wald und Sie kommen auf eine weiche Wiese. Das Licht strömt auf Sie hinunter. Treten Sie ins Licht. Sie werden in eine Welt aus Licht getaucht, eine Welt so voller Liebe und Frieden, dass sie Ihnen den Atem nimmt. Bleiben Sie eine Weile stehen, trinken Sie vom Licht und der Liebe um Sie herum. Gehen Sie dann weiter in diese Welt hinein. Mit jedem Schritt entdecken Sie Dinge, die Ihnen vertraut sind. Sie kennen diesen Ort; Sie waren schon mal hier.

Blicken Sie auf und sehen Sie, wer vor Ihnen steht. Da ist es – das geliebte Tier, das Sie für immer verschwunden glaubten. Während Sie sich ihm nähern, kommt es auf Sie zu. Sie begegnen sich mit einer Wärme, die Sie schon fast vergessen hatten. Fühlen Sie die Liebe, die zwischen Ihnen fließt, die Wärme und Freude des Wiedersehens.

Das Tier ist wieder jung. Es ist gesund. Es hat keine Schmerzen und keine Leiden – nur ausgelassene Freude. Es ist so glücklich und ganz wie es jemals war.

Verbringen Sie nun Zeit mit Ihrem Tier und sagen Sie ihm alles, was Sie es wissen lassen wollen. Es versteht Sie und hört zu. Hier gibt es kein Leid und keine Schuld. Hier gibt es nur Freude und Fröhlichkeit. Wenn Sie alles gesagt haben, was zu sagen war, dann seien Sie still und hören zu. Es hat eine Botschaft für Sie. Hören Sie mit dem Herzen und lauschen Sie mit der Seele.

Lassen Sie sich Zeit mit ihm, streicheln Sie es überall, wo das Tier es mag – kraulen Sie es hinter den Ohren, kitzeln Sie es unter dem Kinn, kraulen Sie seinen Bauch, spüren Sie seinen weichen Körper unter Ihren Händen. Rennen Sie miteinander und spielen Sie die Spiele, die Sie früher mit ihm gespielt haben.

Es kann sein, dass andere hinzukommen, vielleicht Verwandte und Freunde, die ins Licht übergegangen sind. Hören Sie ihnen zu. Sie alle sind gekommen, um Ihnen zu sagen, dass sie immer bei Ihnen sein werden; diese Welt aus Licht ist Teil Ihrer Welt. Sie kann so einfach erreicht werden, wie wenn man durch eine Tür geht. Sie können jederzeit hierher kommen und mit Ihren Lieben zusammen sein.

Verstehen Sie auch, dass das Tier, das auf Sie zugegangen ist, bei Ihnen ist – es kommt Sie so oft besuchen, wie es will, und freut sich, dass Sie nun auch den Weg zu ihm gefunden haben. Wann immer Sie sich danach sehnen, können Sie in einem Augenblick hier sein. Es bedarf nur eines Gedankens.

Verbringen Sie noch etwas Zeit mit Ihren Lieben. Spüren Sie ihre Wärme und Liebe, hören Sie auf ihre Mitteilungen und machen Sie sich bewusst, dass sie für immer und ewig bei Ihnen sind.

Ihr Tier begleitet Sie zurück zum Licht, durch das Sie gekommen sind. Dort wartet Ihr spiritueller Führer darauf, Sie zurück durch den Wald zu geleiten. Ihr Tier kommt ein Stück des Weges mit und zeigt Ihnen, dass es neben Ihnen ist und immer zu Ihnen kommen kann, wenn Sie es brauchen. Es verlässt Sie in dem Wissen, dass Ihre Seelen für immer zusammen sind.

Gehen Sie mit Ihrem spirituellen Führer zurück durch den Wald. Er ist an Ihrer Seite und gibt Ihnen Kraft, Wärme und Liebe. Riechen Sie die Gerüche des Waldes; lauschen Sie dem Gesang der Vögel. Bald erreichen Sie die Stelle, an der Sie von Ihrem spirituellen Führer abgeholt wurden. Sie werden von vielen Tieren dorthin begleitet. Sie danken Ihnen dafür, dass Sie sich wieder auf die Natur eingelassen haben.

Schreiten Sie durch das Licht, das Sie in Ihren physikalischen Körper zurückbringt. Werden Sie sich der Geräusche im Zimmer langsam wieder bewusst. Spüren Sie Ihren Atem und Herzschlag. Schütteln Sie Ihre Zehen aus. Bewegen Sie die Finger, und wenn Sie bereit dafür sind, öffnen Sie die Augen.

Botschafter der Wunder

Sie können mit dieser Meditation die Geschenke des Himmels anziehen. Doch Beten und Absicht funktionieren nur dann, wenn sämtliche Zweifel und Ängste aus dem Weg geräumt sind. Wenn Sie ein Problem haben, sagen Sie: »Ich habe eine Chance, mich auszudrücken, und Gott weiß, was zu tun ist.« Für Gott sind Sie immer gegenwärtig, und so sind ihm auch Ihre Probleme gegenwärtig. Die göttliche Intelligenz hat alle Antworten. Sie kämpfen nicht einsam und verlassen. Sie stehen in Beziehung zur einzigen Macht, die es gibt. Statt sich zu sagen: »Ich weiß nicht, was ich dagegen tun kann«, sagen Sie lieber: »Gott weiß, was zu tun ist.« Legen Sie Ihre Sorgen auf den Altar des Glaubens.

Das nächste Kapitel widme ich dem praktischen Alltagsleben und wie man ein paar der neuen Gedanken anwenden kann. Ich stelle Ihnen meine Helden und besten Freunde vor, die Verfechter der Tierrechtsbewegung, die sich der Rettung unschuldiger Wesen auf der ganzen Welt verschrieben haben. Außerdem befasse ich mich mit unseren spirituellen Konzepten auf der irdischen Ebene und erkläre, wie aktiver Tierschutz unser Leben sinnvoller macht und das Leben der Tiere, die wir lieben, retten kann.

11

Das Gesamtbild

Feigheit stellt die Frage: Ist es ungefährlich? Berechnung fragt: Ist es politisch klug? Eitelkeit stellt die Frage: Ist es populär? Doch das Gewissen fragt: Ist es richtig? Und es kommt ein Zeitpunkt, an dem man eine Stellung beziehen muss, die weder sicher noch politisch klug noch populär ist; und dennoch muss man sie beziehen, weil das Gewissen einem sagt, dass sie richtig ist.

Martin Luther King, Jr.

Vergesst die Kinder nicht

Christy erstach einen Welpen mit einer Schere. Die Sozialarbeiter therapierten Christy, bis sie ihre Tat bereute, doch als sie endlich anfing zu begreifen, dass der kleine Hund Schmerzen erlitten hatte, versuchte sie, sich mit der Schere das Leben zu nehmen. Damals war Christy sechs Jahre alt. Sie wurde in ein Krankenhaus eingewiesen, bis das Gericht verfügte, dass sie so lange im St. Joseph's Kindertherapiezentrum in Dayton, Ohio, bleiben sollte, bis sie für sich und für andere keine Gefahr mehr darstellte. Meine Freundin Vickie arbeitete mit Christy, um ihr das Bewusstsein zu vermitteln, dass Tiere Gefühle, Emotionen und Liebe haben – sogar für Menschen, die ihnen wehtun.

Wie Sie mittlerweile wissen, klingt mein Leben wie ein Märchen. Ich übernachte in englischen Schlössern, halte Vorlesungen in Wien und besuche Elefanten- und Tigerfreigehege auf der ganzen Welt. Doch selbst in dieser abenteuerlichen Lawine der unbegrenzten Möglichkeiten gibt es etwas ganz Besonderes, was ich schon immer wollte. Etwas Privates. Etwas Kostbares. Etwas, das nicht von dem Nachrichtensender *NBC Nightly News* ausgestrahlt wird. Ich wollte schon immer mit Kindern wie Christy reden. Doch ich befürchtete, dass das Leben mir diesen einen Wunsch nie erfüllen würde, weil meine Arbeit zu kontrovers ist. Ich hätte nie geglaubt, dass eine professionelle Übersinnliche die Einladung erhalten würde, mit missbrauchten Kindern zu sprechen, klebrige Hände zu halten und sich tränenreiche, gestotterte Geschichten anzuhören.

Wie es sich herausstellte, war Gott online. Im vergangenen Jahr wurde mein Wunsch Wirklichkeit, als ich in die St. Joseph's Klinik eingeladen wurde, einem Therapiezentrum für schwer misshandelte Kinder, von denen einige von ihren eigenen Eltern missbraucht worden waren.

Meine tolle Workshop-Assistentin Vickie Schroeder aus Dayton, Ohio, leitet in St. Joseph's seit vier Jahren ein Therapieprogramm, das Haustiere einbezieht. Innerhalb ihres selbst entwickelten Programms bringt sie eine Reihe von Tieren auf die Intensivbehandlungsstation – eine Abteilung in einem Hochsicherheitstrakt, in dem jeder Raum mit Schlössern gesichert ist. Vickies Mission ist es, mit Unterstützung ihrer drei herrlichen Golden Retriever und einem blonden Labrador Retriever die Wichtigkeit des Mitgefühls zu vermitteln und den Kindern zu ermöglichen, einen Bezug zu Tieren aufzubauen, selbst wenn sie nicht fähig sind, eine tiefe Beziehung zu anderen Menschen zu entwickeln.

Als ich sie dort besuchte, zeigten die vier Hunde mir, wie es funktioniert. Abbie, Jake, Jesse und Ellie May ließen sich grinsend auf dem Teppich nieder, während Dutzende kleiner Kinderhände ihre zotteligen Bäuche kraulten. Die Kinder knieten sich um die Hunde hin, um sie zu streicheln. Das goldene Fell, die glänzenden Augen, die warmen Zungen und die nassen Küsse schufen eine sichere Oase für die Kinder, die von der Welt so unendlich verraten worden sind.

Christy lernte ich nicht kennen. Nach Vickies Behandlung kam Christy woandershin, jedoch nicht bevor sie es sich zu ihrer Aufgabe gemacht hatte, allen neuen Kindern klar zu machen, dass Tiere denken und fühlen können und daher mit größter Vorsicht und Respekt behandelt werden müssen. Bravo, Vickie und Christy, für ein gelungenes Wunder!

Die Kinder, denen ich an diesem Tag begegnete, waren nicht weniger faszinierend und ihre Geschichten nicht weniger tragisch als die von Christy. Vor meinem Besuch in St. Joseph's betete ich schweigend auf meinem Hotelzimmer und bereitete mich innerlich auf die Horrorgeschichten vor, die ich am Nachmittag hören würde. Als ich Gott bat, mir meine Tagesaufgabe zu nennen, hörte ich eine Stimme in meinem Kopf, die »Matthew« sagte. Der Name ertönte laut und kristallklar. »Matthew«, flüsterte ich, »ich habe verstanden.«

Eine Stunde später kniete ich mich hin und schüttelte die Hände der zehn Kinder, die um die Hunde herum hockten. Ich bat sie, sich vorzustellen. Ein zwölfjähriger blauäugiger, blonder Junge war besonders aufgeregt über meinen Besuch. Wäre man diesem hübschen, fröhlichen, aufgeweckten Kind auf der Straße begegnet, könnte man nicht ahnen, dass er auf einer Intensivtherapiestation untergebracht ist. Unsere Blicke trafen sich und er nahm meine Hand entgegen. »Hi, ich bin Matthew«, sagte er, und mein Herz wurde weich.

Ich fragte die Kinder, ob sie schon mal Tieren Schmerz zugefügt hätten. Ein niedlicher kleiner Junge verriet lispelnd, dass er die Katze in die Mikrowelle gesteckt hatte ... aber nur für eine Sekunde, und die Katze war »otay!«. Einige Kinder berichteten voller Reue, wie sie Hamster und Schildkröten getötet hatten. Dann kam Matthew an die Reihe: »Als ich noch Crack geraucht habe, habe ich mit einer Schaufel einer Katze den Kopf zertrümmert. Überall war Blut, und meine Mutter brachte sie zum Tierarzt, aber sie ist trotzdem gestorben.«

Ich vermied es sorgfältig, mein Schaudern zu zeigen, und fragte ihn, wie er sich hinterher gefühlt habe und ob er jetzt verstünde, dass Tiere Gefühle haben.

»Ja, jetzt weiß ich das!«, sagte er aufgeregt. »Ich würde nie mehr einem Tier wehtun!«

»Ich auch nicht! Ich auch nicht!«, riefen die anderen.

Ich sprach mit einem lebhaften fünfjährigen Mädchen, woran Tiere ihrer Meinung nach den ganzen Tag denken. Ihre Liste war ausführlich und sehr detailliert, doch am Ende sagte sie: »Hauptsächlich an ihre Familie. Sie denken an ihre Familie und wie sehr sie sie lieb haben.« Die ganze Gruppe nickte zustimmend.

Einige der Kinder dürfen ihre Eltern überhaupt nicht sehen, um auszuschließen, dass die Eltern sie weiterhin missbrauchen. Ich staunte darüber, wie gut die Kinder die Gefühle der Tiere einschätzten, und fragte mich, wie viele »normale« und »gesunde« Kinder den Emotionen und der Intelligenz von Tieren so viel Bedeutung zumessen. Ich fragte sie, ob sie sich dafür, dass sie in der Vergangenheit Tieren so viel Leid zugefügt hatten, vergeben hätten. Plötzlich wurde es still im Raum. Ich schaute mich im Kreis der traurigen Gesichter und gesenkten Augen um.

Dann fragte ich sie, ob sie auch schon mal Tiere gerettet haben. Das Zimmer bebte! Ein Vogel mit gebrochenem Flügel war aus einem Stacheldrahtzaun befreit worden! Ein Eichhörnchen war eilig zum Tierarzt gebracht worden! Und viele, viele Insekten waren aus Swimmingpools gerettet worden! Ich fragte die Kinder, wie es sich anfühlt, Tieren zu helfen. »Toll!« – »Ein geiles Gefühl!«

Die Fünfjährige mit der ausführlichen Liste fasste es in Worte: »Es fühlt sich besonders gut an, kleinen Tieren zu helfen, die sich nicht selber helfen können.« Und der lispelnde kleine Junge lieferte die Krönung: »Tiere sind teine Sachen! Sie haben auch Gefühle! Sie tlütlich zu machen, macht mich auch tlütlich!«

Ich erklärte den Kindern, dass wir, selbst wenn wir einander oder noch nicht einmal uns selbst helfen können, wir immer Tieren helfen können ... und dass es sich immer gut anfühlt. Dann fragte ich sie, was sie werden wollten, wenn sie groß sind.

»Ich werde Tierarzt!«, hörte ich einen Jungen sagen. Er sagte es zwar ruhig, doch sehr bestimmt. Ich drehte mich zu ihm um. »Früher hab ich Tieren wehgetan, und deshalb werde ich sie für den Rest meines Lebens heilen«, erklärte er.

»Ja«, sagte ich und nahm ihn an der Hand. »Du wirst Tierarzt, Matthew. Du wirst der beste Tierarzt der Welt.«

Auf dem Weg zum Auto berichtete Vickie mir, dass mehrere dieser wertvollen Kinder noch vor ihrem zwölften Lebensjahr fünfundzwanzig verschiedene Pflegestationen erlebt hatten, und dass mein sanfter Matthew immer wieder in suizidale Wutanfälle verfiel, in denen er den Kopf gegen den Tisch schlug und nicht damit aufhören konnte. Der Missbrauch, den er erlitten hatte, war so grauenhaft, dass ich ihn hier nicht beschreiben möchte.

Goldenes Fell, glänzende Augen, warme Zungen und feuchte Küsse sind vielleicht die einzige sichere Oase, die diese Kinder auf der ganzen Welt haben. Hier können sie lieben, ohne verletzt zu werden – bis, so Gott will, der Tag kommt, an dem ihre Liebe wieder andere Menschen einschließen kann.

Matthew zurückzulassen brach mir das Herz. Doch wie ich wusste, war er wenigstens im Schutz des liebevollen Personals der St. Joseph's Klinik und genoss die heimlichen Besuche von Vickie und ihren vier goldenen Engeln. Ich versprach, die Kinder wieder zu besuchen, wenn ich im nächsten Jahr nach Dayton zurückkehren würde.

Dann teilte mir eine Pflegerin etwas mit, was mein Herz noch mehr brach. Die staatliche Hilfe für St. Joseph's wurde gekürzt, und die Klinik stand kurz vor der Schließung. Tatsächlich musste St. Joseph's vor kurzem seine Tore schließen, und die Kinder wurden woanders untergebracht. Viele wurden nach Hause geschickt. Diese Kinder brauchten unsere Hilfe, und wir kamen nicht mehr rechtzeitig.

»Was kann ich tun?« Diese Frage höre ich öfters als jede andere, egal wo ich unterrichte. Vickie Schroeder saß nicht auf dem Sofa und wartete, bis jemand ihr sagte, was sie tun sollte. Sie brachte ihre vier Hunde und ihr eigenes Leben auf eine höhere Stufe und tat alles aus eigener Kraft. Es geht auf dieser Erde nicht darum, was man kriegen kann. Es geht darum, was man geben kann. Menschen aus aller Welt kommen zu mir und bitten mich darum, ihnen ihr Lebenswerk zu diktieren. Ich habe aber keine Aufgaben für sie. Ich weiß nicht, was Sie mit Ihrem Leben anfangen sollen. Aber Sie wissen es selbst. Ihre Wünsche sind Gottes Wünsche, die sich durch Sie manifestieren. Handeln Sie danach.

Eine neue Wissenschaft und eine neue Religion

Während wir dieses neue Jahrtausend beginnen, brauchen wir eine ganz neue Betrachtungsweise unserer Welt, ein Paradigma, in dem Wissenschaft und Religion sich die Hand reichen und gleichzeitig Realität und Bewusstsein als Grundlage aller Lebewesen anerkennen können. Wir könnten es eine neue Philosophie nennen, die Sprache der Wunder, eine Philosophie, in der wir unsere Erdgenossen mit Liebe und Respekt behandeln und die »übernatürlichen« Fähigkeiten in uns selbst honorieren. Wir haben vierhundert Jahre in der Erneuerung unseres wissenschaftlichen Glaubens über Tiere und ihr Bewusstsein verschlafen und hinken unserer eigenen spirituellen Evolution hinterher.

Descartes mag ja davon ausgegangen sein, dass andere Tiere Maschinen ohne Gedanken und Gefühle seien – unwichtiger als wir gut geölten menschlichen Maschinen. Doch für eine Gruppe missbrauchter Kinder in Dayton, Ohio, wurden eines schönen Nachmittags vier goldene Hunde zum Mittelpunkt ihres Universums; und indem Vickie Schroeder die Kinder mit den Hunden zusammenbrachte. So konnte sie den Kindern helfen zu spüren, dass auch sie einen Platz in einem Universum haben, das mehr als nur eine Maschine ist. Diese Kinder würden Descartes widersprechen; sie wissen nun, dass Tiere ein großer Teil des Mitgefühls auf diesem Planeten sind. Indem wir den Tieren ihre Würde wiedergeben, können wir ihnen vielleicht ihren rechtmäßigen Platz auf dieser Welt zurückgeben. Doch können wir uns rasch genug weiterentwickeln, um die Tiere dieser Erde zu schützen und die bedrohten Arten vor der Ausrottung zu bewahren?

Der Chorgesang eines beliebten Kirchenlieds lautet: »Was würde die Liebe hier tun? Würde sie sich ängstlich abwenden?« Ich möchte Ihnen einige meiner persönlichen Helden vorstellen. Es sind wagemutige Tierschützer, die eine Blaupause für mein Leben entwarfen und mir durch ihr Vorbild zeigten, dass man sich niemals aus Angst abwenden darf. Jeder einzelne dieser Helden hat eine Botschaft an mich, und ich hoffe, dass diese Menschen und ihre Inspirationen auch Sie dazu motivieren werden, die Welt ändern zu helfen. Vickies Inspiration lautet: »Es ist meine Aufgabe, positive Veränderungen zu bewirken.«

Die Göttin der Leoparden

Eines meiner größten Vorbilder ist eine tolle Powerfrau namens Annie Beckhelling. Sie lud mich ins Schutzgebiet der Leoparden ein, das sie in Cape Town, Südafrika, gegründet hat, um dort mit ihren gesprenkelten Engeln zusammenzuarbeiten. Dort verliebte ich mich mit Haut und Haaren in Gottes Champions – die schnellsten Katzen der Welt. Als ich die

Leoparden kennen lernte, die gerade in ihren weitläufigen Gehegen spielten, staunte ich, wie reibungslos das Schutzgebiet funktioniert. Ich hatte große Katzen noch nie so glücklich in Gefangenschaft gesehen.

Als ich Annie fragte, wie sie dieses Superschutzgebiet aufgebaut hatte, erzählte sie mir, dass sie 1991 einen einsamen und verwaisten Leoparden in Namibia, Afrika, gefunden hatte. Damals war Shadow erst ein Baby; er vegetierte krank und allein in einem Käfig vor sich hin. Seine Eltern und Geschwister waren von Wilderern getötet worden, und er sollte verkauft werden. Dieses verwaiste Leopardenbaby brachte Annie dazu, mehr über das Leid der Leoparden zu lernen und schließlich *Cheetah Outreach* (»Cheetahs« sind Leoparden) zu gründen. Als ich sie fragte, was um alles auf der Welt sie glauben ließ, ganz allein und ohne Erfahrungen ein Schutzgehege für Leoparden zu leiten, antwortete sie: »Ich hatte keine Ahnung von Leoparden und darüber, wie man so was führt. Ich wusste nur eines: Ich kann es. Und es würde funktionieren.«

Es hat funktioniert. Annie hat das Anliegen der bedrohten Leoparden gefördert, indem sie der afrikanischen Gemeinschaft, die starke Angst vor den großen Tieren hatte, zahme Leoparden als »Botschafter« vorstellte, um das öffentliche Bewusstsein aufzuwecken. Im Januar 1997 startete Annie ihr Projekt mit einem Hektar Land, der ihr von *Spier Wine Estates* in Stellenbosch, Südafrika, zur Verfügung gestellt wurde. Ein sechsjähriger männlicher Leoparde namens Inca wurde Teil ihres Teams, und so begannen die erzieherischen Versuche mit zwei Leoparden: Shadow, der zu öffentlichen Veranstaltungen mitkam, und Inca, dessen Rolle es war, Besucher der Spier Wine Estates zu begrüßen. Dann fing Cheetah Outreach damit an, Leoparden in die südafrikanische Gemeinschaft einzuführen. Shadow war der erste Botschafter, der Schulen, Kinderkrankenhäuser und öffentliche Veranstaltungen besuchte. Annie klärte Kinder und Erwachsene auf, und sogar Bauern, die Leoparden erschossen, die auf ihren Feldern nach Beute suchten.

Allein im ersten Jahr besuchten Annie und Shadow mehr als fünfzigtausend Männer, Frauen und Kinder in Schulen, Gemeindehäusern, Hotels, Einkaufszentren und bei verschiedenen öffentlichen Anlässen. Auf dem Spier Wine Gelände, das jährlich von durchschnittlich 350.000 Menschen besucht wird, konnte Inca mehr als 10 Prozent aller Gäste willkommen heißen, die das herrliche Gelände besichtigten.

Annies Ziel ist es, mit dem Programm Cheetah Outreach das Überleben der wilden südafrikanischen Leoparden zu fördern und gleichzeitig den Samen der Tierschutzethik zu pflanzen. Auch hofft sie, durch ihre Leopardenbotschafter den Respekt und Stolz der unterprivilegierten südafrikanischen Jugendlichen für ihre einheimischen Tiere zu stärken. Annie Beckhelling wurde in der Welt der Tierschützer rasch zu einer Ikone. Mein Besuch in ihrem Schutzgehege war der erste Schritt meines eigenen Bemühens, das Überleben der Wildkatzen zu fördern, die ich für das Meisterwerk der Natur halte. Annie braucht unsere Hilfe – Ihre und meine. Trotz ihres erfolgreichen Zuchtprogramms sagen mehrere Experten voraus, dass Leoparden bis zum Jahr 2015 ausgestorben sein werden. In meiner Welt ist das ganz einfach inakzeptabel.

Ich hatte das Vergnügen und die Ehre, einen von Annies Leoparden-Botschaftern als Gastdozenten in meinem Workshop in Cape Town zu begrüßen, und bei meinem Aufenthalt in Südafrika besuchte ich auch Annies Schutzgebiet und wanderte von einem Gehege zum anderen, um mit jeder ihrer Wildkatzen zu arbeiten. Ein Leopardenweibchen namens Zaza sagte mir, ihr bester Freund sei ein schwarzweißer Hund und sie sei verrückt nach einem Mann, der Bob heiße. Selbst ich bekam Selbstzweifel, als ich von diesen ungewöhnlichen Freundschaften hörte. Doch wie einer der ehrenamtlichen Helfer des Geheges mir bestätigte, war ein schwarzweißer Hund mit Zaza aufgewachsen und ihr Lieblingsspielkamerad. Ich staunte, da ich nicht gewusst hatte, dass Leoparden mit Hunden spielen. Noch überraschender war, als der Helfer mir berichtete, dass Zaza einen neuen Pfleger habe, der Bob heiße. Doch mitten in unserem Gespräch verschwand Zaza.

Eben noch hatte sie vor mir gesessen, sich von mir kraulen lassen und mir die Finger abgeleckt. Im nächsten Moment war sie wie vom Erdboden verschluckt. Lachend zeigte der Helfer auf die andere Seite des Felds. Ungefähr eine Meile entfernt radelte ein Mann auf dem Gehweg direkt vor Zazas Gehege, und sie hatte beschlossen, ihn zu verscheuchen – mit einer Geschwindigkeit von circa fünfzig Stundenkilometern.

Ohne Annie wäre Zaza nicht mehr am Leben. So wollen wir uns nun Folgendes überlegen: Wenn die Liebe persönlich einen verwaisten Leoparden finden würde, der in einem Käfig auf seinen grausamen und viel zu frühen Tod wartet – was würde die Liebe dann tun? Fragen Sie Annie Beckhelling. Die Liebe würde die Wildkatze retten. Viele Menschen behaupten, Tiere seien ihnen wichtig. Doch wenn Sie mir Ihren Kalender und Ihren Bankauszug zeigen, dann zeige ich Ihnen, was Ihnen wirklich wichtig ist.

Nur die ehrliche Absicht befreit uns von den Fesseln der überholten und zerstörerischen Gewohnheiten der Vergangenheit. Wenn wir schöpferisch leben wollen, müssen wir neue Muster schaffen. Geben Sie sich nicht mit dem Gegebenen zufrieden. Ihr bewusster Gedanke ist ganz wichtig; er lässt Sie bewusste Entscheidungen treffen und Ihr eigenes Glück vollständig selbst leiten. Uns wird beigebracht, dass Menschlichkeit göttlich ist. Menschlichkeit gibt uns Selbstvertrauen, Ruhe, Gelassenheit und Kontrolle – und die Fähigkeit, unter allen Umständen das Richtige zu tun. Menschlichkeit schenkt uns die Sicherheit, zu wissen, dass Gott uns beschützt, wenn wir mit Courage weniger privilegierte Lebewesen beschützen. Doch Menschlichkeit zeigt seine wahre Stärke im Test des Kugelfeuers. Unsere Affirmation zu Ehren von Annie lautet: »Ich entscheide, mein Leben trotz aller ersichtlichen Hürden auf einer menschlichen Ebene zu leben.«

Königin der guten Taten

Eines der größten Komplimente erhielt ich, als mir beim Buchsignieren jemand einen Zettel zuschob, auf dem stand: »Die Gründerin von PAWS LA (Pets Are Wonderful Support – Los Angeles) sitzt in der ersten Reihe.« Ich hatte sie noch nicht einmal eingeladen; sie war von sich aus gekommen. Nadia Sutton wurde rasch eine der Frauen auf diesem Planeten, die ich äußerst bewundere. PAWS LA ist ein Wohltätigkeitsverein, der Menschen mit AIDS und anderen lebensbedrohlichen oder behindernden Krankheiten hilft, ihre geliebten Haustiere zu behalten, indem PAWS Serviceleistungen wie tierärztliche Versorgung, Tiernahrung und Fellpflege bietet. Eine Gruppe engagierter Helfer liefert das Futter, führt den Hund aus, macht das Katzenklo sauber oder bringt das Tier zum Tierarzt, wenn sein Besitzer nicht von zu Hause wegkann oder krank ist. Um eine persönlichere Beziehung aufbauen zu können, wird ein ehrenamtlicher Helfer jeweils einer bedürftigen Person zugeteilt.

Ohne PAWS müssten die leidenden Menschen ihre geliebten kleinen Tiere, die ihnen so viel bedingungslose Liebe und Heilenergie schenken, weggeben.

Als ich Nadia fragte, wie sie dieses erstaunliche Programm zustande gebracht hat, erzählte sie, dass sie 1989 einen Freund mit AIDS hatte, der im Krankenhaus im Sterben lag. Doch plötzlich ging es ihm wieder besser und die Ärzte boten ihm an, ihn nach Hause zu entlassen. Er antwortete: »Nein, ich sterbe lieber hier.« Als die Ärzte ihn nach dem Grund fragten, erklärte er: »Weil meine Katzen schon weggebracht worden sind.« PAWS wurde ins Leben gerufen, als Nadia ihm seine Katzen zurückbrachte. Unter der Leitung von Nadias Freundin Pamela Magette boomt PAWS LA und versorgt heute 1.800 Klienten und ihre 2.400 Tierkameraden. Der Verein wurde erweitert, um Senioren mit geringer Rente zu unterstützen, ihre Tiere behalten zu können. Mit der Hilfe und unter der Obhut von PAWS LA und PAWS San Francisco wurden mittlerweile viele ähnliche Organisationen in ganz Amerika gegründet.

Nadia saß nie rum und dachte: »Ich werde eine der erfolgreichsten Wohltätigkeitsorganisationen in den USA gründen.« Es gab etwas zu tun, und so tat sie es. Sie hatte den Pep, ihren Hintern hochzubringen und den ersten Schritt zu machen. Was hat sie dazu veranlasst? Worauf hat sie gehört? Die Stimme der Liebe in ihrem Herzen – jene leise, beharrliche Stimme. Eine gute Tat, die so einfach und klein war, entwickelte sich zu einem göttlichen Segen für das ganze Land.

Wenn Sie das Verlangen spüren, jemandem zu helfen, ob Mensch oder Tier, dann hinterfragen Sie nicht Ihre Kompetenz oder Qualifikation. Tun Sie es einfach. Wenn Sie 30 Prozent geben, wird das Universum 70 Prozent dazuschießen und Ihr Anliegen fördern. Das verspreche ich. Eine andere Sichtweise ist die, dass es da draußen zwar Tausende von Leuten gibt, denen dasselbe am Herzen liegt wie Ihnen, doch sie müssen von Ihnen geführt werden. Die Leute werden zwar auf dem Pier Schlange stehen, um Ihnen zu helfen, aber Sie können Ihre Mannschaft erst finden, wenn Sie bereit sind, Kapitän des Schiffs zu werden.

Unsere Affirmation zu Ehren von Nadia lautet: »Ich bin da, um mein eigenes Leben unter Kontrolle zu haben.« Und genauso nobel ist Nadias Inspiration und Passion, die prächtige Maine-Katze Lady MacDuff, deren einzige Affirmation heißt: »Ich bin da, um Nadia zu kontrollieren.« Was für ein Team!

Superman

Einer der Meisterschlüssel, mit denen sich die Türen zur Macht des Universums öffnen lassen, ist die Leidenschaft. Hier ist mein Tribut an Mister Leidenschaft höchstpersönlich. Er ist der kontroverseste Tierschützer in ganz Amerika, ein Mann, dessen Leben ein Symbol des Ruhmes und Triumphs ist, den nur Mut, Geduld, Beharrlichkeit, Dickköpfigkeit, Wut, angstfreie Energie und endloses Mitgefühl hervorbringen können.

Wir alle haben unsere Helden. Meiner verbrachte dreiundzwanzig Tage in Einzelhaft für einen gewaltfreien Bürgerrechtsprotest gegen eine Universität, die Tiere so grauenhaft in Laborversuchen quälte, dass man den Horror nicht in Worte fassen kann. Er wurde festgenommen, weil er mit anderen Tierfreunden eine Menschenkette bildete und sich weigerte, den Campus zu verlassen, bevor der Universitätsdirektor sich zu einem Gespräch bereit erklären würde. Im Gefängnis traf er die berühmt-berüchtigten verurteilten Mörder Richard Ramirez und die Brüder Menendez. Als sie ihn fragten: »Und weswegen sitzt *du?* Wegen Mord?«, antwortete er in seinem breiten New-York-Brooklyn-Straßenakzent: »Nein, weil ich kleine Flauschhäschen rette – habt ihr ein Problem damit?«

Dieser Held heißt Chris DeRose, und er ist der Präsident einer Tierschutzorganisation, die sich »Last Chance for Animals« nennt. Chris, der früher Polizist war, deckt Grausamkeiten gegen Tiere auf und bemüht sich, die Öffentlichkeit darauf aufmerksam zu machen. Am bekanntesten ist er dafür, kriminelle Diebesbanden zu zerschlagen, die Hunde und Katzen aus den Gärten und Autos ihrer Besitzer stehlen und auch angeleinte Hunde vor den Einkaufsläden, um sie an Versuchslabore zu verkaufen. Ja, es passiert wirklich – und nicht nur in den USA, sondern überall auf der Welt – auch in Deutschland! Manche Versuchslabore bevorzugen »gezähmte« Versuchstiere, weil diese sich unter dem Deckmantel der Experimente leichter quälen oder töten lassen. Chris ist ein Einmann-Polizeibetrieb für Tiere in Not, der Retter Budhisattva aller Tiere überall und der einzige Mann, den ich kenne, der einen Umhang mit dem Buchstaben »S« wie Superman tragen sollte. Doch stattdessen verbringt er eine Menge Zeit im Knast.

Ich möchte seinen neuesten Erfolg mit Ihnen teilen. Vor kurzem traf ich ihn auf dem Internationalen Flughafen von Dallas-Fort Worth. Ich war auf Tour und wechselte im Flughafen nur kurz den Flieger. Eine innere Stimme flüsterte mir, ich solle durch die Halle gehen und mich auf einen bestimmten Stuhl setzen. Also tat ich das. Ich saß im falschen Gate, las noch nicht einmal ein Buch und wunderte mich, warum der göttliche Geist mir befohlen hatte, mich dorthin zu setzen. Zwei Minuten später bekam ich die Antwort. Plötzlich sagte eine Stimme: »Amelia? Was machst du hier?« Chris und ich leben beide in Los Angeles, und so war der Zufall, sich auf einem riesigen Flughafen in einer fremden Stadt unter Zehntausenden von Reisenden zu begegnen, äußerst erstaunlich.

»Das ist nicht die Frage. Die Frage ist: Was tust *du* hier?«, gab ich zurück. Er strahlte über beide Ohren und hüpfte vor Freude buchstäblich auf und ab, während er mir den Grund erzählte. Chris ist ein großer Italiener mit einem schwarzen Gürtel in Karate, ein Ex-Cop aus New Jersey und nicht der Typ von Mann, der im Kino weint, doch seine Augen füllten sich mit Freudentränen, als er mir die gute Nachricht berichtete. »Kannst du dich noch an den Verbrecher erinnern, hinter dem ich die letzten acht Jahre her war? Der Kerl, der Haustiere stiehlt und sie im ganzen Land an Unis und Krankenhäuser als Versuchstiere verkauft? Der Typ, der jedes Jahr ungefähr fünfhundert Hunde und Katzen umbringt oder verrecken lässt und pro Jahr circa sechstausend gestohlene Haustiere verkauft – den haben wir geschnappt! Er *war* der meistgefürchtete Tierhändler im nördlichen Arkansas und südlichen Mississippi. Jetzt nicht mehr – er ist ein für alle Mal erledigt. Der größte lizenzierte Tierhändler ist für immer aus dem Geschäft draußen und hat all sein Geld und Eigentum verloren – weit über zwei Millionen Dollar. Ich hab ihn! Ich hab ihn erwischt! Ich hab ihn geschnappt! Ich hab den Scheißkerl endlich geschnappt!« Seine Stimme zitterte, und ich brach in Tränen aus, während ich aufsprang, um ihn zur Feier des Tages zu umarmen. Wie er erklärte, sei er gerade auf einer Pressetour durch die Vereinigten Staaten, um den Medien über seinen Erfolg zu berichten.

Bisher habe ich es sorgfältig vermieden, Ihnen grausame Geschichten zu erzählen, die Ihnen das Herz brechen würden. Doch jetzt müssen wir realistisch werden. Bitte betrachten Sie es so: Je bewusster das System, desto mehr Freiheit des Handelns. Entweder schaffen wir unsere eigene Realität, oder unsere Realität wird für uns geschaffen. Hier gilt die Daumenregel: »Handle, sonst wird gegen dich gehandelt.« Solange wir eine Wahl haben, ist unsere Welt kein mechanisches, vorherbestimmtes System. Wir müssen wach sein und dem Bösen ins Auge sehen, sonst können wir unsere Welt nie mehr von den Tierquälern zurückfordern.

Als ich Chris auf dem Flughafen traf, sprang er vor Freude auf und ab, weil ein Mann verurteilt worden war, den er acht Jahre lang gejagt hatte, ein Mann, der Welpen unter unerträglichen Konditionen einsperrte, um sie an Labors zu verkaufen – auch an die der Prestige-Universitäten, und der sogar Hunde und Katzen aus ihren eigenen Gärten herausholte und mitnahm. In Chris' Buch *In Your Face* berichtet er, was er auf der Baird-Ranch erlebt hat, einer Hundefarm, von der aus mehrere hunderttausend Tiere an Versuchslabore verkauft wurden. Dort fand Chris lebendige Welpen auf Leichenhaufen toter Hunde aufgetürmt. Alle steckten bis zu den Augen im eigenen Kot. Wie er berichtet, roch man den Gestank der Tierleichen noch einen Häuserblock weiter. »Vielleicht haben diese ›Nazi-Ärzte‹ der Universitäten weder Augen noch Herz oder Gewissen, aber sie haben doch Nasen«, schrieb er.

Falls Ihnen das Thema nicht geläufig ist, wollen wir es klären. Die meisten von Ihnen wissen sicher, dass Tiere wie Ratten und Affen in den Versuchslabors der Universitäten, Krankenhäuser und der Pharmaindustrie für Experimente benutzt werden. Doch vielleicht wissen Sie nicht, dass dieselben Labors im Namen der Wissenschaft auch Versuche an Hunden wie Ihrem durchführen. Diese Labors werden »Hundelabors« genannt.

Selbst wenn die Hunde auf der Baird-Ranch gesund und gut versorgt worden wären, wurden sie immer noch an Versuchslabors verkauft, und es erwartete sie dort ein entsetzliches Leben. Technisch gesehen werden Versuchstiere nicht immer getötet. Ihnen einen raschen Tod zu gewähren würde für die Gesellschaft den Verlust ihrer Investition bedeuten. Wenn Objekt 666 im Käfig stirbt, muss »es« ersetzt werden. Sie geben den Tieren Nummern statt Namen, um es den Laborassistenten und Studenten leichter zu machen, keinen Bezug zu den Tieren aufzubauen und zu versuchen, sie zu retten. Stattdessen erhalten sie die Tiere am Leben, so dass ihre Qualen endlos werden, während unsagbar grauenhafte Versuche im Namen der »Medizin«, »Wissenschaft« oder »verbesserten Produkte« an ihnen durchgeführt werden. Egal welch grausame Bedingungen die Welpen auf der Baird-Ranch überlebt haben, waren sie nichts im Vergleich zu dem Horror, den sie für den Rest ihres Lebens in den Labors ertragen mussten.

Eine Universität in Südkalifornien brach den Tieren zum Beispiel die Beine und fügte ihnen ohne Betäubung Verbrennungen dritten Grades zu, nur damit die Studenten in ihrer Hauptprüfung »realistische Situationen« erleben konnten. So viele Studenten erzählten dies ihren Eltern, die daraufhin die Tierschützer alarmierten, dass die Prüfungstermine immer wieder verschoben werden mussten, damit der Skandal nicht an die Öffentlichkeit gelangte. Ich finde, es wäre sinnvoller, wenn die Studenten Praktiken bei echten Tierärzten machen und dort bei notwendigen Operationen helfen würden. »Untersuchungen« anderer Hundelabors werden von der Tabakindustrie finanziert, deren Tester Rauch in die Lungen von Hunden blasen, damit sie nur Rauch einatmen können, während die Wissenschaftler prüfen, wie rasch die Hunde genesen.

Chris DeRoses Berufung als aktiver Tierschützer begann, als ein Hund, der unbeschreiblich gefoltert worden war, in einem Versuchslabor in seinen Armen starb. Das Labor war extra lärmisoliert worden, damit niemand die verzweifelten Schreie der Tiere hören konnte. Chris hatte sich Zutritt zu dem Versuchslabor verschafft, um Fotos und Videoaufnahmen zu machen. Seine verbotenen Filme wurden im Nachrichtensender CNN gezeigt, und mehrere Zuschauer erkannten tatsächlich ihre eigenen Haustiere in der Sendung. Daraufhin stürmten sie das Labor, um ihre gestohlenen Hunde herauszuholen. Die Öffentlichkeit soll nichts über die Aktivitäten der »Nazi-Ärzte« erfahren, die in diesen Unternehmen, Universitäten und Krankenhäusern stattfinden, doch Chris hat das geändert – wenigstens für einen besonderen Augenblick. Er konnte einige Menschen mit ihren Hunden wiedervereinigen. Andere konnten nur noch mit gebrochenem Herzen die Halsbänder und Steuermarken ihrer vermissten Hunde herausholen.

Mahatma Gandhi hat gesagt: »Die Größe einer Nation und ihr moralischer Fortschritt lässt sich daran messen, wie sie ihre Tiere behandelt. Die Tiersektion ist das düsterste aller finsteren Verbrechen, die der Mensch der Gegenwart an Gott und seiner hellen Schöpfung begeht.« Und Chris DeRose hat gesagt: »Ich will, dass mein Land zur Größe zurückkehrt.« Meine Affirmation für Chris lautet: »Meine Gedanken und Handlungen zählen. Ich bin die Verkörperung der Liebe Gottes, und ich beschütze die Unschuldigen unter allen Umständen.«

Der Querdenker

Ich lernte Dr. Marc Bekoff auf derselben SPCA-Tagung in San Francisco kennen, auf der ich auch Bernie Siegel traf. Da ich in Texas und Louisiana auf dem Land aufgewachsen bin, hatte ich meine eigenen Vorstellungen vom Grauen der »Wissenschaft«, oh yeah, und davon, wie Tiere im Namen der Medizin missbraucht werden. Im Programmheft las ich, dass Marc zwar ein ehemaliger Guggenheim Fellow und Autor von sechzehn Büchern wie *The Encyclopedia of Animal Rights and Welfare* ist, aber auch ein Professor der … oh Gott … »Wissenschaften«.

Keine seiner Tierschutzkredenzen war für mich glaubwürdig; was mich betraf, war das alles nur Geschwafel. Während ich mich hinsetzte, um ihn seine Rede schwingen zu hören, dachte ich nur an eines: »Er ist Biologe. Das bedeutet doch, dass er sich mit dem Aufschneiden von Katzen seine Brötchen verdient, stimmt's?«

Daher beschloss ich, mir seinen ganzen Vortrag anzuhören, um ihn später anschreien zu können. Doch als er mit seinem Vortrag anfing, begann die düstere Wolke sich zu lüften. Als er seine Dias zeigte, strömte der Essig aus meinem Herzen und wurde von etwas Süßem und Erhebendem wie himmlischem Champagner ersetzt. Er sprach genauso über Tiere, wie ich über sie rede. Sie sind ihm so wichtig wie mir. Er sieht Tiere wie ich und nimmt ihr tiefes Gefühlsleben genauso wahr wie ich. Er liebt sie so, wie ich sie liebe – ohne Objektivierungen, Ausreden, Ausflüchte oder Ausnahmen. Summa summarum: Dr. Bekoffs Leben dreht sich um das Bemühen, qualvolle Tierversuche zu verhindern.

»Moment mal«, wollte ich schreien, »ich dachte immer, Wissenschaftler glauben …«

Er zitierte aus einem seiner Artikel:

> Ich glaube, wir brauchen eine ganzheitliche und vom Herzen angetriebene Wissenschaft, eine tiefgründige Wissenschaft, die mit dem Geist und dem Mitgefühl angereichert ist. Eine ganzheitliche und mitfühlende Wissenschaft verstärkt das Gemeinschaftsgefühl, in dem der Seher und der Gesehene eins sind. Sie fördert die Entwicklung tiefer, gegenseitiger Beziehungen zwischen Menschen, anderen Tieren und dem Rest der Natur und weicht unsere Tendenzen auf, fast alles Sichtbare zu kontrollieren und zu lenken.

> Eine pluralistische und offene Sichtweise wird uns helfen, die Sortierung in verschiedene Spezies zu überwinden. Ein neues Paradigma, in dem Wissenschaft und Spiritualität als gleichwertig angesehen werden, wird die Entwicklung eines tiefen Gefühls der Einheit und Verwandtschaft sowie die Entstehung und Erhaltung tiefer und bedeutender Verbindungen zwischen allen Tieren und allem Leben zulassen. Ich habe die Vision einer nahtlosen Decke des Einsseins, einer Einheit von Gemeinschaften, in der wir alle eins sind – Seher und Gesehener.

Dann sprach Marc über Studenten, die gegen grausame Tierexperimente protestierten und die Teilnahme an Seminaren verweigerten, in denen sie in »Hundelabors« arbeiten sollten. Und er deutete darauf hin, dass diese Studenten *nicht* von der Fakultät gezwungen wurden, ihr Medizinstudium abzubrechen. Ich pfiff durch die Zähne und murmelte: »Vielleicht bin ich einfach zu früh geboren.«

Er beschrieb sadistische Experimente, in denen Schimpansenbabys von ihren Müttern getrennt in isolierte Tanks gesperrt werden, damit ihre Panik, Trauer, Verwirrung, Terror, Wut und unvermeidbare Depression rational »getestet« werden können. Doch Marc sprach nicht nur darüber, wie grausam und letztendlich sinnlos diese Experimente sind. Er sprach auch darüber, wie man sie *stoppen* kann. Er zitierte zahlreiche Erfolge und noch viel mehr zukünftige Erfolge, die es geben wird, weil er und Gleichgesinnte die Interessen der Tiere vor der Arbeit seiner unerleuchteten wissenschaftlichen Kollegen schützen. Er schloss den Vortrag mit den Worten: »Mitfühlende Menschen, die Grenzen überschreiten, ziehen sehr leicht den Zorn von Kleingeistern auf sich.« Unsere Affirmation für Marc lautet: »Ich entscheide mich, so zu handeln, als ob das Göttliche in allen Lebewesen zählt.«

Der Pionier

Vielleicht fragen Sie sich, ob Tierversuche überhaupt notwendig sind. Dank brillanter Computerprogramme wie *Rat Stack* können Medizinstudenten endlich Tiersektion ohne lebendige Tiere simulieren. Doch reicht das? Wenn Sie sich die Frage stellen, ob die Wissenschaft schmerzhafte Tierversuche braucht, sollten wir den Mann fragen, den ich für den besten Tierarzt in Amerika halte.

Kriegt man noch einen Magistergrad in Tierverhalten, wenn man sich weigert, Experimente durchzuführen, die Tieren Schaden zufügen? Und kann man dann noch einen Studienabschluss an der Tiermedizinakademie der Cornell University machen, um seinen Beruf mit einem offenen und mitfühlenden Herzen für alle Tiere auszuüben? Genau das hat Dr. Allen Schoen getan. In den letzten zwanzig Jahren wurde er zum Pionier der Tierakupunktur, Tierakupressur und ergänzenden Tiermedizin, doch nicht ohne hinter jeder Wegbiegung angegriffen zu werden.

Allen war der Startierarzt, der eine Rede auf der SPCA-Tagung halten sollte, auf der ich auch Marc Bekoff kennen lernte. Nach Marcs mitreißendem Vortrag blätterte ich gierig Allens Buch *Das unnötige Leiden der Tiere* durch und stellte fest, dass es ein wunderbarer Bericht über den Widerstand ist, der ihm von der Gemeinschaft der Schulmediziner zuteil wurde.

Ein Schlüsselabschnitt sprang mir ins Auge. Allen hatte sich geweigert, schmerzhafte oder unethische Experimente an Tieren für seinen Studienabschluss durchzuführen. Deshalb wurde ihm das wissenschaftliche Experiment zugeteilt, Ferkel zu streicheln, um zu untersuchen, wie ihr Wachstum vom Kontakt mit Menschen beeinflusst wird. Es überraschte mich, dass er damit durchkam.

»Ferkelstreicheln« wurde in meiner Jugend nicht als Studienfach der Medizin angeboten. Das war der einzige Grund, warum ich meinen Traumjob Tierärztin nicht verwirklichen konnte. Ich weigerte mich im Biologieunterricht an der Highschool, einen Frosch zu sezieren, und das war das vorzeitige Ende meiner medizinischen Karriere. Als ich Allens Bericht las, kamen mir die Tränen. Ich hätte alles dafür gegeben, mit einhundert Wilbur-Babys zu schmusen, um herauszufinden, ob aus einem Ferkel eine Persönlichkeit statt Frühstücksspeck werden kann. Ja, es sollte wirklich einen Weg geben, Tierarzt oder Arzt werden zu können, ohne Versuchstiere zu quälen oder zu töten und eine Tiefkühltruhe voller sezierter Katzen zu haben. Unsere Affirmation für Allen lautet: »Ich bin ein mächtiger Vermittler der Weltverbesserung und meine Worte bewirken etwas. Weil ich die Wahrheit ausspreche und unschuldige Geschöpfe verteidige, wird die Gerechtigkeit siegen und sie von ihrem Leid befreien.«

Die Erleuchtung kommt zwar langsam, aber alles, was ich mir wünsche, ist, dass jegliche Tiersektion **jetzt** aufhört. Wir sind noch nicht am

Ziel, aber wir müssen es erreichen. Die Vereinigten Staaten hinken weit hinter dem Rest der Welt zurück, wenn es um die Verminderung dieser Grausamkeiten geht. Radikale Tierschützer beeinflussen die Bewegung durch ihre medienstarken Proteste und Aufdeckungen der Versuchslabors, doch es gibt noch eine andere Gruppe von Menschen, die von innen heraus aktiv ist. Es handelt sich um die Tausenden von Wissenschaftlern und Lehrern, die bemüht sind, der Nachfrage an Experimenten an lebendigen Tieren ein Ende zu setzen. Von ihnen hört man zwar nie, doch ich weiß, dass sie da sind; ich kenne einige von ihnen persönlich, wie zum Beispiel meine eigene Mutter Dr. Melinda McClanahan, die die Anzahl der Frösche drastisch reduzierte, die in den Vergleichsanatomielabors der Universität, an der sie früher unterrichtete, getötet werden. Diese beherzten Menschen weigern sich, die alten Forschungsmethoden zu akzeptieren, und suchen jede Gelegenheit, neue, tierlose Techniken anzuwenden. Tag für Tag, Schritt für Schritt versuchen diese Wissenschaftler und Lehrer, festgefahrene Meinungen über die »Notwendigkeit« von Tierversuchen in der Forschung und Ausbildung zu ändern.

In den Dschungel

Meine letzte Geschichte handelt von einer heroischen Tierschützerin, die in Memphis, Tennessee ein eigenes Rettungsprogramm für Neufundländer leitet. Sie ist keine Wissenschaftlerin, sondern Therapeutin, aber dennoch hat sie ihre Karriere für die Rettung der Hunde aufs Spiel gesetzt. Außerdem ist sie eine ausgezeichnete Autorin, und die Welt wird bald noch viel mehr von Beth Boyett, MFA, MSSW, LCSW hören.

Oft werde ich gefragt, ob ich auch an Mordfällen mitarbeite, in denen Tiere Zeugen der Tat wurden. Wenn ein Tier einen Mord mit ansehen musste, könnte es dann nicht auch den Mörder identifizieren? Nun, das soll Beth Ihnen selbst erzählen.

> »Deinen Job als Gerichtsgutachterin kannst du jetzt an den Nagel hängen.« Mein Bekannter und früherer Mentor, ein gefragter Neuropsychologe, der heute für eines der größten Pharmaunternehmen der Welt arbeitet, kicherte, als er mir das Flugblatt zurückgab, das ich an Freunde und Kollegen verteilte. Darauf warb ich für Amelia Kinkades Workshop in Tierkommunikation, den ich in meiner Heimatstadt Memphis, Tennessee organisieren würde.

»Natürlich hielt ich dich schon immer für zu ausdrucksstark für eine Gerichtsgutachterin«, fügte er hinzu. »Du hast kein Pokergesicht. Aber das ist genau der Grund, warum gestörte Menschen sich dir öffnen. Und du bist eine der besten psychiatrischen Experten für Notfälle, die ich je ausgebildet habe. Also genieße deinen Urlaub und hilf ein paar Tieren. Aber vergiss nicht, wenn du anfängst, Tiere sprechen zu hören, wirst du dich *selbst* einweisen müssen, und das gab es hier noch nie.«

Ich war nicht eingeschnappt. Der Mann ist ein hervorragender Psychologe, der einige der besten Psychiater der Notaufnahme für Geisteskranke ausgebildet hat. Seine Beschreibung der Welt der Psychiatrie, wie wir beide sie kennen, war einfach nur ehrlich. Menschen, die Stimmen hören, sind psychotisch – aber Menschen, die *Tierstimmen* hören, werden mit einem Ausdruck behaftet, den wir in unseren Diagnosen nie verwenden sollen, aber über den wir vor Gericht ein Gutachten erstellen könnten: *geisteskrank.*

Ich erinnerte mich an einen Fall, der ein paar Monate zurücklag. Damals hatte eine Patientin in der psychiatrischen Notaufnahme verlangt, dass man operativ eine Katze aus ihrem Kopf entfernen sollte, die dort lebte. Wie sie erklärte, sei die Katze nun trächtig, und sie wolle nicht, dass die Katzenbabys in ihrem Hirn sterben. Die Frau goss sich immer wieder Milch in die Ohren, um die Katzenmutter zu füttern, doch sie vermutete, dass die kleinen Kätzchen nicht genug Milch erhalten würden, da die Katzenmutter so mager sei. »Ich versuche, zwei Liter in jedes Ohr zu schütten, aber das Meiste fließt wieder heraus«, sagte sie. Fünf Minuten später hatte ich sie auf die stationäre psychiatrische Station eingewiesen und habe diese Entscheidung natürlich nie angezweifelt. Als mein Vorgesetzter einen *»CAT Scan«* für sie genehmigte, bevor sie auf die Station geschickt wurde, dankte sie mir überschwänglich. Wir wollten zwar nur Hirnabnormalitäten ausschließen, doch sie nahm den Namen »CAT Scan« (»Katzenuntersuchung«) wörtlich und war mir dankbar, weil ich mir ihre Geschichte angehört hatte.

Es stimmt – ich höre jeden an; so war ich schon immer. Außerdem gefiel mir die tägliche Herausforderung meines neuen Berufs (als psychiatrische Gutachterin für Noteinweisungen): ständig die Frage »Was ist real?« neu zu definieren. Die Realität ist nicht immer so eindeutig, wie man glauben könnte, vor allem, wenn man jede Nacht zwölf Stunden Bereitschaftsdienst hat und oft aus dem Schlaf gerissen wird, um einem gepflegten, aber aufgeregten Bürger gegenüberzustehen, der gerade erklärt hat: »Als sie mich vom Kreuz heruntergeholt haben, haben sie mir einen Anruf gestattet. Ich habe meinen Hund angerufen, um ihm zu sagen, dass ich später nach Hause komme.«

In diesem Fall kreuzigten mich die Anstaltsärzte, als ich auf die Bitte des Patienten seine Nachbarin anrief, um seine Geschichte zu überprüfen. Ich vermutete eine manische Depression statt der sofortigen Diagnose »Schizophrenie« der Ärzte. Die Nachbarin bestätigte, dass der Mann (der gut zurechtkam, solange er seine Medikamente für bipolare Störungen nahm) tatsächlich an einem kirchlichen Osterschauspiel im Freien teilgenommen hatte, bei dem er (freiwillig) ans Kreuz gebunden worden war. Doch dann habe er einen manischen Schub bekommen und man habe die Polizei rufen müssen. Wie sie weiterhin berichtete, bellt der Hund des Mannes ununterbrochen, wenn der Mann sich verspätet, und die Nachbarin kann den Hund nur beruhigen, wenn der Mann zu Hause anruft und auf den Anrufbeantworter spricht, damit der Hund die Stimme seines Herrchens hören kann. Die Nachbarin erzählte mir auch, dass es der Hund war, der sie alarmiert hatte, als der Mann letzthin versucht hatte, sich zu erhängen. Die Psychiater der Klinik wurden vom Leiter der Station abgemahnt; ich, die Sozialarbeiterin, hatte nur deswegen die richtige Diagnose erstellt, weil ich zugehört und die Geschichte überprüft hatte. Der Mann musste nur ein paar Tage zur Beobachtung eingewiesen werden – statt drei Monate in der geschlossenen Abteilung zu verbringen oder dem Richter vorgeführt zu werden. Beim Abschied erklärte mir der Patient: »Jesus war auch nicht mit Lithium voll gepumpt. Ich wollte mich in ihn hineinversetzen.« Vielleicht die falsche Entscheidung, aber immer noch die Realität … Und das über den Hund: Das habe ich auf Anhieb geglaubt. Ich kenne die Heilkräfte und den Beschützerinstinkt von meinen eigenen Tieren.

Nach acht Jahren Ausbildung und zwei Studienabschlüssen gründete ich mit meiner Freundin Sally Banks, einer bemerkenswerten Frau, die in den fünfziger Jahren den ersten Tierschutzverein in Memphis gegründet hat, den *Newfoundland Big Dog Rescue* (Verein zur Rettung von Neufundländern). Als Mittel gegen Stress, Schutz und Ablenkung für mein überstrapaziertes Gehirn hatte ich zwei Neufundländer-Welpen aufgenommen (nachdem ich bei ihrer Geburt geholfen hatte) und mich der landesweiten Organisation *Newfoundland Rescue* angeschlossen, die ausgesetzte oder misshandelte Neufundländer in gute Hände vermittelt. Während ich mit vielen misshandelten Hunden zu tun hatte, die in »Miss Sally's Bark & Breakfast« landeten, konnte ich das

Verhalten der Tiere oft nicht verstehen; leider konnten die Hunde mir nicht sagen, was ihnen fehlte – zumindest glaubte ich das.

Ob Wunder oder magische Gedanken – hier sind die Tatsachen: Im Urlaub auf dem Land in Alabama fiel mir in der Tierbuchabteilung eines Buchladens ein rotbraunes Buch mit einer lächelnden Frau auf dem Einband buchstäblich vor die Füße, als ich stolperte und mich an einem Regal festhielt. Das selbstbewusste und verschmitzte Lächeln der Autorin ließ mich einen Blick auf den Untertitel werfen: *Lerne mit Tieren zu sprechen, sie antworten dir.* Die Augen der Verfasserin waren alles andere als psychotisch. Das Buch versprach zumindest eine interessante Ablenkung für meinen langen Zwischenstopp auf dem Flughafen von Atlanta zu werden. Und das wurde es auch.

Als ich Amelias Buch entdeckte, wusste ich zwar schon von dem starken Heileffekt, den Tiere auf viele Menschen ausüben, doch weder Erziehung noch Religion hatten mich auf die Wunder vorbereitet, die täglich geschehen können – sogar in der so genannten »gesunden« Realität. Das haben mir die Tiere und Amelia beigebracht. Als ich anfing, große Hunde zu retten, hoffte ich, diese ungewollten »Wuschelriesen« an ebenso liebevolle Zeitgenossen, die sie brauchten, vermitteln zu können, Doch manchmal hatten die Tiere Angst. Ich habe in meiner Rettungsstation noch nie einen Neufundländer oder Bernhardiner erlebt, der bissig gewesen wäre, aber ich habe Trauer und Angst in ihren Augen gesehen. Es kann also schwierig sein, ihr Vertrauen in Menschen wieder herzustellen. Das war es, was ich mir von Amelias Buch erhofft hatte. Auch wenn ich dachte, dass sie das »Sprechen« im Untertitel symbolisch meinte, hatte ich schon oft »Antworten von Tieren erhalten«.

Mein erster geretteter Hund war ein Neufundländer-Mischlingsrüde, der bei über 40 Grad Hitze an einer Tankstelle ausgesetzt worden war. Er antwortete mir sofort, als ich zu ihm hinfuhr, die Beifahrertür aufmachte und ihn fragte: »Hey, Big Boy, soll ich dich mitnehmen?« Er sprang auf den Beifahrersitz, setzte sich erwartungsvoll hin und schleckte mir die Wange ab. Ich hörte zwar keine Tierstimme, aber diese Antwort verstand ich. Drei Wochen später gab Big Boy wieder eine Antwort, als die Eltern eines fünfzehnjährigen Jungen mit Down-Syndrom zu mir kamen, um ihn kennen zu lernen. »Möchtest du mit uns nach Hause kommen und der beste Freund unseres Sohns Timmy werden?« Boy stand auf und streckte sich genüsslich. Dann tappte er mit der Vorderpfote auf seine Leine und sah den erstaunten Vater an. Um sich keine

Chance entgehen zu lassen, nahm Boy die Leine ins Maul und ging auf den Mann zu. Er sah den Kleinlaster des Mannes an, leckte mir die Hand und sprang in den Wagen, so wie er in mein Auto gesprungen war. Er hatte sich entschieden, und daran zweifelte auch mein Verstand nicht. Boy wurde von Timmy in »Wolf« umgetauft, und ich erhalte jedes Jahr eine Weihnachtskarte »von Wolf und seinem besten Freund Timmy«.

So erwartete ich nie, eine Tierstimme zu *hören,* und aufgrund meines Berufs und meiner Anlehnung an die geistige Gesundheit *wollte* ich es auch gar nicht. Doch als ich Amelias Welt betrat, musste ich mich an die größere Realität gewöhnen, eine Realität, die Tiere mit einbezieht. Ich nahm mit Amelia über ihre Webseite Verbindung auf, als etwas geschehen war, das so schrecklich war wie in einem Horrorfilm. Ein Ehepaar aus dem Nordosten der USA hatte angefragt, ob es mir zwei Neufundländer-Mischlingsrüden abnehmen könnte. Ich hatte die Referenzen der beiden sorgfältig überprüft, und eine Kontaktperson des Neufundländer Hundeverbands für den Nordosten und das Atlantikgebiet hatte einen Termin für ein Gespräch mit dem interessierten Paar ausgemacht. Wir planten schon den Transport der Hunde, als wir plötzlich nichts mehr von ihnen hörten. Ich wunderte mich zwar, doch ich wartete ab.

Einen Monat später rief die Frau, die ich hier Jane nenne, mich an. Ihre Tochter war in England ermordet worden. Sie und ihr Mann standen noch unter Schock und man war nicht sicher, wer der Mörder war. Was die Tragödie noch schlimmer machte, war die Tatsache, dass die Hunde der Tochter bei der Tat dabei gewesen waren und alles miterlebt hatten. Jane und ihr Mann, den ich Ted nenne, hatten die Hunde zwar wieder nach Boston zurückgeholt, doch die Tiere waren traumatisiert. Sie heulten ständig und liefen unruhig auf und ab. Der Grund ihres Anrufs war natürlich, dass Jane und Ted die Hunde ihrer Tochter aufgenommen hatten und meine Neufundländer nun nicht mehr adoptieren konnten. Doch das störte mich nicht weiter. Jane und Ted brauchten Hilfe und Antworten.

Ich hatte gerade Amelias Buch zu Ende gelesen, und auch wenn ich nicht glaubte, selber Tiere hören zu können, war ich der Meinung, dass an der Sache was dran sein muss. Ich wollte die trauernden Eltern jedoch keiner Sitzung aussetzen, bevor ich nicht selbst eine erlebt hatte. Ich hatte Probleme, für meine neueste Erwerbung, eine herrliche, ausgesetzte Bernhardinerhündin, ein Zuhause zu finden (die ich neun Monate, bevor ich überhaupt von Amelia Kinkade gehört hatte, zufällig Amelia Tallulah getauft hatte). So schrieb ich Amelia eine E-Mail, und bevor ich mich versah, schickte ich ihr ein Foto, und dann hatten meine Bernhardinerhündin und ich einen Termin bei ihr. Mein Hund Amelia T. lag schnarchend neben meinem Bett, als ich Amelias Nummer wählte. Doch als wir anfingen zu telefonieren, setzte sie sich auf. Amelia Kinkade behielt in allem, was sie mir über Amelia T. sagte, Recht, doch es war ein Detail, was mir den Atem nahm: »Amelia T. sagt, die wichtigsten Menschen in ihrem Leben sind Rachel, Sie und Lynn.«

Ich hatte Amelia nicht erzählt, wie ich zu der Hündin gekommen war. Der Hund der kleinen Tochter meiner Nachbarn, Rachel, war verschwunden, und ihre Mutter war krank. Die Mutter bat mich, mit Rachel zum Tierheim zu fahren, um zu sehen, ob der Hund nicht dort war. Dort entdeckte Rachel Amelia T., die eingeschläfert werden sollte, und das kleine Mädchen zog mich am Ärmel zu ihr hin. »Sehen Sie, Miss Beth, der Hund lacht Sie an!« Amelia T. war von Herzwürmern geplagt, hatte gerade einen Wurf Welpen zur Welt gebracht und wog dreißig Kilo statt ihrem Mindestgewicht von fünfzig Kilo. Trotzdem zog die Hündin ihre Lefzen zurück, warf den Kopf nach hinten und hievte ihren müden Körper hoch. Sie kam an die Käfigtür und stieß einen Ton aus, der wie »Ru-u-uff!« klang. Dann hob sie die Pfote, als wollte sie uns die Hände schütteln. Es war klar, dass wir nicht ohne sie gehen würden.

Es dauerte zwei Stunden, bis ich die Leiterin des Tierheims überzeugt hatte, dass ich die Kosten für die Behandlung der Herzwürmer übernehmen und die Hündin von meiner Tierärztin Dr. Lynn kastrieren lassen würde. Ich hatte schon drei Hunde zu Hause und zwei auf meiner Rettungsstation, und mir war klar, dass ich völlig durchgeknallt war. Aber dieser Hund wollte leben, und ich wusste, dass er sich großartig für jemanden mit besonderen Bedürfnissen eignete. Ich glaubte, es für andere zu tun.

Stattdessen machte Amelia T. mir das größte Geschenk: Sie weigerte sich strikt, mein Haus zu verlassen, auch wenn sie freundlich zu den Kindern war, die sie besuchen kamen. Sie wurde viermal für jeweils eine Woche vermittelt, und jedes Mal, wenn die Eltern sie zurückbrachten, sagten sie dasselbe: »Sie legt sich nur auf den Boden, kümmert sich um niemanden und hat seit fünf Tagen nichts gefressen!« Und jetzt hatte mir Amelia Kinkade die Namen der Menschen verraten, die

Amelia T. am wichtigsten waren: Rachel und Dr. Lynn – was sie nie hätte wissen können.

Amelia Kinkade berichtete weiterhin: »Sie sagt, dass sie die Geburtstagsparty toll fand, vor allem den großen Kuchen.« Ich hatte Amelia T. am Tag davor in ein Pflegeheim mitgenommen, und einer der Bewohner hatte Geburtstag gehabt. Amelia T. hatte sich direkt neben meinen Patienten hingelegt, der seinen Geburtstag feierte, und als alle »Happy Birthday« sangen, hatte die Riesenhündin sich grinsend aufgesetzt. Als der Kuchen angeschnitten wurde, fing sie an zu heulen, bis ihr jemand ein Stück gab. Als wären bestimmte Namen und die Geburtstagsfeier nicht genug, toppte Amelia T. die Sitzung noch, indem sie plötzlich aufs Bett sprang und Amelia Kinkades Buchumschlag abschleckte. Sie saß mit verschmitzter Miene auf meinem Bett und hielt das Buch zwischen den Pfoten. Ich machte ein Foto von ihr, kurz nachdem sie den Kopf gehoben hatte. Man kann es auf Amelia Kinkades Webseite sehen. Die Hündin hat weder davor noch danach jemals Interesse an Büchern gezeigt.

Es gab noch weitere Hinweise, doch der Punkt ist, dass ich Jane und Ted anrief und sagte: »Ich weiß zwar nicht, wie sie es macht, aber sie macht es. Rufen Sie sie an.« Das taten sie. Amelia Kinkade konnte ihnen genügend überzeugende Informationen geben, dass sie durch die Augen der Hunde den Mord ihrer Tochter sehen konnte. Sie nannte ihnen spezifische Namen von Nachbarn und Freunden ihrer Tochter, die alle kurz vor ihrem Mord mit ihr zusammen gewesen waren. Und Amelia nannte auch den Namen des Hauptverdächtigen. Nach der Sitzung begannen die Hunde, sich zu beruhigen. Jane hat mittlerweile Amelias erstes Buch gelesen und berichtet, dass sie telepathische Bilder von den Hunden erhält, dass sie weiß, wovor die Tiere Angst haben und sogar, was sie fressen möchten. Wie andere geistig gesunde Leute auf der ganzen Welt, die an Amelias Workshops teilgenommen haben, berichtet auch Jane, dass sie die Hunde manchmal in Gedanken hören kann, wenn sie auf Englisch mit ihr sprechen. Diese Frau ist zwar nicht geisteskrank, aber das Phänomen straft die Realität, die die meisten von uns kennen, wirklich Lügen.

Und nun ein Geständnis, das mein ehemaliger Mentor als letzten Nagel im Sarg meiner gerichtsmedizinischen Karriere bezeichnen würde, doch gemeinsam mit meiner Tierärztin, die manchmal von ihrem Schreibtisch aufblickt und ihren verstorbenen Hund vor sich stehen sieht, und

anderen, die sich in diesem Buch zu Wort gemeldet haben, ohne zu halluzinieren: Ja, es ist mir auch schon mal passiert.
Verstehen Sie mich nicht falsch. Ich hatte noch nie Halluzinationen irgendwelcher Art. Ich hatte zu dem Zeitpunkt, als es geschah, auch keine Drogen an Bord. Ich schrieb gerade meine Behandlungsnotizen, als ich eine Stimme laut und deutlich sagen hörte: »Beth!« Ich lebe allein, niemand sonst war in meinem Haus, und die Stimme war so laut, dass ich sie für einen Eindringling hielt. Ich sprang auf und griff vorsorglich nach meinem Baseballschläger. »Beth!« Die Stimme kam vom Boden. Kauerte der Einbrecher etwa unter dem Bett? Ich streckte die Hand nach dem Telefon aus und erstarrte. Eine lebhafte kleine schwarze Hündin blickte zu mir auf; sie war vor kurzem gerettet worden und irgendjemand hatte sie Janis Joplin getauft. Ich versorgte Janis schon eine Weile, doch so etwas ist mir in meinem ganzen Leben noch nicht passiert. Sie wollte nur meine Aufmerksamkeit, und so »hörte« ich sie meinen Namen rufen.
Etwas noch Erstaunlicheres ereignete sich vor kurzem, während Amelia Kinkade eine Katze in Pflege hatte, die Ellen DeGeneres' Mutter gehörte. »Butch« hatte sich unter Amelias Bett eingerichtet, bis er sicher in sein altes Zuhause in Ojai, Kalifornien, zurückgebracht werden konnte. Wie Amelia mir per E-Mail mitteilte, hatte sie den Kater umgetauft. Ich mailte ihr zurück, dass ich mich auf den Kater konzentriert hatte und dachte, er sollte Dr. Winston Johnson heißen. Amelia rief mich aufgeregt an und erzählte, sie habe ihn schon Dr. Winston Mitchell genannt. Als sie ihn fragte, wie er heiße, habe er zwar »Winston« geantwortet, doch sie wolle ihn nach ihrem weisen Mentor Dr. Mitchell benennen. Ihr zweiter Lieblingsmentor, der auch in seinen Siebzigern ist und in Aussehen und Denkweise Dr. Mitchell verdächtig ähnlich ist, ist ihr Pfarrer Dr. Tom Johnson. Obwohl ich mich im Nachnamen irrte, versicherte Amelia mir, dass ich Frequenz und Persönlichkeiten der beiden Männer sowie ihren Wunsch, den Kater nach einem ihrer Mentoren zu benennen, richtig erhalten hatte. Der Vorname und der Doktortitel waren bisher unerreichte Erfolge für mich.
Plötzlich musste ich eine echte Karriereentscheidung treffen: Ich hatte die Wahl zwischen meinem Beruf als Gerichtspsychiaterin und Amelias Katzen, die ihren Namen nennen und meine eigene Hündin, die mich bei meinem Namen ruft. Wofür ich mich entschieden habe? Nun ja, von nun an können Sie mich »Ms. Beth« nennen.

Unsere Affirmation für Beth lautet: »Mein Mut und mein Mitgefühl segnen alle Lebewesen, die mir auf meinem Weg begegnen.«

Was würde die Liebe tun?

Ich habe die Menschen vorgestellt, die ich am meisten bewundere. Sie haben wohltätige Vereine, Rettungsorganisationen und Tierschutzgehege ins Leben gerufen und alles riskiert, um den Tieren das Leben zu retten. Ihre Berufung ist vielleicht nicht, nach Afrika zu reisen oder ins Gefängnis zu gehen, um Tiere zu schützen. Ihr nächster Schritt könnte zum Beispiel sein, einmal in der Woche die Hunde in Ihrem örtlichen Tierheim auszuführen. Oder Sie könnten sich dazu durchringen, zehn Prozent Ihres Einkommens an eine der spektakulären Tierschutzorganisationen abzuführen, die ich in diesem Kapitel vorgestellt habe. Sie können auch mit Waren oder Arbeitskraft aushelfen. Vielleicht verpflichten Sie sich, nur noch Bioeier und -fleisch zu kaufen oder den großen Schritt zu machen, ganz Vegetarier zu werden. Sie könnten auch die Jacke mit dem Echtfellbesatz aussortieren und sich mit einem neuen Kunstfellmantel belohnen. Womöglich schwören Sie sich, nie wieder ein Haushalts- oder Kosmetikprodukt zu kaufen, das an Tieren getestet worden ist. Diese Entscheidungen mögen zwar unwichtig klingen, doch ich glaube fest an den Schmetterlingseffekt. Ihre Entscheidungen zählen. Weil Sie zählen.

Ihr nächster Schritt könnte auch durch Schweigen oder Handlungen zu Ihnen sprechen. Während ich hier sitze und schreibe, liegt jemand auf meinem Schoß, blinzelt mich voller Bewunderung mit ihren grünen Augen an und greift mit ihren weißen Pfötchen nach der Decke, als würde sie Hefeteig aus Luft kneten. Ihr lautes Schnurren unterstreicht, was ich sagen will. *Diese Liebe zählt.* Vielleicht ist es Ihr Schicksal, das Fernsehen auszuschalten, den Telefonstöpsel aus der Buchse zu ziehen, einfach nur das geliebte wuschelige Geschöpf neben sich anzusehen … und zuzuhören. Vielleicht ist das größte Risiko, das Sie jemals eingehen werden, diesen heiligen Augenblick einzufangen und zu lernen, diese Liebe ernst zu nehmen.

Ein Haufen Leute wird Ihnen sagen, Sie sollten mit Ihrer Zeit »Wichtigeres« anfangen, zum Beispiel Geld verdienen und sich in das Hamsterrad der menschlichen Welt einspannen lassen. Es bedarf schon viel Mut, sich den Autoritäten zu widersetzen und die ganze negative Hirnwäsche durch Glückseligkeit zu ersetzen. Sollte ich etwas »Konstruktiveres« mit meiner Zeit anfangen, als still dazusitzen, meine Katze lieb zu haben, mit den Fellbüscheln zwischen ihren Zehen zu spielen und schweigend zuzuhören, während sie mir erzählt, was sie heute erlebt hat? Nein danke. Und Flo würde mir voll zustimmen. Ich kann Stunden damit verbringen, ihre Barthaare, pelzigen Lippen und ihren eleganten Körper zu bewundern und Gott dafür zu danken, dass ich auf diesem Planeten neben einer solchen Schönheit leben darf. Es sind genau diese Momente, in denen Wunder geschehen. Jemand, der kein Mensch ist, sehnt sich danach, mit Ihnen zu reden. Tun Sie, was die Liebe tun würde. Erfüllen Sie Ihr Schicksal. Hören Sie zu.

Literaturhinweise

Anderson, Allen und Linda. *Angel Dogs, Divine Messengers of Love,* Novato, CA, New World Library, 2005

Barker, Raymon Charles. *The Power of Decision,* Camarillo, CA: De Vorss Publications, 1968

Bekoff, Marc. *Das unnötige Leiden der Tiere,* Herder 2001

___. *Encyclopedia of Animal Rights and Welfare,* Westport, CT:Greenwoos Publ. Group, Inc. 1998

___. *Strolling with our Kin: Speaking For and Respecting Voiceless Animals.* Jenkintown, PA AAVS/Latern Books, 2000

Bekoff, Marc, Colin Allen, and Gordon Burghardt. eds: *The Cognitive Animal,* Cambridge, MA: MIT Press, 2001

Bohm, David. *Die implizite Ordnung. Grundlagen eines dynamischen Holismus.* Goldmann, 1987

Braden, Gregg. *Das Erwachen der neuen Erde. Die Rückkehr einer vergessenen Dimension,* Nietisch Verlag, 1999

Campbell, Joseph. *The Hero with a Thousand Faces,* Princeton, NJ, Princeton University Press, 1949

Chopra, Deepak. *Quantum Healing,* New York, Bantam Books, 1990

Davies, Paul. *Der Plan Gottes. Die Rätsel unserer Existenz und die Wissenschaft,* Insel, 1996

DeRose, Chris. In your Face: *From Actor to Animal Activist,* Los Angeles: Duncan Publishing, 1997

Dossey, Larry. *Die Medizin von Raum und Zeit. Ein Gesundheitsmodell,* Rowohlt, 1987

___. *Meaning & Medicine,* New York: Bantam Books, 1991

Fox, Emmet. *Macht durch positives Denken,* Erd Verlag

___. *Alter your Life,* San Francisco: HarperSanFrancisco, 1994

Goodall, Jane and Marc Bekoff. *Das Leben retten. 10 Pflichten, um uns und das Königreich der Tiere zu retten,* Bombus Media, 2004

Greek, Ray C and Jean Swingle Greek. Species Science: *How Genetics and Evolution Reveal Why Medical Research on Animals Harms Humans.* New York: Continuum, 2002

Holmes, Ernest. *The Science of Mind: a Philosophy, a Faith, a Way of Life.* New York: Penguin Putnam, 1998

Kinkade, Amelia. *Tierisch gute Gespräche – Lerne mit Tieren zu sprechen, sie antworten dir,* G. Reichel, 2001

Kohanov, Linda. *Riding between the Worlds,* Novato, CA: New World Library, 2003

McElroy, Susan Chernak. *Tiere als Lehrer und Heiler. Wahre Begebenheiten und Reflexionen,* Knaur 1997

Myerson, John und Robert Greenebaum. *Riding the Spirit Wind: Stories of Shamanic Healing,* Framingham, MA: LifeArtsPress, 2003

Mitchell, Edgar. *»Nature's Mind: The Quantum Hologram«, International Journal of Computing Anticipater Systems 7: 2000, 295*

___. *The Way of the Explorer: An Apollo Astronaut's Journey through the material and Mystical worlds,* New York: Putnam, 1996

Orloff, Judith. *Second Sight,* New York: Warner Books, 1996

Peat, F. David. *Einsteins's Moon: Bells Theorem & The Curious Quest for Quantum Reality,* Chicagao: Contemporary Books, 1990

Penrose, Roger. *Das Große, das Kleine und der menschliche Geist,* Spektrum 1998

Pearsall, Paul. *Heilung aus dem Herzen,* Goldmann, 2002

Pribram, Karl H. *»Quantum Holography: Is It Relevant to Brain Function?«* Information Sciences 115: 1999, 97 - 102

Quinn, Gary. *Von Engeln geleitet. Finden Sie Ihre geistigen Führer und Ihr wahres Ziel,* Integral, 2002

___. *Spirituell bewusst leben. 10 Schritte zur Erweckung Deiner innersten Kraft,* Ansata 2005

Russell, Peter. *Quarks, Quanten und Satori,* Kamphausen 2002

Scully, Matthew. *Dominion: The Power of Man, the Suffering of Animals and the Call to Mercy,* New York: St. Martin's Press, 2002

Sheldrake, Rupert. *Der 7. Sinn der Tiere,* Ullstein

Siegel, Bernie S. *Liebe, Medizin und Wunder,* Admos 1991

___. *Mit der Seele heilen. Gesundheit durch inneren Dialog,* Econ 1999

Somé, Malidoma, Patrice. *Of Water and Spirit: Ritual, Magic, and Initiation in the Life of an African shaman,* New York: Penguin Compass, 1994

Talbot, Michael. *Das holographische Universum. Die Welt in neuer Dimension,* Knaur 1994

___. *Mystik und Neue Physik. Die Entwicklung des kosmischen Bewußtseins,* Heyne 1989

Teish, Luisah. *Jambalaya,* San Francisco, HarperSanFrancisco, 1995

Tucker, Linda. *Children of the Sun God.* Milpark, South Africa: Earthyear Books, 2001

Schoen, Allen M. and Pam Proctor. *Mit Tieren fühlen,* Frankh Kosmos, 2001

Schoen, Allen. *Kindred Spirits,* New York: Broadway Books, 2001

Wise, Steven M. *Rattling the Cage: Toward Legal Rights for Animals,* Cambridge MA: Perseus Publishing, 2000

Wolf, Fred Alan. *Die Physik der Träume,* Byblos, 1995

Wright, Machanelle Small. *Behaving As If the God In All Life Mattered,* Warrenton, VA: Perelandra, 1987

Zukav, Gary. *Die tanzenden Wu Li Meister,* Rowohlt

Professionelle Tierkommunikatoren

Marcel Stoller
Steffisburg, Schweiz
0041 (0)3 34 37 32 42
0041 (0)7 93 33 30 79
Marcel.stoller@hispeed.ch

Matthew Collister
Malew, Isle of Man
talk2animal@manx.net

Lorraine Kenyaon, England
0044 (0) 16 98 29 42 09
lorraine@lorrainekenyon.com
www.lorrainekenyon.com

Julia Bertram, England
Mavericks@ameliakinkade.com

Elaine Downs
Lancashire, England
0044 (0) 17 06 21 02 57
animalmatters@aol.com

Kathryn Ronayne, London, England
0044 (0) 20 84 44 54 98
info@kathrynronayne.com
www.kathrynronayne.com

Reyon Laurie Anderson
P.U.R.R.F (Puddha Speaks)
Oceanside, CA, USA
001 (619) 2 71 94 61
001 (760) 8 45 32 88
puddysplace@yohoo.com

Patty Gibbons
Central Islip, NY, USA
001 (631) 7 68 91 72
info@patygibbons.com
www.pattygibbons.com

Ronda Holst-Healing Paws
Cotton Wood, CA, USA
001(530)3475216, rholst@c-zone.net

Lisbeth Tanz
St. Louis, MO, USA
001 (636) 4 61 16 90
libeth@allanimalz.com

Heidi Wright
Malin, OR, USA
001 (530) 6 40 06 86
Heide@CritterConnections.net
www.CritterConnections.net

Julie Barone
Kingston, NY, USA
001 (845) 3 38 41 15
juliebarone@yahoo.com

Jamie Greenebaum
Medway, MA, USA
001 (508) 3 95 66 82
001 (508) 5 33 50 75
jamie@g2partners.com
www.jamiesanimalcommunication.com

Yvette Anne Knight
docdoolittle@manx.ne

Vicki Schroeder
Fairborn, Ohio, USA
vschroeder2@woh.rr.com

Wynther Eberheart Worsthorne
Kapstadt, Südafrika
0027 (0)7 81 15 48 94
wynter@animal.org.uk
www.animaltalk.org.uk

Danksagungen

Ich danke auch meiner Lektorin Patricia Heinicke für ihren falkenscharfen Blick, ihre klugen Fragen und ihre kreativen Entwürfe.

Mein Dank geht an das gesamte Abenteuerteam des New World Library Verlags, das meine Arbeit unterstützt, Tiere liebt und sich traut, weiter zu denken.

Nichts könnte eine größere Herausforderung sein als der Versuch, alle Leute, die ich lieb habe, auf ein paar Seiten aufzulisten, doch es gibt einige Menschen und ein wuscheliges Tier, ohne deren Hilfe dieses Buch nicht möglich gewesen wäre. Ich möchte meinem Verleger Jason Gardner für seinen laserscharfen Verstand, sein liebevolles Herz und seine sanfte Führung danken – doch am meisten für seinen Humor. Kein anderer Verleger auf der Welt hätte meinen Bosons erlaubt, ihre Einräder zu behalten. Jason, deine Großzügigkeit ist erstaunlich und du bist ein Segen für alle Tiere. Danke für deinen Mut, unschuldige Tiere zu fördern und ein so kontroverses Buch wie dieses zu veröffentlichen.

Außer meinem Verlag hatte ich zwei weitere Lektoren, die jede Seite dieses Buchs sorgfältig überprüft haben. Ich möchte einer meiner besten Freundinnen, der Autorin und Lektorin Linda Sievertsen danken, die mit dem Rotstift in der Hand auf ihrem Sofa lag, ihre vier wunderbaren Hunde zu ihren Füßen. Linda lachte und weinte an all den richtigen Stellen und pflügte sich geduldig durch Passagen, die von ihr zurechtgezupft werden mussten. Mitten im Lektorat dieses Buchs verlor sie auch noch ihren Lieblingshund. Linda, Brodies Geist lebt in diesem Buch weiter.

Die Nächste, der ich danken will, ist eine Meisterin, die mich überrascht hat. Mitten in der Arbeit erhielt ich die akribische Hilfe einer Wissenschaftlerin, die ihr Leben damit verbracht hat, zahlreiche Medizinstudenten in komparativer Anatomie, Strahlenbiologie und Genetik zu unterrichten. Außerdem ist sie die einzige mir bekannte Professorin, die den Unterschied zwischen einem Pentaquark und einem Tetraquark erklären kann, während sie den hausgemachten Teig ihrer berühmten Zitronenmeringue ausrollt. Zufällig ist sie auch noch meine Mutter. Dr. Melinda McClanahan, ich bin sicher, Einstein hat von oben auf uns herabgelächelt, während wir die wildesten Vermutungen über seine Gedanken angestellt haben. Wäre er noch am Leben, würde er mich wahrscheinlich gar nicht wahrnehmen, sondern hätte sicher nur Augen für dich!

Ich möchte auch jedem einzelnen meiner Schüler danken, die ihre Geschichten mit Herzblut aufgeschrieben und beigesteuert haben. Ich hoffe, dass ihre mutigen Berichte ihnen auf der ganzen Welt den verdienten Erfolg einbringen. Auch möchte ich meinen Workshop-Assistenten rund um den Globus meine tiefste Anerkennung aussprechen. Sie haben es mir ermöglicht zu unterrichten. Ich danke auch Connie Zimet, die meine Meditations-CD und viel Gelächter produziert hat, als ich es am meisten brauchte.

An der persönlichen Front möchte ich mich bei einem Harvard-Absolventen, Autor und Schamanen bedanken, dessen Führung und Schutz mein ganzes Leben verändert haben. Dr. John Myerson, Sie sind ein Segen für jedes Leben, das Sie berühren. Ich danke Ihnen für Ihre Loyalität und Heilkraft.

Karl Gnass, meinem Kunstlehrer an der American Animation Academy, möchte ich für jede aufregende und wunderbare Vorlesung danken, von der ich je abgeschrieben habe.

Meinem geschätzten Freund, dem Autor Gary Quinn, bin ich für jedes Lächeln und jede Träne dankbar, die er mir jemals weggewischt hat. Gary, ich danke dir dafür, dass du meinen Geist mit Freude angefeuert und mich auf den Spitzen deiner Flügel getragen hast.

Die letzten Danksagungen schreibe ich mit großer Trauer. Sobald ich die letzten Worte dieses Manuskripts getippt hatte, trat die Liebe meines Lebens, Florabelle, den Engeln bei. Ihre Pfotenabdrücke sind auf jeder einzelnen Seite dieses Buchs verewigt. Danke, Flo, dass du mich so geliebt hast, wie kein anderer es könnte. »The Language of Miracles« ist dir gewidmet, meine Kleine, und auch wenn ich die Wörter geschrieben habe, war die Botschaft von Harmonie und Hoffnung zwischen Mensch und Tier von Anfang an deine Idee.

Ich möchte auch unserer Tierärztin Dr. Karen Martin unseren tiefsten Dank aussprechen. Sie kämpfte tapfer um Flos Leben, doch ihre sanfte Klugheit ermöglichte Florabelle am Ende zu Hause in meinen Armen den friedlichen Übergang.

Und ich werde meiner lieben Freundin, der Schauspielerin Amy Smart, ewig für ihre Großzügigkeit dankbar sein. Sie gab Flo die letzte Ruhestätte in ihrem lieblichen Rosengarten. Amy, du erhellst die Welt mit deiner strahlenden Schönheit, aber was mein Herz erwärmt, ist das, was aus deinem Inneren strahlt.Und zuletzt muss ich auch Amys beiden hübschen Katern Yogi und Nala danken, die unerschrocken über das Grab meiner kleinen Flora wachen ... bis wir uns wiedersehen.

Über die Autorin

AMELIA KINKADE ist eine international bekannte Tierkommunikatorin, Rednerin, Dozentin und Autorin. Sie wird von Tierärzten, Tierschutzorganisationen und Tierfreunden für ihre Fähigkeit, die Kommunikationslücke zwischen Mensch und Tier zu schließen, gefeiert. Im Jahr 2002 wurde sie in den Buckingham Palast eingeladen, um mit Königin Elisabeths Kavallerie zu arbeiten, und durfte in die British Midlands reisen, um für Prinz Charles' Jagdpferde zu dolmetschen. Auch wurde sie in das Buch »The 100 Top Psychics in America« aufgenommen.

Über Amelias einzigartige Gaben wurde bereits in Hunderten von in- und ausländischen Zeitschriften und Zeitungen, einschließlich der New York Times, Chicago Tribune, London Sunday News, Good Housekeeping, ABC Online und der Boston Northshore Sunday, berichtet. Sie ist in Fernsehsendungen wie The View with Barbara Walters, The Other Half mit Dick Clark, VH1, BBC News und zahlreichen anderen Sendungen in den Vereinigten Staaten, Großbritannien, Europa, Afrika und Australien aufgetreten. **Ihr erstes Buch *„Tierisch gute Gespräche – Lerne mit Tieren zu sprechen, sie antworten dir“* sowie ein Hörbuch mit gleichem Titel sind ebenfalls im G. Reichel Verlag erschienen.** Amelia lebt in Nord Hollywood.